혼자서 단숨에 깨치는

기특수학 수Ⅱ

지은이 **이형욱**

현재 서대문구청 공무원으로, 연세대학교 재학 시절부터 풍부한 과외 경험과 졸업 후 학원강사 활동에서 쌓은 경험을 바탕으로 서대문구 저소득층 중고생들을 위한 수학교실(슬기스쿨–수학을 쉽고 재미있게 공부할 수 있도록 지도하는 자기주도학습 프로그램)을 재능 기부의 형태로 운영 중이다. 학생들을 가르치던 중 '기존 수험서를 가지고는 혼자서 수학을 공부하기 어렵다'는 것을 깨닫고, 사교육 없이도 혼자서 수학을 공부할 수 있도록 도와주는 《혼자서 단숨에 깨치는 기특수학》을 집필하였다. KBS1 라디오 〈공부가 재미있다〉에 출연하여 '자기주도학습 수학공부법'에 대한 특강을 진행하였으며, 서울시 초·중·고등학교를 돌아다니며 학생 및 학부모를 대상으로 '재능 기부(무료) 수학 특강' 강사로도 활동 중이다.

혼자서 단숨에 깨치는 기특수학(수Ⅱ)

2014년 7월 4일 개정판 1쇄 발행
2013년 8월 1일 초판 1쇄 발행

지은이 이형욱
감 수 신동규

펴낸이 이원중 편집 김재희 디자인 김지영, 이향란 일러스트 유기영
펴낸곳 지성사 출판등록일 1993년 12월 9일 등록번호 제10-916호
주소 (122-899) 서울시 은평구 진흥로1길 4(역촌동 42 – 13)
전화 (02) 335 – 5494~5 팩스 (02) 335 – 5496
홈페이지 www.jisungsa.co.kr 블로그 blog.naver.com/jisungsabook 이메일 jisungsa@hanmail.net
편집주간 경현주 편집팀 김재희 디자인팀 이향란

ISBN 978-89-7889-286-5 (43410)

이 도서의 국립중앙도서관 출판시도서목록(CIP)은 서지정보유통시스템 홈페이지(http://seji.nl.go.kr)와 국가자료공동목록시스템(http://www.nl.go.kr/kolisnet)에서 이용하실 수 있습니다.(CIP제어번호 : CIP 2014017273)

혼자서 단숨에 깨치는

기특 수학 수II

이형욱 지음 · 신동규 감수

지성사

추천의 글

창의적이고 논리적 사고를 깨우치는 기특수학

신동규
(감수자, 서울 남강고 수학교사)

오랫동안 교단에서 수학을 가르치다 보니 학생들로부터 종종 이런 질문을 받는다.

"선생님, 몇 문제나 풀어야 모든 유형의 수학문제를 다 경험할 수 있을까요?"

과연 고등학교에서 다루는 수학문제의 유형은 몇 가지나 될까? 매년 학교 시험, 모의고사, 문제집 등을 통해 수많은 수학문제들이 쏟아진다. 시험이라는 제도가 존재하는 한 출제자들은 새로운 문제라며 수십, 수백, 아니 수천 개의 문제를 끊임없이 만들어낼 것이다. 출제자의 입장에서 보면 그다지 큰 고민거리가 될 수 없는 것이, 예를 들어 '2차방정식 $x^2-5x+4=0$의 두 근 α, β에 대하여'라는 말을 '방정식 $x-2=\pm\sqrt{x}$를 만족하는 두 근 α, β에 대하여'라는 말로 바꾸기만 하면 되기 때문이다. 물론 수학을 잘하기 위해서는 많은 문제를 풀어봐야 한다. 그러나 그 과정에서 우리가 반드시 기억해야 할 1가지가 있다. 바로 '자신의 힘으로 원리를 이해하고, 거기에 수학적 깊이를 더해야 한다'는 것이다. 그래야 변형된 문제도 그 핵심을 한번에 파악할 수 있기 때문이다.

어느 날, 졸업한 지 십수 년이 지난 제자가 찾아왔다. 그는 구청 공무원으로 일하면서도 1년 넘게 가정형편이 어려운 학생들을 위해 수학(재능 기부)을 가르치고 있다고 했다.

"선생님, 학생들이 학원에 의존하지 않고 혼자서도 수학을 공부할 수 있는, 그런 자기주도학습 수학기본서를 만들고 싶습니다."

참 기특한 발상이다. 평소 나는 학생들에게 '학교에서 배운 내용으로도 충분하니 굳이 학원에 갈 필요가 없다'라고 말하지만, 정작 시중에 나와 있는 여러 수학참고서를 보면 학생 혼자서 쉽게 공부할 수 있도록 쓰인 책이 별로 없다. 제자는 그간 틈틈이 정리한 자기주도학습 수학기본서 원고를 나에게 건네주었다. 한장 한장 원고를 넘기다 보니 제자의 뜨거운 열정이 내 마음에도 전달되는 듯했다.

우스갯소리로 '서울대 나온 사람은 성적이 하위권인 학생을 잘 가르치지 못한다'는 말이 있다. 무슨 말인고 하니, 수학을 어려워하는 학생 입장이 아닌 오로지 가르치기 위해 학생을 대하다 보니, 학생이 이해하지 못하는 것 자체를 이해하지 못한다는 데서 나온 말이 아닐까 싶다. 마찬가지 이유로, 수학을 전공한 사람들은 수학의 기본적인 개념을 당연하게 받아들이지만, 보통 사람들에게는 전공자들이 당연히 여기는 그 원리가 당연하지 않을 수도 있다. 이러한 현실에서 《혼자서 단숨에 깨치는 기특수학》은 자칫 지나치기 쉬운 수학 원리들을 자세히 설명하는 것은 물론, 본인 역시 고교 시절 힘들어했던 부분에 대한 한을 풀어내듯 학생들의 입장에서 이해하기 쉽도록 수학을 알려준다. 고등학교 수학이지만 마치 이제 막 수학적 두뇌가 형성되기 시작하는 초등학교 고학년 학생에게 이야기하는 듯 수학을 놀이처럼 느낄 수 있게 신선한 시각으로 개념을 설명하고 있어, 그간 제자가 얼마나 노력했을지 그 수고가 고스란히 느껴졌다. 이 책을 읽는 대부분의 사람들은 나처럼 이렇게 생각할 것이다.

'어라~ 수학이 만만해 보이는데? 한번 해볼 만하겠는데…….'

현재 아이들에게 수학을 가르치고 있는 수학교사로서, 이 책은 수학을 제대로 공부하고자 하는 많은 학생들을 위한 자기주도학습서로 흠잡을 데가 없다고 자부한다. 더 나아가 학생을 가르치는 선생님들의 강의 노트로도 손색이 없을 만큼 훌륭하다. 학원에 의존하지 않고 혼자서 수학을 공부하고자 하는 모든 학생들에게 이 책을 적극 추천하고 싶다.

개정판을 내며

2014년도부터 고등수학 교과 과정이 바뀌어 『혼자서 단숨에 깨치는 기특수학』 개정판을 내게 되었다. 그런데 왜 고등수학 교과 과정이 바뀌게 된 것일까? 먼저 현행 고등수학 교과 과정(2014년 이전)부터 살펴보면, 다음과 같이 크게 세 분야로 구성되어 있다.

대수학(algebra)
수와 수 사이의 관계를 보다 더 일반적으로 연구하는 학문으로, 수 대신 문자를 사용하여 문제 해결을 쉽게 하고, 수학적 기본 법칙을 일반적이고 간단하게 표현하고자 하는 수학의 한 분야이다.
예시) 다항식, 방정식, 부등식, 행렬

기하학(geometry)
원이나 삼각형, 사각형 등의 도형을 연구하는 학문으로, 다양한 도형에 대한 이해와 이들 사이의 연관 관계 및 모양이나 크기를 정밀하게 측정하는, 즉 공간의 수리적 성질을 연구하는 수학의 한 분야이다.
예시) 도형(점, 선, 면, 공간), 벡터

해석학(analysis)
함수의 연속성에 관한 성질을 연구하는 학문으로, 미분 및 적분의 개념을 토대로 무한과 무한소 등의 개념을 연구하는 수학의 한 분야이다.
예시) 집합, 함수, 미분, 적분

고등수학을 '대수, 기하, 해석'이라는 고전적 틀 안에서 구성하게 되면 하나의 주제 또는 개념을 여러 단원에 걸쳐 다루기 때문에 학습 분량이 많아질 수밖에 없다. 게다가 이러한 구성은 유사한 개념들에 대한 연결성을 쉽게 파악할 수 없게 할뿐더러 고차원적인 개념에 접근할 수도 없게 한다. 다시 말해 계산과 같은 방법론적인 측면만을 강조하게 된다. 예를 들어, 2차방정식(대수), 2차곡선(기하), 2차함수(해석)를 각각 단원별로 다루게 되면 불필요한 학습 분량이 생기게 되며, 이들의 수학적 연관성을 통해 창의적인 문제 해결을 도모할 수 없게 된다. (사실 2차방정식과 2차부등식의 경우 2차함수를 통해 문제를 보다 쉽게 해결할 수 있는데도 말이다)

특히 미분과 적분의 경우, 기존의 교과 과정에서는 방법론적인 측면, 즉 미적분의 계산 기술에 초점을 맞춰 학습하다 보니 그 본질적인 성질이 소홀히 다뤄져온 측면도 있다. (자연현상과 사회현상이 서로 다른 분야라 하더라도 함수의 성질을 공통적으로 적용하여 그 의미를 통합적으로 파악할 수 있는데도 말이다)

이러한 여러 가지 문제점들을 해결하고자 2014학년도 고등수학 교과 과정에서는 다음과 같이 개정의 기본 방향을 설정하였다.

1) 계산 위주의 학습을 지양
2) 수학적 개념 간의 연결성을 강조
3) 단순 중복적인 학습을 탈피

2014학년도 개정의 기본 방향이 계산 위주의 학습을 지양하고 기본 개념을 바탕으로 창의적으로 문제를 해결할 수 있도록 돕는다는 것은 『혼자서 단숨에 깨치는 기특수학』의 집필 의도와 정확히 일치하는 부분이다.

앞으로 『혼자서 단숨에 깨치는 기특수학』으로 고등수학을 공부하는 학생들이 개정된 교과 과정의 학습 목표에 맞게 수학을 공부함으로써 단순히 수학 분야뿐 아니라 모든 상황에서 창의적이고 논리적인 사고를 키울 수 있길 기대한다.

저자의 말

생각하지 않는 수학은 미친 짓이다

어렸을 때에는 단순히 계산하는 것이 재밌어서 수학을 좋아했다. 사칙연산, 다항식의 계산, 방정식의 풀이 등 친구들과 칠판에 비슷한 문제를 써놓고 '누가 더 빨리 푸나' 내기를 한 적도 많다. 유난히 수학문제를 많이 푼 덕에 초·중학교 때 수학만은 반에서 항상 1등을 놓치지 않았다. 그런데 문제는 고등학교 수능 모의고사(수리영역)였다. 그렇게 많은 문제를 풀고 공식을 달달 외웠음에도 좀처럼 모의고사 성적이 오르지 않았다. 그럴 때마다 끊임없이 새로운 문제집을 사서 더 많은 문제를 풀고는 했는데, '한 번 풀었던 문제는 절대 틀리지 말아야지' 하는 생각에 문제유형까지 모조리 암기했던 기억이 난다. 드디어 1997년 수능시험날. 결과는 무척 실망스러웠다. 투자한 시간에 비해 성적이 턱없이 저조했기 때문이다. '노력은 배신하지 않는다'라는 신조를 가슴에 새기고 고군분투했는데 이런 결과가 나오다니, 좀처럼 결과를 인정할 수 없었다. 그때 문득 이런 생각이 들었다.

"많은 문제를 푸는 것이 정말 수학을 잘하는 데 효과가 있을까?"

결과적으로 말하자면, 내 경우 큰 효과를 거두지는 못했다. 왜 그랬을까? 바로 수학개념에 대한 고민 없이 무작정 수학을 공부했기 때문이다. 나는 항상 수학문제를 보면 바로 연습장을 꺼내 수식부터 써 내려갔다. 그것이 화근이었다. 문제를 풀 수 있으니 개념은 당연히 아는 줄로 착각했다. 나는 문제를 풀기 위해 어떤 개념을 어떻게 사용해야 되는지, 문제의 출제의도가 무엇인지 생각해 본 적이 거의 없었다. 이것이 바로 내가 수학에 실패한 이유다.

유사한 문제를 푸는 것은 한두 번으로 족하다. 중요한 것은 한 문제를 풀더라도 문제를 통해 필요한 개념을 도출하고, 그 개념을 바탕으로 문제해결 과정을 스스로 설계하는 것이다. '기본개념을 바탕으로 문제를 이해하고 생각하는 것', 그것이 바로 수학을 공부하는 기본적인 자세이다. 지금도 수학이 어려워 아예 포기하고 있는 학생들이 있다면 나는 이렇게 말해주고 싶다. "생각하지 않는 수학은 미친 짓"이라고 말이다.

비록 고등학교 때 수학에서 큰 결실을 거두지는 못했지만 워낙 수학을 좋아했던 나는 대학 시절 다수의 과외 경험과 졸업 후 학원강사 경력을 살려, 2011년 12월부터 서대문구 저소득층 중·고생들을 위한 재능 기부 수학교실(슬기스쿨)을 운영하게 되었다. '슬기스쿨'은 수학을 쉽고 재미있게 공부할 수 있도록 코칭하는 일종의 자기주도학습 프로그램이다. 그런데 학생들을 코칭하던 중 '기존 수험서를 가지고는 혼자서 수학을 공부하기 어렵다'는 것을 절실히 깨닫게 되었다. 나는 아이들이 비싼 사교육 없이 혼자서도 수학문제를 즐겁고 재미있게 풀 수 있도록 도와주고 싶었다. 《혼자서 단숨에 깨치는 기특수학》은 이러한 내 간절한 바람을 담아 세상에 나오게 되었다.

이 책은 과거, 잘못된 접근 방법으로 수학에 실패한 나의 경험을 바탕으로 썼기 때문에 개념을 읽고 바로 연습장을 꺼내 문제를 풀면서 수학을 공부하는 기존 수학책과는 달리, 천천히 생각하면서 스스로 개념을 파악하고 한 단원, 한 단원을 끝까지 공부할 수 있도록 읽기 편하게 구성하였다. 또 다양한 삽화와 함께 이야기식으로 개념을 설명하고 있어, 마치 소설책을 읽듯 막힘없이 수학을 공부할 수 있도록 하였다. 무엇보다 정답을 맞히기 위한 문제풀이가 아닌 스스로 개념을 도출하여 문제를 해결하는 혁신적인 문제풀이법을 제시하고 있어, '어떤 개념을 어떻게 활용해야 문제를 해결할 수 있는지' 학생 스스로 깨우쳐 혼자서도 충분히 다양한 수학문제를 풀 수 있도록 도와준다. 모쪼록 이 책을 통해 대한민국 모든 학생들이 창의적이고 깊이 있게 사고할 수 있기를 간절히 소망한다.

고교 시절 실패의 경험을 떠올리며

이형욱

이 책을 읽기 전에

수학에는 왕도가 없다?

고등학교 수학시간에 줄곧 들었던 말이다. 수학이라는 학문은 아무리 왕이라도 쉽게 정복할 수 없음을 의미한다. 즉, 기초를 확실히 다지고 다양한 문제를 접해봐야만 수학을 잘할 수 있다는 뜻이기도 하다.

'정말 수학에는 왕도가 없는 것일까?'

흔히 수학을 이렇게 공부하라고 말한다.

① 기본개념에 충실하라.
② 다양한 유형의 문제를 풀어라.

많은 학생들이 이 말을 굳게 믿고 개념과 공식을 열심히 암기하고, 시간과 공을 들여 수없이 많은 문제를 풀며 수학을 공부하고 있다. 아니 '연습' 하고 있다. 나 또한 그랬다. 그러나 더 이상 수많은 학생들이 나와 같은 실패를 경험하게 하고 싶지 않다. 분명 수학에 왕도는 없지만 내가 생각하는 효율적 수학공부법을 구체적으로 설명해 보려 한다.

① 기본개념의 의미를 파악하라

수학의 기본개념을 이해했다면 그 개념의 의미를 정확히 파악할 수 있어야 한다. 특히 어떤 수학공식에 대해 이 공식이 어디에 어떻게 쓰이는지, 그리고 무슨 의미를 갖고 있는지 '아는 것'이 가장 중요하다. 그럼 다음 2차방정식의 근의 공식이 어떤 의미를 가지고 있는지 함께 생각해 보도록 하자.

2차방정식의 근의 공식 : $ax^2+bx+c=0 \rightarrow x=\dfrac{-b\pm\sqrt{b^2-4ac}}{2a}$

일단 2차방정식의 근의 공식을 암기하는 것보다 '이 공식을 이용하면 어떠한 2차방정식도 풀 수 있다'는 것, 그리고 '근의 공식을 이용하여 어떤 2차식도 인수분해가 가능하다'는 것을 아는 것이 중요하다. 나는 수학을 공부하는 학생들에게 수학공식이란 단순계산 도구에 불과하다는 것을 꼭 말해주고 싶다. 공식은 언제든지 책에서 확인할 수 있다는 것 또한 명심하길 바란다. (공식을 무작정 외우지 말고 여러 번 찾아보면서 자연스럽게 기억하는 것이 좋다)

② 개념을 도출하면서 문제해결 과정을 설계하라

많은 문제를 반복해서 푸는 것은 수학 실력 향상에 그다지 도움이 안 된다. 한 문제를 풀더라도 이 문제를 풀기 위해서 어떤 개념을 알아야 하는지, 그리고 그 개념을 어떻게 적용해야 문제를 해결할 수 있는지 스스로 설계하는 것이 중요하다. 계산은 나중 문제다. 그럼 다음 문제를 통해 개념을 도출하면서 문제해결 과정을 설계해 보도록 하자.

2차방정식 $x^2+(a+1)x+4=0$이 중근을 갖기 위한 a값을 구하여라.

이 문제를 풀기 위해서 먼저 어떤 개념을 알아야 할까? 2차방정식의 판별식과 중근의 개념 등을 알고 있어야 한다. 개념의 내용을 정확히 암기하고 있지 않아도 상관없다. 언제든지 책을 찾아보면 알 수 있으니 말이다. 중요한 것은 우리가 문제를 풀기 위한 기본적인 수학개념(판별식과 중근)을 도출해 냈다는 것이다. 그렇다면 이 개념을 활용하여 어떻게 문제를 해결할 수 있을까? 이 문제는 미지수가 1개(a)이므로 a에 관한 1개의 방정식만 도출하면 되는데, 2차방정식의 중근에 관한 식 '판별식 $D=0$'의 개념을 활용하면 쉽게 a에 관한 방정식을 도출할 수 있을 것이다. 방정식을 푼다는 것은 정해진 해법에 의한 단순계산에 지나지 않는다(이 문제는 2차방정식의 판별식과 중근의 개념을 이용하여 미지수 a값을 구할 수 있는지 묻는 문제이다).

이번에는 수학적 개념에 대한 기초를 다지는 방법에 대해 차근차근 설명해 보도록 하겠다. 우선 수학을 공부하기 위해서는 수학이라는 과목에 대한 특징을 알아야 한다.

수학의 특징

앞의 내용을 '기억'하지 못한다면 뒤의 내용을 '이해'할 수 없다.

수학이 다른 과목에 비해 기초가 중요하다고 말하는 이유는 바로 여기에 있다. 단순히 개념을 '이해'하는 것이 아닌 '80% 이상 기억'하고 있어야 비로소 뒤에 나오는 개념을 이해할 수 있다는 것이 바로 수학의 가장 중요한 특징이다. 개념을 기억하기 위해서는 여러 번에 걸친 개념 이해 작업이 필요하다. 그래야 자연스럽게 기억할 수 있기 때문이다. 이에 따른 이 책의 활용법을 간단히 소개하도록 하겠다.

책의 활용법

1. 소단원(30~40p)을 천천히 이해하면서 끊김 없이 끝까지 읽어본다.
   (70~80%를 이해했더라도 40% 정도만 기억할 것이다)
2. 다시 한 번 천천히 이해하면서 읽어본다. (좀 더 빠르게 읽힐 것이다. 90% 이상 이해했더라도 60% 정도만 기억할 것이다)
3. 마지막으로 한 번 더 천천히 읽어본다. (100% 이해했더라도 80% 정도만 기억할 것이다. 이 정도면 충분하다)

여기서 '기억하는' 것은 '암기하는' 것과는 다르다. 즉, 뒤쪽에서 비슷한 내용이 나올 경우 바로 이해할 수 있다는 뜻이지, 내용 하나하나를 외우는 것이 아님을 명심해야 한다. 혹여 이 책을 처음 읽었을 때, 50%도 이해하지 못했다면 그것은 중학 수학에 대한 개념이 부족한 탓이다. 이러한 경우라면 반드시 중학 수학의 기본개념부터 다시 학습한 후 고등학교 수학을 공부해야 한다.

이렇게 소단원별로 3번 이상 정독하길 권장한다. 천천히 읽다 보면 어느샌가 자신도 모르게 수학이 점점 쉽게 느껴질 것이다. 그리고 더 많은 문제를 풀고 싶다면 시중에 나와 있는 여러 문제집을 사서 풀어보길 바란다. 유사한 문제는 한두 번만 풀어도 족하다. 여기서 중요한 것은 문제유형을 암기하는 것이 아니라 문제를 통해 내가 알고 있는 개념을 도출해야 한다는 것이다. 이 사실을 반드시 기억하길 바란다.

수학은 왜 배울까?

흔히 수학을 배워서 뭐하냐고들 한다. 또 2차방정식, 삼각함수 등은 고등학교를 졸업하면 끝이라고들 말하기도 한다. 틀린 말은 아니다. 학교를 졸업하고 사회에 나와서 2차방정식, 삼각함수 등을 사용할 일은 거의 없기 때문이다. 그러나 이는 수학을 배우는 이유를 아직 잘 모르고 있기 때문에 하는 말이다.

'수학을 배우는 진짜 이유가 뭘까?'

수학을 배우는 진짜 이유는 바로 '논리적이고 창의적인 사고'를 하기 위해서이다. 이해가 잘 안 가는 학생들을 위해 실생활의 예시를 통해 수학을 배우는 이유에 대해서 자세히 살펴보도록 하겠다. (어떤 사람이 커피숍을 운영하기 위해서 고민하고 있다고 가정해 보자)

커피숍 운영 과정	수학문제 해결 과정
커피숍을 성공적으로 운영하기 위해서 내가 알아야 하는 지식은 무엇일까?	문제를 풀기 위해서 내가 알아야 하는 개념(공식)은 무엇일까?
나는 그것(지식)을 정확히 알고 있는가? 만약 모른다면 어떻게 그 지식을 획득할 수 있는가?	나는 그것(개념)을 정확히 알고 있는가? 만약 모른다면 책의 어느 부분을 찾아봐야 그 개념을 확인할 수 있는가?
어떻게 커피숍을 운영해야 성공할 수 있을까? (알고 있는 지식을 가지고 커피숍 운영전략을 설계해 보자)	개념을 어떻게 적용해야 문제를 풀 수 있을까? (알고 있는 개념을 바탕으로 문제해결 과정을 설계해 보자)

어떠한가? 아직도 수학을 배우는 이유를 모르겠는가? 우리가 수학을 배우는 이유는 주어진 상황을 해결하기 위한 논리적이고 창의적인 사고를 하기 위해서이다. 단순히 어려운 수학문제를 푸는 것이 수학의 전부가 아니다. 이것은 극히 일부분에 불과하다. 우리가 경험할 수 있는 모든 상황에 대한 수학적 사고(논리적이고 창의적 사고)를 하기 위해 우리가 수학이라는 과목을 배운다는 사실을 반드시 기억하길 바란다.

Contents

1장 집합과 명제

2장 함수

Contents

4장

지수와 로그

기특수학 (수Ⅱ)

1장 집합과 명제

1. 집합과 원소
2. 집합과 연산
3. 명제와 조건
4. 필요·충분조건

1 집합과 원소

집합의 정의

어떤 우유회사에서 CF모델을 찾고 있습니다.

모델 구함

자격요건 : 키가 큰 남자
나이제한 : 없음
모집인원 : 10명
모 델 료 : 시간당 15만 원
⋮

이 구인 광고를 본 사람들의 반응은 어떨까요?

원근(175cm) : 난 키가 큰 편에 속하니까 지원해도 되겠군.
재선(164cm) : 190 cm는 되어야 모델이 될 수 있겠네. 난 어림도 없어.
홍식(185cm) : 평균 키인 내가 뽑힐지 궁금하군….

과연 우유회사는 원하는 모델을 찾을 수 있을까요?
일반 대중을 대상으로 특정 집단을 모집하기 위해서는 명확한 기준이 필요합니다. 그러나 '키가 크다'라는 것은 어디까지나 **상대적인 개념**, 즉 비교대상에 따라 그 의미가 달라지는 개념이므로, CF모델을 선정하는 기준으로는 적합하지 않습니다.

그럼 다음과 같이 자격요건을 바꾸어보면 어떨까요?

'**키 180cm 이상**'이라는 것은 누구에게나 적용 가능한
절대적인 기준임에 틀림없다.

수학에서 말하는 **집합**이란 '그 대상을 명확하게 구분할 수 있는 모임'을 말합니다. 집합을 구성하는 각각의 대상을 **원소**라고 하는데, 어떤 모임이 수학적으로 집합이 되기 위해서는 원소를 명확하게 구분할 수 있어야 합니다.

다음 중 <u>집합이 아닌</u> 것을 고르시오.

① 3보다 큰 실수의 모임
② 가수 '아이유' 팬클럽 회원들의 모임
③ 제곱해서 '-1'이 되는 실수의 모임
④ 탁구를 잘 치는 학생들의 모임
⑤ 혈액형이 A형인 만 20세 남자들의 모임

보기 중 집합이 아닌 것은 바로 '④ 탁구를 잘 치는 학생들의 모임'입니다. '탁구를 잘 친다'는 것은 '키가 크다'와 마찬가지로 상대적인 개념이기 때문에 집합의 기준이 될 수 없습니다.

중급의 탁구 실력을 가진 세정이는 탁구를 막 시작한 정민이보다 잘할지는 모르나, 탁구 상급자인 은설이에 비해서 영락없는 초보자에 불과하다.

한편 '① 3보다 큰 실수의 모임', '③ 제곱해서 −1이 되는 실수의 모임'이 집합이 될 수 있다는 사실에 의아하게 생각할 수도 있을 것입니다. 왜냐하면 '3보다 큰 실수'는 무수히 많아 그 대상을 일일이 셀 수가 없으며, '제곱해서 −1이 되는 실수'는 실제로 존재하지 않는 수이기 때문입니다. 그러나 집합의 정의를 유심히 살펴보면, 원소의 개수와는 별개로 **원소의 구분**에 그 초점이 맞춰져 있다는 사실을 알 수 있습니다.

집합의 정의

집합은 그 대상(원소)을 **명확하게 구분**할 수 있는 모임이다.

어떤 원소라도 '3보다 큰 실수' 또는 '제곱해서 −1이 되는 실수'인지 아닌지 명확하게 구분할 수 있기 때문에, ①과 ③은 수학적으로 집합이 되기에 전혀 부족함이 없습니다.

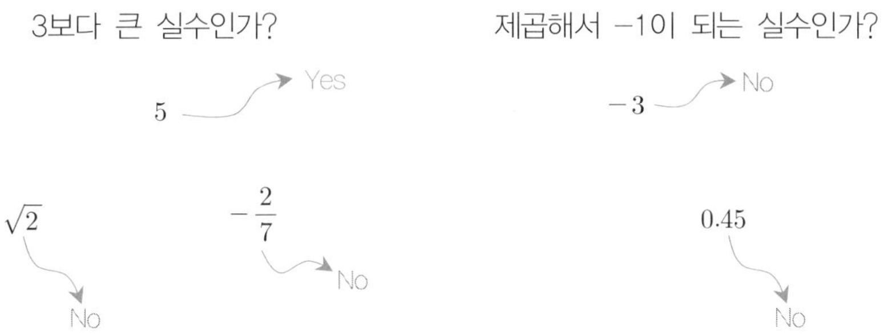

※ 뒤에서 다시 배우겠지만 원소가 무수히 많은 집합을 무한집합, 원소가 없는 집합을 공집합이라고 말한다.

집합과 원소의 관계

a가 집합 A의 원소일 때, **a는 집합 A에 속한다**라고 말하며 「$a \in A$」로 표시합니다. 마찬가지로 a가 집합 A의 원소가 아닐 때, **a는 집합 A에 속하지 않는다**라고 말하며 「$a \notin A$」로 표시합니다. (집합은 주로 대문자, 원소는 소문자를 이용하여 나타낸다)

다음 집합과 원소의 포함관계 중 틀린 것을 찾아보아라.

① $A=\{1, 2, a, b\}$: $d, e \notin A$

② $B=\{$컴퓨터$\}$: 키보드, 마우스 $\in B$

③ $C=\{\{a\}, \{b\}\}$: $a, b \in C$

집합 B의 원소는 키보드와 마우스가 아닌 컴퓨터 그 자체입니다. 키보드와 마우스가 컴퓨터의 일부분이 될지는 몰라도, 집합 B의 원소가 될 수는 없습니다(마우스, 키보드$\notin B$). 마찬가지로 집합 C의 원소는 $\{a\}$, $\{b\}$이지 a, b

가 아닙니다($a, b \notin C$, $\{a\}, \{b\} \in C$).
따라서 보기 중 집합과 원소의 포함관계가 틀린 것은 ②와 ③이 됩니다.

집합의 분류

집합에는 어떤 종류가 있을까요?

'원소의 개수'를 기준으로 다음과 같이 집합을 분류할 수 있습니다.

집합의 분류

• **유한집합**

원소의 개수에 **한계가 있는** 집합
유한(有限)

ex) 8의 약수의 집합 {1, 2, 4, 8}

• **무한집합**

원소의 개수에 **한계가 없는** 집합
무한(無限)

ex) 자연수의 집합 {1, 2, 3, 4, …}

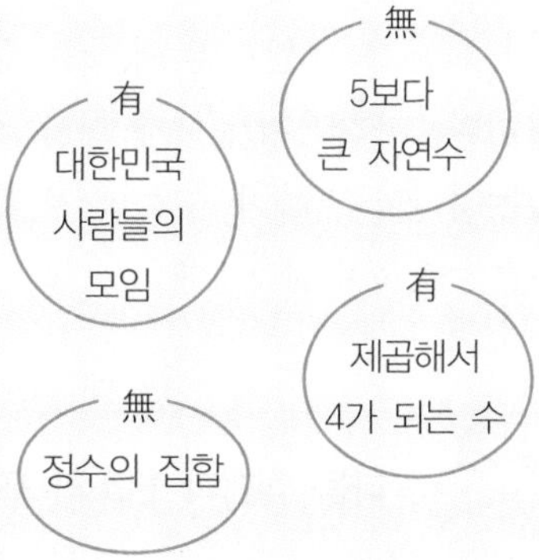

앞에서 원소가 없는 집합도 집합이 될 수 있다고 배웠습니다. 이러한 집합을 **공집합**이라고 정의하며 「∅」로 표시합니다. (공집합은 '빌 공(空)' 자를 써서, '비어 있는 집합'을 의미하는 한자어이다)

공집합에 대해서는 개념요약 부분에서 따로 정리하도록 하겠습니다. (공집합 ∅는 그리스어로서 파이[fai]라고 읽는다. 원주율 π[pai]와 구별되니 혼동하지 않길 바란다)

※ 참고로 공집합은 유한집합에 속한다.

집합의 표시법

집합은 수학적으로 어떻게 표시될까요?

집합의 표시

집합은 일종의 '묶음'을 표현한 것이므로, '괄호{ }'를 사용하여 표시한다.

'8의 약수의 모임'을 집합으로 표시해 보도록 하겠습니다. (괄호{ } 안에 8의 약수를 하나씩 나열해 보자)

8의 약수의 모임 : $\{1, 2, 4, 8\}$

원소를 하나씩 나열하여 집합을 표시하는 방법을 **원소나열법**이라고 말합니다. 여기서 중복된 원소는 한 번씩만 씁니다.

$\{1, 2, 2, 4, 4, 8\}$ (×), $\{1, 2, 4, 8\}$ (○)

8의 약수의 모임과 같이 원소를 나열하기 쉬운 집합의 경우, 대개 원소나열법으로 집합을 표시하지만 특정 원소를 나열하기가 어렵거나 원소가 무수히 많을 경우, 원소나열법으로 집합을 표시하는 데에는 한계가 있습니다.

1보다 크고 3보다 작은 실수의 모임 : $\left\{1.5,\ \sqrt{2},\ \frac{7}{5},\ 2,\ 2.7\cdots\right\}$?

원소를 일일이 나열하는 대신 '원소의 속성(조건)'을 제시함으로써, 집합을 표시해 보면 어떨까요?

$\{x \mid 1 < x < 3,\ x$는 실수$\}$

➡ 원소 : x, 원소의 속성 : $1 < x < 3$, x는 실수

원소에 대한 속성(조건)을 제시하여 집합을 표시하는 방법을 **조건제시법**이라고 말합니다. 수학에서 다루는 많은 집합들은 그 원소를 일일이 나열하기 어렵거나 심지어 불가능한 경우가 많습니다. 이러한 이유 때문에 대부분의 수학자들은 원소나열법보다 조건제시법을 선호한다고 합니다. (조건제시법은 괄호{ } 속에 있는 '｜(bar)'를 기준으로 '원소'와 '원소의 조건'으로 나뉜다)

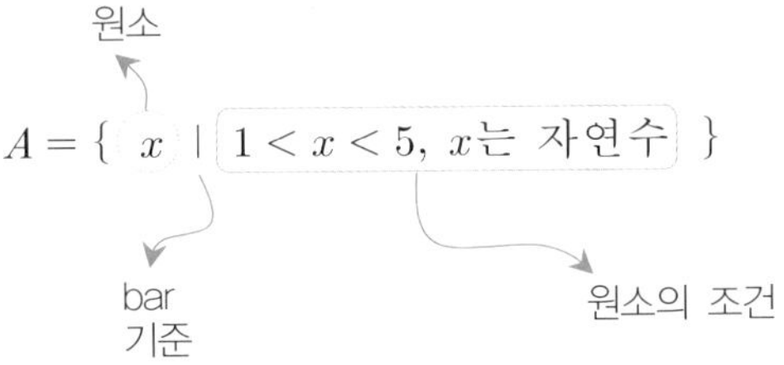

집합 A는 'bar 앞의 문자 x'를 원소로 하는 집합으로서, 'bar 뒤의 원소의 조건'을 이용하여 원소를 찾을 수 있습니다. (A의 원소는 1보다 크고 5보다 작은 자연수이므로 2, 3, 4가 된다)

보통 bar 앞에는 x가 나오지만, $x+1$, 2^x 등과 같이 식이 나오는 경우도 많습니다. 이때 집합의 원소는 x값이 아닌 **식의 값**이 된다는 사실을 반드시 기억해야 합니다.

$$B=\{\,2^x \mid x\text{는 4 이하의 자연수}\} \Rightarrow \{\,2^1,\ 2^2,\ 2^3,\ 2^4\,\}$$

$$x=1,\ 2,\ 3,\ 4$$

다음 조건제시법을 원소나열법으로 바꾸어보도록 하겠습니다. (bar를 기준으로 원소가 무엇인지 정확히 파악하는 것이 중요하다)

① $A=\{x \mid 0 \le x \le 5,\ x\text{는 정수}\}$

② $B=\left\{\dfrac{x}{2} \mid -1 < x < 2,\ x\text{는 정수}\right\}$

③ $C=\{3^k \mid k=2n+1,\ 0 < n \le 3,\ n\text{은 정수}\}$

①의 경우, 집합 A의 원소는 x입니다. x는 '$0 \le x \le 5$를 만족하는 정수'이므로, 집합 A를 원소나열법으로 나타내면 $A=\{0,\ 1,\ 2,\ 3,\ 4,\ 5\}$가 됩니다.

②의 경우, 집합 B의 원소는 $\dfrac{x}{2}$입니다. x는 '$-1 < x < 2$를 만족하는 정수'이므로, 식 $\dfrac{x}{2}$에 $x=0,\ 1$을 대입하여 B의 원소를 찾을 수 있습니다.

➡ $B=\left\{0,\ \dfrac{1}{2}\right\}$

③의 경우는 좀 복잡합니다. 집합 C의 원소는 3^k이며 원소의 조건은 'n과 k에 관한 식'으로 주어졌습니다.

원소

$$C=\{\,3^k \mid \underline{k=2n+1},\ \underline{0 < n \le 3},\ \underline{n\text{은 정수}}\,\}$$

조건

조건에 맞는 n과 k의 값을 구하여 집합 C의 원소 3^k을 찾아보면 다음과 같습니다.

$$C=\{\ 3^k \mid k=2n+1,\ \underline{0<n\le 3,\ n\text{은 정수}}\ \}$$

$n=1,\ 2,\ 3$

$$C=\{\ \underline{3^3,\ 3^5,\ 3^7}\ \}$$

$k=3,\ 5,\ 7$

집합 C를 원소나열법으로 나타내면 $C=\{27,\ 243,\ 2187\}$이 됩니다.

K주식회사 신입사원 부서배치

조건제시법과 관련하여 다음 문제를 풀어보도록 하겠습니다. (어떻게 풀지 잠시 생각해 보는 시간을 가져본다)

집합 A, B, C가 다음과 같이 정의되었을 때, 집합 C의 원소가 아닌 것은 무엇인가?

$$A=\{3^x \mid 0<x\le 3,\ x\text{는 자연수}\}$$
$$B=\{2x+1 \mid 0<x<5,\ x\text{는 정수}\}$$
$$C=\left\{\frac{ab}{3} \mid a\in A,\ b\in B\right\}$$

① 7　　② 15　　③ 45　　④ 64　　⑤ 81

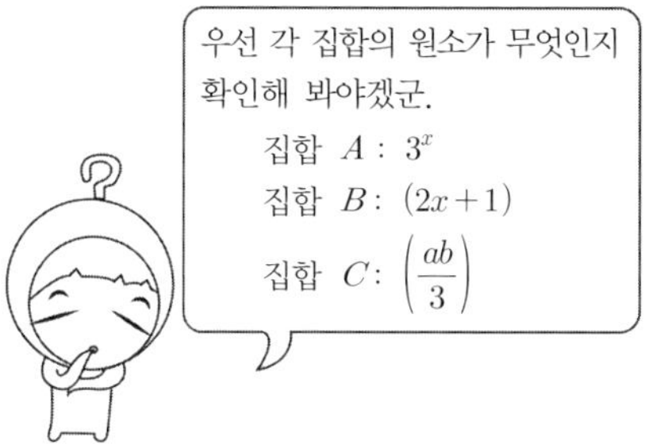

집합 C의 원소를 구하기 위해서는 먼저 A, B의 원소를 알아야 합니다.
(집합 A, B를 원소나열법으로 표시해 보자)

$A=\{\, 3^x \mid 0 < x \leq 3,\ x$는 자연수 $\}$

$\downarrow$ 1, 2, 3

$=\{\, 3^1,\ 3^2,\ 3^3 \,\}$

$B=\{\, 2x+1 \mid 0 < x < 5,\ x$는 정수 $\}$

$\downarrow$ 1, 2, 3, 4

$=\{\, 3,\ 5,\ 7,\ 9 \,\}$

집합 A, B의 원소를 가지고 집합 C의 원소를 구해보면 다음과 같습니다.

$C=\left\{\frac{ab}{3} \mid a\in A,\ b\in B\right\}$

i) $a=3$일 때, $b=3, 5, 7, 9$를 대입하면,

$\frac{ab}{3}=3, 5, 7, 9$

ii) $a=3^2$일 때, $b=3, 5, 7, 9$를 대입하면,

$\frac{ab}{3}=9, 15, 21, 27$

iii) $a=3^3$일 때, $b=3, 5, 7, 9$를 대입하면,

$\frac{ab}{3}=27, 45, 63, 81$

$C=\{3, 5, 7, 9, 15, 21, 27, 45, 63, 81\}$

※ 중복된 원소는 한 번만 쓴다.

보기 중 집합 C의 원소가 아닌 것은 '④ 64'입니다. (사실 이 문제는 조건제시법의 개념만 정확히 알고 있다면 단순계산 문제에 지나지 않는다)

벤 다이어그램

집합을 그림으로 표현하면 쉽지 않을까요?
영국의 수학자 벤(Venn)은 집합을 '원 또는 타원'으로 표현하였습니다. 이 도형을 그의 이름을 따서 **벤 다이어그램**이라고 말합니다. (벤 다이어그램은 집합 간의 관계를 표현하는 데 아주 유용하게 사용된다)

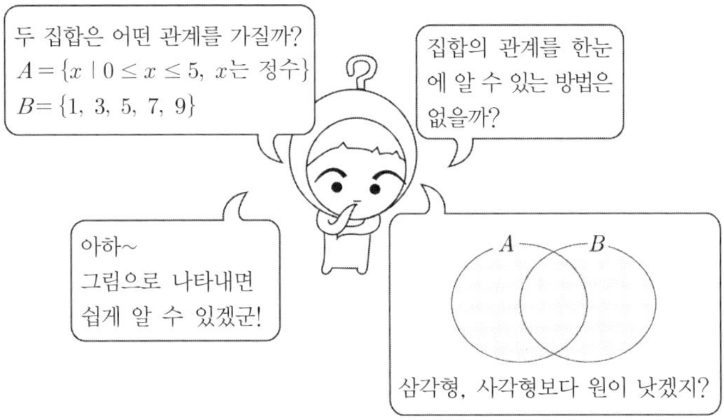

다음 두 집합 A, B를 벤 다이어그램으로 나타내 보도록 하겠습니다.

① $A=\{1,\ 2,\ 3,\ 4\}$, $B=\{1,\ 3,\ 5,\ 7\}$
두 집합 사이에 공통원소가 있을 경우, 두 원의 일부분을 겹쳐 그린다. 그리고 겹쳐진 부분에 공통원소를 채워 넣는다.

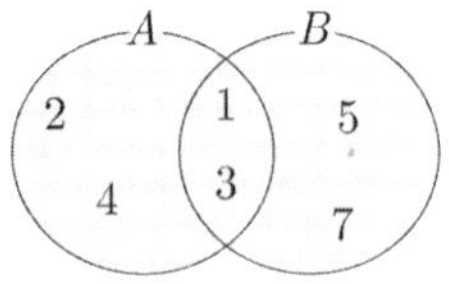

② $A=\{a,\ b,\ c,\ d\}$, $B=\{x,\ y,\ z\}$

두 집합 A, B 사이에 공통원소가 없기 때문에 겹치지 않게 그린다. (혹시 겹치게 그리더라도 겹쳐진 부분을 빈칸으로 남기면 된다)

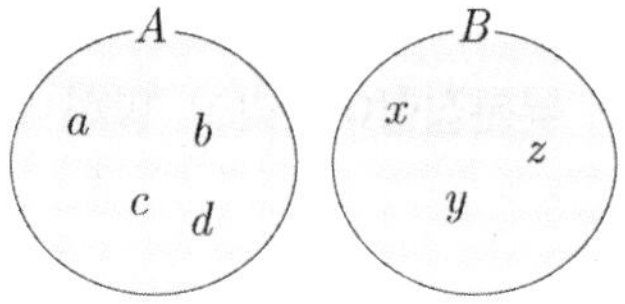

③ $C=\{-1,\ 0,\ a\}$, $D=\{-2,\ -1,\ 0,\ a,\ b\}$

집합 C의 모든 원소는 집합 D에 포함된다. 이때에는 집합 C를 D의 내부에 그려 넣는다. (뒤에서 자세히 배우겠지만 집합 C를 D의 부분집합이라고 말한다)

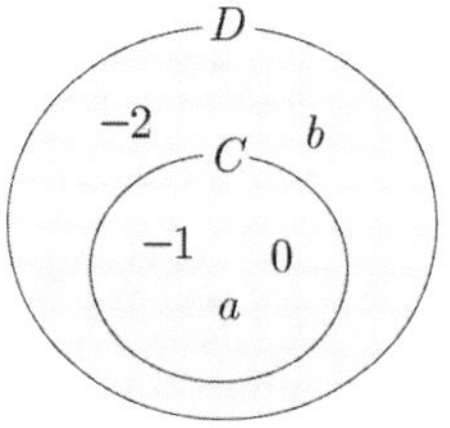

벤 다이어그램은 **부분집합의 포함관계, 집합의 연산법칙** 등에서 자주 사용되므로 잘 이해하고 넘어가길 바랍니다.

부분집합

곤충의 몸이 '머리·가슴·배' 세 부분으로 나뉘듯, 집합도 부분과 부분으로 나뉠 수 있습니다. 그럼 집합 $\{1,\ 2,\ 3\}$의 원소 중 '숫자 2'를 취해 새로운 집합을 만들어보도록 하겠습니다.

$$\{1,\ 2,\ 3\} \rightarrow \{2\}$$

여기서 집합 $\{2\}$는 $\{1,\ 2,\ 3\}$의 일부분이라고 말할 수 있으며, 오른쪽과 같이 벤 다이어그램으로 나타낼 수 있습니다. (집합 $\{2\}$를 $\{1,\ 2,\ 3\}$의 내부에 그려 넣는다)

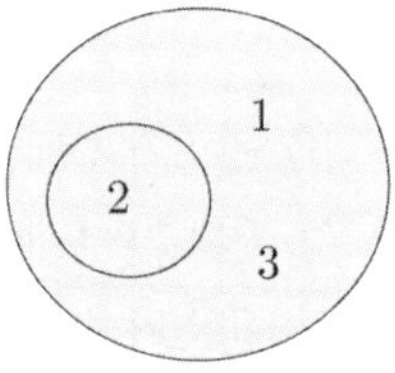

집합 A의 모든 원소가 B에 포함될 때, A**는** B**에 속한다** 또는 A**는** B**의 부분집합이다**라고 말하며 「$A \subset B$」로 표시합니다.

부분집합

'$x \in A$이면 $x \in B$'를 만족할 때,
A는 B의 부분집합이라고 말한다.

➡ $A \subset B$

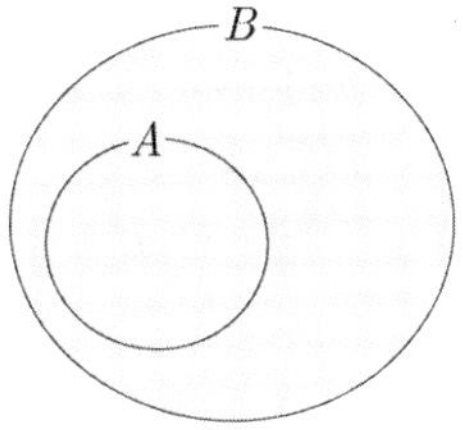

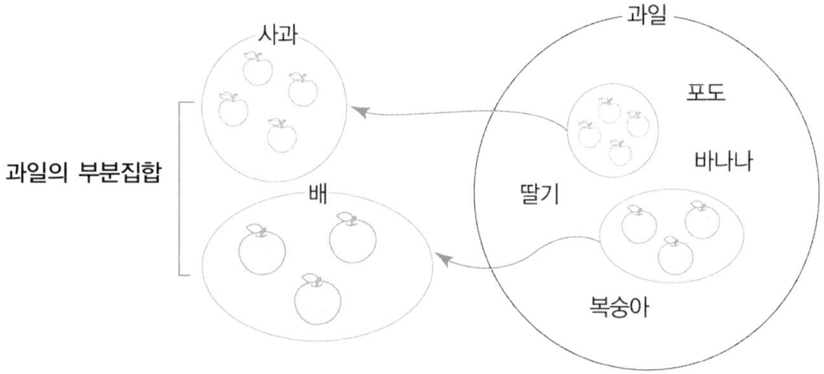

집합 $\{1, 2, 3\}$의 부분집합을 모두 찾아보면 다음과 같습니다. (부분집합을 찾을 때는 원소의 개수가 적은 것부터 차례로 찾는다)

① 원소가 0개인 부분집합 : $\varnothing$?
② 원소가 1개인 부분집합 : $\{1\}$, $\{2\}$, $\{3\}$
③ 원소가 2개인 부분집합 : $\{1, 2\}$, $\{2, 3\}$, $\{1, 3\}$
④ 원소가 3개인 부분집합 : $\{1, 2, 3\}$?

①의 경우, 공집합 $\varnothing$도 과연 집합 $\{1, 2, 3\}$의 부분집합이 될 수 있을지 의문이 생깁니다. 그러나 전혀 걱정할 필요가 없습니다. 이미 수학자들끼리 '공집합은 모든 집합의 부분집합이 될 수 있다'고 합의해 놓았기 때문입니다. (우리는 단지 이 원리를 사용하기만 하면 된다)

이러한 수학적 합의를 **공리**라고 말하는데, 수학적 편의를 위해 만든 일종의 규칙이라고 생각하면 쉽다.

$\varnothing \subset$ 모든 집합

통상적으로 '부분'이라는 것은 전체보다는 작은 범위를 말합니다. 그렇다면 ④의 경우, 원소가 3개인 집합 $\{1, 2, 3\}$, 즉 자기 자신도 자기 자신의 부분집합이라고 말할 수 있을까요?

$$\{1, 2, 3\} \subset \{1, 2, 3\}?$$

부분집합 정의를 적용하여 직접 확인해 보도록 하겠습니다.

$A=\{1, 2, 3\}$, $B=\{1, 2, 3\}$일 때,
A의 모든 원소는 B의 원소가 되는가? ➡ Yes!

집합 $A=\{1, 2, 3\}$의 모든 원소는 $B=\{1, 2, 3\}$의 원소가 될 수 있기 때문에, 자기 자신도 자기 자신의 부분집합이 될 수 있습니다.

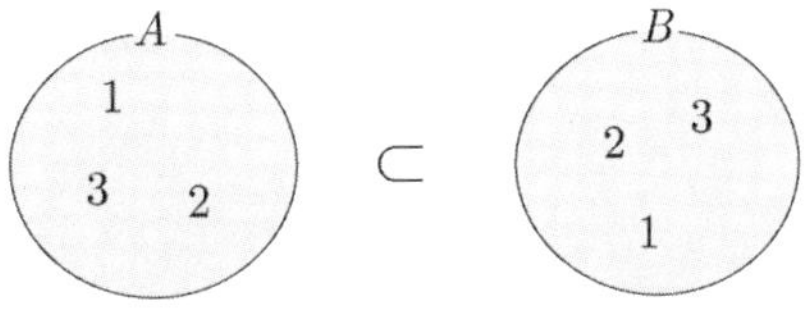

이것은 공집합끼리도 서로 부분집합이 될 수 있다는 것을 의미합니다. ($\varnothing \subset \varnothing$)

자기 자신도 부분집합이 될 수 있다는 사실에 반대했던 수학자 중 한 사람이 진부분집합에 대한 개념을 도입했으리라 추정됩니다. 자기 자신보다 원소가 1개라도 더 적은 집합, 즉 자기 자신을 제외한 모든 부분집합을 일컬어 **진(眞)부분집합**이라고 정의합니다.

B의 진부분집합

$A \subset B$이고 $A \neq B$를 만족하는 모든 A를 B의 진부분집합이라 한다.

진부분집합은 통상적으로 생각하는 '부분'에 걸맞은 '진짜 부분집합'인 셈입니다.

집합의 포함관계

부분집합의 정의를 기초로 집합의 포함관계를 좀 더 자세히 다루어보도록 하겠습니다.

부분집합

'$x \in A$이면 $x \in B$'를 만족할 때,

A는 B의 부분집합이라고 말한다.

➡ $A \subset B$

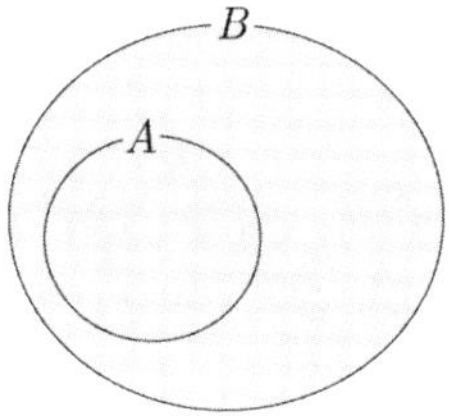

다음 두 집합 A, B 사이의 포함관계는 어떻게 될까요? (두 집합을 원소나열법으로 나타낸 후, 집합의 포함관계를 알아본다)

① $A = \{1, 2, 3\}$, $B = \{x \mid 0 \le x \le 5,\ x\text{는 정수}\}$

② $A = \left\{\frac{x}{2} \mid 0 < x < 5,\ x\text{는 정수}\right\}$, $B = \{1, 2, 3\}$

③ $A = \{x \mid x^2 = 1,\ x\text{는 실수}\}$, $B = \{-1, 1\}$

①의 경우, 집합 B를 원소나열법으로 나타내면 $B = \{0, 1, 2, 3, 4, 5\}$가 되므로 집합 A는 B에 포함됩니다.

$A = \{1, 2, 3\}$, $B = \{0, 1, 2, 3, 4, 5\}$

: $x \in A$이면 $x \in B$ (○)

➡ $A \subset B$

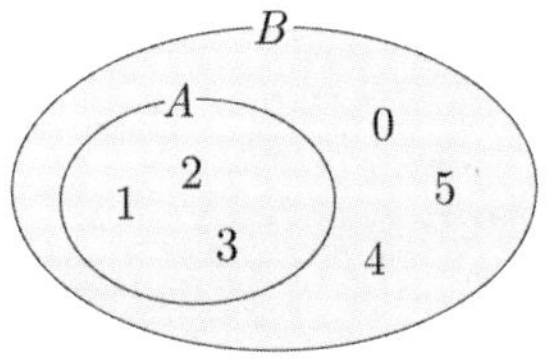

②의 경우, 집합 A를 원소나열법으로 나타내면 $A = \left\{\frac{1}{2}, 1, \frac{3}{2}, 2\right\}$가 되므로, 두 집합 A, B 사이에는 포함관계가 성립하지 않습니다. (단, 공통원소는 존재한다)

$A = \left\{\frac{1}{2},\ 1,\ \frac{3}{2},\ 2\right\},\ B = \{1,\ 2,\ 3\}$

➡ $A \not\subset B,\ B \not\subset A$

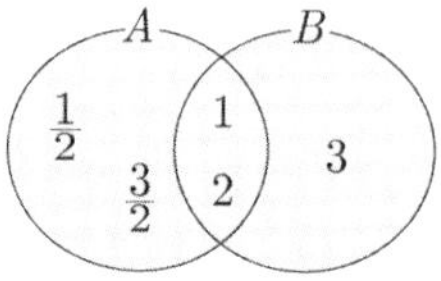

③의 경우, 집합 A를 원소나열법으로 나타내면 $A = \{-1,\ 1\}$이 됩니다. 즉, 집합 $B = \{-1,\ 1\}$과 완전히 동일한 집합이 됩니다.

ⅰ) $x \in A$이면 $x \in B$ (○) → $A \subset B$

ⅱ) $x \in B$이면 $x \in A$ (○) → $B \subset A$

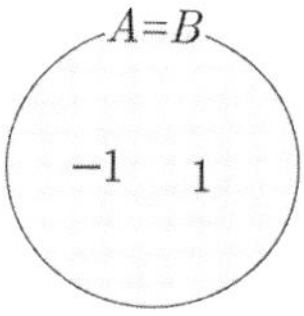

이렇게 원소가 같은 두 집합의 관계를 **상등**이라고 말하며 「$A = B$」로 표현합니다. (상등은 '서로 상(相)', '같을 등(等)' 자를 써서 '서로 같다'는 의미의 한자어이다)

집합의 상등과 관련하여 다음 문제를 풀어보도록 하겠습니다. (어떻게 풀지 잠시 생각해 보는 시간을 가져본다)

다음 두 집합 A, B가 상등일 때, 미지수 x의 값을 구하여라.

$$A = \{x+1,\ x-1,\ 2\},\quad B = \{x^2-1,\ 1,\ 2\}$$

문제해결을 위한 기본설계가 끝나셨나요? 그럼 함께 풀어보도록 하겠습니다. 우선 집합 A, B의 원소를 비교해 보면, '$x+1$' 또는 '$x-1$' 중 반드시 하나는 1이 될 것입니다. ('$x+1=1$인 경우'와 '$x-1=1$인 경우'를 나누어서 x 값을 찾아본다)

ⅰ) $x+1=1$일 경우, $x=0$이 되므로 A, B의 원소는 다음과 같다.

$A = \{1,\ -1,\ 2\},\quad B = \{-1,\ 1,\ 2\}$ → $A = B$

ⅱ) $x-1=1$일 경우, $x=2$가 되므로 A, B의 원소는 다음과 같다.

$$A=\{3,\ 1,\ 2\},\quad B=\{3,\ 1,\ 2\} \rightarrow A=B$$

따라서 두 집합 $A=\{x+1,\ x-1,\ 2\}$와 $B=\{x^2-1,\ 1,\ 2\}$가 서로 같기 위한 x값은 '0 또는 2'가 됩니다.

생각해 보기

세 집합의 포함관계와 관련하여 다음 물음이 참인지 거짓인지 생각해 보자.

세 집합 A, B, C에 대하여

A가 B에 포함되고, B가 C에 포함된다면, 과연 A는 C에 포함될까?

$A \subset B$ $\qquad$ $B \subset C$ $\qquad$ $A \subset C$

집합 A, B, C의 포함관계를 벤 다이어그램으로 그려보면, 위 물음이 참이라는 사실을 쉽게 확인할 수 있다.

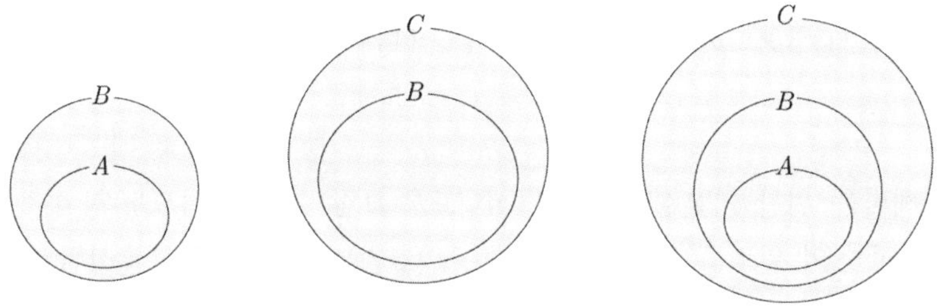

$A \subset B$ 이고 $B \subset C$ $\rightarrow$ $A \subset B \subset C$ (참)

'$A \subset B$이고 $B \subset C$이면, $A \subset C$이다'는 일종의 삼단논법으로서, 다음에 배울 명제에서 좀 더 자세히 배우게 될 것이다. (삼단논법이란 전제가 되는 2개의 명제로부터 새로운 결론을 이끌어내는 논리적 추론을 말한다)

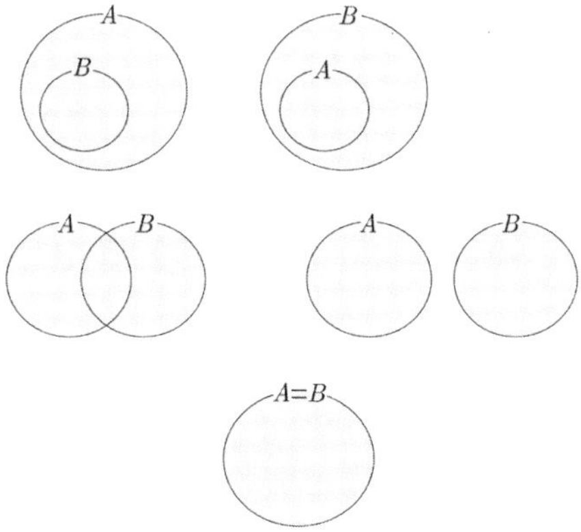

집합의 포함관계와 관련하여 다음 문제를 풀어보도록 하겠습니다. (집합의 원소와 부분집합을 정확히 구별해야 답을 찾을 수 있다)

집합 $S=\{\varnothing, a, 1, \{1\}, \{2\}\}$일 때, 다음 중 틀린 것은?

① $\varnothing \subset S$ ② $\{1\} \subset S$ ③ $\{2\} \subset S$

④ $\{\varnothing, a\} \subset S$ ⑤ $\{1, \{1\}\} \subset S$

문제해결을 위한 기본설계가 끝나셨나요? 그럼 함께 풀어보도록 하겠습니다. 집합 S의 원소를 보니까 많이 혼동되죠? 먼저 원소와 부분집합의 기본 개념을 정리하면 다음과 같습니다.

원소와 부분집합

$$A=\{a\}\begin{cases} a \in A \\ \{a\} \subset A \\ \varnothing \subset A \end{cases}$$

보기 중 옳지 않은 것은 바로 '③ $\{2\} \subset S$'입니다. $\{2\}$는 집합 S의 원소 ($\{2\} \in S$)가 될 수 있지만 부분집합은 될 수 없습니다. 왜냐하면 집합 S에는 원소 2가 없기 때문입니다. ($\{2\}$와 관련된 S의 부분집합은 $\{\{2\}\}$이다 → $\{\{2\}\} \subset S$)

부분집합의 개수

집합 $\{1, 2, 3, 4, 5\}$의 부분집합은 총 몇 개나 나올까요?
부분집합을 구하는 것은 원소를 나누는 과정에 해당되므로, 원소가 많으면 많을수록 부분집합도 많을 수밖에 없습니다. 그럼 집합의 원소가 n개일 때, 부분집합의 개수는 총 몇 개가 되는지 하나씩 따져보도록 하겠습니다. (원소의 개수가 1개인 집합부터 n개인 집합까지, 부분집합의 개수를 조사해 본다)

원소가 1개인 집합 $\{1\}$의 부분집합 ➡ 2개($=2^1$)
($\varnothing$, $\{1\}$)
원소가 2개인 집합 $\{1, 2\}$의 부분집합 ➡ 4개($=2^2$)
($\varnothing$, $\{1\}$, $\{2\}$, $\{1, 2\}$)
원소가 3개인 집합 $\{1, 2, 3\}$의 부분집합 ➡ 8개($=2^3$)
($\varnothing$, $\{1\}$, $\{2\}$, $\{3\}$, $\{1, 2\}$, $\{1, 3\}$, $\{2, 3\}$, $\{1, 2, 3\}$)

…

원소 n개 ➡ 부분집합의 개수는 2^n

여러분은 여기서 '원소가 n개일 때, 부분집합의 개수는 2^n개'라는 사실을 쉽게 추론할 수 있을 것입니다. (부분집합의 개수공식 2^n에 대한 일반적인 증명

과정은 나중에 확률과 통계를 배울 때 자세히 다루게 될 것이다)

※ 참고로 진부분집합의 개수는 (2^n-1)개가 된다.

부분집합의 개수와 관련하여 다음 문제를 풀어보도록 하겠습니다. (어떻게 풀지 잠시 생각해 보는 시간을 가져본다)

집합 A_n이 다음과 같이 정의되었을 때 A_5의 부분집합의 개수를 구하여라.

$$A_n=\{2^k \mid k=1,\ 2,\ 3,\ \cdots,\ n\}$$

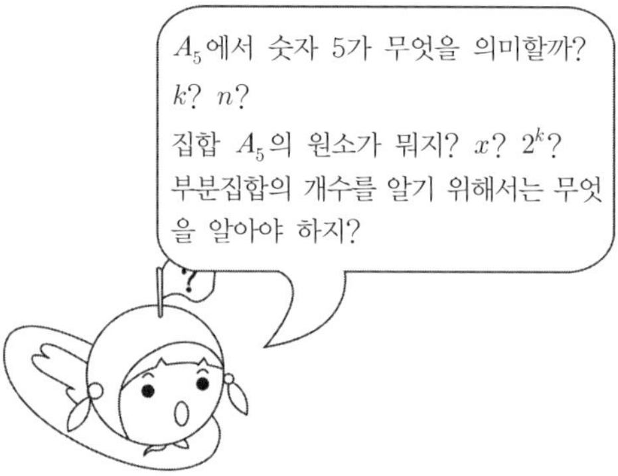

문제해결을 위한 기본설계가 끝나셨나요? 그럼 함께 풀어보도록 하겠습니다. 우선 집합 A_5를 원소나열법으로 나타내면 다음과 같습니다.

$$A_n = \{2^k \mid k=1,\ 2,\ 3,\ \cdots,\ n\} \quad \xrightarrow{n=5} \quad A_5 = \{2^k \mid k=1,\ 2,\ 3,\ 4,\ 5\}$$

A_5의 원소는 2^k이므로 $\xrightarrow{k=1,\ 2,\ 3,\ 4,\ 5}$ $A_5 = \{2^1,\ 2^2,\ 2^3,\ 2^4,\ 2^5\}$

따라서 A_5의 원소의 개수가 5개이므로 부분집합의 개수는 2^5, 즉 32개가 됩니다. (부분집합의 개수공식은 2^n(n은 원소의 개수)이다)

Q 수학에서 나오는 모든 공식을 암기해야 하나요?

A 반드시 그렇지만은 않습니다.
많은 학생들이 '공식을 암기하고 있어야 수학을 잘한다'는 것으로 오해하고 있는데, 공식이란 중간 계산 과정 없이 정답을 쉽게 찾을 수 있는 수학적 도구에 지나지 않습니다.
어떤 공식이 있는지, 그리고 그 공식을 어떻게 사용할 수 있는지가 중요하지, 공식을 암기하고 있다는 것 자체가 중요한 것은 아닙니다.
또한 모든 수학공식은 스마트폰(어플) 등을 이용하여 쉽게 찾아볼 수가 있습니다.

※ 공식을 자주 적용해 보면 자연스럽게 기억할 수 있다.

부분집합과 관련하여 다음 문제의 출제의도를 파악해 보시길 바랍니다.

$A=\{1,\ 2,\ 3,\ 4\}$이고, $B=\{1,\ 2\}$일 때,
$B \subset X$이고 $X \subset A$를 만족하는 집합 X의 개수를 구하시오.

먼저 집합 X는 B의 원소 1, 2를 모두 포함하면서 동시에 집합 A의 부분집합이 되는 집합을 말합니다. 그렇다면 앞의 문제를 다음과 같이 바꾸어 볼 수 있습니다.

> $A=\{1, 2, 3, 4\}$의 부분집합 중 1, 2를 포함하는 부분집합의 개수는 몇 개일까?

일단 A의 부분집합을 모두 구한 다음 원소 1, 2를 포함하는 집합들을 하나씩 세어보도록 하겠습니다. (A의 부분집합의 개수는 $2^4(=16)$개다)

$A=\{1, 2, 3, 4\}$

① 원소가 0개인 부분집합 : $\varnothing$

② 원소가 1개인 부분집합 : $\{1\}$, $\{2\}$, $\{3\}$, $\{4\}$

③ 원소가 2개인 부분집합 : $\{1, 2\}$, $\{1, 3\}$, $\{1, 4\}$, $\{2, 3\}$
$\{2, 4\}$, $\{3, 4\}$

④ 원소가 3개인 부분집합 : $\{1, 2, 3\}$, $\{1, 3, 4\}$, $\{1, 2, 4\}$,
$\{2, 3, 4\}$,

⑤ 원소가 4개인 부분집합 : $\{1, 2, 3, 4\}$

• 1, 2를 포함하는 부분집합의 개수 : 4개

과연 이렇게 푸는 것이 문제에서 원하는 해법일까요? 만약 집합 A가 $\{1, 2, 3, \cdots, 10\}$이라면, A의 부분집합의 개수는 2^{10}(=1024)개나 됩니다. (아마도 부분집합을 구하는 데 모든 시간을 허비할 것이다)

문제의 출제의도를 파악하기 위해 원소 1, 2를 포함하는 A의 부분집합을 자세히 살펴보도록 하겠습니다.

원소 1, 2를 포함하는 A의 부분집합

➡ $\{1, 2\}$, $\{1, 2, 3\}$, $\{1, 2, 4\}$, $\{1, 2, 3, 4\}$

여기서 원소 1, 2를 빼보면 어떻게 될까요?

$\{\ \}$, $\{3\}$, $\{4\}$, $\{3, 4\}$ ➡ $\{3, 4\}$의 부분집합

원소 1, 2를 포함하는 부분집합의 개수는 집합 A에서 1, 2를 뺀 집합 $\{3, 4\}$의 부분집합의 개수와 같습니다. ($\{3, 4\}$의 부분집합을 구하여 각 집합에 1, 2를 집어넣게 되면, 우리가 구하고자 했던 '원소 1, 2를 포함하는 A의 부분집합'을 구할 수 있다)

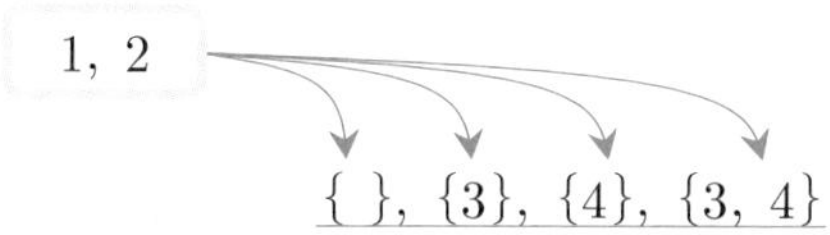

A에서 원소 1, 2가 빠진 $\{3, 4\}$의 부분집합

$(A = \{1, 2, 3, 4\})$

A의 부분집합 중 원소 1, 2를 포함하는 부분집합의 개수는
A에서 원소 1, 2를 뺀 집합 $\{3, 4\}$의 부분집합의 개수와 같다.

※ 집합 A의 원소의 개수가 n개일 때, 특정 m개의 원소를 반드시 포함하는 부분집합의 개수는 2^{n-m}개가 된다.

문제의 출제의도는 바로 '특정 원소를 포함하는 부분집합의 개수가 그 원소를 뺀 집합의 부분집합의 개수와 같다'는 사실을 알고 있느냐 하는 것입니다. (우리는 정답을 역추적하여 그 사실을 도출해 냈다)

위 내용과 관련하여 다음 응용문제를 풀어보도록 하겠습니다. (문제의 의미를 잘 생각하면서 핵심포인트를 찾아본다)

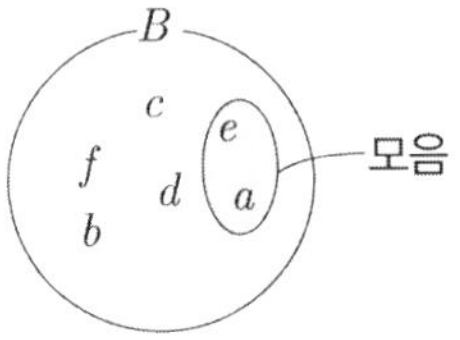

B의 부분집합 중
모음이 적어도 1개 이상 포함되는
부분집합의 개수는 몇 개일까?

문제의 핵심포인트를 찾으셨나요?

우리가 구하고자 하는 것은 B의 부분집합 중 모음(a, e)이 '적어도 1개 이상 포함'된 집합의 개수이므로, 다음 3가지 경우를 모두 살펴봐야 합니다.

① a가 포함된 부분집합 (e는 불포함)
② e가 포함된 부분집합 (a는 불포함)
③ a, e가 모두 포함된 부분집합

※ B의 부분집합 중 모음(a, e)이 적어도 1개 이상 포함된 집합의 개수는 ①, ②, ③의 부분집합의 개수를 모두 합한 것과 같다. 즉, 3가지 경우로 나누어 각 부분집합의 개수를 구하는 것이 이 문제의 핵심포인트이다.

그럼 각각의 경우에 해당하는 집합의 개수를 구해보도록 하겠습니다. ('특정 원소를 포함하는 부분집합의 개수는 그 원소를 뺀 집합의 부분집합의 개수와 같다'는 사실을 기억하면서 천천히 읽어본다)

B의 부분집합 중

① a를 포함하는 부분집합의 개수(e는 포함되지 않는다) ➡ e를 뺀 집합 $\{a, b, c, d, f\}$의 부분집합 중 a를 포함하는 부분집합의 개수이므로

$$2^{5-1} = 2^4$$

② e를 포함하는 부분집합의 개수(a는 포함되지 않는다) ➡ a를 뺀 집합 $\{b, c, d, e, f\}$의 부분집합 중 e를 포함하는 부분집합의 개수이므로

$$2^{5-1} = 2^4$$

③ a, e를 모두 포함하는 부분집합의 개수 ➡ $\{a, b, c, d, e, f\}$의 부분집합 중 a, e를 모두 포함하는 부분집합의 개수이므로

$$2^{6-2} = 2^4$$

집합 B의 부분집합 중 모음이 적어도 1개 이상, 포함된 집합의 개수는 '①, ②, ③의 경우'를 모두 합한 48개가 됩니다. $(16+16+16=48)$

참고로 집합 B의 부분집합 중 모음이 '적어도 1개 이상' 포함된 집합의 개수는 집합 B의 전체 부분집합의 개수에서 '모음이 아무것도 포함되지 않은 부분집합'의 개수를 뺀 것과 같다는 사실을 이용하여 다음과 같이 좀 더 간단하게 풀 수도 있습니다.

$$\underbrace{(B\text{의 부분집합의 개수})}_{2^6} - \underbrace{(a,\ e\text{가 포함되지 않은 부분집합의 개수})}_{2^4} = 48$$

이제 '적어도'라는 표현이 나오면 위와 같이 역으로 생각하여 푸시길 바랍니다. 계산이 훨씬 간단해집니다.

앞으로 우리는 '수학적 규칙과 원리를 찾는 문제'에 익숙해져야 합니다. 어떤 현상을 분석하고 일정한 규칙과 원리를 도출해 내는 것이 바로 우리가 수학을 배우는 이유 중 하나이기 때문입니다. (여기서 말하는 현상이란 비단 수학에 관한 것뿐만이 아니라 일상적인 모든 현상을 포함한다)

개념 한눈에 보기

1. **집합** : 그 대상을 명확하게 구분할 수 있는 모임
2. **원소** : 집합을 구성하는 각각의 대상
3. **집합과 원소의 관계**
   ① a가 집합 A의 원소일 때 → $a \in A$
   ② a가 집합 A의 원소가 아닐 때 → $a \notin A$
4. **집합의 분류**
   ① 유한집합 : 원소의 개수에 한계가 있는(有限) 집합
   ② 무한집합 : 원소의 개수에 한계가 없는(無限) 집합
   ③ 공집합 : 원소가 없는 집합 ($\varnothing$) ※ 공집합은 유한집합에 속한다.
5. **집합의 표시법**
   ① 원소나열법 : 괄호 안에 원소를 하나씩 나열하여 집합을 표시하는 방법
   ② 조건제시법 : 원소에 대한 속성(조건)을 설명(제시)하여 집합을 표시하는 방법
6. **벤 다이어그램** : 집합을 원 또는 타원으로 나타내는 집합의 표현방식
7. **부분집합** : 집합 A의 모든 원소가 집합 B의 원소일 때(A가 B에 포함될 때)
   A를 B의 부분집합이라고 말한다. → $A \subset B$
8. **진부분집합** : 자기 자신을 제외한 부분집합
9. **부분집합의 성질** : $A \subset B$이고 $B \subset C$이면 $A \subset C$이다.
10. **집합의 상등** : 원소가 같은 두 집합의 관계 ($A \subset B$, $B \subset A$ → $A = B$)
11. **부분집합의 개수** : 2^n (n : 원소의 개수)
12. **공집합**
   ① 공집합은 원소가 없는 집합이다.
   ② 공집합은 $\varnothing$로 표시한다.
   ③ 0은 공집합의 원소가 아니다.
   ④ 공집합의 원소의 개수는 0개이다.
   ⑤ 공집합은 모든 집합의 부분집합이 된다.
   ⑥ 공집합은 공집합끼리 서로 부분집합이 된다.

앞서 배운 개념을 활용하여 다음 문제를 풀어보도록 하겠습니다. 정답을 맞히는 게 목적이 아니기 때문에 연습장을 꺼낼 필요는 없습니다. 그 대신 어떤 개념을 어떻게 활용할 것인지 곰곰이 생각해 보시길 바랍니다. (도출형 학습방식)

집합 $A(k)$를 k(자연수)의 거듭제곱 수에 대한 '일의 자리의 수의 집합'이라 하자. 예를 들어, $k=2$인 경우 $2^1=2$, $2^2=4$, $2^3=8$, $2^4=16$, $2^5=32$ $\cdots$이므로 $A(2)=\{2, 4, 6, 8\}$이 된다. 다음 중 옳은 것은 무엇인가?

a. $1 \in A(3)$
b. $A(6) \subset A(3)$
c. $A(3^n)=A(3)$인 자연수 n이 존재한다. (단, $n>1$)

1 단계 개념도출 문제를 풀기 위해서는 어떤 개념을 알아야 할까요?

2 단계 개념설명 개념을 알고 있다면 간단히 설명해 보길 바랍니다.

3 단계 문제해결 그럼 어떻게 문제를 해결할 수 있을까요?

집합 $A(k)$를 k(자연수)의 거듭제곱 수에 대한 '일의 자리의 수의 집합'이라 하자. 예를 들어, $k=2$인 경우 $2^1=2$, $2^2=4$, $2^3=8$, $2^4=16$, $2^5=32$ ⋯이므로 $A(2)=\{2, 4, 6, 8\}$이 된다. 다음 중 옳은 것은 무엇인가?

a. $1 \in A(3)$
b. $A(6) \subset A(3)$
c. $A(3^n)=A(3)$인 자연수 n이 존재한다. (단, $n>1$)

1단계 문제를 풀기 위해서는 어떤 개념을 알아야 할까요?

집합 $A(k)$의 의미, 집합과 원소와의 관계, 집합의 포함관계, 집합의 상등에 대해 알아야 한다.

2단계 개념을 알고 있다면 간단히 설명해 보길 바랍니다.

집합 $A(k)$의 의미

$A(k)$는 자연수 k의 거듭제곱 수에 대한 '일의 자리의 수들의 집합'으로서, $A(3)$의 경우, $A(3)=\{3, 9, 7, 1\}$이 된다. ($3^1=3$, $3^2=9$, $3^3=27$, $3^4=81$)

집합과 원소와의 관계

a가 집합 A의 원소일 때, 'a는 집합 A에 속한다'라고 말하고 「$a \in A$」로 표시한다.

집합의 포함관계

두 집합 A, B에서 '$x \in A$이면 $x \in B$'일 때 'A는 B의 부분집합'이라고 말하며 $A \subset B$로 표시한다.

집합의 상등

두 집합 A, B에서 '$A \subset B$이고 $B \subset A$'이면 두 집합 A, B를 상등이라고 말하며 「$A=B$」로 표시한다. (두 집합의 원소가 같다)

3단계 그럼 어떻게 문제를 해결할 수 있을까요?

보기 a, b는 $A(k)$의 정의에 맞춰 $A(3)$, $A(6)$을 원소나열법으로 나타내면 쉽게 확인할 수 있다.

보기 c의 경우, $n(n>1)$에 2, 3, 4…를 대입하여, $A(3^n)=A(3)$을 만족하는 n이 있는지 찾아보면 된다. ($3^2=9$, $3^3=27$, $3^4=81$ …의 일의 자리의 숫자에 유념하도록 한다)

우리는 이와 같은 **도출형 학습방식**에 익숙하지 않습니다. 하지만 도출형 학습방식으로 여러 문제를 풀다 보면, 연습장 없이도 쉽게 문제를 해결할 수 있습니다. (즉, 머릿속으로 문제에 대한 해법을 설계할 수 있을 것이다)

정답이 궁금한 학생들은 다음 정답풀이를 참고하시기 바랍니다.

a. $1 \in A(3)$

$A(3)$: $k=3$이므로 $3^1=3$, $3^2=9$, $3^3=27$, $3^4=81$이다. 3^4의 일의 자리가 1이 나왔으므로, 다음 수 3^5부터는 일의 자릿수가 반복된다는 것을 알 수 있다.

$$3^1=3,\ 3^2=9,\ 3^3=27,\ 3^4=81$$
$$3^5=\cdots 3,\ 3^6=\cdots 9,\ 3^7=\cdots 7$$
$$\to A(3)=\{3,\ 9,\ 7,\ 1\}$$

∴ a. $1 \in A(3)$ → 〈참〉

b. $A(6) \subset A(3)$

$A(6)$: $k=6$이므로 $6^1=6$, $6^2=36$, $6^3=216$, $\cdots$이다. 따라서 6의 거듭제곱 수에 대한 일의 자릿수는 6뿐이다.

$\to A(6)=\{6\}$

∴ $A(6)=\{6\} \not\subset A(3)=\{3,\ 9,\ 7,\ 1\}$ → 〈거짓〉

c. $A(3^n)=A(3)$인 자연수 n이 존재한다 (단, $n>1$)

우선 3^n에 $n=2,\ 3,\ 4\cdots$를 대입해 보자.

$\to 3^2=9,\ 3^3=27,\ 3^4=81,\ 3^5=243\cdots$

$3^5(=243)$의 일의 자릿수가 3이므로, 243에 대한 거듭제곱 수 243^1, 243^2, $\cdots$의 일의 자릿수는 3의 거듭제곱 수 3^1, 3^2, $3^3\cdots$에 대한 일의 자릿수와 같다는 것을 짐작할 수 있다.

$$243^1=243,\quad 243^2=\cdots 9,\quad 243^3=\cdots 7,\ \cdots$$

∴ c. $A(3^n)=A(3)$인 자연수 $n(=5)$이 존재한다. → 〈참〉

정답 a, c

도출형 학습방식이란 무엇일까?

도출형 학습방식이란 문제를 풀기 위한 개념을 먼저 도출한 다음, 그 개념을 활용해서 어떻게 풀지 머릿속으로 설계하면서 문제를 푸는 방식을 말한다.
이렇게 문제를 풀다 보면, 새로운 문제가 나와도 쉽게 해법을 찾을 수 있는 수학적 사고력이 길러질 것이다.

2 집합과 연산

집합의 연산

연산이란 두 원소를 이용하여 제3의 원소를 만들어내는 계산 도구를 말합니다. 대표적인 연산으로는 사칙연산(+−×÷)이 있습니다.

$$2+3=5,\ 3\times 4=12,\ 5-7=-2,\ 12\div 4=3$$

그럼 집합에도 연산이 존재할까요? 다음 조건을 만족하는 집합의 연산을 찾아보기로 하겠습니다.

① 두 집합의 공통원소를 찾아라.
② 두 집합의 원소를 한곳(집합)으로 모아라.
③ 한 집합에서 다른 집합의 원소를 빼라.

첫 번째 연산은 **교집합**입니다. 교집합은 두 집합의 공통원소만을 모은 집합을 말하며, 「$A\cap B$」로 표시합니다. $A=\{1,\ 2,\ 3,\ 4\}$, $B=\{1,\ 3,\ 5,\ 7\}$일 때, 교집합 $A\cap B$는 $\{1,\ 3\}$이 됩니다. (교집합의 교는 '사귈 교(交)' 자를 쓴다)

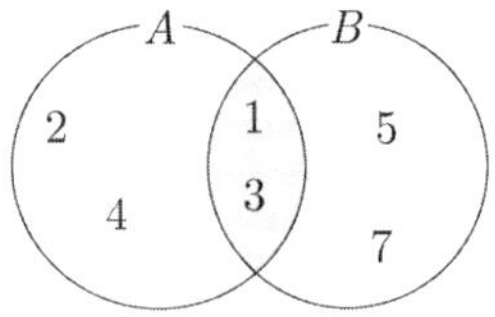

두 번째 연산은 **합집합**입니다. 합집합은 두 집합의 원소를 한데 모은 집합을 말하며, 「$A \cup B$」로 표시합니다. 여기서 A, B의 공통원소(중복된 원소)는 한 번씩만 씁니다. $A=\{1,\ 2,\ 3,\ 4\}$, $B=\{1,\ 3,\ 5,\ 7\}$일 때, 합집합 $A \cup B$는 $\{1,\ 2,\ 3,\ 4,\ 5,\ 7\}$이 됩니다.

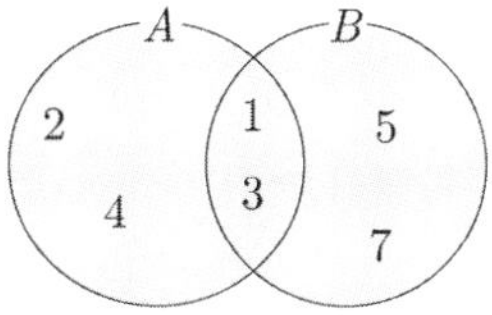

세 번째 연산은 **차집합**입니다. 차집합은 한 집합(A)에서 다른 집합(B)의 원소를 뺀 집합을 말하며 「$A-B$」로 표시합니다. 집합 $A=\{1,\ 2,\ 3,\ 4\}$, $B=\{1,\ 3,\ 5,\ 7\}$일 때, 차집합 $A-B$는 $\{2,\ 4\}$가 됩니다.

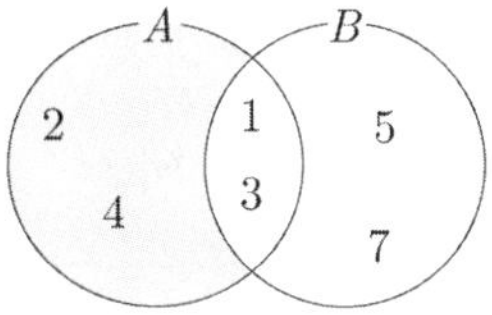

※ $A-B$는 (A에서 $A \cap B$의 원소를 뺀 집합 / $A \cup B$에서 B의 원소를 뺀 집합)과도 같다. ➡ $A-B=A-(A \cap B)$
$=(A \cup B)-B$

차집합의 또 다른 개념으로 **여집합**이란 것이 있습니다. 여집합은 전체집합 U에서 집합 A의 원소를 뺀 집합으로 「A^c」으로 나타냅니다. ($A^c=U-A$) 여집합은 '남을 여(餘)' 자를 써서 '빼고 남은' 집합을 의미하는 한자어입니다. 예를 들어, 전체집합 $U=\{1,\ 2,\ 3,\ 4,\ 5\}$, $A=\{1,\ 2,\ 3\}$일 때, A^c은 $\{4,\ 5\}$가 됩니다.

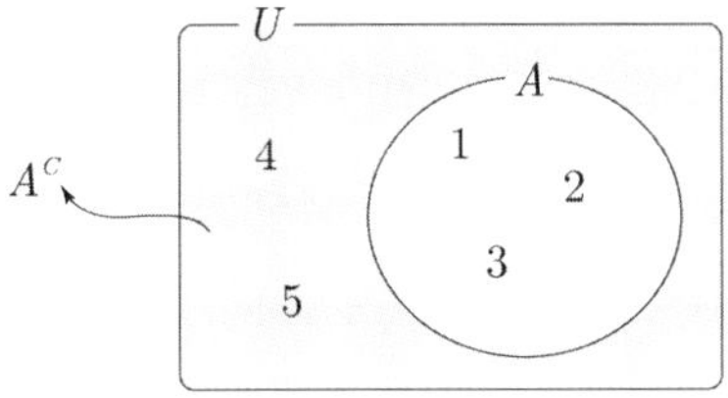

참고로 여집합은 다음과 같은 성질을 가지고 있습니다. ($(A^c)^c = U - A^c$임을 생각하면서 각자 예시를 통해 확인해 본다)

$$(A^c)^c = A$$

집합의 연산을 조건제시법으로 나타낼 수도 있습니다.

집합의 연산

교집합 : $A \cap B = \{x | x \in A \text{ and } x \in B\}$

합집합 : $A \cup B = \{x | x \in A \text{ or } x \in B\}$

차집합 : $A - B = \{x | x \in A \text{ and } x \notin B\}$

여집합 : $U - A = A^c = \{x | x \in U \text{ and } x \notin A\}$

여기서 접속사 and와 or에 주의를 기울여야 합니다. 특히 국어에서 'or'는 '둘 중 하나'를 뜻하지만, 수학에서는 '둘 중 하나이거나 둘 다'를 의미하기 때문입니다.

다음 집합 U, A, B에 대하여 4가지 연산(교집합, 합집합, 차집합, 여집합)을 적용해 보도록 하겠습니다.

$U=\{1,\ 2,\ 3,\ a,\ b,\ c\}\quad A=\{1,\ 2,\ a\}\quad B=\{3,\ a,\ b\}$

$A\cap B=\{\ a\ \}$

$A\cup B=\{\ 1,\ 2,\ 3,\ a,\ b\ \}$

$A-B=\{\ 1,\ 2\ \}$

$U-A=A^c=\{\ 3,\ b,\ c\ \}$

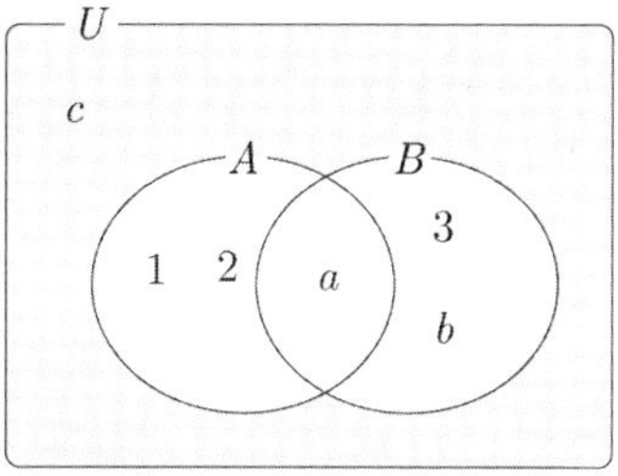

집합의 연산과 관련하여 다음 응용문제를 풀어보도록 하겠습니다. (어떻게 풀지 잠시 생각해 보는 시간을 가져본다)

전체집합 U의 두 부분집합 A, B에 대하여,
$A\triangle B=(A-B)\cup(A\cup B)^c$으로 정의할 때, 다음 중 틀린 것을 고르시오.

① $A\triangle U=\varnothing$ ② $B\triangle\varnothing=U$ ③ $U\triangle A=B$

문제해결을 위한 기본 설계가 끝나셨나요? 그럼 함께 풀어보도록 하겠습니다. 일단 새로운 연산 $A\triangle B=(A-B)\cup(A\cup B)^c$이 어떤 집합인지 알아보기 위해, 집합 $A\triangle B$와 $B\triangle A$를 벤 다이어그램으로 그려보면 다음과 같습니다.

$A \triangle B = (A - B) \cup (A \cup B)^c$

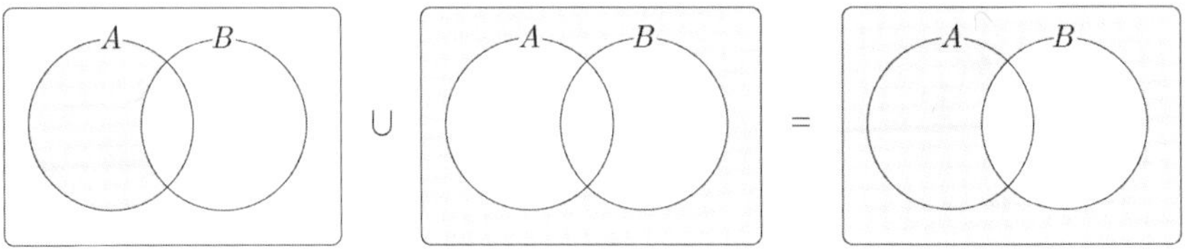

$A - B$ $\qquad$ $(A \cup B)^c$ $\qquad$ $U - B$

$B \triangle A = (B - A) \cup (B \cup A)^c$

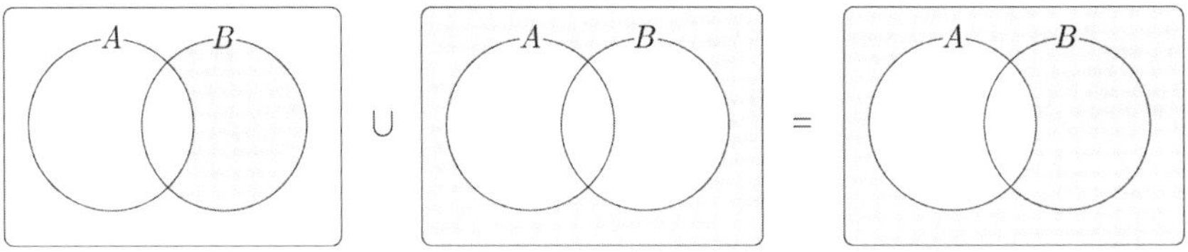

$B - A$ $\qquad$ $(B \cup A)^c$ $\qquad$ $U - A$

$A \triangle B$와 $B \triangle A$에 대한 벤 다이어그램을 확인해 본 결과, $A \triangle B = U - B$, $B \triangle A = U - A$라는 사실을 알 수 있습니다. (즉, 집합 $X \triangle Y$는 앞쪽 값(X)에 관계없이 전체집합(U)에서 뒤쪽 값(Y)을 뺀 집합이 된다. ➡ $X \triangle Y = U - Y$)

그렇다면 연산 $\triangle$의 의미 '$X \triangle Y = U - Y$'를 보기 ①, ②, ③에 차례로 적용해 보도록 하겠습니다.

$A \triangle B = \underline{U} - B$ $\qquad$ $B \triangle A = \underline{U} - A$

① $A \triangle U = \varnothing \rightarrow A \triangle U = U - U = \varnothing$ (참)

② $B \triangle \varnothing = U \rightarrow B \triangle \varnothing = U - \varnothing = U$ (참)

③ $U \triangle A = B \rightarrow U \triangle A = U - A \neq B$ (거짓)

보기 중 틀린 것은 '③ $U \triangle A = B$'입니다.

집합의 연산법칙 (1)

실수의 사칙연산(+−×÷)에 **교환 · 결합 · 분배법칙**을 적용하면, 식의 계산이 훨씬 쉬워집니다.

$$(128\times49)\times\frac{1}{7}\times\frac{3}{64}$$

결합법칙

$$=128\times(49\times\frac{1}{7})\times\frac{3}{64}$$

$$=128\times7\times\frac{3}{64}$$

교환법칙

$$=128\times\frac{3}{64}\times7$$

$$=2\times3\times7$$

➡ $(128\times49)\times\frac{1}{7}\times\frac{3}{64}=42$

※ 식 $(128\times49)\times\frac{1}{7}\times\frac{3}{64}$을 연산법칙 없이 순서대로 계산했다면, 아주 많은 시간이 걸렸을 것이다.

집합의 연산에도 교환 · 결합 · 분배법칙이 성립하는지 확인해 보도록 하겠습니다.

첫째, **교환법칙**이란 두 원소의 순서를 바꾸어 계산해도 그 결과가 변하지 않는다는 계산법칙을 말합니다. $(2\times 3=3\times 2=6)$
교집합과 합집합은 집합의 순서와 관계없이 정의되었기 때문에 모두 교환법칙이 성립합니다. (교집합은 두 집합의 공통원소를 모은 집합을, 합집합은 두 집합의 원소를 한곳으로 모은 집합을 말한다)

$A=\{1,\ 2,\ 3\}$, $B=\{2,\ 5\}$일 때,
$A\cap B=\{2\}$, $B\cap A=\{2\}$ → $A\cap B=B\cap A$
$A\cup B=\{1,\ 2,\ 3,\ 5\}$, $B\cup A=\{1,\ 2,\ 3,\ 5\}$ → $A\cup B=B\cup A$

둘째, **결합법칙**이란 3개 이상의 원소 사이에 동일한 연산이 적용되었을 때, 어느 2개를 묶어 먼저 계산해도 그 결과는 변하지 않는다는 계산법칙을 말합니다. $((2\times 3)\times 4=2\times (3\times 4)=24)$

교환법칙과 마찬가지로 교집합과 합집합의 결합법칙도 성립합니다. (예시 생략)

$$(A\cap B)\cap C=A\cap (B\cap C) \quad (A\cup B)\cup C=A\cup (B\cup C)$$

셋째, **분배법칙**이란 임의의 세 원소 사이에 서로 다른 두 연산이 괄호 안팎으로 적용되었을 때, 괄호를 분리하여 계산해도 그 결과는 변하지 않는다는 계산법칙을 말합니다.

$$3\times(5+4) \Rightarrow (3\times5)+(3\times4)$$

※ '덧셈에 대한 곱셈의 분배법칙'은 성립하지만, 그 반대의 경우는 성립하지 않는다. ($3+(5\times4) \neq (3+5)\times(3+4)$)

그럼 교집합과 합집합의 분배법칙이 성립하는지 확인해 보도록 하겠습니다.

① $A\cap(B\cup C)=(A\cap B)\cup(A\cap C)$

② $A\cup(B\cap C)=(A\cup B)\cap(A\cup C)$

먼저 세 집합 $A=\{1, 2, 3\}$, $B=\{2, 5\}$, $C=\{3, 5, 6\}$에 대하여 분배법칙 ① $A\cap(B\cup C)=(A\cap B)\cup(A\cap C)$의 성립 여부를 확인해 보면 다음과 같습니다. (양변을 원소나열법으로 나타내본다)

$$\underbrace{\underset{1,\ 2,\ 3}{A} \cap \underset{2,\ 3,\ 5,\ 6}{(B\cup C)}}_{\{2,\ 3\}} = \underbrace{\underset{2}{(A\cap B)} \cup \underset{3}{(A\cap C)}}_{\{2,\ 3\}}$$

양변의 결과가 서로 같으므로, 분배법칙 ① $A\cap(B\cup C)=(A\cap B)\cup(A\cap C)$가 성립한다는 것을 알 수 있습니다.

이번엔 분배법칙 ② $A\cup(B\cap C)=(A\cup B)\cap(A\cup C)$의 성립 여부를 벤다이어그램을 통해 확인해 보도록 하겠습니다.

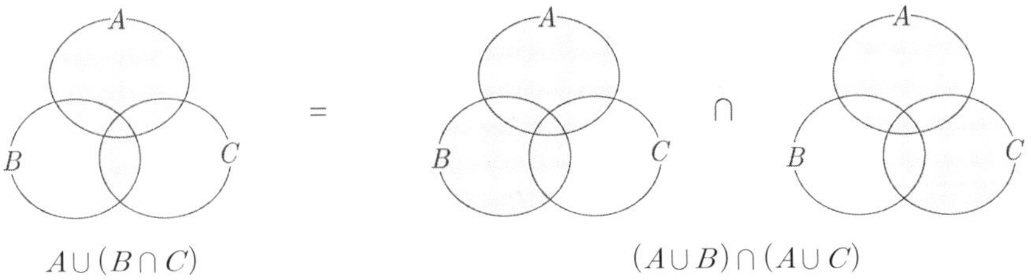

분배법칙 ② $A\cup(B\cap C)=(A\cup B)\cap(A\cup C)$ 성립

교집합과 합집합은 모두 교환·결합·분배법칙이 성립한다는 것을 알 수 있습니다.

집합의 연산법칙 (2)

집합에는 사칙연산에서는 볼 수 없는 특이한 연산법칙들이 있습니다. 그중에 하나가 바로 **흡수법칙**입니다. (연산 결과가 두 집합 중 어느 하나에 흡수된다고 하여 흡수법칙이라 불린다)

흡수법칙

① $A \cap (A \cup B) = A$　　② $A \cup (A \cap B) = A$

(괄호 안팎으로 교집합과 합집합이 있을 때, 두 번 사용된 집합으로 흡수된다)

흡수법칙 ① $A \cap (A \cup B) = A$를 벤 다이어그램으로 확인해 보도록 하겠습니다. (②는 각자 그려보도록 한다)

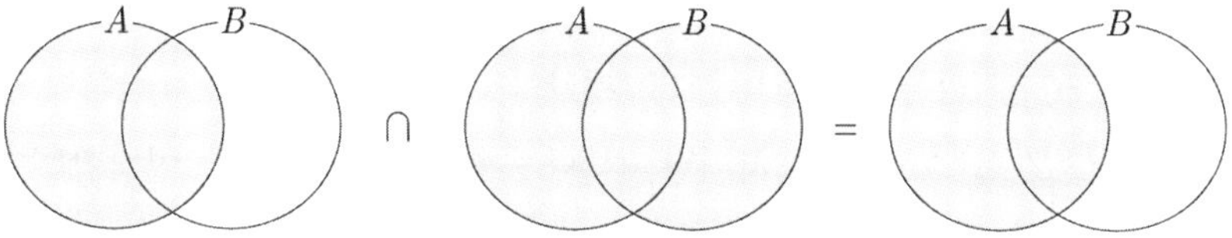

$A \cap (A \cup B)$　　A

흡수법칙에 여집합을 적용해 보면 다음과 같습니다. (두 번 쓰인 집합으로 흡수된다는 사실을 기억하면 쉽게 계산할 수 있을 것이다)

$A^c \cap (B \cup A^c) = A^c$　　$B \cup (A^c \cap B) = B$　　$A^c \cap (A^c \cup B^c) = A^c$

다음으로 **차집합의 연산법칙**에 대해 살펴보도록 하겠습니다. (앞에서도 언급했듯이, 차집합은 여집합과 깊은 관련이 있다)

차집합의 연산법칙

$$\underbrace{A - B}_{\text{차집합}} = A \cap B^{\textcircled{c}}$$

ⓒ 여집합

※ A, B의 차집합 : $A - B$, A의 여집합 : $A^c = U - A$

차집합의 연산법칙 $A-B=A\cap B^c$의 좌변과 우변을 벤 다이어그램으로 그려보면, 그 성립 여부를 쉽게 확인할 수 있습니다.

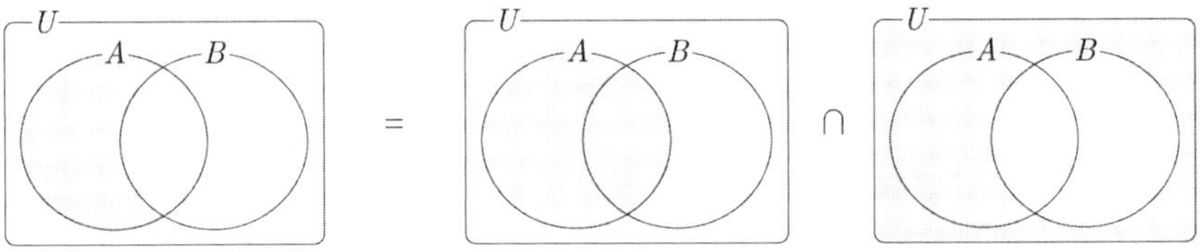

$A-B$　　　　　　　　　　$A\cap B^c$

차집합$(A-B)$은 다른 연산과 함께 계산할 수 없기 때문에, 연산법칙 $A-B=A\cap B^c$을 이용하여 차집합 기호$(-)$를 교집합$(\cap)$과 여집합$(\,^c)$ 기호로 변환하여 계산합니다. 그렇다면 차집합의 연산법칙을 여러 집합에 적용해 보도록 하겠습니다. (차집합 기호(−)가 어떻게 변환되는지 유심히 살펴 본다)

$$A-B=A\cap B^c$$

$$A-B=A\cap B^{c}$$

$$B-A^c=B\cap(A^c)^c=B\cap A$$

$$A^c-B^c=A^c\cap(B^c)^c=A^c\cap B$$

※ 여집합의 성질 : $(A^c)^c=A$

마지막으로 연산법칙 중 가장 특이한 형태를 지닌 **드 모르간의 법칙**에 대해 알아보도록 하겠습니다. 드 모르간의 법칙은 영국의 수학자 드 모르간이 알아낸 법칙으로서, 여집합$(^c)$ 개념에 큰 의미를 부여하고 있습니다. (다음에 배울 '명제의 부정'과 깊은 관련이 있으니 주의 깊게 살펴본다)

드 모르간의 법칙

① $(A \cup B)^c = A^c \cap B^c$　　　② $(A \cap B)^c = A^c \cup B^c$

식의 형태를 유심히 살펴보면, 여집합기호(^{c})에 의해 '괄호 안의 모든 것'이 '반대로 바뀐다는 것'을 알 수 있습니다.

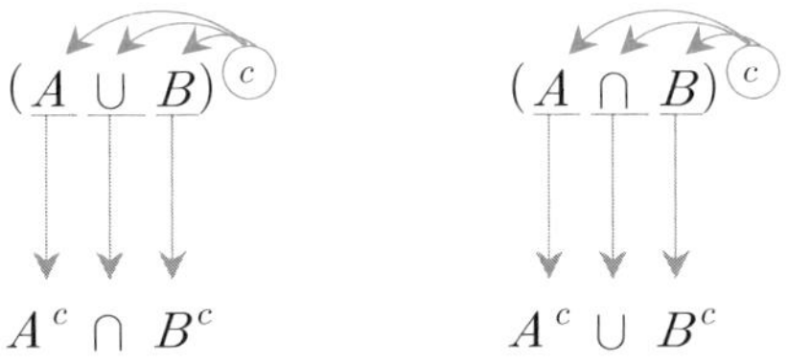

벤 다이어그램을 통해 드 모르간의 법칙을 직접 확인해 보도록 하겠습니다.

① $(A \cup B)^c = A^c \cap B^c$

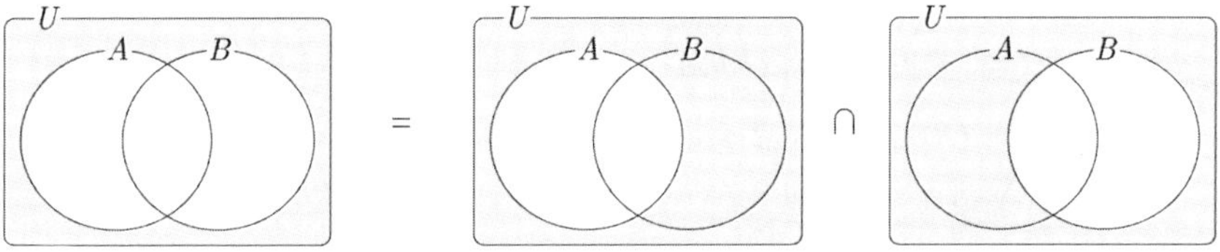

$(A \cup B)^c$　　　A^c　　　B^c

② $(A \cap B)^c = A^c \cup B^c$

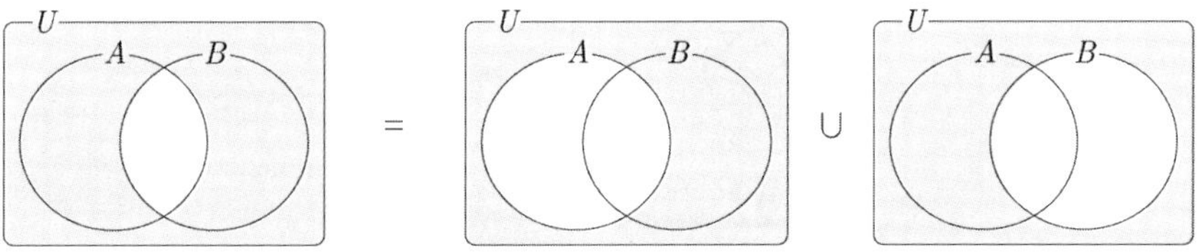

$(A \cap B)^c$　　　A^c　　　B^c

이번에는 드 모르간의 법칙을 여러 집합에 적용해 보겠습니다. (연산식이 어렵게 보이지만 '괄호가 풀리면서 괄호 안의 모든 것이 반대로 바뀐다는 사실'을 기억하면, 어렵지 않게 드 모르간의 법칙을 적용할 수 있을 것이다)

① $(A \cup B)^c = A^c \cap B^c$ $(A^c \cup B)^c = (A^c)^c \cap B^c = A \cap B^c$

② $(A \cap B)^c = A^c \cup B^c$ $(B \cap A^c)^c = B^c \cup (A^c)^c = B^c \cup A$

※ 여집합의 성질 $(A^c)^c = A$

그 밖의 여러 가지 연산법칙을 정리하면 다음과 같습니다. (벤 다이어그램을 생각하면서 차근차근 읽어 내려가길 바란다)

① $A \cup A = A$, $A \cap A = A$

② $A \cup \varnothing = A$, $A \cap \varnothing = \varnothing$, $A \cap U = A$, $A \cup U = U$

③ $A \cap A^c = \varnothing$, $A \cup A^c = U$

④ $(A^c)^c = A$, $\varnothing^c = U$, $U^c = \varnothing$

⑤ $A \cup B = \varnothing$ 이면 $A = \varnothing$ 이고 $B = \varnothing$

⑥ $A \cap B = U$이면 $A = U$이고 $B = U$

⑦ $A \cup B = U$이고 $A \cap B = \varnothing$ 이면 $A = B^c$이고 $B = A^c$

여러 연산법칙 중 다음 3가지는 기억해 두는 것이 좋습니다.

① 흡수법칙 : $A \cap (A \cup B) = A$, $A \cup (A \cap B) = A$

② 차집합의 연산법칙 : $A - B = A \cap B^c$

③ 드 모르간의 법칙 : $(A \cup B)^c = A^c \cap B^c$, $(A \cap B)^c = A^c \cup B^c$

그 외의 연산법칙들은 벤 다이어그램으로 금방 답을 찾을 수 있기 때문에 굳이 암기할 필요는 없습니다.

$A \cap A^c = \varnothing$ ➡

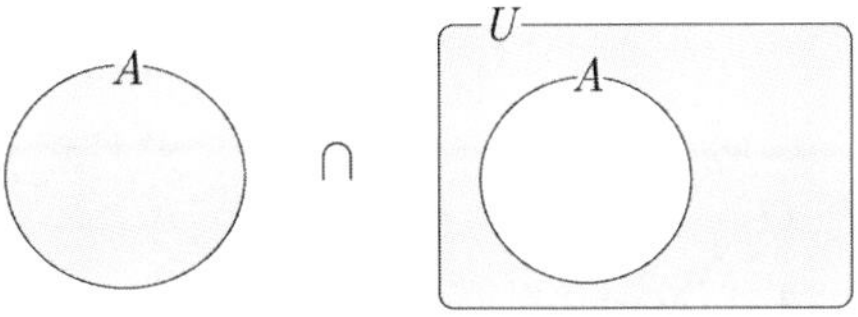

$A \cap U = A$ ➡

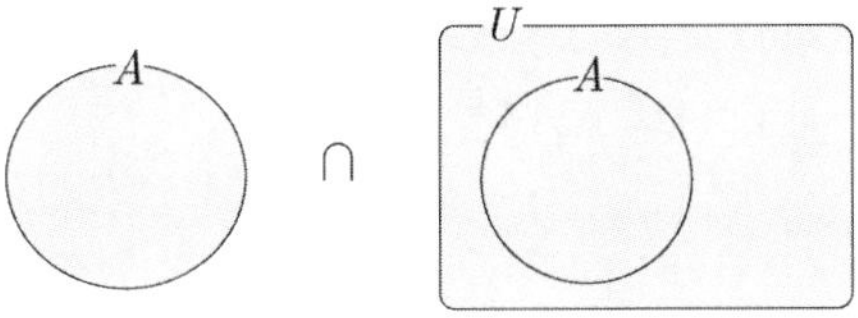

연산법칙의 활용

연산법칙을 활용하면, 집합의 연산을 쉽고 빠르게 계산할 수 있습니다.

$U = \{1, 2, 3, 4, 5\}$, $A = \{1, 2, 3\}$, $B = \{2, 4\}$일 때,

$A \cap B \cap A^c = ?$

연산법칙 적용 × (순서대로 계산)	연산법칙 적용 ○
$A\cap B\cap A^c$ • $A\cap B=\{1, 2, 3\}\cap\{2, 4\}=\{2\}$ • $A^c=U-A$ $=\{1, 2, 3, 4, 5\}-\{1, 2, 3\}$ $=\{4, 5\}$ ➡ $A\cap B\cap A^c=\{2\}\cap\{4, 5\}=\varnothing$ $\therefore A\cap B\cap A^c=\varnothing$	$A\cap B\cap A^c$ (교환법칙) $=A\cap A^c\cap B$ ($A\cap A^c=\varnothing$) $=\varnothing\cap B$ $=\varnothing$ $\therefore A\cap B\cap A^c=\varnothing$

집합의 연산식($A\cap(B-A)^c$)을 간단히 해보도록 하겠습니다. (각종 연산법칙을 적용해 본다)

$A\cap(B-A)^c$

괄호 안 $B-A=B\cap A^c$

$=A\cap(B\cap A^c)^c$

드 모르간의 법칙 $(B\cap A^c)^c=B^c\cup A$

$=A\cap(B^c\cup A)$

흡수법칙 $A\cap(B^c\cup A)=A$

괄호 안팎에 합집합, 교집합 연산이 있을 때
두 번 사용된 집합으로 흡수

$=A$

➡ $A\cap(B-A)^c=A$

집합의 연산은 단순계산 과정에 불과합니다. 즉, 시간만 투자하면 언제든지 쉽게 익힐 수 있다는 얘기죠. (참고로 집합과 관련된 문제를 풀 때에는 집합의 연산보다 주어진 연산식의 의미를 정확히 파악하는 것이 중요하다)

그럼 집합의 연산법칙과 관련하여 다음 문제를 풀어보도록 하겠습니다. (어떻게 풀지 잠시 생각해 보는 시간을 가져본다)

전체집합 $U=\{1, 2, 3, 4, 5, 6, 7\}$의 두 부분집합 X, Y에 대하여,

$X=\{2, 4, 7\}$이고 $(X\cap Y^c)^c\cap(Y\cap X^c)^c=\{1, 5, 7\}$일 때, 집합 Y의 원소의 합은?

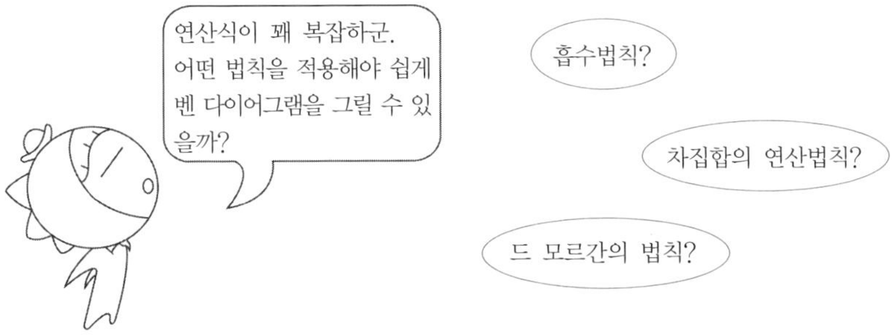

문제해결을 위한 기본설계가 끝나셨나요? 그럼 함께 풀어보도록 하겠습니다. 우선 집합 $(X\cap Y^c)^c\cap(Y\cap X^c)^c$을 벤 다이어그램으로 그려보면 다음과 같습니다. (벤 다이어그램을 그리기 전에 연산법칙을 적용하여 식을 간단히 해 본다)

$$(\underline{X\cap Y^c})^c\cap(\underline{Y\cap X^c})^c$$

$X\cap Y^c=X-Y$ $\quad$ $Y\cap X^c=Y-X$: 차집합의 연산법칙

↓

$(X-Y)^c\cap(Y-X)^c$ ➡ $\{(X-Y)\cup(Y-X)\}^c$

드 모르간의 법칙

$A^c\cap B^c=(A\cup B)^c$

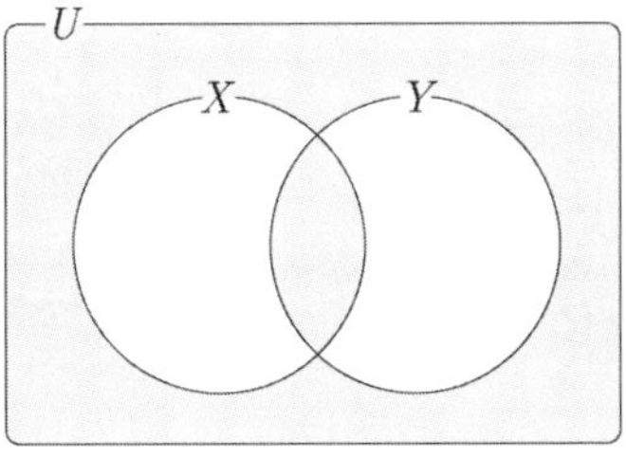

문제에서 $U=\{1, 2, 3, 4, 5, 6, 7\}$, $X=\{2, 4, 7\}$, $(X\cap Y^c)^c\cap(Y\cap X^c)^c$ $=\{1, 5, 7\}$이라고 했으므로, 각각의 원소를 벤 다이어그램 속에 알맞게 집어넣으면, 어렵지 않게 Y의 원소를 구할 수 있을 것입니다.

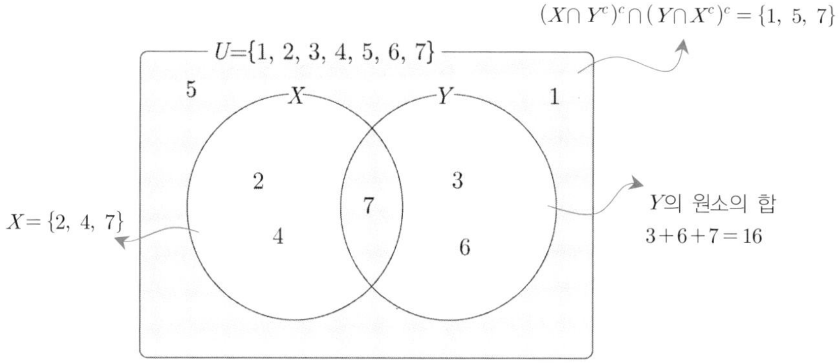

$A\subset B$를 의미하는 식들

먼저 부분집합에 대한 개념을 다시 한 번 되짚어보도록 하겠습니다.

부분집합

'$x\in A$이면 $x\in B$'를 만족할 때,

A는 B의 부분집합이라고 말한다.

➡ $A\subset B$

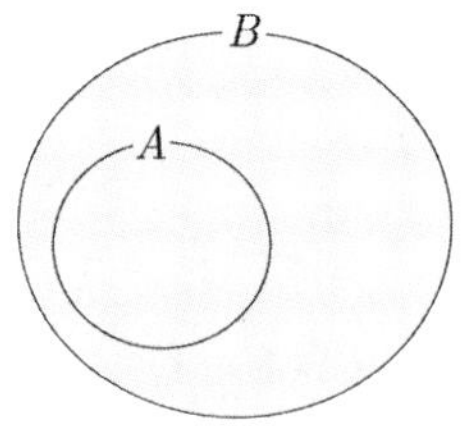

다음은 '$A\subset B$를 나타내는 식'들입니다. (벤 다이어그램($A\subset B$)을 떠올리면

서 하나씩 확인해 본다)

① $A-B=A\cap B^c=\varnothing$	② $A\cap B=A$
③ $A\cup B=B$	④ $B^c\subset A^c$

① $A-B=A\cap B^c=\varnothing$

➡ '집합 $A-B$가 공집합'이 된다는 것은 A의 모든 원소들이 B에 포함되었을 때 가능한 일이다. (작은 것에서 큰 것을 빼야 공집합이 될 것이다)

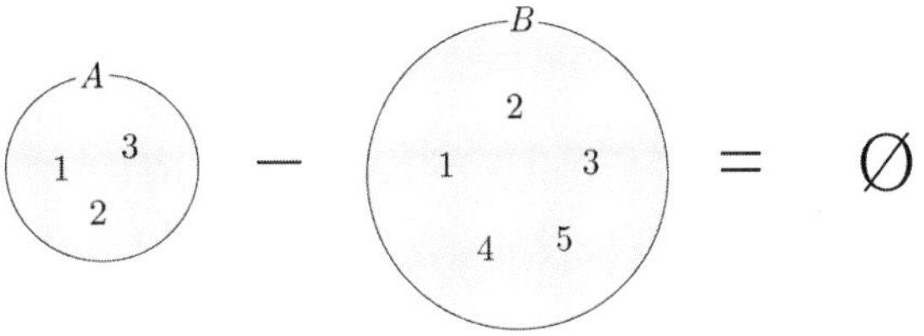

② $A\cap B=A$

➡ 우선 교집합($A\cap B$)은 각 집합(A, B)의 부분집합이 된다.

$$(A\cap B)\subset A,\ (A\cap B)\subset B$$

교집합($A\cap B$)이 집합 A와 같으므로 당연히 A는 B에 포함된다.

$$\underline{(A\cap B)}\subset B \quad ➡ \quad A\subset B$$

↑

$A\cap B=A$

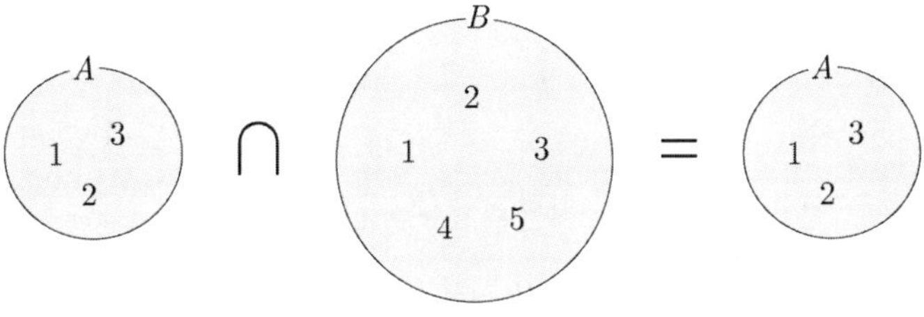

③ $A \cup B = B$

➡ 우선 각 집합(A, B)은 합집합($A \cup B$)의 부분집합이 된다.

$$A \subset (A \cup B),\ B \subset (A \cup B)$$

합집합($A \cup B$)이 집합 B와 같으므로 당연히 B는 집합 A를 포함한다.

$A \subset \underline{(A \cup B)}$ ➡ $A \subset B$

↑

$A \cup B = B$

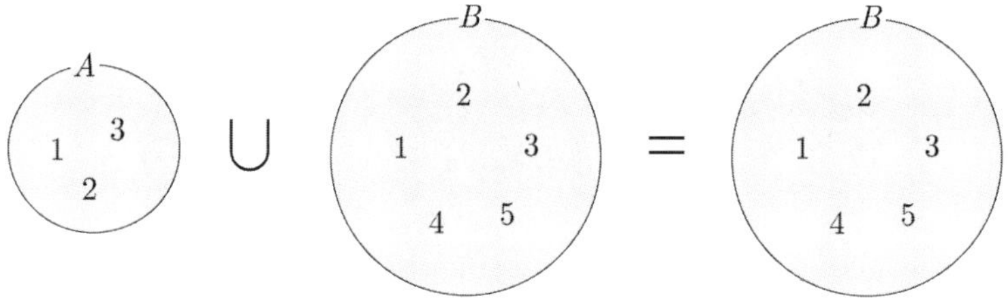

④ $B^c \subset A^c$

➡ 집합 A^c, B^c은 A, B의 반대개념이라고 볼 수 있다. 즉, B^c이 A^c에 포함된다면 집합 A는 집합 B에 포함된다는 사실을 자연스럽게 유추할 수 있을 것이다. ($B^c \subset A^c \ \rightarrow \ A \subset B$)

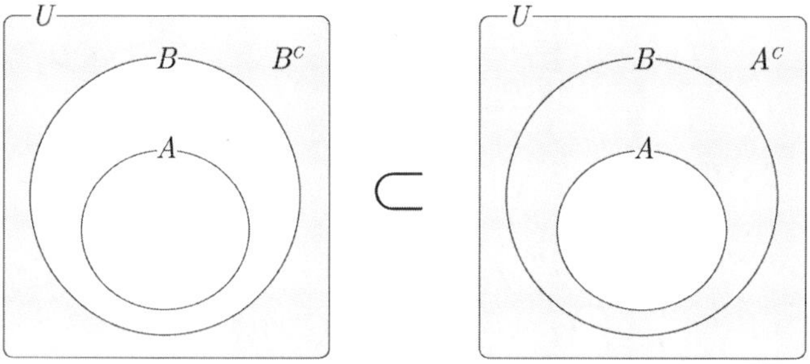

$$B^c \subset A^c \ \Leftrightarrow \ A \subset B$$

※ 다음에 배울 명제에서 유용하게 쓰이므로 기억해두자.

$A-B=\varnothing$	$A\cap B=A$	$\Leftrightarrow$	$A\subset B$
$B^c\subset A^c$	$A\cup B=B$		

생각해 보기

다음을 만족하는 집합 X, Y가 무엇인지 찾아보자.

① 임의의 집합 A에 대하여, $A\cup X=A$를 만족하는 집합 X
② 임의의 집합 A에 대하여, $A\cap Y=A$를 만족하는 집합 Y

① $A\cup X=A$ ➡ $X\subset A$

집합 A가 어떤 집합이 되어도 항상 집합 X는 A에 포함되어야 하므로,
➡ $X=\varnothing$

② $A\cap Y=A$ ➡ $A\subset Y$

집합 A가 어떤 집합이 되어도 항상 집합 Y는 A를 포함하여야 하므로,
➡ $Y=U$ (전체집합)

다음 집합의 연산식에서 두 집합 A, B의 포함관계를 도출해 보도록 하겠습니다. (우선 연산법칙을 이용하여 좌변을 간단히 해본다)

$$B\cap(A-B)^c = A\cup B$$

$B\cap(A-B)^c$

$=B\cap(A\cap B^c)^c$ — 괄호 안 $A-B=A\cap B^c$

$=B\cap(A^c\cup B)$ — 드 모르간의 법칙 $(A\cap B^c)^c=A^c\cup B$

$=B$ — 흡수법칙 $B\cap(A^c\cup B)=B$

괄호 안팎에 합집합, 교집합 연산이 있을 때 두 번 사용된 집합으로 흡수

$\therefore\ B\cap(A-B)^c=B$

따라서 주어진 연산식 $B\cap(A-B)^c=A\cup B$의 좌변 $B\cap(A-B)^c$이 집합 B이므로, 우변 $A\cup B$ 또한 집합 B와 같습니다.

$$\underline{B\cap(A-B)^c} = A\cup B$$

$B\cap(A-B)^c=B$

➡ $B=A\cup B$ ➡ $A\subset B$

집합의 포함관계와 관련하여 다음 응용문제를 풀어보도록 하겠습니다. (어떻게 풀지 잠시 생각해 보는 시간을 가져본다)

두 집합 $A=\{2,\ 4,\ 6,\ 8\}$, $B=\{8,\ 10,\ 12\}$에 대하여, 다음 두 조건 $A\cap X=A$, $(A\cup B)\cup X=A\cup B$를 만족하는 집합 X의 개수를 구하여라.

$A\cap X=A \qquad A \overset{\subset}{\underset{\supset}{}} X\ ?$

$X\subset\ ?$

문제해결을 위한 기본설계가 끝나셨나요? 그럼 함께 풀어보도록 하겠습니다. 우선 주어진 조건을 분석해 보면 다음과 같습니다. (집합의 포함관계를 생각해 본다)

$A\cap X=A \ \rightarrow\ A\subset X$

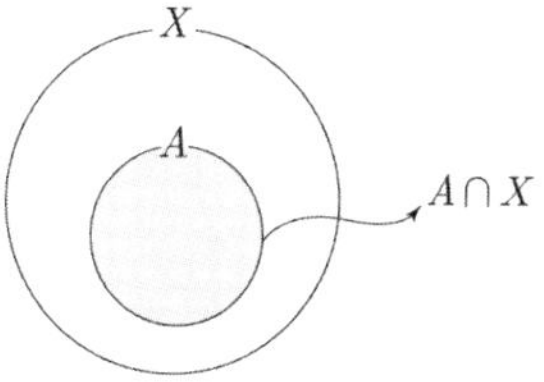

$(A\cup B)\cup X=A\cup B \ \rightarrow\ X\subset(A\cup B)$

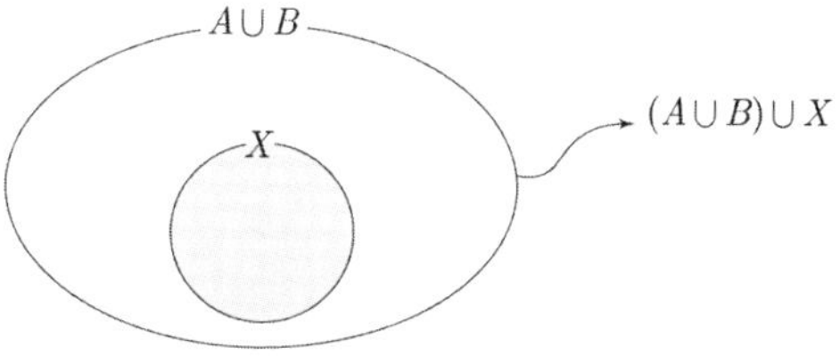

집합 X는 A의 원소 2, 4, 6, 8을 포함하고 있으며 동시에 $A\cup B=\{2,\ 4,\ 6,\ 8,\ 10,\ 12\}$의 부분집합이 됩니다. 즉, 집합 X의 개수는 집합 $\{2,\ 4,\ 6,\ 8,\ 10,\ 12\}$에서 원소 2, 4, 6, 8을 포함하는 부분집합의 개수와 같습니다. (특정 원소를 포함하는 부분집합의 개수는 그 원소를 제외한 집합의 부

분집합의 개수와 같다는 사실을 기억하라)

X의 개수는 집합 $\{2, 4, 6, 8, 10, 12\}$에서 원소 2, 4, 6, 8을 뺀 집합 $\{10, 12\}$의 부분집합의 개수와 같다.

➡ $2^2 = 4$

유한집합의 원소의 개수

집합 M이 유한집합일 때, M의 원소의 개수를 「$n(M)$」으로 나타냅니다.
(유한집합은 원소의 개수를 셀 수 있는 집합을 말한다)

$$M = \{a, b, c, d\} \; : \; n(M) = 4$$

두 집합 A, B가 다음과 같이 정의되었을 때, $A \cup B$의 원소의 개수 $n(A \cup B)$를 구해보도록 하겠습니다.

$$A = \{1, 2, 3, 4, 5\}, \; B = \{3, 4, 5, 6\}$$

$n(A)=5$, $n(B)=4$라고 하여 합집합의 원소의 개수를 9개라고 생각하면, 큰 오산입니다. 왜냐하면 합집합 $A\cup B$에서는 집합 A, B의 공통원소를 한 번씩만 쓰기 때문입니다.

$$A=\{1,\ 2,\ 3,\ 4,\ 5\},\ B=\{3,\ 4,\ 5,\ 6\}$$
$$A\cup B=\{1,\ 2,\ 3,\ 4,\ 5,\ 6\}\ \rightarrow\ n(A\cup B)=6$$

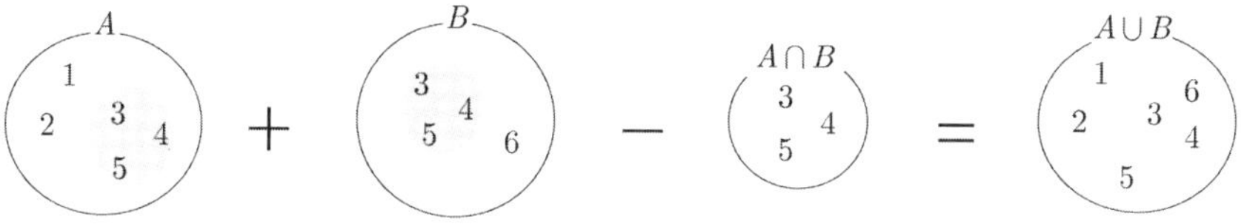

$n(A\cup B)$는 각 집합의 원소의 개수 '$n(A)$와 $n(B)$의 합 $(n(A)+n(B))$'에서 교집합의 원소의 개수 $n(A\cap B)$를 뺀 것과 같습니다.

각 집합의 원소의 개수를 모두 더한다

$$n(A\cup B)=n(A)+n(B)-n(A\cap B)$$

중복된 원소는 두 번 더해졌으므로 공통원소를 한 번 빼준다

이번엔 세 집합 A, B, C의 합집합의 원소의 개수 $n(A\cup B\cup C)$를 구해볼까요?

$$A=\{1,\ 2,\ 3\},\ B=\{3,\ 4,\ 5\},\ C=\{1,\ 3,\ 5,\ 6\}$$

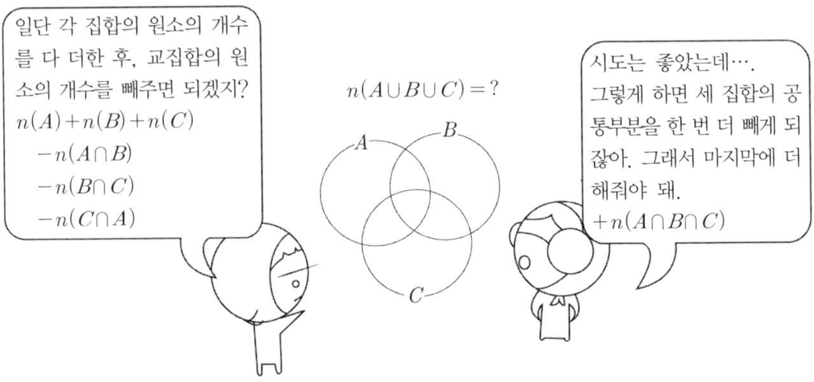

$n(A\cup B\cup C)$도 $n(A\cup B)$와 마찬가지로 각 집합 $n(A)$, $n(B)$, $n(C)$의 합으로 시작합니다.

① $n(A\cup B\cup C)=n(A)+n(B)+n(C)\cdots$

그리고 합집합은 공통원소를 한 번씩 쓰기 때문에, 두 집합에 대한 교집합의 원소의 개수를 빼줍니다.

② $n(A\cup B\cup C)=$
$n(A)+n(B)+n(C)-n(A\cap B)-n(B\cap C)-n(C\cap A)\cdots$

이렇게 하면 '세 집합의 공통원소 $n(A\cap B\cap C)$의 개수를 한 번 더 빼는 결과'가 나오게 되므로, 마지막에 '세 집합의 공통원소의 개수를 더해주어야' 비로소 $n(A\cup B\cup C)$의 개수와 같게 됩니다.

② $n(A\cup B\cup C)=$
$\underline{n(A)+n(B)+n(C)}-\underline{n(A\cap B)-n(B\cap C)-n(C\cap A)}$
$+\underline{n(A\cap B\cap C)}$

※ 식이 복잡하게 보이지만 각 항들을 유심히 살펴보면 어렵지 않게 이해할 수 있을 것이다.

각 집합의 원소의 개수를 더한다

두 집합 간에 중복된 원소의 개수를 뺀다

$n(A \cup B \cup C) =$

$n(A)+n(B)+n(C) - n(A \cap B)-n(B \cap C)-n(C \cap A) + n(A \cap B \cap C)$

두 번째 과정에서 세 집합의 공통된 원소가 한 번 더 빠졌으므로 다시 더한다

$A=\{1, 2, 3\}$
$B=\{3, 4, 5\}$
$C=\{1, 3, 5, 6\}$

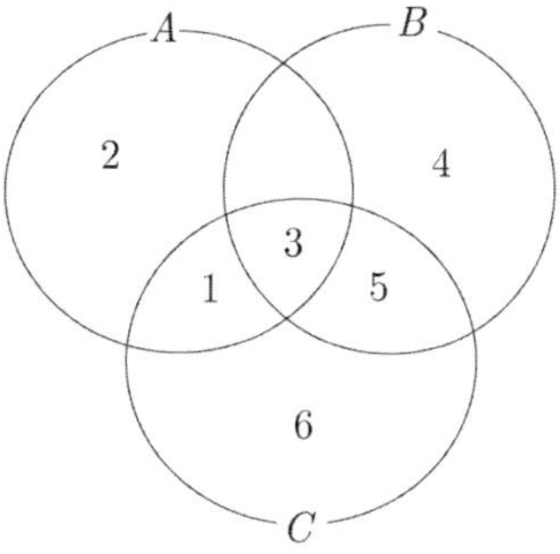

$n(A \cup B \cup C)=n(A)+n(B)+n(C)-n(A \cap B)-n(B \cap C)-n(C \cap A)+n(A \cap B \cap C)$

6 = 3 + 3 + 4 − 1 − 2 − 2 + 1

다음 집합 U, A, B에 대하여 $n(A \cap B)$, $n(A \cup B)$의 값을 구해보도록 하겠습니다. (벤 다이어그램을 그려 원소의 개수를 적어본다)

$$n(U)=12, \quad n(A)=5, \quad n(B)=6, \quad n(A-B)=3$$

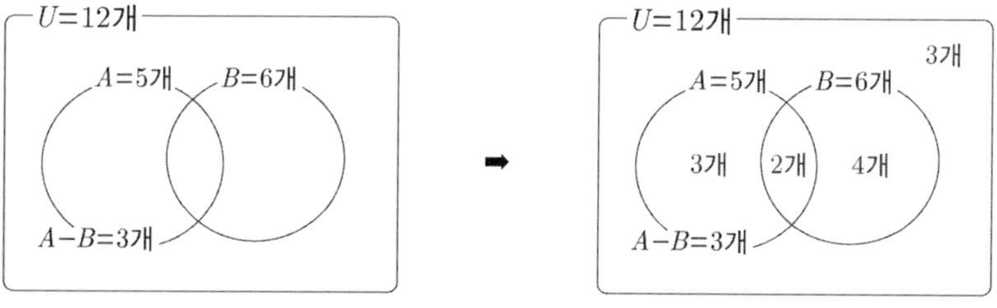

$n(A \cap B)=2$, $n(A \cup B)=9$라는 사실을 쉽게 알 수 있습니다.

그 밖의 집합용어

공통원소가 없는 두 집합을 **서로소**의 관계에 있다고 말합니다. 서로소는 '본디 소(素)' 자를 써서, 두 집합이 모두 '근본이 되는 집합이기에 공통부분이 없다는 것'을 의미하는 한자어입니다.

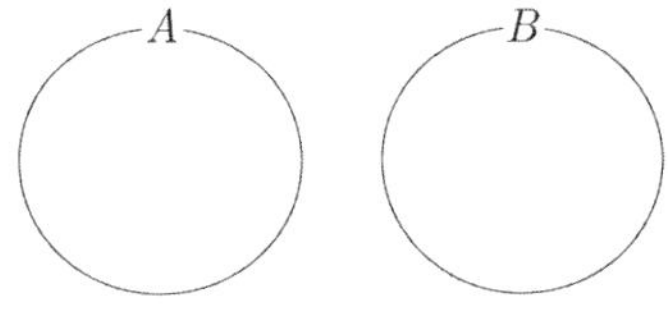

※ 서로소의 영문표기는 Disjoint(분리된 것)이지만, 유럽 및 일본 등을 거쳐 한자로 번역되다 보니, 단어의 뜻이 설명하기가 어려운 용어가 되었다.

여러분은 중학교 때 배운 **두 수의 서로소**(素)를 기억할 것입니다. '2와 7'처럼 1이외에는 '공약수가 없는' 두 자연수를 서로소라고 말합니다. (자연수의 서로소와 집합의 서로소를 혼동하지 않길 바란다)

그럼 전체집합 U의 두 부분집합 $A, B\ (\neq \varnothing)$에 대하여 다음 두 집합이 서로소인지 확인해 보도록 하겠습니다. (각자 머릿속으로 벤 다이어그램을 그려보면서 공통원소가 없는지 확인해 본다)

① A와 $B-A$ ② $(A-B)$와 $(B-A)$ ③ $(A-B)$와 $(A\cap B)$

집합의 원소가 '숫자 또는 문자'만 될 수 있다는 고정관념을 버려야 합니다. 집합 자체가 어떤 집합의 원소가 되는 경우도 있는데, 멱집합이 바로 그러한 경우입니다.

멱집합이란 어떤 집합의 부분집합을 원소로 하는 집합을 말하며, 보통 $P(A)$로 표시합니다(여기서 P는 $Power$의 약자이다).

멱집합

멱집합은 어떤 집합의 부분집합을 원소로 하는 집합을 말한다. $A=\{a, b\}$일 때, A의 멱집합은 다음과 같다.

$$P(A)=\underline{\{\varnothing, \{a\}, \{b\}, \{a, b\}\}}$$

$$\uparrow$$

A의 부분집합 : $\varnothing$, $\{a\}$, $\{b\}$, $\{a, b\}$

이번엔 집합 $A=\{1, 2\}$, $B=\{a, b, c\}$일 때, 다음과 같이 정의된 집합 $A\times B$의 원소를 구해보도록 하겠습니다. (조건제시법을 기억하면서 $A\times B$의 원소가 무엇인지 잘 생각해 본다)

$$A\times B=\{(x, y) \mid x\in A, y\in B\}$$

집합 $A\times B$의 원소는 순서쌍 (x, y)입니다. x는 A의 원소이고 y는 B의 원소이므로, A의 원소 1, 2와 B의 원소 a, b, c를 각각 대응시키면, 집합 $A\times B$의 원소를 찾을 수 있습니다.

$$A\times B=\{(1,a),(1,b),(1,c),(2,a),(2,b),(2,c)\}$$

이렇게 두 집합 A, B에 대하여 $A\times B=\{(x,y)| x\in A, y\in B\}$를 만족하는 집합 $A\times B$를 A, B의 **곱집합**이라고 말합니다. (곱집합은 마치 구구단과 같이 각 집합의 원소와 원소를 하나씩 대응한다(곱한다)는 의미에서 붙여진 이름이다)

곱집합은 **함수의 변환, 순열 · 조합**을 배울 때 다시 한 번 다루게 될 것입니다.

가끔 자연수 k의 배수집합을 A_k라고 표현하여 문제가 출제되는 경우가 있습니다. 이를 **배수집합**이라고 말하는데, 자연수 k, m, n의 배수의 집합을 A_k, A_m, A_n이라고 할 때 다음 명제 ①, ②가 성립합니다.

① k가 m, n의 최소공배수이면 $A_m \cap A_n = A_k$가 된다.
ex) $A_2 \cap A_3 = A_6$: $\{2, 4, 6, \cdots\} \cap \{3, 6, 9, \cdots\} = \{6, 12, 18, \cdots\}$

② n이 m의 배수라면 $A_n \subset A_m$이 된다.
ex) $A_2 = \{2, 4, 6, \cdots\}$, $A_4 = \{4, 8, 12, \cdots\}$: $A_4 \subset A_2$

또한 두 집합 A, B에 대하여 차집합 $(A-B)$와 $(B-A)$의 합집합을 **대칭차집합**이라고 말합니다. 일반적으로 대칭차집합의 기호로 $\triangle$를 많이 사용합니다. 대칭차집합을 벤 다이어그램으로 그려보면, 중심축을 기준으로 양쪽이 대칭을 이룬다는 사실을 쉽게 확인할 수 있습니다.

$$A \triangle B = (A-B) \cup (B-A)$$

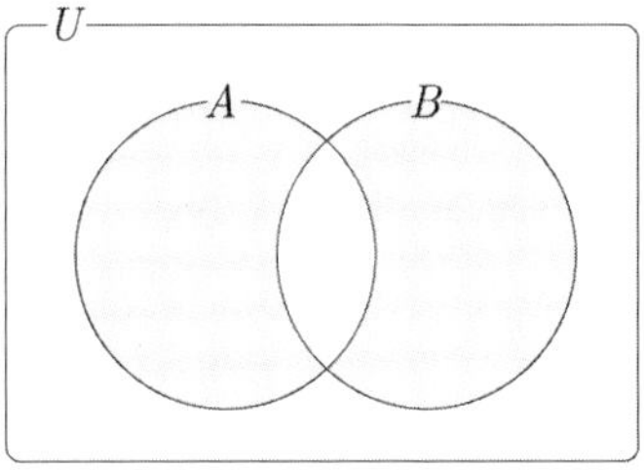

대칭차집합의 경우, 다음과 같은 성질을 갖고 있습니다. 벤 다이어그램을 이용하여 각자 증명해 보시길 바랍니다.

① 교환법칙 : $A \triangle B = B \triangle A$
② 결합법칙 : $(A \triangle B) \triangle C = A \triangle (B \triangle C)$
③ 그 밖의 성질 : $A \triangle A = \varnothing$, $A \triangle \varnothing = A$, $A \triangle A^c = U$, $A \triangle U = A^c$

개념 한눈에 보기

1. **연산** : 두 원소(값)로부터 제3의 원소(값)를 만들어내는 수학적 계산 도구
2. **집합의 연산**
   ① 교집합 : $A\cap B=\{x \mid x\in A \text{ and } x\in B\}$
   ② 합집합 : $A\cup B=\{x \mid x\in A \text{ or } x\in B\}$
   ③ 차집합 : $A-B=\{x \mid x\in A \text{ and } x\notin B\}$
   ④ 여집합 : $U-A=A^c=\{x \mid x\in U \text{ and } x\notin A\}$
3. **집합의 연산법칙**
   ① 교집합의 교환법칙 : $A\cap B=B\cap A$
   ② 합집합의 교환법칙 : $A\cup B=B\cup A$
   ③ 교집합의 결합법칙 : $(A\cap B)\cap C=A\cap(B\cap C)$
   ④ 합집합의 결합법칙 : $(A\cup B)\cup C=A\cup(B\cup C)$
   ⑤ 흡수법칙 : $A\cap(A\cup B)=A$, $A\cup(A\cap B)=A$
   ⑥ 차집합의 연산법칙 : $A-B=A\cap B^c$
   ⑦ 드 모르간의 법칙 : $(A\cup B)^c=A^c\cap B^c$, $(A\cap B)^c=A^c\cup B^c$
4. **$A\subset B$를 의미하는 식**
   ① $A-B=A\cap B^c=\varnothing$ ② $A\cap B=A$
   ③ $A\cup B=B$ ④ $B^c\subset A^c$
5. **유한집합의 원소의 개수**
   ① 두 유한집합 A, B에 대한 $A\cup B$의 원소의 개수
   $n(A\cup B)=n(A)+n(B)-n(A\cap B)$
   ② 세 유한집합 A, B, C에 대한 $A\cup B\cup C$의 원소의 개수
   $n(A\cup B\cup C)=n(A)+n(B)+n(C)-n(A\cap B)-n(B\cap C)-n(C\cap A)$
   $+n(A\cap B\cap C)$
6. **서로소** : 공통원소가 없는 두 집합의 관계
7. **멱집합** : 어떤 집합의 부분집합을 원소로 하는 집합
8. **곱집합** : $A\times B=\{(x, y) \mid x\in A, y\in B\}$
9. **배수집합** : 어떤 자연수의 배수를 원소로 하는 집합
   (k의 배수집합을 A_k라고 표현한다)
10. **대칭차집합** : 두 집합 A, B에 대하여 차집합 $(A-B)$와 $(B-A)$의 합집합
   $(A\triangle B=(A-B)\cup(B-A))$

도출형 학습방식으로 다음 문제를 풀어보도록 하겠습니다. (개념이 잘 기억나지 않으면 앞의 내용을 찾아보길 바란다)

자연수 x에 대해서 두 집합이

$A=\{x \mid 2x-6 \le 0\}$, $B=\{x \mid 2 < x \le -a\}$로 정의되었다고 하자.

$A \cup B=\{1, 2, 3, 4, 5\}$일 때, 정수 a값을 구하시오.

1단계 개념도출 문제를 풀기 위해서는 어떤 개념을 알아야 할까요?

2단계 개념설명 개념을 알고 있다면 간단히 설명해 보길 바랍니다.

3단계 문제해결 그럼 어떻게 문제를 해결할 수 있을까요?

자연수 x에 대해서 두 집합이

$A=\{x \mid 2x-6 \leq 0\}$, $B=\{x \mid 2<x \leq -a\}$로 정의되었다고 하자.

$A \cup B=\{1, 2, 3, 4, 5\}$일 때, 정수 a값을 구하시오.

1단계 문제를 풀기 위해서는 어떤 개념을 알아야 할까요?

집합의 표시법(원소나열법, 조건제시법), 합집합 '$A \cup B$'의 개념을 알아야 한다.

2단계 개념을 알고 있다면 간단히 설명해 보길 바랍니다.

원소나열법

집합의 원소를 괄호 안에 하나씩 나열하여 집합을 표시하는 방법

조건제시법

괄호 안에 원소를 일일이 나열하는 것이 아닌 원소에 대한 설명(조건)을 통해 집합을 표시하는 방법. 조건제시법은 $\{x \mid x$는~$\}$으로 표시하며, { } 안에 bar를 기준으로 원소와 원소의 조건으로 나뉜다.

합집합

두 집합 A, B의 원소를 모두 모은 집합을 말하며, 「$A \cup B$」로 나타낸다. (여기서 중복되는 원소는 한 번만 쓴다)

$$A \cup B=\{x \mid x \in A \text{ or } x \in B\}$$

3단계 그럼 어떻게 문제를 해결할 수 있을까요?

우선 x가 자연수라고 했으므로, 집합 A를 원소나열법으로 표시해 보자.

$$A=\{x \mid 2x-6 \le 0\} \rightarrow \{1,\ 2,\ 3\}$$

집합 $A=\{1,\ 2,\ 3\}$과 $A \cup B=\{1,\ 2,\ 3,\ 4,\ 5\}$를 비교하여 B에 반드시 포함될 원소가 무엇인지 찾은 다음, B의 원소조건 $2 < x \le -a$에 맞는 정수 a값을 구해본다.

정답이 궁금한 학생들은 다음 정답풀이를 참고하시기 바랍니다.

우선 x가 자연수라고 했으므로 집합 A를 원소나열법으로 표시하면 다음과 같다.

$A=\{x \mid 2x-6 \le 0\}$

$\rightarrow$ A의 원소 x는 $2x \le 6$를 만족하는 자연수 ($2x \le 6 \rightarrow x \le 3$)

$\rightarrow$ $x=1,\ 2,\ 3$

$\therefore\ A=\{1,\ 2,\ 3\}$

집합 B는 $\{x \mid 2 < x \le -a\}$인데 여기서 a가 정수라고 했으므로, $-a$는 양의 정수가 될 것이다. 따라서 집합 B는 2보다 크고 $-a$보다 작거나 같은 자연수의 집합이 된다.

$$B=\{3,\ 4,\ \cdots,\ -a\}$$

$A=\{1,\ 2,\ 3\}$이고 $A \cup B=\{1,\ 2,\ 3,\ 4,\ 5\}$라고 했으므로, 집합 B에는 원소 4와 5가 반드시 포함되어야 한다. 또한 B의 원소 중 가장 큰 값은 5가 될 것이다.

$B=\{3,\ 4,\ \cdots,\ -a\}$에서 4, 5를 포함하고 최대 원소가 5인 집합 B를 찾아보면, 쉽게 a값을 결정할 수 있을 것이다.

$$B=\{3,\ 4,\ 5\}=\{3,\ 4,\ -a\} \qquad \therefore\ -a=5$$

정답 -5

3 명제와 조건

명제의 정의

재미있는 논리퀴즈 하나 풀어볼까요?

> 다음은 어떤 절도사건의 용의자 A, B, C의 증언이다.
>
> A : C가 범인이다
> B : A는 범인이 아니다
> C : 나는 범인이 아니다
>
> 3명 중 1명만이 진실을 말하고 있으며, 범인은 단 1명뿐이다.
> 과연 누가 범인일까?

퀴즈에는 '참인 문장 2개'와 '참과 거짓을 구별해야 하는 문장 3개'가 나옵니다.

① 3명 중 1명만 진실을 말한다. ② 범인은 1명이다.	참인 문장
③ C가 범인이다. ④ A는 범인이 아니다. ⑤ 나는 범인이 아니다.	참과 거짓을 구별해야 하는 문장

범인이 누구인지 가려내기 위해서는 참인 문장 ①, ②를 가지고 용의자의 증언 ③, ④, ⑤가 참인지 거짓인지를 가려내야 합니다. 3명 중 1명만 진

실을 말한다고 했으므로 용의자 A, B, C의 증언 ③, ④, ⑤가 각각 참일 경우를 가정하여, 범인이 누구인지 찾아보도록 하겠습니다.

가정1) A의 증언이 참일 경우

A : C가 범인이다 (참)
B : A는 범인이 아니다 (거짓)
C : 나는 범인이 아니다 (거짓)

A의 증언이 참이라고 가정하면 범인은 C가 됩니다. 또한 B의 증언이 거짓이 되므로 A 또한 범인이 됩니다. 즉, 범인이 A, C 2명이 되므로 '① 범인이 1명이라는 사실'에 모순되는 결과가 도출되므로, A의 증언이 참이라는 가정은 틀린 가정이 됩니다.

가정2) B의 증언이 참일 경우

A : C가 범인이다 (거짓)
B : A는 범인이 아니다 (참)
C : 나는 범인이 아니다 (거짓)

B의 증언이 참이라고 가정하면 A는 범인이 아닙니다. 그리고 C의 증언이 거짓이므로 C가 범인이 되지만 A의 증언(C가 범인이다)도 거짓이 되기 때문에, 'A와 C의 증언에서 서로 모순'이 발생합니다. 따라서 B의 증언이 참이라는 가정은 틀린 가정이 됩니다.

가정3) C의 증언이 참일 경우

A : C가 범인이다 (거짓)
B : A는 범인이 아니다 (거짓)
C : 나는 범인이 아니다 (참)

C의 증언이 참이라고 가정하면 C는 범인이 아닙니다. 또한 A의 증언이 거짓이므로, C가 범인이 아님을 다시 한 번 확인할 수 있습니다. B의 증언이 거짓이므로 결국 범인은 A가 됩니다. (모순 없음)

가정 1), 2), 3) 중에서 '범인이 1명이고, 용의자 3명 중에 1명만 진실을 말하는 경우'는 '가정 3) C의 증언이 참'인 경우밖에 없습니다. 결국 우리는 '범인이 A라는 사실'을 논리적으로 증명한 셈이 됩니다.

수학(또는 논리학)에서는 참과 거짓을 명확히 구별할 수 있는 문장을 **명제**라고 부른다. (수학에 사용되는 대부분의 문장은 명제이다)

다음 중 '명제인 것'과 '명제가 아닌 것'을 구별해 보도록 하겠습니다. (다음 문장이 참과 거짓을 명확히 구별할 수 있는 문장인지 아닌지 곰곰이 생각해 본다)

① 4는 10의 약수이다.
② 부분집합의 개수는 어떻게 구할까?
③ 방정식 $x^2 = 1$의 해는 ± 1이다.
④ 2차방정식은 풀기 어렵다.

①과 ③은 참과 거짓을 구별할 수 있는 문장이므로 명제가 됩니다.
(① : 거짓, ③ : 참)

반면에 ②와 ④는 참과 거짓을 명확히 구별할 수 없으므로 명제가 될 수 없습니다. 특히 ④의 경우, 수학을 잘 못하는 학생에게는 '참인 문장'이 될 수도 있으나, 수학을 잘하는 학생에게는 '거짓인 문장'이 될 수 있으므로 ④ 또한 참과 거짓을 명확히 구별할 수 없습니다. 따라서 ④는 명제가 될 수 없습니다.

명제

2차방정식은 풀기 어렵다.
참일까, 거짓일까?

조건의 정의

수학에서는 변수 x를 사용한 문장을 흔하게 볼 수 있습니다. 과연 다음 문장들도 명제라고 할 수 있을까요?

① x는 12의 약수이다.
② $x^2 = 1$
③ $0 < x < 10$을 만족하는 자연수 x

위 문장들은 x값이 주어지지 않는 한, 참과 거짓을 구별할 수 없습니다. 다시 말해 아직은 명제가 될 수 없다는 것이지요. 그럼 x값이 정해지면 어떻게 될까요?

①의 경우, ⅰ) $x = 4$이면, x는 12의 약수이다. (참)
ⅱ) $x = 5$이면, x는 12의 약수이다. (거짓)

②, ③의 경우도 마찬가지로 x값이 정해진다면 모두 명제가 될 수 있습니다. 이렇게 변수 x값에 따라서 참인지 거짓인지 구별할 수 있는 명제를 **조건** 또는 **조건명제**라고 말합니다. 조건은 보통 「p 또는 $p(x)$」라고 표시하는데, 여기서 $p(x)$는 변수가 x인 조건을 의미합니다. (변수가 x인 다항식 또는 함수를 $f(x)$로 쓰는 것과 마찬가지로 x를 변수로 하는 조건을 단순히 $p(x)$로 쓰는 것이므로, 크게 어려워할 필요는 없다. $p(x)$, $f(x)\cdots$ 는 단순히 x에 관한 어떤 식이나 조건에 불과하다)

조건과 집합

다음 조건 $p(x)$를 참으로 만드는 x값을 찾아보도록 하겠습니다.

$$p(x)\ :\ x\text{는 5의 약수} \rightarrow x=1,\ 5$$

조건 $p(x)$를 참으로 만드는 변수 x의 집합 $\{1,\ 5\}$를 **조건 $p(x)$의 진리집합**이라고 말합니다. (일반적으로 조건 p의 진리집합을 P, 조건 q의 진리집합을 Q로 쓴다)

그럼 조건 $p(x)$의 진리집합 $P=\{1, 5\}$를 조건제시법으로 표시해 보면 다음과 같습니다.

원소

$$P=\{1,\ 5\} \rightarrow P=\{\,x \mid \underline{x\text{는 5의 약수}}\,\} \rightarrow P=\{x \mid p(x)\}$$

원소의 속성(조건)

진리집합과 조건제시법을 보면, '조건과 집합'이 아주 특별한 관계에 있다는 것을 알 수 있습니다.

조건을 집합으로 표현한 것 → 진리집합
집합을 조건으로 표현한 것 → 조건제시법

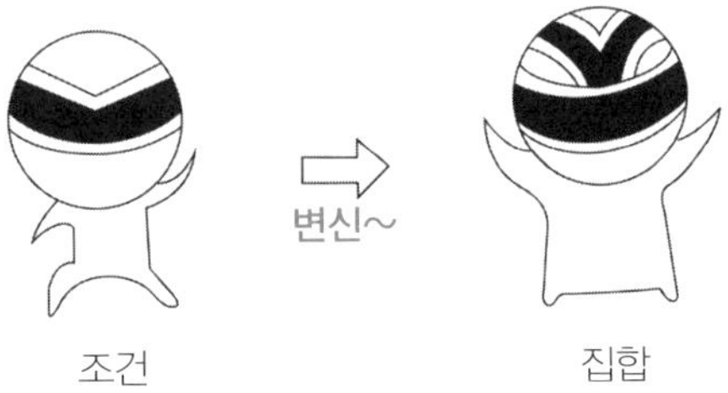

p and q, p or q

접속사 and와 or를 이용하여 2개 이상의 조건을 하나로 결합할 수도 있습니다. 예를 들어 'x는 6의 약수이고, 5 이하의 자연수'라는 조건을 분석해 보면,

x는 6의 약수<u>이고</u> 5 이하의 자연수 → x는 6의 약수 / x는 5 이하의 자연수

접속사 '그리고(and)'로 연결

'x는 6의 약수이고, 5 이하의 자연수'라는 조건은, 두 조건 'x는 6의 약수'와 'x는 5 이하의 자연수'가 접속사 '그리고(and)'로 연결된(결합된) 조건이라는 사실을 쉽게 알 수 있습니다. (접속사 '그리고(and)'와 '또는(or)'을 사용하

게 되면, 2개 이상의 조건을 하나로 표현할 수 있다)

① $\underbrace{x\text{는 6의 약수}}_{p}$이고 $\underbrace{\text{5 이하의 자연수}}_{q}$ ➡ p and q

② $\underbrace{x\text{는 6의 약수}}_{p}$이거나 $\underbrace{\text{5 이하의 자연수}}_{q}$ ➡ p or q

그렇다면 조건 'p and q'와 'p or q'의 진리집합은 어떻게 될까요? 일단 조건 'p and q'와 'p or q'를 참으로 만드는 x값을 찾아보면 다음과 같습니다.

x는 6의 약수<u>이고</u> 5 이하의 자연수
p and q
➡ $\{1, 2, 3\}$

x는 6의 약수<u>이거나</u> 5 이하의 자연수
p or q
➡ $\{1, 2, 3, 4, 5, 6\}$

이번엔 조건 p, q의 진리집합 P, Q를 벤 다이어그램으로 나타낸 후, 그 안에서 조건 'p and q'와 'p or q'의 진리집합을 찾아보도록 하겠습니다.

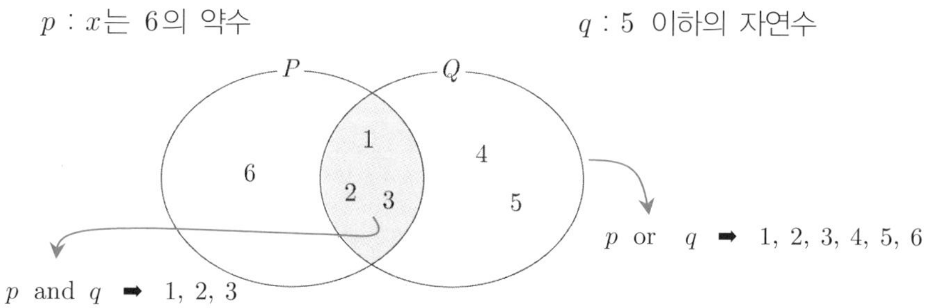

조건 'p and q'를 참으로 만드는 원소의 집합 $\{1, 2, 3\}$은 P, Q의 교집합($P \cap Q$)과 같으며, 조건 'p or q'를 참으로 만드는 원소의 집합 $\{1, 2, 3, 4, 5, 6\}$은 P, Q의 합집합($P \cup Q$)과 같습니다.

p and q 와 p or q의 진리집합

p and q의 진리집합 : $\{x| \ p(x) \text{ and } q(x)\} \rightarrow P \cap Q$

p or q의 진리집합 : $\{x| \ p(x) \text{ or } q(x)\} \rightarrow P \cup Q$

※ 참고로 교집합과 합집합의 정의는 다음과 같다.

- 교집합 : $A \cap B = \{x \mid x \in A \text{ and } x \in B\}$
- 합집합 : $A \cup B = \{x \mid x \in A \text{ or } x \in B\}$

조건으로 이루어진 명제

다음 문장을 살펴보도록 하겠습니다.

$\underline{x\text{가 4의 배수}}$이면, $\underline{x\text{는 2의 배수}}$이다.

조건 p 　　　　　　 조건 q

분명 x값이 정해지지 않았음에도, 우리는 위 문장이 참인지 거짓인지 판별할 수 있습니다. (즉, 조건이 아니라 명제인 것이다)

x가 4의 배수이면, x는 2의 배수이다. (참)

4, 8, 12, …

두 조건을 가정과 결론의 접속사 'if(~이면, ~이다)'로 연결하게 되면, 변수 x값이 정해지지 않더라도 참과 거짓을 구별할 수 있는 명제가 됩니다. 이러한 명제를 **조건으로 이루어진 명제**라고 말하며, 접속사 if를 '→'로 표시합니다. (화살표의 왼쪽을 가정, 오른쪽을 결론이라고 말한다)

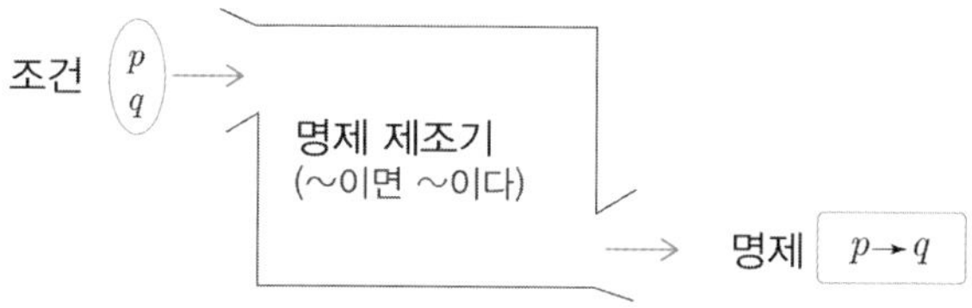

조건으로 이루어진 명제 '$p \to q$'는 수학에서 가장 흔하게 쓰는 명제 중 하나이므로, 명제의 참과 거짓, 진리집합의 포함관계, 삼단논법 등에서 상세히 다루도록 하겠습니다.

명제의 참과 거짓

명제 $p \to q$의 참과 거짓은 어떻게 판별할 수 있을까요? 다음 명제가 참인지 거짓인지 판별해 보도록 하겠습니다.

p : x는 4의 약수
q : x는 8의 약수

$p \to q$: 4의 약수이면 8의 약수이다.

※ $p \to q$에서 변수 x는 생략이 가능하다.

4의 약수(1, 2, 4)는 모두 8의 약수이므로, 명제 $p \to q$는 참이 됩니다. 즉, 조건 p를 만족하는 모든 x값이 조건 q를 만족하기 때문에 명제 $p \to q$가 참이 되는 것입니다. 이는 진리집합 $P=\{1,\ 2,\ 4\}$의 모든 원소가 진리집합 $Q=\{1,\ 2,\ 4,\ 8\}$의 원소가 된다는 것을 의미하기도 합니다. (즉, 집합 P는 Q의 부분집합이 된다)

명제 $p \to q$는 참이다.

집합 P의 원소는 집합 Q의 원소이다. ➡ $P \subset Q$

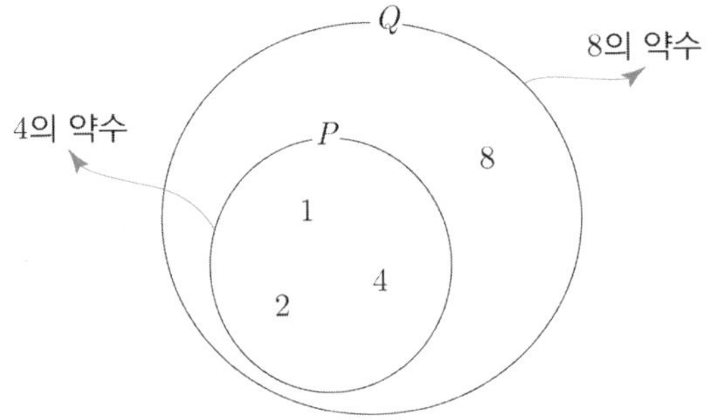

명제 $p \to q$의 참과 거짓을 판별하기 위해서는 '진리집합 P, Q의 포함관계를 조사'하기만 하면 됩니다. ($P \subset Q$이면, 명제 $p \to q$가 참이 된다)

잘 이해가 안 된다고요? 다음 예시를 살펴보면, 좀 더 확실히 이해할 수 있을 것입니다.

자연수이면 정수이다. (참)
p q

$P \subset Q$

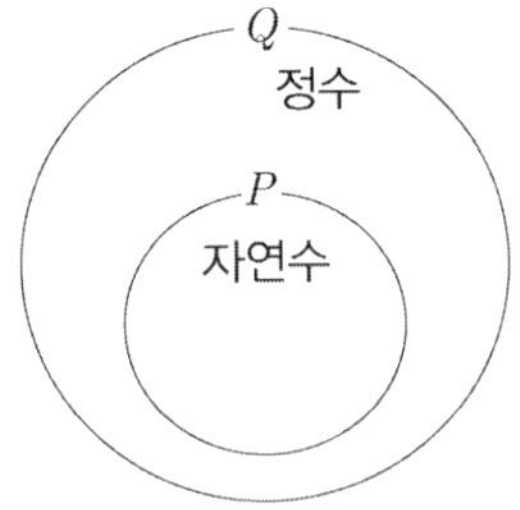

명제 $p \to q$가 거짓일 경우, 진리집합의 포함관계를 조사하는 것보다 좀 더 쉽게 거짓을 판별하는 방법이 있습니다. 바로 가정 p를 만족하지만, 결론 q는 만족하지 않는 예를 찾는 것입니다. (이러한 예를 명제 $p \to q$의 **반례**라고 말하며, 반례는 명제의 거짓을 증명하는 확실한 증거가 된다)

다음 명제 $p \to q$의 반례를 찾아보도록 하겠습니다.

$p \to q$: 3의 배수이면 6의 배수이다.

숫자 9는 3의 배수이지만 6의 배수는 아닙니다. 즉, 9는 가정 p(3의 배수)를 만족하지만 결론 q(6의 배수)를 만족하지는 않기 때문에, 명제 $p \to q$의 반례가 됩니다. 따라서 명제 $p \to q$는 거짓입니다.

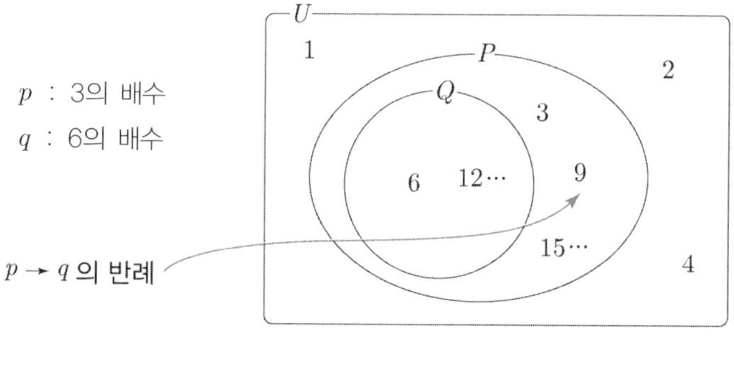

명제의 참과 거짓과 관련하여 다음 문제를 풀어보도록 하겠습니다. (어떻게 풀지 잠시 생각해 보는 시간을 가져본다)

실수 x에 대하여 다음 명제의 참과 거짓을 판별하여라.

① $x^2 > 0$이면 $x > 0$이다.

② $x = 1$이면 $(x-1)(x+1) = 0$이다.

문제해결을 위한 기본설계가 끝나셨나요? 그럼 함께 풀어보도록 하겠습니다. 일단 명제 $p \to q$의 참과 거짓을 조사하는 방법에는 크게 2가지가 있습니다. 첫째, 진리집합 P와 Q의 포함관계를 조사하는 것이며 둘째, $p \to q$의 반례가 있는지 확인하는 것입니다.

①의 경우, x가 -1이면 가정 $x^2 > 0$는 만족하지만 결론 $x > 0$는 만족하지 않습니다. 즉 '$x = -1$'은 명제 ①의 반례가 되므로, 명제 '$x^2 > 0$이면 $x > 0$이다'는 거짓이 됩니다.

②의 경우, 가정을 만족하는 변수 x는 1이고, 결론을 만족하는 변수 x는 -1, 1이 됩니다. 즉, 가정의 진리집합 $\{1\}$이 결론의 진리집합 $\{-1, 1\}$에 포함되므로, 명제 '$x = 1$이면 $(x-1)(x+1) = 0$이다'는 참이 됩니다.

※ 참고로 $p \to q$가 참일 경우 「$p \Rightarrow q$」로 쓴다.

명제의 부정

우리는 보통 **부정**(不正)이라는 단어를 사용할 때, '아니다'라는 말을 떠올리곤 합니다. 수학에서도 마찬가지입니다. 예를 들어, 명제 p를 '5는 12의 약수이다'라고 정의한다면, 명제 p의 부정은 '5는 12의 약수가 아니다'가 됩니다. 여기서 명제 p의 부정을 「$\sim p$」로 표시하며, 'not p'라고 읽습니다. 조건 또한 명제로 볼 수 있으므로 부정이 가능합니다. 그럼 조건의 부정에 대해 좀 더 자세히 알아보도록 하겠습니다.

다음 조건 p의 진리집합을 P라고 한다면, $\sim p$의 진리집합은 무엇이 될까요? (부정의 의미를 잘 생각해 보면 어렵지 않게 답을 찾을 수 있을 것이다)

p : x는 12의 약수이다. → $P=\{1, 2, 3, 4, 6, 12\}$
$\sim p$: x는 12의 약수가 아니다. → 진리집합은?

우선 조건 $\sim p$를 참으로 만드는 원소부터 찾아보면, '5, $\frac{1}{2}$, $\sqrt{2}$, -7, $\cdots$' 등 상당히 많다는 것을 쉽게 알 수 있을 것입니다. 그럼 집합 P를 기준으로 전체집합에 대한 벤 다이어그램을 그려본 후, 조건 $\sim p$의 진리집합을 찾아보면 다음과 같습니다.

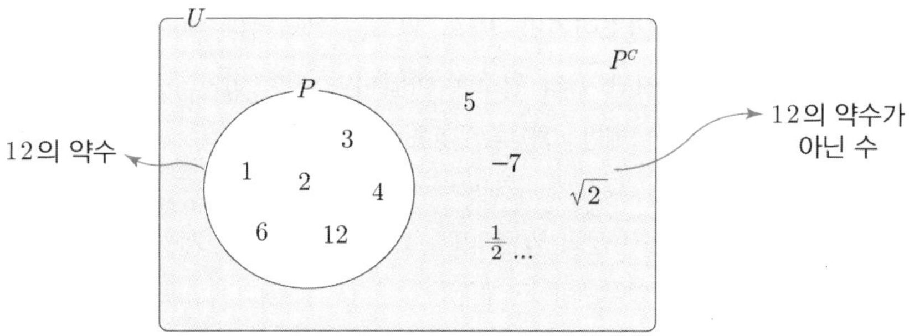

$\sim p$의 진리집합

조건 p의 진리집합을 P라고 한다면, $\sim p$의 진리집합은 P^c이 된다.

※ 참고로 $(P^c)^c = P$이므로, $\sim(\sim p) = p$임을 알 수 있다.

부정의 의의

명제에서 부정은 어떤 의미를 가질까요?

'집합 P와 P^c의 관계'를 통해서 '조건 p와 $\sim p$의 관계'를 유추해 보도록 하겠습니다.

P와 P^c의 관계

$\begin{cases} a \in P \\ a \notin P^c \end{cases}$ $\begin{cases} b \notin P \\ b \in P^c \end{cases}$

어떤 원소든 P 또는 P^c
둘 중 하나에 포함된다.

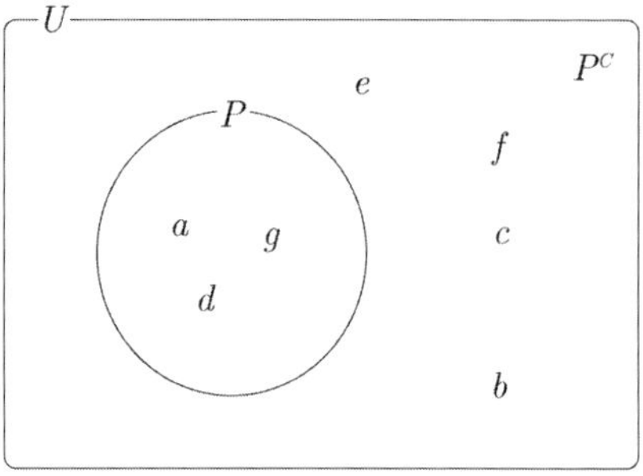

원소 a는 집합 P의 원소이지만 P^c의 원소는 아닙니다. 마찬가지로 원소 b 또한 P^c의 원소이지만 P의 원소는 아닙니다. (즉, 임의의 어떤 원소는 집합 P와 P^c 중 어느 하나에만 속한다는 것을 알 수 있다)

집합 P와 P^c은 동전의 양면과도 같이 '이것 아니면 저것'이라는 흑백논리를 대표한다.

마찬가지로 임의의 변수 x는 조건 p를 참으로 만들거나 아니면 $\sim p$를 참으로 만듭니다. 말인즉슨, 임의의 변수 x에 대하여 조건 p와 $\sim p$ 중 어느 하나는 반드시 참이고, 어느 하나는 반드시 거짓이 됩니다.

p와 $\sim p$의 관계 ➡ 어느 하나가 참이면 나머지 하나는 반드시 거짓이다.

흑백논리는 모든 문제를 '흑 아니면 백', '선 아니면 악'이라는 2가지 경우로만 구분하려는 논리를 말합니다. 2개의 극단적인 것 이외에는 아무것도 인정하지 않는 편협한 사고지만, 흑백논리가 성립되는 영역(특히 수학)에서는 참과 거짓을 아주 쉽고 명확하게 판단할 수 있다는 장점이 있습니다.

부정의 활용

어떤 x에 대하여 '조건 p가 참이라는 것'을 증명하기 어려울 때, '$\sim p$가 거짓'임을 증명한다면, 조건 p가 참임을 증명하는 것과 같게 된다.

and, or의 부정

조건 'p and q', 'p or q'의 부정은 무엇일까요?

진리집합 P, Q를 이용하여 'p and q', 'p or q'의 부정을 찾아보도록 하겠습니다. 먼저 조건 p and q, p or q의 진리집합을 구하면 다음과 같습니다.

$(p \text{ and } q)$의 진리집합 : $\{x \mid p(x) \text{ and } q(x)\}$ ➡ $P \cap Q$

$(p \text{ or } q)$의 진리집합 : $\{x \mid p(x) \text{ or } q(x)\}$ ➡ $P \cup Q$

집합 P의 부정은 P^c이므로 '$P \cap Q$와 $P \cup Q$의 부정'은 '$(P \cap Q)^c$과 $(P \cup Q)^c$'이라고 말할 수 있습니다. (집합에서 부정은 '여집합'을 의미한다)

P의 여집합 → P^c

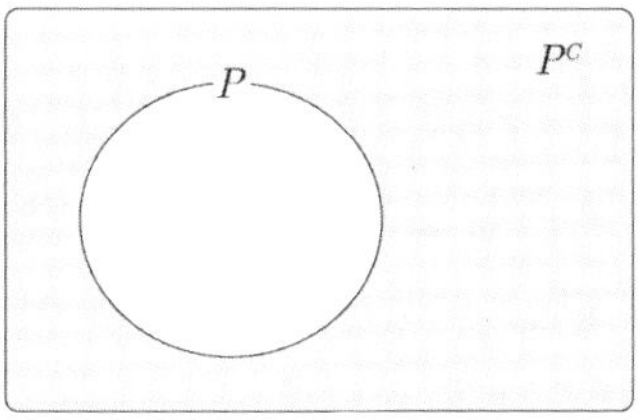

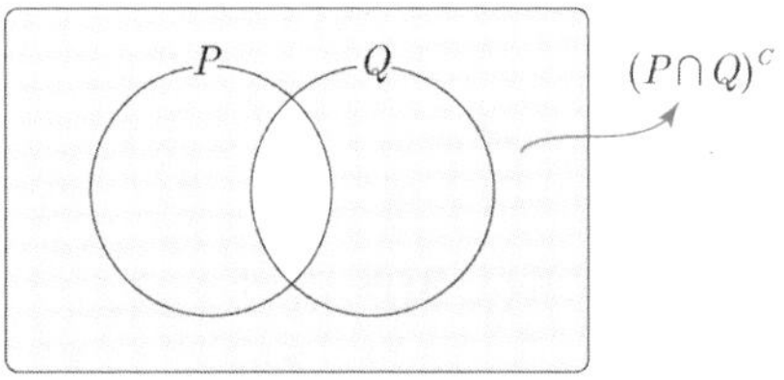

$P \cap Q$의 여집합 → $(P \cap Q)^c$

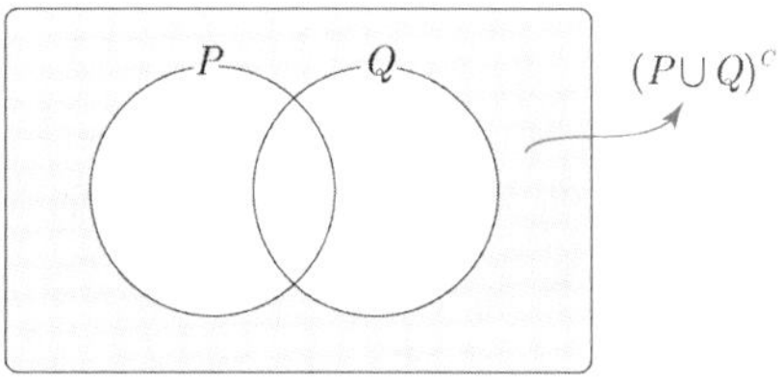

$P \cup Q$의 여집합 → $(P \cup Q)^c$

집합 $(P \cap Q)^c$, $(P \cup Q)^c$을 보면 어떤 연산법칙이 떠오르지 않습니까? 바로 드 모르간의 법칙입니다. 드 모르간의 법칙은 여집합 기호에 의해 '괄호 안의 모든 요소가 반대로 바뀐다'는 연산법칙입니다.

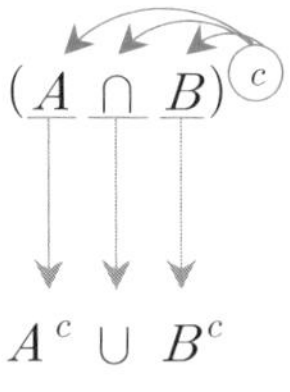

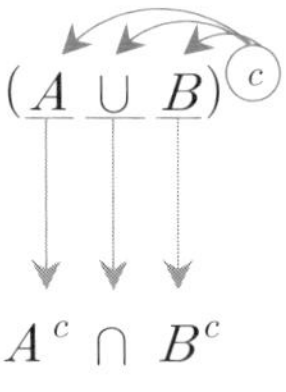

그렇다면 집합 $(P \cap Q)^c$과 $(P \cup Q)^c$에 드 모르간의 법칙을 적용한 후, 다

시 조건으로 변환시켜보도록 하겠습니다.

$(P\cap Q)^c = P^c \cup Q^c$ ➡ $\sim p$ or $\sim q$

$(P\cup Q)^c = P^c \cap Q^c$ ➡ $\sim p$ and $\sim q$

P^c Q^c $\cap$ $\cup$

↓ 집합을 조건으로 바꿀 때

$\sim p$ $\sim q$ and or

결국 'p and q'의 부정은 '$\sim p$ or $\sim q$'가 되고, 'p or q'의 부정은 '$\sim p$ and $\sim q$'가 된다는 것을 알 수 있습니다. (and와 or로 연결된 조건의 부정에서는 '각 조건과 접속사'를 순서대로 부정하면 된다)

p and q

↓ 부정

$\sim p$ or $\sim q$

전체집합이 $\{1, 2, 3, 4, \cdots, 10\}$일 때, 다음 조건을 부정하고 그 진리집합을 구해보도록 하겠습니다.

p or q (p : x는 2의 배수, q : x는 8의 약수)

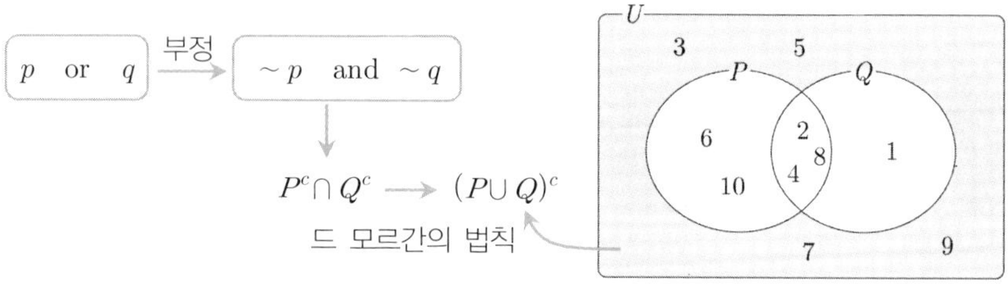

p or q(2의 배수이거나 8의 약수이다)의 부정은 $\sim p$ and $\sim q$(2의 배수도 아니고 8의 약수도 아니다)가 되므로 조건 $\sim p$ and $\sim q$의 진리집합은 {3, 5, 7, 9}가 됩니다. (조건 $\sim p$ and $\sim q$의 진리집합은 $P^c \cap Q^c$이다)

그 밖의 부정

'모든'이나 '어떤'이라는 수식어가 들어 있는 명제의 부정은 무엇일까요?

$U=\{a, b, c\}$에 대하여 U의 **모든** 원소는 유리수이다.

위 명제의 부정을 과연 'U의 모든 원소는 유리수가 아니다'라고 말할 수 있을까요? 접속사 and, or의 개념을 적용하여 '모든'의 부정이 무엇인지 알아보도록 하겠습니다. (and의 부정은 or, or의 부정은 and이다)

$U=\{a, b, c\}$에 대하여 U의 **모든** 원소는 유리수이다.

→ 'a and b and c'는 유리수이다.

➡ 부정 : 'a or b or c'는 유리수가 아니다.

'a or b or c가 유리수가 아니라는 것'은 a, b, c 중 유리수가 아닌 것이 '1개 이상 존재한다'는 것을 의미합니다. 이런 이유로 or는 '어떤'이란 단어로 표현할 수 있습니다.

a or b or c는 유리수가 아니다. → 어떤 a, b, c는 유리수가 아니다.

'모든'이라는 용어는 각각의 원소 간에 and로, '어떤'이라는 용어는 각각의 원소 간에 or로 정의하였기 때문에 '모든'의 부정은 '어떤', '어떤'의 부정은 '모든'이 됩니다.

'모든'과 '어떤'의 논리

'모든'의 부정이 '어떤'이라면, '모든'이 포함된 명제가 거짓일 때 '어떤'이 포함된 명제는 반드시 참이어야 한다.

100명의 국회의원이 있다고 가정해 봅시다. '모든 국회의원은 거짓말쟁이다'라는 명제가 거짓이라면, 반드시 참인 명제는 무엇일까요?

모든 국회의원은 거짓말쟁이다	=	100명의 국회의원이 거짓말쟁이다

100명의 국회의원이 거짓말쟁이라는 명제가 거짓이라는 말은, 거짓말쟁이가 아닌 국회의원이 적어도 1명 이상 있다는 것을 의미한다.

100명의 국회의원이 거짓말쟁이다	거짓 ➡	거짓말쟁이가 아닌 국회의원이 적어도 1명 이상 있다

'어떤'이란 용어는 '전체 원소 중 1개 이상'을 의미하므로, 거짓말쟁이가 아닌 국회의원이 적어도 1명 이상 있다는 명제는 '어떤'이란 용어를 사용하여 다음과 같이 표현할 수 있다.

거짓말쟁이가 아닌 국회의원이 적어도 1명 이상 있다	=	어떤 국회의원은 거짓말쟁이가 아니다

즉, '모든 국회의원은 거짓말쟁이다'라는 명제가 거짓이라면, 반드시 참인 명제는 '어떤 국회의원은 거짓말쟁이가 아니다'가 된다.

모든과 **어떤** ➡ 서로 부정관계

다음 명제를 부정해 보도록 하겠습니다. ('모든'은 '어떤'으로 '어떤'은 '모든'으로, 'and'는 'or'로, 'or'는 'and'로, 그리고 p는 $\sim p$로 $\sim p$는 p로 각각 바꾸어 본다)

① 모든 x에 대하여 p ➡ 어떤 x에 대하여 $\sim p$

② 어떤 x에 대하여 p or $\sim q$ ➡ 모든 x에 대하여 $\sim p$ and q

※ 참고로 '**모든**'이라는 용어는 '**임의의**'와 같은 의미로, '**어떤**'이라는 용어는 '**적당한**'과 같은 의미로 사용한다.

이번엔 '등호 및 부등호'에 대한 부정을 알아보도록 하겠습니다.

$$p : x=1 \quad -(\text{부정})\rightarrow \quad \sim p : x \neq 1$$
$$q : x>1 \quad -(\text{부정})\rightarrow \quad \sim q : x<1 \ (?)$$

조건 '$p : x=1$'의 부정은 '$\sim p : x \neq 1$'가 되지만, '$q : x>1$'의 부정을 과연 '$\sim q : x<1$'라고 말할 수 있을까요?

'$x>1$'와 '$x<1$'가 서로 부정의 관계라면, 임의의 원소 x는 두 조건 중 반드시 하나를 만족해야 합니다.

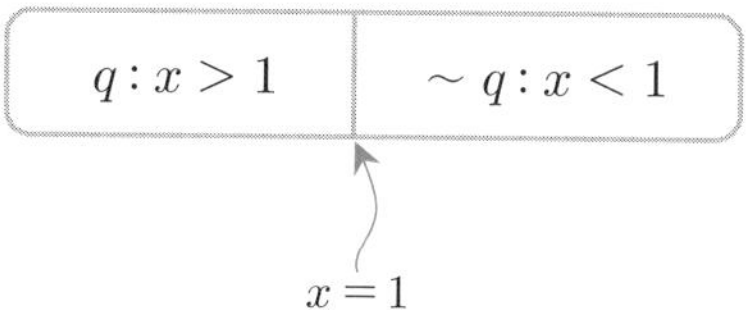

$x=1$은 어느 조건에도 포함되지 않으므로, 두 조건은 부정관계가 아니다.

그럼 진리집합 Q(조건 q)를 벤 다이어그램으로 표현한 후, Q^c(조건 $\sim q$)을 찾아보겠습니다.

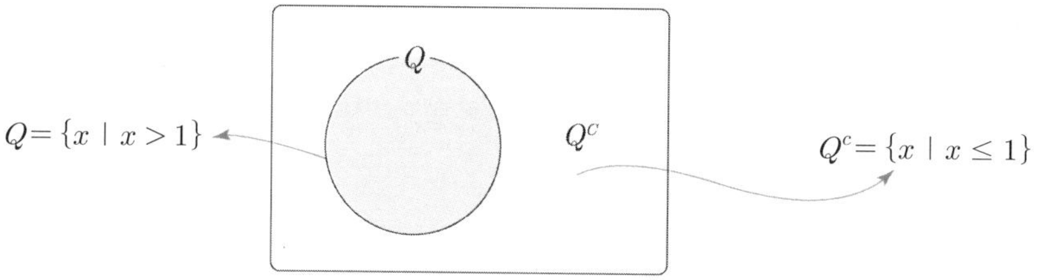

보는 바와 같이 조건 '$q : x>1$'의 부정 '$\sim q : x \leq 1$'가 됩니다. 마찬가지로 부등호 '$\geq$'의 부정은 '$\leq$'가 아니라 '$<$'가 되겠죠?

수식어, 접속사, 그리고 부등호(등호)의 부정을 종합해 보면 다음과 같습니다.

	모든	x에 대해서, $x>0$	또는	$x=-3$
부정	↕	↕	↕	↕
	어떤	x에 대해서, $x \le 0$	그리고	$x \ne -3$

명제 $p \rightarrow q$의 부정은 무엇일까?

명제 '5는 12의 약수이다'를 부정하면, '5는 12의 약수가 아니다'가 된다. 그럼 '5는 12의 약수이다'와 '5는 12의 약수가 아니다'를 명제 $p \rightarrow q$꼴로 변형해 보자.

5는 12의 약수이다.

→ x가 5이면, x는 12의 약수이다. ($p: x=5$, $q: x=$(12의 약수))

5는 12의 약수가 아니다.

→ x가 5이면, x는 12의 약수가 아니다.

($p: x=5$, $\sim q: x \ne$(12의 약수))

따라서 명제의 $p \rightarrow q$의 부정은 바로 명제 $p \rightarrow \sim q$가 된다. 즉, 명제 $p \rightarrow q$가 참이면 명제 $p \rightarrow \sim q$는 반드시 거짓이 되며, 명제 $p \rightarrow q$가 거짓이면 명제 $p \rightarrow \sim q$는 반드시 참이 된다. 뒤에서 자세히 배우겠지만 이는 명제의 증명법 중 하나인 귀류법의 원리에 해당된다.

재미있는 논리 퀴즈

3명의 사형수가 있다. 사형을 집행하는 보안관이 사형수들에게 문제를 내어 정답을 맞히는 사형수를 살려주기로 약속했다. 보안관은 앞사람만 볼 수 있도록 사형수를 무작위로 의자에 앉히고, 사형수의 눈을 안대로 가린 채 하나씩 모자를 씌워준다. 안대를 풀고 난 후, 본인이 쓰고 있는 모자의 색깔을 알아맞히는 사형수는 살아남게 된다.

보안관이 가지고 온 모자는 빨간모자 2개와 노란모자 2개이며, 사형수는 어떤 색의 모자가 몇 개씩 있었는지 알고 있다. 또한 사형수는 앞에 앉아 있는 사람의 모자 색이 무엇인지도 알 수 있다. (맨 뒤에 있는 사형수는 앞에 있는 2명의 모자 색을 볼 수 있으나, 맨 앞에 앉은 사형수는 누구의 모자도 볼 수 없다)

보안관은 자신의 모자 색깔이 무엇인지 알면 손을 들라고 했지만, 아무도 손을 들지 못했다. 그러자 보안관은 뒤에서부터 차례로 자신의 모자 색을 말하라고 재촉한다. (만약 맞히면 그 자리에서 풀어주고, 못 맞히면 바로 사형을 집행한다)

과연 누가 살아남을 수 있을까?

개념 한눈에 보기

1. **명제** : 참과 거짓을 명확히 구별할 수 있는 문장

2. **조건** : 변수(x값)에 따라서 참인지 거짓인지 구별할 수 있는 명제

3. **조건의 진리집합** : 조건을 참이 되게 하는 변수(x값)의 모임

   ➡ 조건 $p(x)$의 진리집합 $P=\{x|\ p(x)\}$

4. **조건에서 and와 or의 진리집합**

   ① and : 두 조건을 모두 만족시키는 변수의 집합

   $p(x)$ and $q(x)$의 진리집합 → $\{x|x \in P \text{ and } x \in Q\}$ ➡ $P \cap Q$

   ② or : 두 조건 중 1개 이상을 만족시키는 변수의 집합

   $p(x)$ or $q(x)$의 진리집합 → $\{x|x \in P \text{ or } x \in Q\}$ ➡ $P \cup Q$

5. **조건으로 이루어진 명제** ($p \to q$)

   2개의 조건이 가정과 결론의 접속사 if(~이면, ~이다)로 연결된 명제

   ➡ 변수 x값을 몰라도 참과 거짓을 구별할 수 있다.

6. **$p \to q$의 참과 거짓의 판별**

   ① 참 : 진리집합 P, Q의 관계가 $P \subset Q$일 경우

   ② 거짓 : 진리집합 P, Q의 관계가 $P \subset Q$가 아닐 경우

7. **반례** : 명제 $p \to q$에서 가정 p를 만족하지만, 결론 q를 만족하지 않는 예

8. **$p(x)$의 부정**

   ① 기호 : $\sim p(x)$ [not p]

   ② 부정과 집합 : $p(x)$의 진리집합이 P라면 $\sim p(x)$의 진리집합은 P^c이다.

   ③ 부정의 부정 : $\sim p(x)$의 부정은 $p(x)$이다. → $\sim(\sim p(x)) = p(x)$

9. **p와 $\sim p$의 관계** : 임의의 원소 x에 대하여 p가 참이면 $\sim p$는 반드시 거짓이며, $\sim p$가 참이면 p는 반드시 거짓이 된다.

10. **그 밖의 부정**

    ① and, or의 부정 : and의 부정은 or이며, or의 부정은 and이다.

    ② '모든'과 '어떤' : '모든'의 부정은 '어떤'이며, '어떤'의 부정은 '모든'이다.

    ③ 등호와 부등호

    =의 부정 : $\neq$　　$>$의 부정 : $\leq$　　$<$의 부정 : $\geq$

도출형 학습방식으로 다음 문제를 풀어보도록 하겠습니다. (개념이 잘 기억나지 않으면 앞의 내용을 찾아보길 바란다)

전체집합 U의 세 부분집합 P, Q, R은 각각 세 조건 p, q, r의 진리집합이고, 두 명제 $p \to q$와 $q \to r$이 모두 참일 때, 다음 중 옳은 것은?

a. $P \subset R$

b. $(P \cup Q) \subset R^c$

c. $(P^c \cap R^c) \subset Q^c$

1단계 **개념도출** 문제를 풀기 위해서는 어떤 개념을 알아야 할까요?

2단계 **개념설명** 개념을 알고 있다면 간단히 설명해 보길 바랍니다.

3단계 **문제해결** 그럼 어떻게 문제를 해결할 수 있을까요?

전체집합 U의 세 부분집합 P, Q, R은 각각 세 조건 p, q, r의 진리집합이고, 두 명제 $p \to q$와 $q \to r$이 모두 참일 때, 다음 중 옳은 것은?

a. $P \subset R$

b. $(P \cup Q) \subset R^c$

c. $(P^c \cap R^c) \subset Q^c$

1단계 문제를 풀기 위해서는 어떤 개념을 알아야 할까요?

조건과 진리집합, 명제 $p \to q$, 명제의 참과 거짓, 집합의 포함관계, 그리고 드 모르간의 법칙을 알아야 한다.

2단계 개념을 알고 있다면 간단히 설명해 보길 바랍니다.

조건과 진리집합

변수 x에 의해 참인지 거짓인지 구별할 수 있는 명제를 조건이라 하며, 조건 $p(x)$가 참이 되는 x값의 집합 P를 조건 $p(x)$의 진리집합이라 한다.

조건으로 이루어진 명제

2개의 조건(p, q)을 가정과 결론의 접속사 if(~이면, ~이다)로 연결한 명제를 말하며, 「$p \to q$」로 나타낸다.

명제의 참과 거짓

p, q의 진리집합이 P, Q일 때, $P \subset Q$이면 명제 $p \to q$가 참이 된다.

집합의 포함관계

① $A \subset B$이고 $B \subset C$이면 $A \subset C$가 성립한다.

② $A \cap B = A$, $A \cup B = B \Leftrightarrow A \subset B$

③ $A \subset B \Leftrightarrow B^c \subset A^c$

드 모르간의 법칙

① $(A \cup B)^c = A^c \cap B^c$

② $(A \cap B)^c = A^c \cup B^c$

3단계 그럼 어떻게 문제를 해결할 수 있을까요?

명제 $p \to q$와 $q \to r$이 참이므로, $P \subset Q$, $Q \subset R$가 성립한다. 또한 세 집합의 포함관계를 통해 $P \subset R$라는 것도 알 수 있다. 그리고 집합 P, Q, R에 대한 포함 관계를 벤 다이어그램으로 그려보면, 보기 a, b, c가 참인지 거짓인지 쉽게 확인할 수 있다. (특히 보기 c에 드 모르간의 법칙을 적용해 볼 수 있다)

정답이 궁금한 학생들은 다음 정답풀이를 참고하시기 바랍니다.

명제 $p \rightarrow q$와 $q \rightarrow r$이 참이므로, $P \subset Q$, $Q \subset R$가 성립한다.
그리고 $P \subset Q$, $Q \subset R$이므로 $P \subset R$라는 사실도 쉽게 알 수 있다.

a. $P \subset R$ (참)

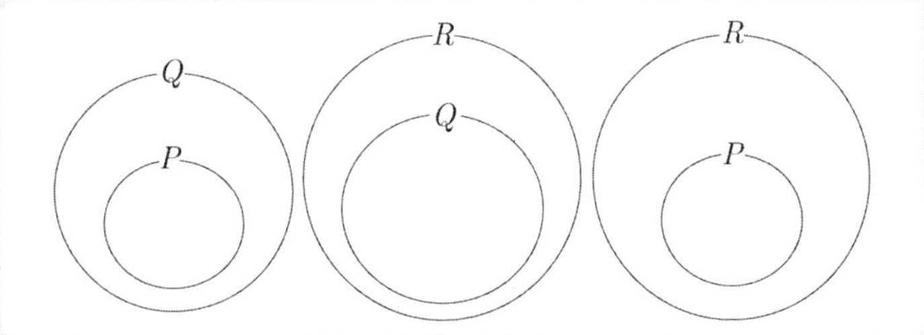

b. $(P \cup Q) \subset R^c$ (거짓)

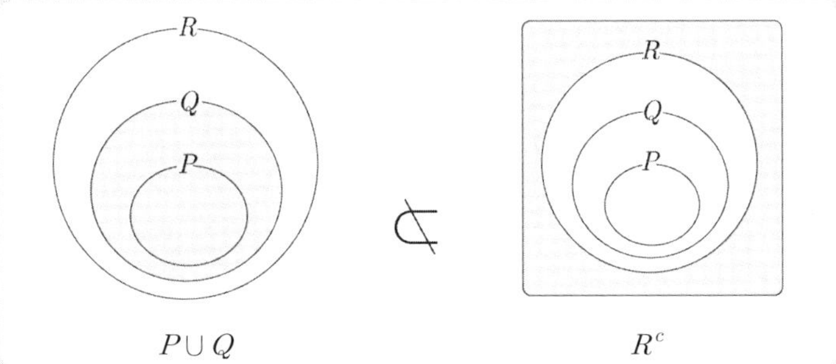

c. $(P^c \cap R^c) \subset Q^c$ — 드 모르간의 법칙 $(P^c \cap R^c) = (P \cup R)^c$

$= (P \cup R)^c \subset Q^c$ — $P \subset R$이므로 $P \cup R = R$

$= R^c \subset Q^c$

※ $Q \subset R$이므로 $R^c \subset Q^c$이 성립

→ **참**

정답 a, c

4 필요 · 충분조건

명제의 역, 이, 대우

어렸을 때 학교에서 가정·결론 놀이를 해본 적이 있습니다. 이 놀이는 가정과 결론이 적힌 쪽지를 무작위로 선택하여 읽는 놀이인데(반 학생의 절반은 가정을 나머지 절반은 결론을 적는다), 말도 안 되는 가정과 결론이 결합되어 학생들의 폭소를 터뜨리곤 합니다. 때로는 가정과 결론이 서로 바뀌어 더 큰 웃음을 자아내기도 합니다.

가정	결론
① 화장실 물이 넘쳐 교실로 들어오면	① 가출할 것이다
② 내일 지구가 멸망하면	② 그녀에게 고백할 것이다
③ 담임선생님이 대머리라면	③ 한 그루의 사과나무를 심겠다
④ 우리 반에 전염병이 돌면	④ 모두 죽은 척할 것이다

명제 $p \rightarrow q$의 가정과 결론을 서로 바꾸어보면 어떨까요? 과연 참이 될까요?

자연수이면 실수이다. (참)

$p \rightarrow q$

실수이면 자연수이다. (거짓)

$q \rightarrow p$

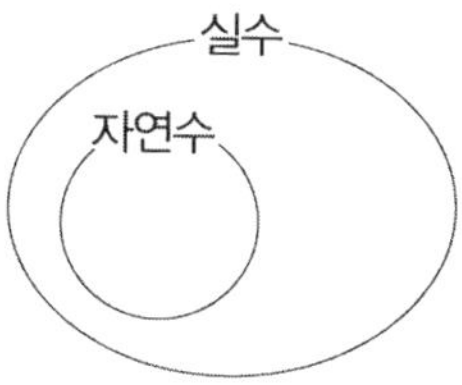

명제 $p \to q$의 가정과 결론을 서로 바꾼 명제 $q \to p$를 명제 $p \to q$의 **역(易)**이라고 말합니다. 또한 가정과 결론을 각각 부정한 명제 $\sim p \to \sim q$를 **이(異)**라고 하며, 가정과 결론을 서로 바꾼 후 각각 부정한 명제 $\sim q \to \sim p$를 **대우(對偶)**라고 정의합니다. (새로운 용어라서 처음에는 어리둥절할 것이다)

역은 '바꿀 역(易)', 이는 '다를 이(異)', 대우는 '마주할 대(對)', '짝 우(偶)' 자를 씁니다. 역과 이는 그럴듯해 보이지만, 대우는 언뜻 이해가 잘 가지 않을 것입니다. 대우가 왜 '마주하는 짝'이 되는지는 뒤쪽에서 밝혀집니다.

명제의 역, 이, 대우

$p \to q$
- 역(易) : $q \to p$ (가정과 결론을 서로 바꾼다)
- 이(異) : $\sim p \to \sim q$ (가정과 결론을 각각 부정한다)
- 대우(對偶) : $\sim q \to \sim p$ (가정과 결론을 서로 바꾼 후, 부정한다)

'대우와 이'는 서로 '역의 관계'이고, '역과 이'는 서로 '대우관계'라는 사실을 알 수 있습니다. (문자 p, q에 초점을 맞추지 말고, 조건이 '가정인지 결론인지' 그리고 '부정인지 아닌지'에 초점을 맞추어본다)

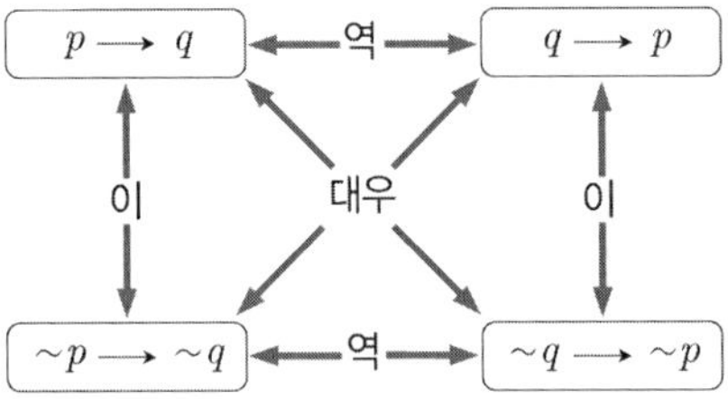

※ 명제의 역, 이, 대우는 상대적인 개념이다.

명제의 역, 이, 대우를 왜 배우는지는 일단 넘어가기로 하겠습니다. (역, 이, 대우에 관한 문제를 풀다 보면 자연스럽게 알게 될 것이다)

다음 명제 $p \rightarrow q$에 대한 역, 이, 대우를 찾아보도록 하겠습니다. (역, 이, 대우를 찾을 때에는 명제 $p \rightarrow q$의 가정과 결론을 잘 구분해야 한다)

$\underbrace{a^2+b^2=0}_{p}$이면 $\underbrace{a=0\text{이고 } b=0}_{q}$이다.

가정 (p) 결론 (q)

- 역 $q \rightarrow p$
- 이 $\sim p \rightarrow \sim q$
- 대우 $\sim q \rightarrow \sim p$

- 역 : $a=0$이고 $b=0$이면 $a^2+b^2=0$이다.
- 이 : $a^2+b^2 \neq 0$이면 $a \neq 0$이거나 $b \neq 0$이다.
- 대우 : $a \neq 0$이거나 $b \neq 0$이면 $a^2+b^2 \neq 0$이다.

가끔 수식 사이에 있는 ' ,(쉼표)'의 의미를 혼동하는 경우가 있습니다. 쉼표는 경우에 따라서 and를 의미하기도 하고 or를 의미하기도 합니다. 참고로 쉼표의 의미를 간략히 살펴보고 넘어가도록 하겠습니다.

, (쉼표)

① 원칙적으로 and를 의미한다.

② and의 적용이 불가능할 경우에는 or를 의미한다.

ex) $a>0,\ b>0$: $a>0$ and $b>0$

$x=3,\ -1$: $x=3$ or -1 (3이면서 -1인 숫자는 없다)

※ 명제에서 and와 or는 서로 부정관계이므로, 쉼표를 잘못 판단할 경우 전혀 다른 결과를 도출하게 되니 주의해야 한다.

이번엔 명제 $p \to \sim q$의 역, 이, 대우를 찾아보도록 하겠습니다. (명제 $p \to \sim q$에서 가정과 결론을 잘 구분해 본다. 또한 $\sim(\sim p) = p$이라는 사실도 기억한다)

$p \to \sim q$
- 역 : $\sim q \to p$ (가정과 결론을 서로 바꾼다)
- 이 : $\sim p \to q$ (가정과 결론을 각각 부정한다)
- 대우 : $q \to \sim p$ (가정과 결론을 서로 바꾼 후 부정한다)

명제의 대우관계

명제 $p \to q$가 참일 경우, 역, 이, 대우도 과연 참일까요? 다음 명제의 역, 이, 대우를 구하고 각각 참인지 거짓인지 확인해 보도록 하겠습니다.

2의 약수(p)이면 4의 약수(q)이다.
- 역 $q \to p$
- 이 $\sim p \to \sim q$
- 대우 $\sim q \to \sim p$

- 역 : 4의 약수이면, 2의 약수이다. ➡ 거짓 (반례 4)
- 이 : 2의 약수가 아니면, 4의 약수가 아니다. ➡ 거짓 (반례 4)
- 대우 : 4의 약수가 아니면, 2의 약수가 아니다. ➡ 참

명제 $p \to q$가 참일 때, 항상 참이 되는 명제는 바로 대우 $\sim q \to \sim p$입니다. (역과 이는 참일 수도 있고 거짓일 수도 있다)

그럼 명제 $p \to q$가 참일 때, 왜 대우 $\sim q \to \sim p$가 항상 참이 되는지 진리집합의 포함관계를 이용하여 입증해 보도록 하겠습니다.
우선 명제 $p \to q$가 참이면, 진리집합 P, Q의 관계가 $P \subset Q$라는 것은

이미 알고 있는 사실입니다. 또한 앞서 집합에서 배웠듯이, $P \subset Q$일 때 $Q^c \subset P^c$이라는 것도 벤 다이어그램을 통해 증명한 바 있습니다.

즉, 진리집합 P, Q의 관계가 $Q^c \subset P^c$일 때 명제 $\sim q \to \sim p$는 참이 되므로 명제 $p \to q$가 참일 경우, 대우 $\sim q \to \sim p$ 또한 반드시 참이 됩니다.

명제 $p \Rightarrow q$ ⟶ $P \subset Q$

↓

대우 $\sim q \Rightarrow \sim p$ ⟵ $Q^c \subset P^c$

$\therefore$ $p \to q$가 참이면, $\sim q \to \sim p$도 참이다.

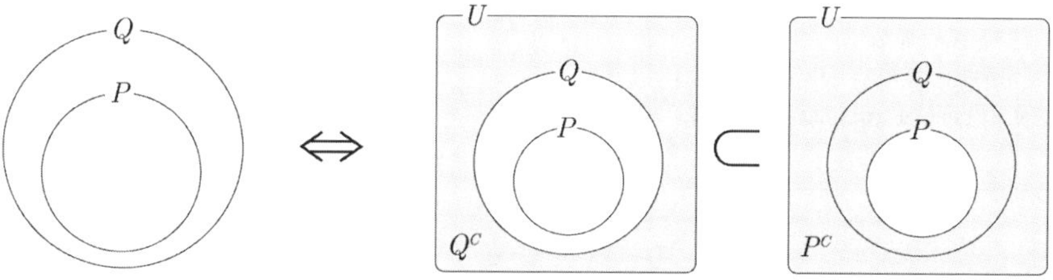

$P \subset Q \;\Leftrightarrow\; Q^c \subset P^c$

반대로 명제 $p \to q$가 거짓일 경우, 대우 $\sim q \to \sim p$도 반드시 거짓이 됩니다. 즉, 명제와 대우는 서로 참과 거짓을 함께하는 짝이 된다는 사실을 알 수 있습니다. (대우(對偶)는 한자로 '마주하는 짝'을 의미한다)

다음 명제가 참일 경우 항상 참이 되는 명제, 즉 대우명제를 찾아보도록 하겠습니다. (대우는 가정과 결론을 모두 부정한 후, 서로 바꾼 명제라는 사실을 기억한다)

① $p \to q$ ② $\sim q \to p$ ③ $p \to \sim q$

① $p \to q$가 참이면 $\sim q \to \sim p$도 참이다.
② $\sim q \to p$가 참이면 $\sim p \to q$도 참이다.
③ $p \to \sim q$가 참이면 $q \to \sim p$도 참이다.

대우

다음 제시문이 참일 때, 항상 참이 되는 문장을 써라.

운동을 하면 땀이 난다.
땀이 나면 체온이 떨어진다.

특히 대우관계는 증명 문제에서 자주 활용됩니다. (대우가 참이라는 것을 증명하면 원 명제가 참이 된다는 것을 증명하는 것과 같다)

명제의 삼단논법

A : 소크라테스는 인간이다.
B : 인간은 모두 죽는다.
C : 따라서 소크라테스는 죽는다.

'A, B가 참일 경우, C도 참이 된다'는 논리전개 방식을 **삼단논법**이라고 말합니다. 과연 A, B가 참일 경우, C가 참이 될 수 있을까요?
문장 A, B, C를 명제로 전환하여 위 삼단논법을 증명해 보도록 하겠습니다. (먼저 조건 p, q, r을 정의한다)

소크라테스 : p 인간 : q 죽는다 : r

A : 소크라테스는(p) 인간이다(q). ➡ $p \to q$

B : 인간은(q) 모두 죽는다(r). ➡ $q \to r$

C : 따라서 소크라테스는(p) 죽는다(r). ➡ $p \to r$

A, B가 참일 경우, C도 참?
삼단논법

$$\left.\begin{array}{l} A: p \to q \\ B: q \to r \end{array}\right\} \text{가 참일 경우 } C: p \to r \text{도 참?}$$

진리집합의 포함관계를 이용하면, 삼단논법 '$p \to q$, $q \to r$이 참이면, $p \to r$이 참'임를 쉽게 증명할 수 있습니다.

$$\left.\begin{array}{l} P \subset Q \\ Q \subset R \end{array}\right\} \Rightarrow P \subset R \quad \Leftrightarrow \quad \left.\begin{array}{l} p \to q \\ q \to r \end{array}\right\} \text{참이면 } p \to r \text{ 참이다.}$$

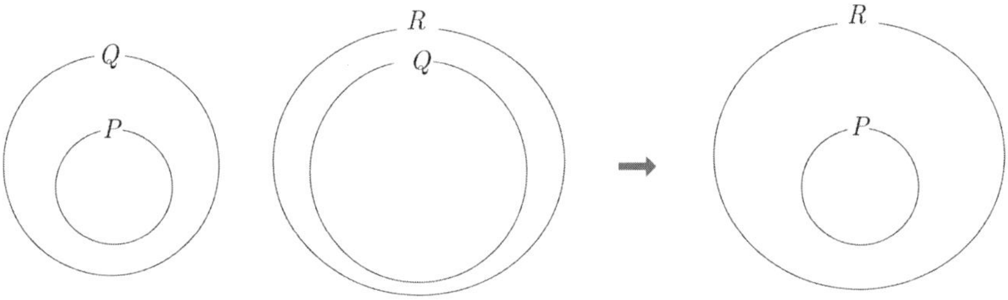

$P \subset Q$ $Q \subset R$ $P \subset R$

※ $p \to q$, $q \to r$이 참이면, $p \to r$도 참이 된다. ➡ 삼단논법 (참)

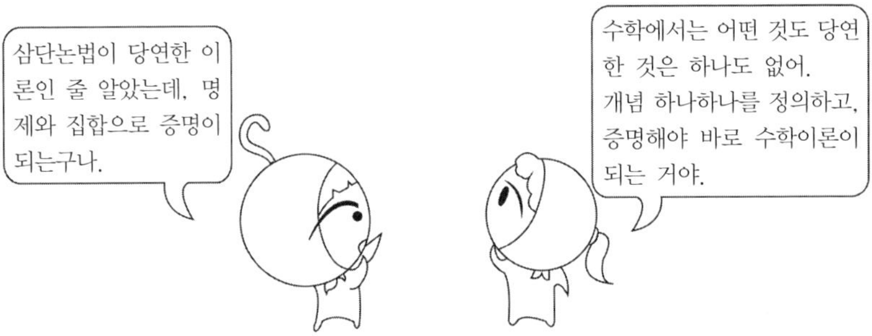

다음 삼단논법을 이용하여 A, B와 A', B'로부터 제3의 참인 명제 C와 C'를 찾아보도록 하겠습니다.

A : <u>8의 배수</u>이면 <u>4의 배수</u>이다. ($p \to q$)

B : <u>4의 배수</u>이면 <u>2의 배수</u>이다. ($q \to r$)

} C : <u>8의 배수</u>이면 <u>2의 배수</u>이다. ($p \to r$)

A' : 운동을 하면 땀이 난다.
$\quad p' \quad \to \quad q'$

B' : 땀이 나면 목이 마르다.
$\quad q' \quad \to \quad r'$

C' : 운동을 하면 목이 마르다.
$\quad p' \quad \to \quad r'$

※ 삼단논법을 기억할 때, 꼬리에 꼬리를 무는 조건의 결과로 기억하면 쉽다.

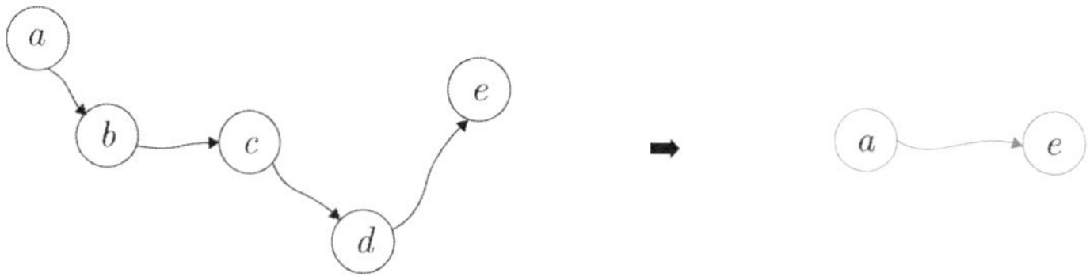

조건 p, q, r에 대하여 다음 세 명제 ①, ②, ③이 참일 때, 삼단논법에 의해 항상 참이 되는 명제를 찾아보도록 하겠습니다. (먼저 명제 ①, ②, ③의 대우를 찾아본다)

① $p \Rightarrow q$ ② $\sim q \Rightarrow r$ ③ $\sim p \Rightarrow r$

↓ ↓ ↓

대우 ④ $\sim q \Rightarrow \sim p$ ⑤ $\sim r \Rightarrow q$ ⑥ $\sim r \Rightarrow p$

그럼 위 6개의 참인 명제에 삼단논법을 적용해 보겠습니다. (꼬리를 무는 식의 논리를 전개하여 제3의 명제를 찾아본다)

⑥과 ① 연결 : $\sim r \Rightarrow p \quad p \Rightarrow q$ ➡ $\sim r \Rightarrow q$

④와 ③ 연결 : $\sim q \Rightarrow \sim p \quad \sim p \Rightarrow r$ ➡ $\sim q \Rightarrow r$

명제 ①, ②, ③이 참일 때, 항상 참인 명제는 $\sim r \rightarrow q$와 $\sim q \rightarrow r$이 됩니다.

필요조건, 충분조건

명제 $p \rightarrow q$가 참일 때, 조건 p, q는 서로에게 어떤 의미를 가질까요? 다음 명제를 살펴보면서 조건 p, q의 의미를 생각해 보도록 하겠습니다.

꽃이면 식물이다. : $p \rightarrow q$

가정 p 결론 q

꽃은 식물이 되기에 충분합니다. 따라서 '꽃이면 식물이다'라는 명제는 참이 됩니다. 그러나 식물은 꽃이 될 수 있을까요? 식물이 꽃이 되기 위해서는 암술과 수술을 갖춘 식물이라든지, 화려한 색으로 벌들을 꼬이게 하는 식물이라든지 하는 여러 가지 조건이 더 필요합니다.

이 식물은 무엇일까요?

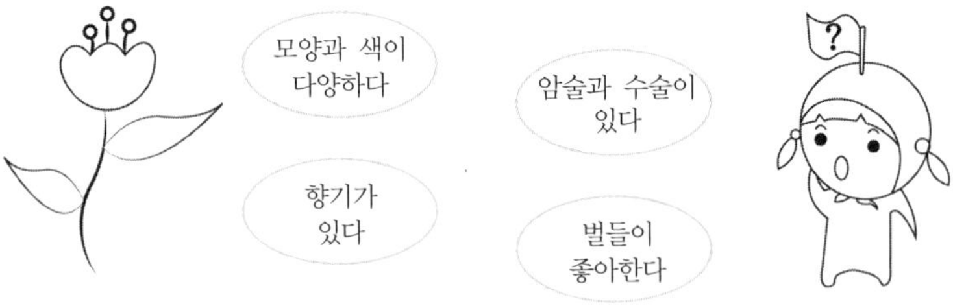

꽃(p)은 식물(q)이기 위한 충분한 조건이 되지만, 식물(q)은 꽃(p)이 되기 위해 뭔가 좀 더 필요한 조건이 됩니다.

명제 $p \rightarrow q$가 참일 경우, 조건 p를 **충분조건**, 조건 q를 **필요조건**이라고 말합니다. (좀더 정확히 말하면, p는 q이기 위한 충분조건, q는 p이기 위한 필요조건이라고 말한다)

$p \rightarrow q$가 참($P \subset Q$)일 경우
p : 충분조건, q : 필요조건

꽃이면 식물이다. ($p \rightarrow q$)

꽃 $\subset$ 식물

충분조건 필요조건

필요조건과 충분조건의 진리집합을 벤 다이어그램으로 표현하면 다음과 같습니다.

$$p \Rightarrow q$$

충분조건 필요조건

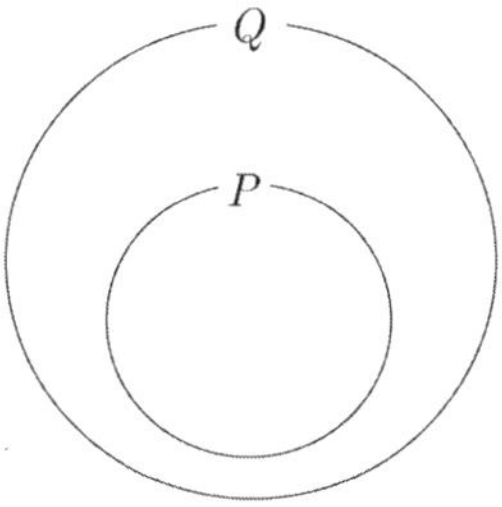

아울러 명제 $p \rightarrow q$와 $q \rightarrow p$가 모두 참일 경우, 조건 p와 q를 **필요 · 충분조건**이라고 말합니다. (필요·충분조건의 진리집합 P, Q는 $P=Q$(상등)가 된다)

필요조건과 충분조건을 공부할 때, 많은 학생들이 명제 $p \rightarrow q$의 화살표 방향을 혼동하곤 합니다. 만약 화살표 방향이 잘 기억나지 않을 때는 '꽃이면 식물이다', 즉 '꽃 → 식물'이라는 명제를 기억하길 바랍니다. (꽃이면 식물이 되기에 충분하니까 꽃이 충분조건, 식물은 필요조건이 된다)

※ 마치 p가 q에게 뭔가를 준다는 것으로 생각하고 화살표 방향을 기억하는 것도 나쁘지 않은 방법이다.

$$p \Rightarrow q$$

p는 충분해서 준다 q는 필요해서 받는다

세 조건 p, q, r의 진리집합을 P, Q, R이라고 하고, 세 집합의 포함관계가 다음 그림과 같을 때, 조건 p, q, r 및 $\sim p$, $\sim q$, $\sim r$에 대한 필요조건, 충분조건, 필요·충분조건을 모두 찾아보도록 하겠습니다. (명제의 대우 관계를 활용하여 조건 $\sim p$, $\sim q$, $\sim r$이 필요조건인지 충분조건인지 확인해 본다)

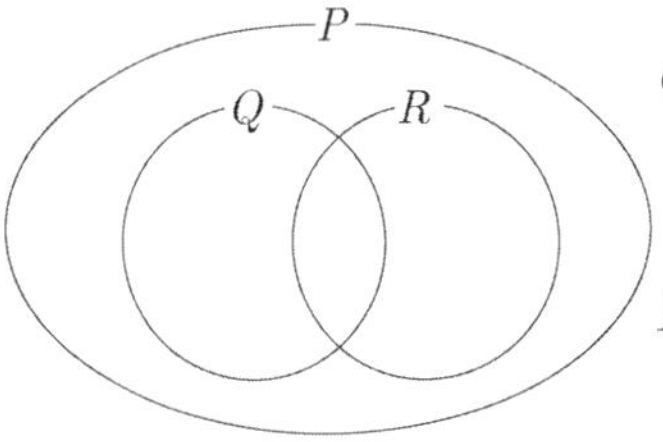

$Q \subset P$: $q \rightarrow p$ —대우→ $\sim p \rightarrow \sim q$

충분조건 필요조건 충분조건 필요조건

$R \subset P$: $r \rightarrow p$ —대우→ $\sim p \rightarrow \sim r$

충분조건 필요조건 충분조건 필요조건

필요·충분조건과 관련하여 다음 문제를 풀어보도록 하겠습니다. (어떻게 풀지 잠시 생각해 보는 시간을 가져본다)

다음 p, q가 필요조건인지 충분조건인지 확인하여라.

① p : 8의 배수 q : 4의 배수

② p : $x^2-1=0$ q : $(x-1)(x+1)=0$

③ p : $a+b>0$ q : $a>0$, $b>0$

문제해결을 위한 기본설계가 끝나셨나요? 그럼 함께 풀어보도록 하겠습니다. ① 진리집합 P, Q를 구하면, $P=\{8,\ 16,\ 24,\ 32,\ \cdots\}$, $Q=\{4,\ 8,\ 12,\ 16,\ 20,\ \cdots\}$이 됩니다. 두 집합 P, Q의 포함관계가 $P \subset Q$이므로, 명제 $p \to q$는 참이 됩니다.

$\therefore$ p는 충분조건, q는 필요조건

② 진리집합 P, Q를 구하면, $P=\{-1,\ 1\}$, $Q=\{-1,\ 1\}$이 됩니다. $P=Q$이므로 명제 $p \to q$와 $q \to p$가 모두 참이 됩니다. (명제와 그 역이 참일 경우, $p \Leftrightarrow q$로 표시한다)

$\therefore$ p와 q는 필요·충분조건

③ $a=-1$, $b=3$인 경우, $p(a+b>0)$ $\to$ $q(a>0,\ b>0)$는 거짓이 됩니다. ($a=-1$, $b=3$는 $p \to q$의 반례이다) 그러나 두 양수($a>0$, $b>0$)의 합은 항상 양수($a+b>0$)가 되기 때문에 $q \to p$는 참이 됩니다.

$\therefore$ p는 필요조건, q는 충분조건

이번에는 집합의 연산법칙과 연관 지어 다음 응용문제를 풀어보도록 하겠습니다. (어떻게 풀지 잠시 생각해 보는 시간을 가져본다)

전체집합 U에서 두 조건 p, q의 진리집합을 각각 P, Q라 고 할 때, $Q\cap(P-Q)^c = P\cup Q$가 성립한다면, 조건 p는 q이기 위한 무슨 조건인지 말하여라.

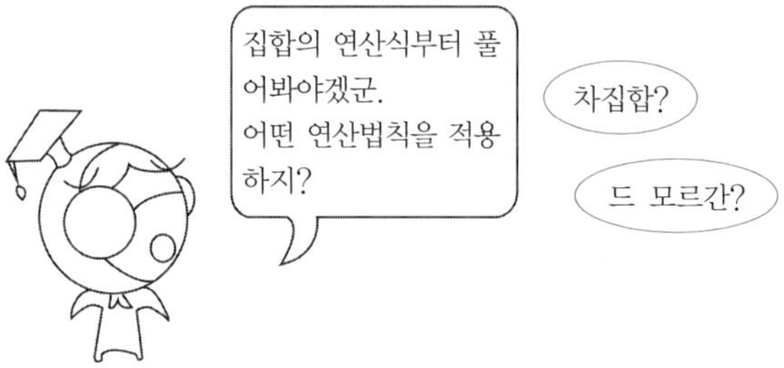

문제해결을 위한 기본설계가 끝나셨나요? 그럼 함께 풀어보도록 하겠습니다. 우선 주어진 연산식을 간단히 한 후, 벤 다이어그램을 그려보면 다음과 같습니다. (먼저 좌변을 간단히 정리해 본다)

$$Q\cap(P-Q)^c = Q-(P-Q) = Q$$

차집합

$$Q\cap(\quad)^c = Q-(\quad)$$

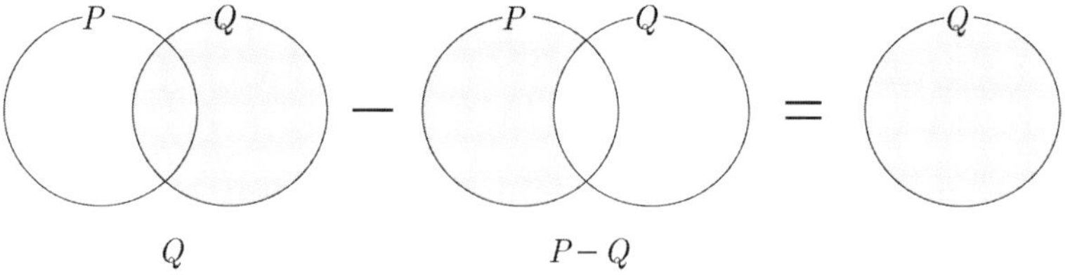

좌변 $Q\cap(P-Q)^c$은 집합 Q와 같으므로, 우변 $P\cup Q$ 또한 집합 Q와 같습니다. ($P\cup Q=Q$를 통해 P, Q의 포함관계를 알 수 있다)

$$P \cup Q = Q \quad \Rightarrow \quad P \subset Q$$

우리는 P, Q의 포함관계($P \subset Q$)를 통해 명제 $p \rightarrow q$가 참인 명제라는 사실을 확인할 수 있습니다. 따라서 p는 q이기 위한 충분조건이 됩니다.

$$\boldsymbol{p} \Rightarrow \boldsymbol{q}$$

p는 충분해서 준다　　　q는 필요해서 받는다

수학은 명제의 참과 거짓을 통해 논리를 전개하는 학문입니다. 명제와 관련된 용어(조건, 진리집합, 부정, 역·이·대우, 필요·충분조건 등)의 뜻을 정확히 기억하고 넘어가시길 바랍니다.

명제의 증명

명제의 증명이란 이미 알고 있는 사실이나 밝혀진 성질 등을 이용하여 해당 명제가 참임을 밝히는 것을 말합니다. 명제를 증명하는 방법에는 크게 2가지가 있는데, 첫째 명제의 가정으로부터 수학적 정의나 정리(성질) 등을 이용하여 논리적으로 명제의 결론을 이끌어내는 **직접증명법**이 있습니다. 예를 들어, 명제 '$2x+3=5$이면 $x=1$이다'를 직접증명법으로 증명해 보면 다음과 같습니다.

$\underline{2x+3=5}$이면 $\underline{x=1}$이다.

가정　　　결론

[등식의 성질]

① 양변에 같은 수를 더하거나 뺄 수 있다.
② 양변에 같은 수를 곱하거나 0이 아닌 수로 나눌 수 있다.

(가정) $2x+3=5$ — 양변에 같은 수를 뺀다

$2x+3-3=5-3$

$2x=2$ — 양변을 0이 아닌 수로 나눈다

$2x \div 2 = 2 \div 2$

(결론) $\therefore x=1$

직접증명법으로 명제를 증명하기가 상당히 어렵거나 복잡할 때, 우회적으로 결론을 이끌어내는 증명법을 **간접증명법**이라고 말합니다.

간접증명법에는 여러 가지가 있지만, 그중 다음 2가지 방법이 가장 많이 사용됩니다.

간접증명법

- **대우법** : 대우 $\sim q \to \sim p$가 참임을 증명하여 원명제 $p \to q$가 참이라는 것을 증명하는 방법
- **귀류법** : 결론을 부정하여 논리를 전개한 후 가정의 모순을 밝힘으로써, 원명제의 결론이 참이라는 것을 증명하는 방법
  즉, 명제 $\sim q \to p$가 거짓임을 밝혀 $p \to q$가 참임을 증명하는 방법

대우법은 대충 알겠는데 귀류법은 조금 생소하죠? 명제 $p \to q$를 이용하여 간접증명법(대우법, 귀류법)을 정리해 보도록 하겠습니다.

명제 $p \to q$가 참임을 간접적으로 증명하기 위해서는
① 부정명제인 $p \to \sim q$가 '거짓'임을 밝힌다.
② 대우명제 $\sim q \to \sim p$가 '참'임을 밝힌다. → 대우법
③ 대우명제의 부정 $\sim q \to p$가 '거짓'임을 밝힌다. → 귀류법

이제 감이 오지요? 그럼 다음 명제를 대우법으로 증명해 보도록 하겠습니다.

n^2이 짝수이면 n도 짝수이다. (단, n은 정수)

일단 명제의 대우를 찾으면 다음과 같습니다.

[대우] n이 짝수가 아니면, n^2도 짝수가 아니다.

이제 대우명제를 직접증명법으로 증명해 보도록 하겠습니다. 여기서 우리는 어떤 수가 '$2 \times$(정수)'꼴로 표현된다면 짝수가 되고, '$2 \times$(정수)$+1$'꼴로 표현된다면 홀수가 된다는 사실을 기억해야 할 것입니다.

n이 짝수가 아니다. (가정)

→ n은 홀수

→ $n = 2k + 1$ (k는 정수)

→ $n^2 = (2k+1)^2 = 4k^2 + 4k + 1 = \underbrace{2(2k^2 + 2k) + 1}_{\text{'2×(정수)+1'꼴}}$

즉, n이 짝수가 아닐 때, n^2은 '$2 \times$(정수)$+1$'꼴로 표현되어 짝수가 될 수 없습니다. 따라서 대우명제 'n이 짝수가 아니면, n^2도 짝수가 아니다'는 참인 명제가 됩니다. 대우명제가 참이므로, 원명제 'n^2이 짝수이면 n도 짝수이다'도 당연히 참이 되겠죠? 이번엔 귀류법을 이용하여 다음 명제를 증명해 보도록 하겠습니다.

$\sqrt{2}$는 유리수가 아니다.

위 명제는 $p \rightarrow q$꼴로 표현이 가능합니다.

어떤 수(x)가 $\sqrt{2}$이면, 그 수는 유리수가 아니다.

p : 어떤 $x = \sqrt{2}$ → q : $x \notin$ {유리수}

그렇다면 명제 $\sim q \rightarrow p$ ($p \rightarrow q$의 대우명제의 부정명제)가 거짓임을 밝혀 원명제 $p \rightarrow q$가 참임을 증명해 보도록 하겠습니다. 참고로 명제 $\sim q \rightarrow p$가 거짓이라면 $\sim q \rightarrow \sim p$는 반드시 참이 되며, 명제 $\sim q \rightarrow \sim p$이 참이라면 원명제 $p \rightarrow q$ 역시 참이 됩니다.

$\sim q \rightarrow p$: $x \in$ {유리수}이면, 어떤 $x = \sqrt{2}$이다.

유리수는 $\frac{b}{a}$(a, b는 서로소인 정수)로 표현이 가능하므로, $x = \frac{b}{a}$가 됩니다. 그리고 $x = \sqrt{2}$라고 했으므로 $\sqrt{2} = \frac{b}{a}$가 되겠죠? 등식 $\sqrt{2} = \frac{b}{2}$의 양변

을 제곱하면,

$$\sqrt{2}=\frac{b}{a} \quad\rightarrow\quad 2=\frac{b^2}{a^2} \quad\rightarrow\quad b^2=2a^2$$

b^2이 '$2\times$(정수)'꼴, 즉 짝수가 되므로 b 또한 짝수로 볼 수 있습니다. 이는 앞서 정수 n에 대하여 'n^2이 짝수이면 n도 짝수'라는 사실을 증명한 바 있습니다. 그렇다면 $b=2n$(n은 정수)이라고 놓고, $b^2=2a^2$에 대입하여 식을 정리해 보겠습니다.

$$b^2=2a^2 \quad\rightarrow\quad (2n)^2=4n^2=2a^2 \quad\rightarrow\quad 2n^2=a^2$$

a^2이 '$2\times$(정수)'꼴, 즉 짝수가 되므로 a 또한 짝수가 됩니다. 여기서 우리는 모순을 발견할 수 있습니다. 분명히 a, b는 서로소라고 가정했는데, 식을 전개하다 보니 a, b 모두 짝수가 되어 두 수 a, b는 서로소가 될 수 없게 됩니다. 따라서 명제 $\sim q\rightarrow p$는 거짓인 명제가 되는 셈이지요.

$\sim q\rightarrow p$: $x\in${유리수}이면, 어떤 x는 $\sqrt{2}$이다. (거짓)

명제 $\sim q\rightarrow p$가 거짓이므로, $p\rightarrow q$ ($\sqrt{2}$는 유리수가 아니다)가 참이 됩니다.

$\sim q\rightarrow p$(거짓) ➡ $\sim q\rightarrow\ \sim p$(참) ➡ $p\rightarrow q$(참)

부정관계 대우관계

명제 '자연수 a, x, y에 대하여 $x^2+y^2=a^2$이면 x, y 중 적어도 하나는 짝수이다'를 귀류법으로 증명해 보아라.

일단 주어진 명제는 $p \to q$꼴로 표현이 가능합니다.

> 자연수 a, x, y에 대하여
> $x^2+y^2=a^2$이면 x, y 중 적어도 하나는 짝수이다.
> $p : x^2+y^2=a^2 \quad \to \quad q : x$, y 중 적어도 하나는 짝수이다.

그렇다면 명제 $\sim q \to p$가 거짓임을 밝혀(모순이 됨을 증명하여), 원명제 $p \to q$가 참임을 증명해 보도록 하겠습니다.

$$\sim q \to p \ : \ x, y\text{가 모두 홀수이면 } x^2+y^2=a^2\text{이다.}$$

(단, a, x, y는 모두 자연수이다)

x, y가 모두 홀수라고 했으므로, 자연수 m, n에 대하여 $x=2m-1$, $y=2n-1$으로 표현이 가능합니다.

$$x^2+y^2=(2m-1)^2+(2n-1)^2=4m^2-4m+1+4n^2-4n+1$$
$$\to \ x^2+y^2=4(m^2-m+n^2-n)+2=4\times(\text{정수})+2$$
$$\to \ x^2+y^2=2\times(2m^2-2m+2n^2-2n+1)=2\times(\text{정수}) \quad \therefore \ x^2+y^2=(\text{짝수})$$

여기서 $x^2+y^2=a^2$이므로 a^2은 짝수가 됩니다. 그렇다면 a 또한 짝수가 되겠죠? 더불어 a가 짝수가 되면 a^2은 다시 4의 배수가 될 것입니다.

$$a=2k \ \to \ a^2=4k^2 \ (4\text{의 배수})$$

a^2이 4의 배수이므로 $x^2+y^2(=a^2)$ 또한 4의 배수가 되어야 하겠지만, 앞서 유도했던 식 $x^2+y^2=4(m^2-m+n^2-n)+2$를 살펴보면, x^2+y^2은 4의 배수가 될 수 없습니다. 즉, 여기서 모순이 발생합니다. 따라서 명제 $\sim q \to p$는 거짓인 명제가 됩니다. 그렇다면 명제 $\sim q \to p$가 거짓이므로 이 명제의 원명제인 $p \to q$는 참이 되겠죠? 즉, 우리는 '자연수 a, x, y에

대하여 $x^2+y^2=a^2$이면 x, y 중 적어도 하나는 짝수이다($p \to q$)'라는 명제가 참이 된다는 사실을 귀류법을 통해 증명하였습니다. 이제 귀류법에 대해 조금 감이 오시죠? 다음 문제는 실제 수능시험에 출제된 귀류법 문제입니다. 앞서 나온 귀류법의 개념을 다시 보면서 시간 날 때 천천히 풀어보시길 바랍니다.

다음은 자연수 m, n에 대해서 m^4+4^n이 소수이고 $m \neq 1$ 또는 $n \neq 1$이면(p), m은 홀수이고 n은 짝수임(q)을 귀류법으로 증명한 것이다.

[증명]

결론을 부정하여 가정에서 모순이 발생한다는 것을 증명하면, 즉 명제 $\sim q \to p$가 거짓임을 보이면 명제 $p \to q$가 참이 됨을 증명하게 된다.

$\sim q$: m이 짝수이거나 n이 홀수
p: m^4+4^n이 소수이고 $m \neq 1$ 또는 $n \neq 1$
$\Big\} \sim q \to p$

먼저 $\sim q$에서 m이 짝수이면 $m=2j$꼴(j는 정수)의 정수이고 $m^4+4^n = 4 \cdot (4j^4+4^{n-1})$이므로 m^4+4^n은 (가). 이것은 결론과 맞지 않으므로 m은 짝수가 될 수 없다. 즉, m은 홀수가 된다. 다음으로 $\sim q$에서 n이 홀수이면 $n=2k-1$꼴(k는 정수)의 정수이고, $m^4+4^n=m^4+4^{2k-1}$은 다음과 같이 인수분해된다.

$$m^4+4^{2k-1} = (\quad 나 \quad)(m^2+m2^k+2 \cdot 4^{k-1})$$

결론에서 이 수는 소수라고 했으므로 (나)$=1$ 또는 $m^2+m2^k+2 \cdot 4^{k-1}=1$이 된다. 그런데, $m^2+m2^k+2 \cdot 4^{k-1}>1$이므로, (나)$=1$이어야 한다.
(나) $=$ (다)$^2+4^{k-1}=1$로부터 $k=1$, $m=1$이다. ($n=2k-1$)
따라서 $m=1, n=1$이다. 이것 또한 결론과 다르므로 n은 홀수가 될 수 없다. 즉, n은 짝수이다.

위 증명에서 (가), (나), (다)에 들어갈 내용으로 알맞은 것은?

	(가)	(나)	(다)
①	소수가 아니다	$m^2-m2^k+2\cdot 4^{k-1}$	$m-2^{k-1}$
②	소수이다	$m^2-m2^k+2\cdot 4^{k-1}$	$m-2^{k-1}$
③	소수가 아니다	$m^2-m2^{k+1}+5\cdot 4^{k-1}$	$m-2^k$
④	소수이다	$m^2-m2^{k+1}+5\cdot 4^{k-1}$	$m-2^k$
⑤	소수가 아니다	$m^2-m2^{k+2}+17\cdot 4^{k-1}$	$m-2^{k+1}$

정답 ①

상당히 어렵죠? 평소 논리적으로 생각하고 대화하는 습관에 길들여져 있지 않다면, 앞의 내용을 이해하는 데에 많은 시간이 걸릴 수도 있습니다. 일반적으로 여러 가지 명제를 증명하기 위해서는 상당한 논리력이 필요합니다. 평소에 친구들과 대화할 때 논리적으로 말하는 습관을 들이시길 바랍니다.

기본적인 절대부등식

절대부등식이란 변수에 관계없이 항상 성립하는 부등식을 말합니다.

변수에 관계없이 항상 성립한다고?

어디선가 많이 들어본 말이죠? '모든 x에 대하여, x값에 관계없이…'라는 말은 바로 항등식에서 사용하는 용어입니다. (항등식 : 변수에 관계없이 항상 성립하는 등식)

만약 부등식을 등식에 비유한다면 절대부등식을 항등식에 비유할 수 있습니다.

기본적인 항등식(사칙연산식)	
동류항 계산식	곱셈공식
$2x+3x=5x$	$(x+1)(x-1)=x^2-1$
인수분해공식	나눗셈식
$x^2+2x+1=(x+1)^2$	$(x^2+1)=(x-1)(x+1)+2$

기본적인 절대부등식으로는 '실수의 성질에 관한 부등식'이 있습니다.

실수의 성질

① $a-b>0$이면 $a>b$ (역도 성립)

② $a^2 \geq 0,\ \ a^2+b^2 \geq 0$

③ $|a| \geq 0,\ \ |a| \geq a$

④ $a \geq 0,\ b \geq 0$일 때, $a^2-b^2>0$이면 $a>b$ (역도 성립)

⑤ $a>0,\ b>0$일 때, $\dfrac{a}{b}>1$이면 $a>b$ (역도 성립)

다음은 거듭제곱과 제곱근에 관한 절대부등식(대소관계)을 정리해 본 것입니다. (쉬운 내용이므로 가볍게 읽어본다)

거듭제곱과 제곱근에 관한 대소관계

① $a>0,\ b>0$일 때, $a>b \Leftrightarrow a^2>b^2$

② a, b의 양, 0, 음에 관계없이 $a>b \Leftrightarrow a^3>b^3$

③ $a>0, b>0$일 때, $a>b \Leftrightarrow \sqrt{a}>\sqrt{b}$

④ a, b의 양, 0, 음에 관계없이 $a>b \Leftrightarrow \sqrt[3]{a}>\sqrt[3]{b}$

①의 경우, 제곱($a^2 > b^2$)뿐만 아니라 짝수 제곱에 대해서 모두 성립합니다. (n이 짝수일 때 $a > b \Leftrightarrow a^n > b^n$이 성립한다. 단 $a, b > 0$)

②의 경우도 세제곱($a^3 > b^3$)뿐만 아니라 홀수 제곱에 대해서 모두 성립합니다. (n이 홀수일 때 $a > b \Leftrightarrow a^n > b^n$)

③, ④의 경우도 ①과 ②의 경우와 마찬가지입니다.

부등식에서 잊지 말아야 할 것

부등식은 일반적인 해법을 적용하여 기계적으로 해를 구하는 것보다 상식적으로 접근하는 것이 중요하다. 즉, 부등식을 만족하는 값이 무엇인지, 어떤 수들이 부등식을 만족할 수 있게 만드는지를 생각하면서 부등식을 다루어야 한다.

이번에는 제곱에 관한 절대부등식을 살펴보겠습니다.

제곱에 관한 절대부등식

a, b, c가 실수일 때, 다음 부등식이 성립한다.

① $a^2 \pm 2ab + b^2 \geq 0$

i) $a^2 + 2ab + b^2 = (a+b)^2 \geq 0$ (단, 등호는 $a = -b$일 때 성립)

ii) $a^2 - 2ab + b^2 = (a-b)^2 \geq 0$ (단, 등호는 $a = b$일 때 성립)

② $a^2 + b^2 + c^2 - ab - bc - ca \geq 0$ (단, 등호는 $a = b = c$일 때 성립)

①의 경우, 식 $a^2 \pm 2ab + b^2$은 완전제곱식 $(a \pm b)^2$으로 인수분해되므로, a, b가 실수일 때 부등식 $a^2 \pm 2ab + b^2 \geq 0$는 항상 참이 됩니다.

②의 경우, 식 $a^2 + b^2 + c^2 - ab - bc - ca$가 완전제곱식의 합 $\frac{1}{2}\{(a-b)^2 + (b-c)^2 + (c-a)^2\}$으로 정리되므로, a, b가 실수일 때 부등식 $a^2 + b^2 +$

$c^2 - ab - bc - ca \geq 0$는 항상 참이 됩니다. (식 $\frac{1}{2}\{(a-b)^2+(b-c)^2+(c-a)^2\}$을 전개해 보면, $a^2+b^2+c^2-ab-bc-ca$와 같다는 것을 쉽게 알 수 있을 것이다)

2차부등식과 절대부등식

2차부등식의 해가 모든 실수가 되는 경우를 다루어본 적이 있을 것입니다.

2차식 $f(x) = ax^2 + bx + c \ (a > 0)$에 대하여

ⅰ) $D = 0$: 중근(α)을 가질 경우

$f(x) = a(x - \alpha)^2$

$f(x) \geq 0$의 해 ➡ 모든 실수

ⅱ) $D < 0$: 허근을 가질 경우

$f(x) > 0 \ (f(x) \geq 0)$의 해

➡ 모든 실수

x에 관한 2차부등식의 해가 '모든 실수'라는 것은 x에 관한 절대부등식이 된다는 것을 의미합니다. 판별식 D와 연관 지어 2차부등식이 절대부등식이 될 수 있는 조건을 정리해 보면 다음과 같습니다.

2차부등식이 절대부등식이 될 수 있는 조건

① $f(x)=ax^2+bx+c>0$에서 $a>0$이고 $f(x)=0$이 허근을 가질 때 $(D<0)$ $ax^2+bx+c>0$는 절대부등식이 된다.

② $ax^2+bx+c\geq 0$에서 $a>0$이고 $f(x)=0$이 중근 또는 허근을 가질 때 $(D\leq 0)$ $ax^2+bx+c\geq 0$는 절대부등식이 된다.

※ 이해가 잘 안 될 경우, 수학 I의 부등식의 해법을 참고하길 바란다.

절대부등식과 관련하여 다음 문제를 풀어보도록 하겠습니다. (어떻게 풀지 잠시 생각해 보는 시간을 가져본다)

다음 부등식이 절대부등식이 되기 위한 m의 범위를 구하여라.

$$\left(m+\frac{3}{2}\right)x^2+2mx+2>0$$

문제해결을 위한 기본설계가 끝나셨나요? 그럼 함께 풀어보도록 하겠습니다. 우선 2차부등식 $(m+\frac{3}{2})x^2+2mx+2>0$가 절대부등식이 되기 위해서는 다음 조건을 모두 만족해야 합니다.

첫째, x^2항의 계수 $m+\frac{3}{2}>0$이어야 한다. ➡ $m>-\frac{3}{2}$

둘째, 판별식 $D<0$이어야 한다.

➡ $D=b^2-4ac=(2m)^2-4(m+\frac{3}{2})\cdot 2<0$

➡ $4m^2-8m-12<0$ ➡ $(m+1)(m-3)<0$ ➡ $-1<m<3$

첫째 조건 $m>-\frac{3}{2}$와 둘째 조건 $-1<m<3$의 공통부분은 $-1<m<3$이므로,

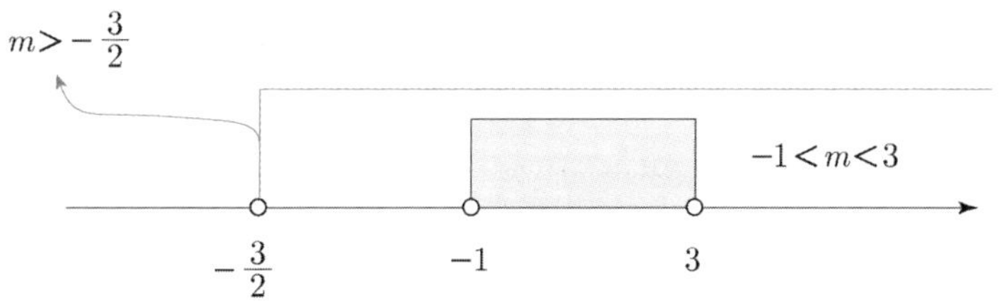

2차부등식 $(m+\frac{3}{2})x^2+2mx+2>0$가 절대부등식이 되기 위한 m의 범위는 $-1<m<3$가 됩니다.

한 문제 더 풀어볼까요?

모든 x, y에 대하여 부등식 $x^2+y^2+2xy-2x+ay+b>0$가 성립하기 위한 a, b의 값(또는 범위)을 구하여라.

문제해결을 위한 기본설계가 끝나셨나요? 그럼 함께 풀어보도록 하겠습니다. 일단 주어진 부등식을 x에 관한 2차부등식으로 정리해 보면 다음과 같습니다. (y를 상수로 취급하여 x에 관해 내림차순으로 정리한다)

$$x^2+y^2+2xy-2x+ay+b>0 \quad ➡ \quad x^2+2(y-1)x+(y^2+ay+b)>0$$

2차부등식 $x^2+2(y-1)x+(y^2+ay+b)>0$가 절대부등식이 되기 위해서는 판별식 $D<0$가 되면 됩니다.

$x^2+2(y-1)x+(y^2+ay+b)>0$

$D=\{2(y-1)\}^2-4\cdot1\cdot(y^2+ay+b)<0$ → y에 관한 1차부등식

➡ $-(a+2)y+(1-b)<0$

➡ $(a+2)y>(1-b)$

y에 관한 부등식 $(a+2)y>(1-b)$가 y값에 관계없이 부등식이 항상 성립하기 위해서는, 즉 y에 관한 1차부등식 $(a+2)y>(1-b)$가 절대부등식이 되기 위해서는 $a=-2$가 되고, $1-b<0$가 되면 됩니다. $(0\times y>$(음수)$)$

➡ $a=-2,\ b>1$

따라서 모든 x, y에 대하여 부등식 $x^2+y^2+2xy-2x+ay+b>0$가 성립하기 위한 a, b의 값(또는 범위)은 $a=-2,\ b>1$가 됩니다.

함수의 그래프를 이용하면 2차부등식에 대한 개념을 새롭게 정립할 수 있습니다. 참고로 2차부등식과 관련하여 함수의 그래프에 대해 간단히 살펴보고 넘어가도록 하겠습니다.

부등식 : $f(x)>0(f(x)\geq0)$, 함수 : $y=f(x)$

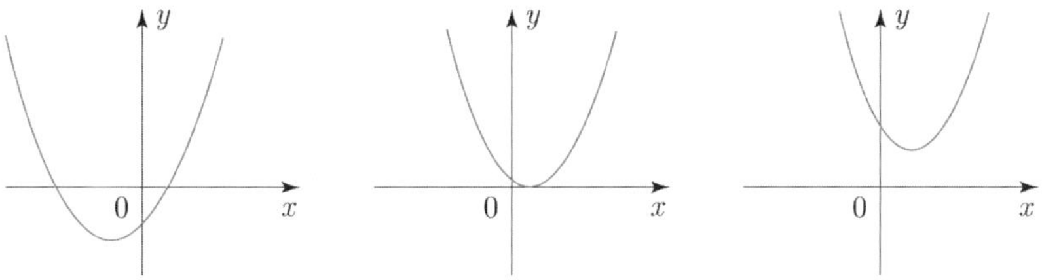

일부는 x축 위쪽에 일부는 x축 아래쪽에 있다	한 점을 제외한 모든 점이 x축 위쪽에 있다	그래프의 모든 점이 x축 위쪽에 있다
‖	‖	‖
두 실근의 그래프	중근의 그래프	허근의 그래프
‖	‖	‖
조건부등식 $f(x)>0(f(x)\geq0)$	절대부등식 $f(x)\geq0$	절대부등식 $f(x)>0(f(x)\geq0)$

평균의 종류

학교에서 중간고사를 보고 나면 친구들끼리 모여 서로 점수를 확인합니다. 특히 여태까지 본 과목에 대한 평균점수를 내보곤 하지요.

평균에는 여러 가지 종류가 있습니다. 그중에 우리가 가장 많이 다루는 산술평균부터 차근차근 배워보도록 하겠습니다. (내용이 난해하므로 천천히 읽어보도록 한다)

산술평균

수리통계학의 평균계산법으로, n개의 변수들의 총합을 변수의 개수인 n으로 나눈 값을 산술평균이라고 말한다.

※ 국어 85점, 영어 79점, 수학 92점일 때, 세 과목의 산술 평균점수는?

산술평균값 : $\frac{85+79+92}{3}=\frac{256}{3}=85.333\cdots$

산술평균을 수식으로 정리하면 다음과 같습니다.

두 양수 a, b의 산술평균 : $\frac{a+b}{2}$

세 양수 a, b, c의 산술평균 : $\frac{a+b+c}{3}$

가로세로의 길이가 각각 4cm, 10cm인 직사각형과 같은 넓이(40cm^2)를 갖는 직사각형들은 무수히 많습니다.

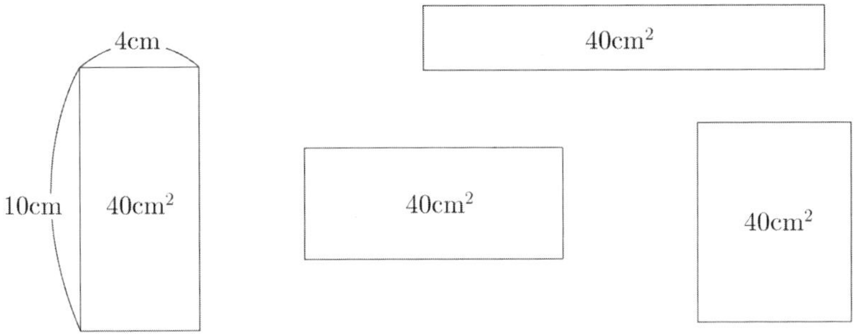

그럼 넓이가 40cm^2인 직사각형들의 '평균이 되는 도형'은 무엇일까요? 평균이 되는 도형? 아마 정사각형이 떠오를 것입니다. 맞습니다. 평균이 되는 도형은 바로 넓이가 40cm^2인 정사각형입니다. 그럼 이 정사각형의 한 변의 길이는 얼마가 될까요?

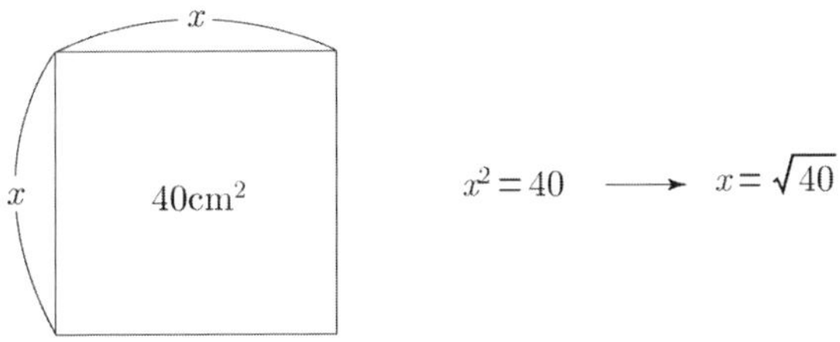

그림에서와 같이 넓이가 40cm^2인 정사각형의 한 변의 길이는 바로 $\sqrt{40}\,\text{cm}$가 됩니다.

기하평균

가로세로 길이가 a, b인 직사각형과 같은 넓이를 갖는 정사각형의 한 변의 길이를 a, b의 **기하평균**이라고 말합니다.

※ 기하는 '얼마 기(幾)', '얼마 하(何)' 자를 써서 길이, 넓이, 부피 등이 얼마인지에 대한 값을 나타내는 한자어이다. 일반적으로 기하는 도형을 의미한다고 보면 쉽다.

기하평균이라는 용어가 좀 생소하고 어렵게 느껴지죠? 머릿속으로 도형을 그려보면서 기하평균을 생각해 보면 이해하는 데 도움이 될 것입니다.
기하평균을 수식으로 정리해 보면 다음과 같습니다.

두 양수 a, b의 기하평균 : $\sqrt{ab}$

세 양수 a, b, c의 기하평균 : $\sqrt[3]{abc}$

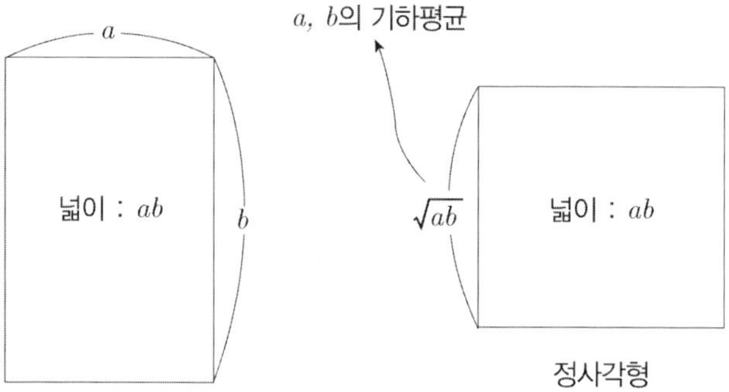

어떤 자동차가 두 지점 A, B를 갈 때는 10km/h의 속력으로, 올 때는 20km/h의 속력으로 왕복했다면 자동차의 평균속력은 얼마일까요?

언뜻 생각하면 15km/h라고 생각할 수도 있습니다. 정말 15km/h가 자동차의 평균속력일까요? (여기서 생각한 15km/h라는 값은 두 속력의 산술평균 $(\frac{a+b}{2})$ 값이다)

다시 한 번 생각해 보겠습니다.

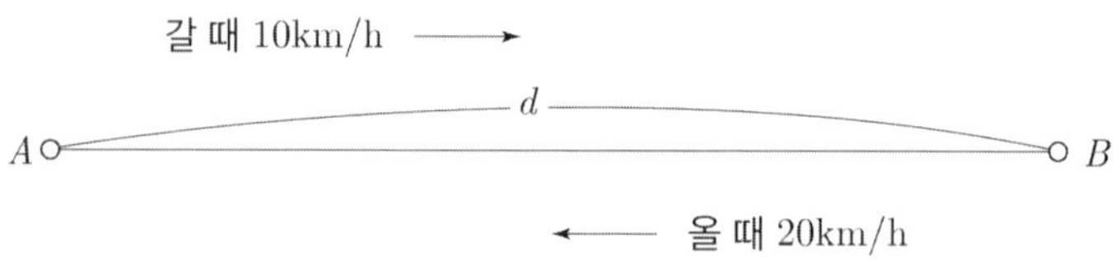

평균속력이란 물체의 총 이동거리를 걸린 시간으로 나눈 값을 말합니다. 그럼 자동차가 이동한 총 거리가 얼마인지 그리고 걸린 시간이 얼마인지 계산해 보도록 하겠습니다.

A와 B의 거리를 d라고 놓고 속력의 정의를 통해 걸린 시간을 구해보면 다음과 같습니다. (거리 d는 단순한 상수일 뿐이다)

$$\text{속력} = \frac{\text{이동거리}}{\text{걸린 시간}} \quad \rightarrow \quad \text{걸린 시간} = \frac{\text{이동거리}}{\text{속력}}$$

$$t_{\text{갈 때시간}} = \frac{d}{10}, \quad t_{\text{올 때시간}} = \frac{d}{20}$$

총 이동거리는 $2d$가 되고, 총 걸린 시간은 $\frac{d}{10}+\frac{d}{20}$가 됩니다. 그럼 평균속력을 계산해 보면,

$$\text{평균속력} = \frac{\text{총 이동거리}}{\text{전체시간}} \Rightarrow \bar{v} = \frac{2d}{\frac{d}{10}+\frac{d}{20}} = \frac{2d}{\frac{3d}{20}} = \frac{40}{3} = 13.333\cdots$$

즉, 자동차의 평균속력은 $13.333\cdots$km/h가 됩니다. 여기서 거리 d가 약분되기 때문에 d값을 몰라도 평균속력을 구할 수 있게 되죠. 그렇다면 d를 약분한 계산식을 유심히 살펴보도록 하겠습니다.

$$\bar{v} = \frac{2d}{\frac{d}{10}+\frac{d}{20}} = \frac{2}{\frac{1}{10}+\frac{1}{20}}$$

평균속력 $\bar{v}$의 역수는 $\dfrac{\frac{1}{10}+\frac{1}{20}}{2}$ 이며, 올 때와 갈 때의 속력 10km/h, 20km/h의 역수 $\frac{1}{10}$, $\frac{1}{20}$을 산술평균한 값과 같습니다. 즉, 왕복속력에

대한 평균은 '각 속력값의 역수를 산술평균한 후, 그 값을 다시 역수로 만든 값'이 됩니다.

좀 어렵죠? (이해가 안 가는 학생은 다시 한 번 천천히 읽어본다)

조화평균

두 양수 a, b의 역수를 산술평가한 값에 다시 역수를 취한 평균을 조화평균이라고 말한다.

※ 조화평균은 '어울릴 조(調)', '화목할 화(和)' 자를 써서 '일반수와 역수의 조화'를 의미하는 한자어이다.

과학에서 쓰이는 물리량 중에 산술평균이 아닌 조화평균을 이용해야 정확한 평균값이 구해지는 것들이 종종 있습니다. 조화평균을 수식으로 정리해 보면 다음과 같습니다.

두 양수 a, b의 조화평균 : $\frac{2ab}{a+b}$

세 양수 a, b, c의 조화평균 : $\frac{3abc}{ab+bc+ca}$

평균의 대소관계

평균에 대한 계산법이 이렇게 많은지는 미처 몰랐을 것입니다. 특이하게도 산술·기하·조화평균식 사이에는 다음과 같은 대소관계가 성립합니다. (양수 a, b에 관계없이 성립하는 절대부등식이 된다)

산술·기하·조화평균의 관계

두 양수 a, b에 대하여 산술·기하·조화평균 사이의 대소관계는 다음과 같다.

$$\frac{a+b}{2} \geq \sqrt{ab} \geq \frac{2ab}{a+b} \quad \text{(단, 등호는 } a=b\text{일 때 성립)}$$

※ 산술·기하·조화평균의 절대부등식은 양변을 제곱하여 식을 전개한 후, 완전제곱식 $(a-b)^2 = a^2 + b^2 - 2ab \geq 0$을 유도하면 쉽게 증명이 가능하다.

산술·기하·조화평균식을 유심히 관찰해 보면 '합과 곱'의 형태로 이루어져 있다는 사실을 쉽게 알 수 있습니다.

$$\frac{a+b}{2} \geq \sqrt{ab} \geq \frac{2ab}{a+b}$$

➡ 산술·기하·조화평균 절대부등식은 변수가 2개인 식의 최대·최소문제에서 유용하게 활용된다.

산술·기하평균식을 이용하여 다음 최대·최소문제를 풀어보도록 하겠습니다. (어떻게 풀지 잠시 생각해 보는 시간을 가져본다)

$x > 0$, $y > 0$일 때, $(x+\frac{2}{y})(y+\frac{2}{x})$의 최솟값은?

문제해결을 위한 기본설계가 끝나셨나요? 그럼 함께 풀어보도록 하겠습니다. 우선 식 $(x+\frac{2}{y})(y+\frac{2}{x})$를 전개해 보면 다음과 같습니다.

$$(x+\frac{2}{y})(y+\frac{2}{x})=xy+2+2+\frac{4}{xy} \quad \Rightarrow \quad xy+\frac{4}{xy}+4$$

결국 '$xy+\frac{4}{xy}+4$'의 최솟값을 구하는 문제이므로, $xy+\frac{4}{xy}$의 최솟값을 알면 쉽게 해결될 것입니다. (숫자 4는 상수이므로 신경 쓸 필요가 없다)

식 '$xy+\frac{4}{xy}$'는 xy와 $\frac{1}{xy}$의 합의 형태로 되어 있으면서 두 항은 서로 역수관계입니다. 즉, 두 항의 곱은 상수가 된다는 것을 의미하죠. 이렇게 합과 곱에 관한 특징이 있는 식의 최대·최소를 구하기 위해서는 주로 산술·기하평균식 $\frac{a+b}{2}\geq\sqrt{ab}$를 활용합니다.

$xy+\frac{4}{xy}$에서 $a=xy$, $b=\frac{4}{xy}$로 생각하고,

산술·기하평균식 $\frac{a+b}{2}\geq\sqrt{ab}$에 대입해 보면,

$$\frac{xy+\frac{4}{xy}}{2} \geq \sqrt{(xy)(\frac{4}{xy})} \Rightarrow xy+\frac{4}{xy} \geq 2\sqrt{4} \Rightarrow xy+\frac{4}{xy} \geq 4$$

※ 산술·기하평균식을 이용할 때는 변수가 반드시 양수인지 확인해야 한다. ($x>0$, $y>0$이므로 $xy>0$이다)

$xy+\frac{4}{xy}$의 최솟값은 4가 되므로 $xy+\frac{4}{xy}+4$의 최솟값은 8이 됩니다. 따라서 주어진 식 $(x+\frac{2}{y})(y+\frac{2}{x})$의 최솟값은 8입니다.

일반적으로 변수가 2개 이상인 식의 최대·최소문제는 절대부등식(산술·기하평균 등)을 활용하면 쉽게 해결할 수 있습니다. 참고로 또 다른 유명한 절대부등식 하나를 더 소개하도록 하겠습니다.

코시-슈바르츠의 부등식

a, b, c, x, y, z가 모두 실수일 때, 다음 부등식은 절대부등식이 된다.

① $(a^2+b^2)(x^2+y^2) \geq (ax+by)^2$

(단, 등호는 $bx=ay$ 즉 $a:b=x:y$일 때 성립한다)

② $(a^2+b^2+c^2)(x^2+y^2+z^2) \geq (ax+by+cz)^2$

(단, 등호는 $a:b:c=x:y:z$일 때 성립한다)

※ 위 부등식의 증명은 각자 해보길 바란다. (양변을 전개하여 완전제곱식을 유도하면 쉽게 증명할 수 있을 것이다)

코시-슈바르츠의 부등식을 이용하여 다음 최대·최소문제를 풀어보도록 하겠습니다. (어떻게 풀지 잠시 생각해 보는 시간을 가져본다)

$x^2+y^2=2$일 때, $2x+y$의 최대, 최솟값을 구하여라.
(x, y는 실수)

문제해결을 위한 기본설계가 끝나셨나요? 그럼 함께 풀어보도록 하겠습니다. 우선 변수 x, y에 대한 코시–슈바르츠의 부등식을 써보면 다음과 같습니다.

$$(a^2+b^2)(x^2+y^2) \geq (ax+by)^2$$

문제에서 $2x+y$의 최대, 최솟값을 구하라고 했으므로, 위 코시–슈바르츠 부등식에 $a=2$, $b=1$을 대입하면,

$$(2^2+1^2)(x^2+y^2) \geq (2x+y)^2 \quad \Rightarrow \quad 5 \cdot 2 \geq (2x+y)^2$$
$$(x^2+y^2=2)$$

우리가 구하고자 하는 것은 $2x+y$의 최댓값과 최솟값이므로, $2x+y$에 X를 치환하면 어렵지 않게 $2x+y$의 최대, 최솟값을 구할 수 있습니다.

$$(2x+y)^2 \leq 10 \quad \Rightarrow \quad X^2-10 \leq 0 \quad \Rightarrow \quad -\sqrt{10} \leq X \leq \sqrt{10}$$

따라서 $x^2+y^2=2$일 때, $2x+y$의 최댓값은 $\sqrt{10}$, 최솟값은 $-\sqrt{10}$이 됩니다.

$f(x)$, $f(x, y)$의 최대·최소

1) 함수의 그래프 이용 (변수가 1개인 2차식)

$y=f(x)$꼴로 변형하여 함수의 그래프를 그리면, 꼭짓점의 y좌표가 식 $f(x)$의 최대 또는 최솟값이 된다. (제한변역이 있을 경우, 제한변역을 적용하여 최대, 최솟값을 구한다)

2) 절대부등식 이용 (변수가 2개 이상인 식)

i) 합 또는 곱의 꼴로 식이 주어졌을 때 또는 두 변수의 곱이 상수가 될 때에는 산술·기하평균식을 적용하여 최대, 최솟값을 구한다.

ii) 제곱의 합과 곱의 꼴로 식이 주어졌을 때에는 코시–슈바르츠 부등식을 적용하여 최대, 최솟값을 구한다.

3) 판별식 이용 (그 밖의 변수가 실수인 2차식)

구하고자 하는 식을 k라고 놓고, 주어진 식에 대입했을 때 2차식이 나올 경우, 판별식 $D \geq 0$를 적용하여 최대, 최솟값을 구한다.

개념 한눈에 보기

1. 명제의 역, 이, 대우

① 역 : 명제 $p \to q$의 가정과 결론을 바꾼 명제$(q \to p)$

② 이 : 명제 $p \to q$의 가정과 결론을 각각 부정한 명제$(\sim p \to \sim q)$

③ 대우 : 명제 $p \to q$의 가정과 결론을 부정한 후 바꾼 명제$(\sim q \to \sim p)$

2. 명제의 대우관계 : 명제 $p \to q$와 대우 $\sim q \to \sim p$는 참과 거짓을 함께한다.

(진리집합 : $P \subset Q \quad \Leftrightarrow \quad Q^c \subset P^c$)

3. 명제의 삼단논법 : $p \Rightarrow q,\ q \Rightarrow r$ ➡ $p \Rightarrow r$

(진리집합 : $P \subset Q,\ Q \subset R$이면 $P \subset R$)

4. 필요·충분조건

① 필요조건 : p, q에서 명제 $p \to q$가 참(진리집합의 관계 $P \subset Q$)일 때, 조건 q를 p가 되기 위한 필요조건이라고 말한다.

② 충분조건 : p, q에서 명제 $p \to q$가 참(진리집합의 관계 $P \subset Q$)일 때, 조건 p를 q가 되기 위한 충분조건이라고 말한다.

③ 필요·충분조건 : 조건 $p,\ q$에서 명제 $p \to q$와 $q \to p$가 참(진리집합의 관계 $P \subset Q,\ Q \subset P$ 즉, $P = Q$)일 때, 조건 $p,\ q$를 필요·충분조건이라고 말한다.

5. 명제의 증명(간접증명법)

① 대우법 : 대우 $\sim q \to \sim p$가 참임을 증명하여, 원명제 $p \to q$가 참이라는 것을 증명하는 방법

② 귀류법 : 결론을 부정하여 논리를 전개한 후, 가정의 모순을 밝힘으로써 원명제의 결론이 참이라는 것을 증명하는 방법

6. 절대부등식

① 정의 : 변수의 값에 관계없이 항상 성립하는 부등식

② 2차식 $f(x) = ax^2 + bx + c\,(a > 0)$에 대한 절대부등식

- $f(x) = 0$의 근이 중근을 가질 때$(D = 0)$ → $f(x) \geq 0$
- $f(x) = 0$의 근이 허근을 가질 때$(D < 0)$ → $f(x) \geq 0,\ f(x) > 0$

③ 산술·기하·조화평균식 : $\dfrac{a+b}{2} \geq \sqrt{ab} \geq \dfrac{2ab}{a+b}$ (단, a, b는 양수)

도출형 학습방식으로 다음 문제를 풀어보도록 하겠습니다. (개념이 잘 기억나지 않으면 앞쪽의 내용을 찾아보길 바란다)

전체집합 U에서 조건 p, q의 진리집합을 P, Q라고 하자. q가 p이기 위한 필요조건일 때, 다음 중 옳은 것은?

a. $P\cap Q^c=\varnothing$ b. $P^c\cup Q=U$ c. $P^c\cap Q^c=P^c$

1단계 **개념도출** 문제를 풀기 위해서는 어떤 개념을 알아야 할까요?

2단계 **개념설명** 개념을 알고 있다면 간단히 설명해 보길 바랍니다.

3단계 **문제해결** 그럼 어떻게 문제를 해결할 수 있을까요?

전체집합 U에서 조건 p, q의 진리집합을 P, Q라고 하자. q가 p이기 위한 필요조건일 때, 다음 중 옳은 것은?

a. $P \cap Q^c = \varnothing$　　　b. $P^c \cup Q = U$　　　c. $P^c \cap Q^c = P^c$

1단계 문제를 풀기 위해서는 어떤 개념을 알아야 할까요?

조건과 진리집합, 명제와 진리집합과의 관계, 필요·충분조건, 집합의 연산법칙을 알아야 한다.

2단계 개념을 알고 있다면 간단히 설명해 보길 바랍니다.

조건과 진리집합

변수 x값에 의해 참인지 거짓인지 구별할 수 있는 명제를 조건이라고 하는데, 조건 $p(x)$가 참이 되는 변수 x값의 집합 P를 조건 $p(x)$의 진리집합이라 말한다. 일반적으로 조건 $p(x)$의 진리집합은 $P=\{x \mid p(x)\}$로 나타낸다.

명제와 진리집합과의 관계

p, q의 진리집합을 P, Q라고 할 때, $P \subset Q$이면 명제 $p \rightarrow q$가 참이 된다.

집합의 연산법칙

- 드 모르간의 법칙 : $(A \cup B)^c = A^c \cap B^c$　　$(A \cap B)^c = A^c \cup B^c$
- 차집합의 연산법칙 : $A - B = A \cap B^c$

필요·충분조건

명제 $p \rightarrow q$가 참($P \subset Q$)일 때 p를 q이기 위한 충분조건, q를 p이기 위한 필요조건이라 말한다. 또한 $p \rightarrow q$, $q \rightarrow p$ 모두 참($P=Q$)일 경우, p와 q를 필요·충분조건이라고 말한다.

3단계 그럼 어떻게 문제를 해결할 수 있을까요?

q가 p이기 위한 필요조건이므로 명제 $p \to q$가 참이 된다. ($P \subset Q$이 성립)
진리집합 P, Q를 벤 다이어그램으로 그려보면, 보기 a, b, c가 참인지 거짓인지 쉽게 확인할 수 있을 것이다(참고로 집합의 연산법칙을 활용하면, 보기의 연산식을 간단히 할 수 있다).

정답이 궁금한 학생들은 다음 정답풀이를 참고하시기 바랍니다.

q가 p이기 위한 필요조건이므로, 명제 $p \to q$가 참이 된다.

$$p \to q \quad ➡ \quad P \subset Q$$

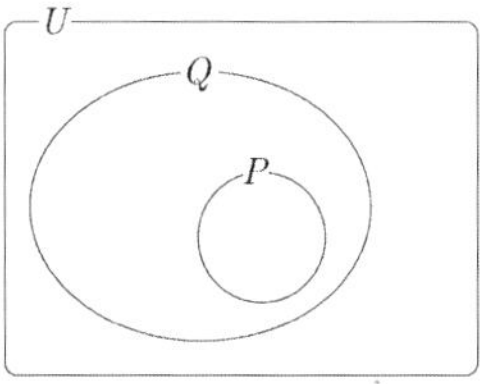

a. $P \cap Q^c = \varnothing$

차집합의 연산법칙을 이용하면 $P \cap Q^c = P - Q$가 된다. $P \subset Q$이므로,

$$P \cap Q^c = P - Q = \varnothing \quad \therefore \ P \cap Q^c = \varnothing \ \langle 참 \rangle$$

b. $P^c \cup Q = U$

집합 $P^c \cup Q$을 벤 다이어그램으로 그려보면, $P^c \cup Q = U$임을 알 수 있다.

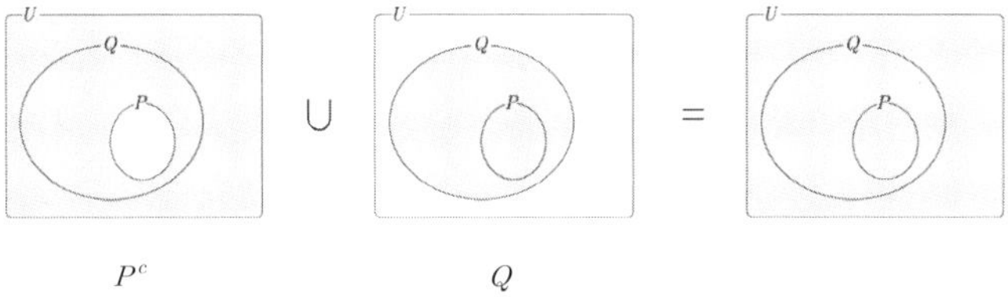

$\therefore \ P^c \cup Q = U \ \langle 참 \rangle$

c. $P^c \cap Q^c = P^c$

드 모르간의 법칙에 의해 $P^c \cap Q^c \to (P \cup Q)^c$이므로, $(P \cup Q)^c$을 벤 다이어그램으로 나타내면 $P^c \cap Q^c \neq P^c$임을 알 수 있다. ⟨거짓⟩

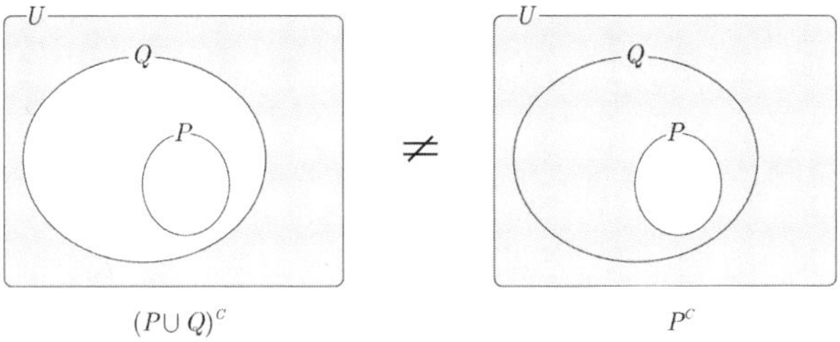

정답 a, b

2장 함수

1. 함수
2. 합성함수와 역함수
3. 유리식의 연산
4. 무리식의 연산
5. 유리, 무리함수
6. 함수의 변환

1 함수

함수의 정의

택시를 타게 되면 자연스럽게 미터기요금에 눈이 가게 됩니다. 도대체 택시요금은 어떻게 계산되는 걸까요?

- 2km : 기본요금 3000원
- 2km~ : 142m마다 100원씩 상승
  (시속 15km 이하로 갈 때는 35초마다 100원씩 추가요금 발생)

예를 들어 시속 20km 이상으로 달리는 택시가 있다고 가정해 봅시다. 택시의 이동거리가 정해지면 그에 따른 택시요금이 결정됩니다.

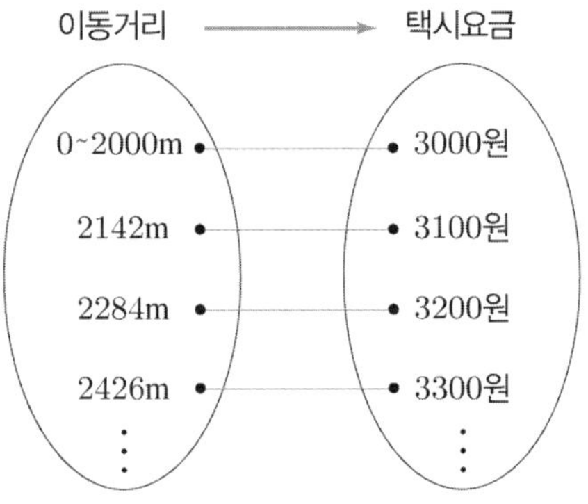

변수 x값이 정해지면 그에 따라 변수 y값이 결정될 때 y를 x의 **함수**라고 말합니다. 함수(函數)는 영어 function을 중국 발음으로 표기한 한자어입니다. 여기서 x를 **독립변수**, y를 **종속변수**라고 말하며 독립변수 x의 집합을

정의역, 종속변수 y의 집합을 **공변역(또는 공역)**이라고 정의합니다. 다시 말해 독립변수는 독립적으로 변하는 수, 즉 먼저 정해지는 수를 말하며, 종속변수는 독립변수가 정해지면 그에 따라 종속되어 정해지는 변수를 말합니다. 택시의 이동거리를 독립변수로 택시요금을 종속변수로 본다면 택시요금은 '이동거리의 함수'가 된다고 말할 수 있습니다.

이동거리 → 택시요금
(독립변수) (종속변수)

그러면 함수에 대한 수학적 정의를 살펴보도록 하겠습니다. 정의역(X)과 공역(Y)을 기준으로 함수를 정의해 봅시다.

함수의 정의

두 집합 $X, Y(\neq \varnothing)$가 있어 X의 각 원소에 대응되는 Y의 원소가 '1개'일 때 X와 Y의 대응관계를 'X에서 Y로 가는 함수'라고 말하며 $f: X \to Y$로 표현한다. (f는 함수관계를 나타내는 문자이다)

이해를 돕기 위해 '함수인 것과 함수가 아닌 것'을 비교해가며 설명해 보도록 하겠습니다. 여기서 우리는 X의 원소에 대응되는 Y의 원소의 개수가 몇 개인지 확인해야 합니다.

함수(O)

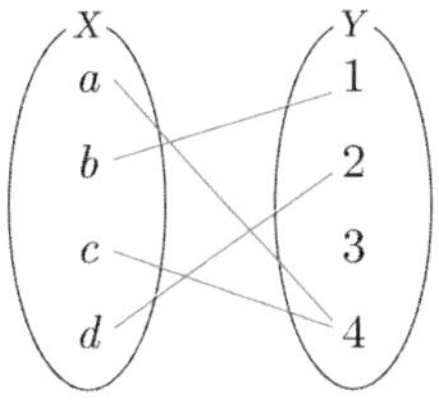

X의 각 원소에 대응되는 Y의 원소 개수는 1개이다.

함수(X)

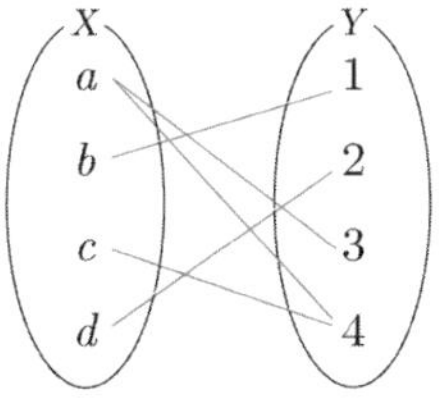

X의 원소 a에 대응되는 Y의 원소 개수는 2개이다.

왼쪽 그림에서 Y의 원소 4에 대응되는 X의 원소는 a, c로 2개지만 함수가 될 수 있다는 것은 Y의 원소에 대응되는 'X의 원소의 개수'가 몇 개가 되든지 상관없다는 것을 의미합니다. 그러면 다음의 대응관계 중 함수를 나타내는 것은 무엇일까요?

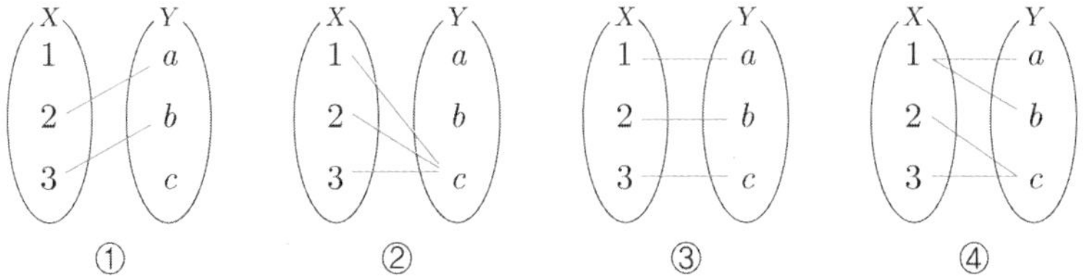

①의 경우, X의 원소 1에 대응되는 Y의 원소가 없기 때문에 함수가 될 수 없습니다.

②의 경우, X의 각 원소에 대응되는 Y의 원소 개수가 '1개'이기 때문에 함수가 될 수 있습니다. 여기서 Y의 원소에 대응되는 X의 원소가 몇 개든 상관없다는 사실을 반드시 기억하시길 바랍니다. ②와 같이 X의 모든 원소에 대하여 일정한 종속변수를 갖는 함수를 **상수함수**라고 말합니다.

③의 경우, X의 각 원소에 대응되는 Y의 원소 개수가 '1개'이기 때문에 함수가 될 수 있습니다. ③과 같이 X의 원소와 Y의 원소가 1 : 1로 대응하는 함수를 **일대일대응함수**라고 말합니다.

④의 경우, X의 원소 1에 대응되는 Y의 원소가 a, b로 2개가 되기 때문에 함수가 될 수 없습니다. 즉, 함수가 되기 위해서는 X의 각 원소에 대응되는 Y의 원소가 1개이어야 한다는 사실을 반드시 기억하시길 바랍니다.

앞의 예시를 참고로 하여 함수의 조건을 나열해 보면 다음과 같습니다.

함수의 조건

① X, Y는 공집합이 아니어야 한다.
② X의 모든 원소에 대응되는 Y의 원소가 반드시 존재해야 한다.
③ X의 각 원소에 대응되는 Y의 원소의 개수는 반드시 1개이어야 한다.
(단, 서로 다른 X의 원소에 대응되는 Y의 원소는 같아도 상관없다)

그러면 다음 변수 x, y의 관계가 함수인지 아닌지 생각해 보도록 하겠습니다. 함수의 조건을 잘 따져보시길 바랍니다.

① x : 우리나라 국민, y : 주민등록번호
② x : 우리나라 국민, y : 이메일 주소

①의 경우, 우리나라 국민(x)으로 정해지면 그 사람의 주민등록번호(y)는 1개로 결정되기 때문에 변수 x, y의 관계는 함수로 볼 수 있습니다. 주민등록번호가 없거나 2개 이상인 국민은 없으니까요.

②의 경우, 우리나라 국민(x)으로 정해지면 그 사람의 이메일 주소는 반드시 1개로 결정될까요? 그렇지 않습니다. 이메일 주소가 1개 있는 사람도 있겠지만 아예 없거나 여러 개를 가진 사람도 많기 때문입니다. 따라서 변수 x, y의 관계는 함수로 볼 수 없습니다. 그러면 함수의 정의와 관련하여 다음 문제를 풀어보도록 하겠습니다. 어떻게 풀지 잠시 생각해 보는 시간을 가져봅시다.

두 집합 $X=\{-1, 0, 1\}$, $Y=\{-2, -1, 0, 1, 2\}$에 대하여 다음 중 X에서 Y로의 함수가 아닌 것은 무엇인가?

① $y=x+1$ ② $y=x^2+1$

③ $y=\sqrt{x^2-2x+1}$ ④ $y=2x^2+1$

문제해결을 위한 기본설계가 끝나셨나요? 보기의 함수식을 이용하여 정의역 $X=\{-1, 0, 1\}$과 공역 $Y=\{-2, -1, 0, 1, 2\}$의 대응관계를 찾아보면 함수가 아닌 것을 쉽게 찾아낼 수 있을 것입니다. 각자 풀어보길 바랍니다.

정답 ④

걸그룹 fx

fx(에프엑스)는 대한민국 SM엔터테인먼트 소속의 다국적 5인조 걸그룹이다. 멤버로는 빅토리아, 엠버, 루나, 설리, 크리스탈이 있다. 그러면 걸그룹 fx의 이름은 어떻게 지어졌을까?

$f(x)$는 x값에 따라 그 값이 변하는 함수식으로 멤버들의 끼와 재능(독립변수)을 가지고 다채로운 활동(종속변수)을 펼치겠다는 의미로 해석할 수 있다.

x =(멤버들의 끼와 재능)

$f(x)$ =(다양한 활동 : 음반, 예능…)

함수식

보통 함수는 독립변수 x에 관한 식으로 표현됩니다.

$f : X \to Y$일 때 $y = f(x)$　　※ $f(x)$는 x에 관한 식

여기서 $f(x)$를 함수 f의 **함수식**이라고 말합니다. 많은 학생들이 함수식 $f(x)$, $g(x)\cdots$만 나오면 많이 어려워하는데 $f(x)$, $g(x)\cdots$는 단순히 x에 관한 어떤 식(다항식, 유리식, 무리식 등)에 불과하다는 사실을 반드시 명심하길 바랍니다. 마찬가지로 $f(x, y)$, $g(x, y)\cdots$은 x, y에 관한 식에 불과하겠죠?

그러면 다음 함수 f의 함수식 $f(x)$를 구해보도록 하겠습니다.

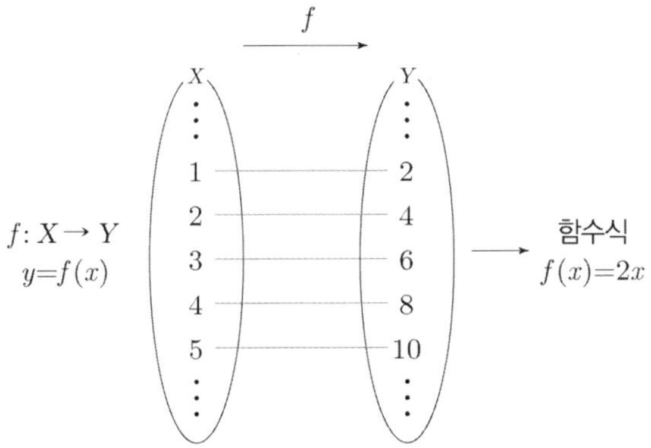

간혹 $f(x) = 2x$와 $y = 2x$를 혼동하는 학생들이 있는데 두 식은 동일한 함수식이며 단지 쓰임새에 있어 다소 차이가 있을 뿐입니다.

- $y=2x$: 독립변수 x와 종속변수 y를 사용하여 나타낸 함수식
  → 좌표평면에서 함수의 그래프를 나타내기에 용이한 식
- $f(x)=2x$: 함수를 나타내는 문자 f와 독립변수 x를 사용하여 나타낸 함수식
  → 여러 가지 함수(f, g, $h\cdots$)를 구별하거나 구체적인 함숫값을 표현하는 데 용이한 식
  ($f(1)=2$, $f(-1)=-2\cdots$)

통상적으로 독립변수를 x, 종속변수를 y, 그리고 함수식을 $f(x)$로 놓기 때문에 특별한 말이 없을 경우 함수식 '$y=\sim$'와 '$f(x)=\sim$'는 같은 식으로 봐도 무방합니다.

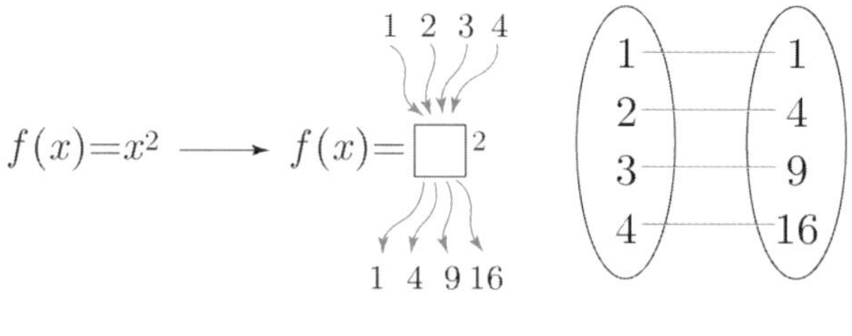

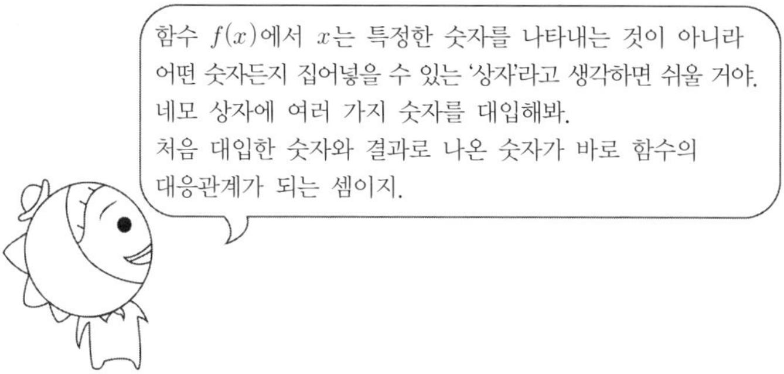

함숫값

함수식의 의미를 파악하기 위해서는 함숫값에 대한 개념을 정확히 알아야 합니다. 예를 들어 함수식 '$f(x)=2x+1$'의 변수 x에 숫자 3을 대입하여 보겠습니다.

$$f(x)=2x+1 \;:\; x=3 \rightarrow f(3)=2\times3+1=7$$

함수식 $f(x)$에 $x=3$을 대입하여 얻은 결과값 '7'을 3에 대한 f의 **함숫값**이라고 정의하며 '$f(3)=7$'이라고 씁니다.

함숫값 $f(a)$

함수식 $f(x)=2x+1$일 때,

- $f(1)$: 1에 대한 f의 함숫값 → $f(1)=3$: $f(1)=2\times1+1=3$
- $f(2)$: 2에 대한 f의 함숫값 → $f(2)=5$: $f(2)=2\times2+1=5$

  …

- $f(a)$: a에 대한 f의 함숫값 ($f(x)$에서 x 대신 상수 a를 대입한 결과값)

여기서 $f(a)$는 상수 a에 대한 함숫값으로 단순히 숫자에 불과합니다. 또한 함수 $f(x)$에 x 대신 변수 t, $k\cdots$ 등을 대입해도 함숫값의 원리는 동일하게 적용됩니다.

$f(x)=x^2+1$

- $f(3)$는 x에 3을 대입한 값 → $f(3)=3^2+1=10$
- $f(t)$는 x에 t(변수)를 대입한 식 → $f(t)=t^2+1$
- $f(k+1)$는 x에 $k+1$(변수)을 대입한 식 → $f(k+1)=(k+1)^2+1$

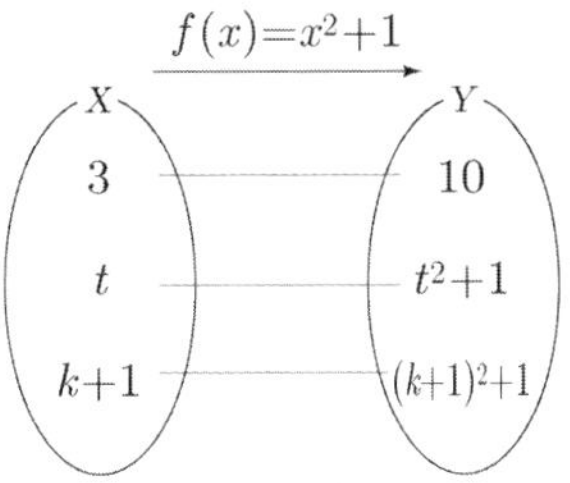

정의역, 공역, 치역의 범위

함수관계인 두 변수 x, y에 대하여 독립변수 x의 집합을 **정의역**이라 말합니다. 정의역은 '정할 정(定)', '옳을 의(義)', '구역 역(域)' 자를 써서 '옳게 정해진 수의 집합'을 의미하는 한자어입니다. 먼저, 정해지는 변수를 독립변수라고 생각하면 이해하기 편할 것입니다. 그리고 종속변수 y의 집합을 **공변역**이라고 하는데, 공변역은 '함께할 공(共)', '변할 변(變)', '구역 역(域)' 자를 써서 '함께 변하는 수의 집합'을 의미하는 한자어입니다. 마찬가지로 나중에 정해지는 변수를 종속변수라고 생각하면 이해하기 편할 것입니다. 참고로 공변역을 줄여서 흔히 '공역'이라고 말하는데, 공역의 부분집합 중 독립변수 x에 대응되는 y(함숫값)의 집합을 **치역**이라고 정의합니다. 치역은 '값 치(値)', '구역 역(域)' 자를 써서 '함숫값의 집합'을 의미하는 한자어입니다.

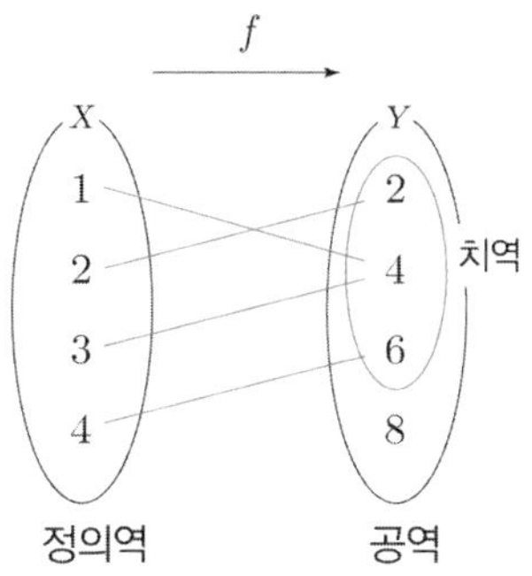

일반적인 함수식에서는 공역보다 주로 치역을 사용합니다. 그러면 다음 함수 f, g, h의 정의역(X)과 치역(Y)을 구해보도록 하겠습니다. (단, x는 실수)

① $f(x)=\dfrac{1}{x}$　　② $g(x)=\sqrt{x-2}+1$

① $f(x)=\dfrac{1}{x}$에서 분모는 0이 될 수 없으므로 $f(x)=\dfrac{1}{x}$에 대한 정의역은 '0을 제외한 실수의 집합'이 됩니다. 함숫값 $f(x)$ 또한 0이 될 수 없기 때문에 치역 역시 '0이 아닌 실수의 집합'이 됩니다.

정의역 : $X=\{x \mid x \neq 0$인 실수$\}$　치역 : $Y=\{y \mid y \neq 0$인 실수$\}$

② $g(x)=\sqrt{x-2}+1$에서 근호($\sqrt{\ }$) 안의 값은 항상 양수(또는 0)가 되어야 하므로 함수 $g(x)=\sqrt{x-2}+1$에 대한 정의역은 '2보다 크거나 같은 실수의 집합'이 됩니다. 또한 무리식 $\sqrt{x-2} \geq 0$이므로 치역($g(x)$의 함숫값 $\sqrt{x-2}+1$)은 '1보다 크거나 같은 실수의 집합'이 됩니다.

정의역 : $X=\{x \mid x \geq 2\}$　치역 : $Y=\{y \mid y \geq 1\}$

다항함수

함수식을 기준으로 다음과 같이 함수를 분류할 수 있습니다.

- 수식
  - 유리식
    - 다항식 : $2x+1,\ x^2-1\cdots$
    - 분수식 : $\dfrac{1}{x-1},\ \dfrac{x-1}{x^2+1}\cdots$
  - 무리식 $\sqrt{x+1},\ \sqrt{x}+\sqrt{x+2}$

- 함수
  - 유리함수
    - 다항함수 : $f(x)=2x+1,\ f(x)=x^2-1\cdots$
    - 분수함수 : $f(x)=\dfrac{1}{x-1},\ f(x)=\dfrac{x-1}{x^2+1}\cdots$
  - 무리함수 $f(x)=\sqrt{x+1}\cdots$

그러면 함수의 가장 기본이 되는 다항함수에 대해 간단히 살펴보고 넘어가도록 하겠습니다. 우선 다항함수의 정의는 다음과 같습니다.

n차 다항함수

함수 $f(x)=a_nx^n+a_{n-1}x^{n-1}+\cdots+a_2x^2+a_1x+a_0(a_n\neq 0,\ n$은 자연수)일 때 $f(x)$를 x에 대한 n차 다항함수(또는 n차함수)라고 말한다.

- $n=1$: $f(x)=a_1x+a_0$ (1차함수)
- $n=2$: $f(x)=a_2x^2+a_1x+a_0$ (2차함수)
- $n=3$: $f(x)=a_3x^3+a_2x^2+a_1x+a_0$ (3차함수)

$\cdots$

방정식과 부등식에서도 살펴보았듯이 다항함수는 방정식, 부등식, 도형(직선)의 방정식과 밀접한 관련이 있습니다.

함수의 그래프

함수는 두 집합의 대응관계이므로 대응되는 두 원소 x, y의 순서쌍 $(x,\ y)$로 표현할 수 있습니다.

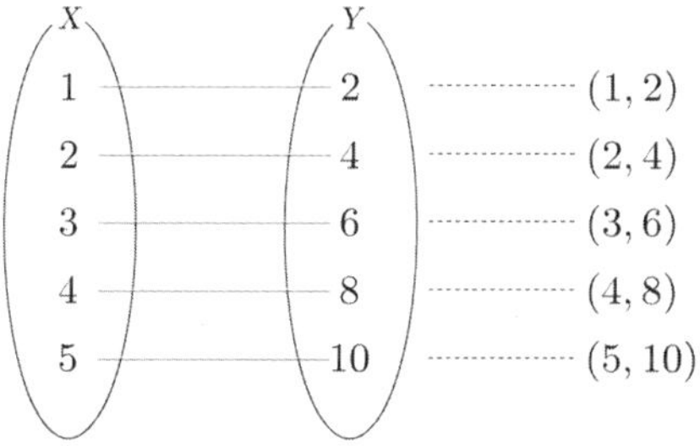

예를 들어 두 함수 $y=2x+1$과 $y=x^2$의 순서쌍 $(x,\ y)$를 구해보면,

$$y=2x+1 : \cdots (-2,\ -3), (-1,\ -1), (0,\ 1), (1,\ 3), (2,\ 5) \cdots$$
$$y=x^2 : \cdots (-2,\ 4), (-1,\ 1), (0,\ 0), (1,\ 1), (2,\ 4) \cdots$$

위 순서쌍을 좌표평면에 표시하면 다음 그림과 같이 직선 또는 곡선으로 표현되는데, 이 도형을 **함수의 그래프**라고 말합니다. 수학 I에서 배웠던 도형의 방정식에서 살펴본 그래프와 동일한 개념입니다.

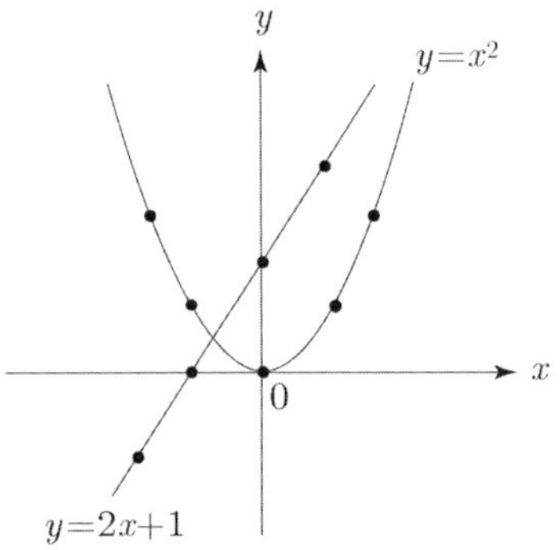

즉, 함수 $y=ax+b$는 x에 관한 1차함수이면서 동시에 직선의 방정식이 되며, 함수 $y=ax^2+bx+c$ 또한 2차함수이면서 동시에 포물선의 방정식이 됩니다. 참고로 모든 도형의 방정식이 함수가 되는 것은 아닙니다. 원의 방정식 $x^2+y^2=1$의 경우 $x=0$에 대응되는 y값이 2개(± 1)이므로 함수가 될 수 없다는 사실을 반드시 기억하시길 바랍니다.

어떤 그래프가 함수인지 확인하기 위해서는 y축에 평행한 직선을 그어보면 쉽게 알 수 있습니다. 즉, y축에 평행한 직선과 '한 점에서 만나는 그래프'는 함수가 될 수 있지만 2개 이상의 점에서 만나는 그래프는 함수가 될 수 없습니다. 왜냐하면 교점이 2개 이상이라는 것은 하나의 독립변수(x)에 대응되는 종속변수(y)가 2개 이상이라는 것을 의미하기 때문입니다.

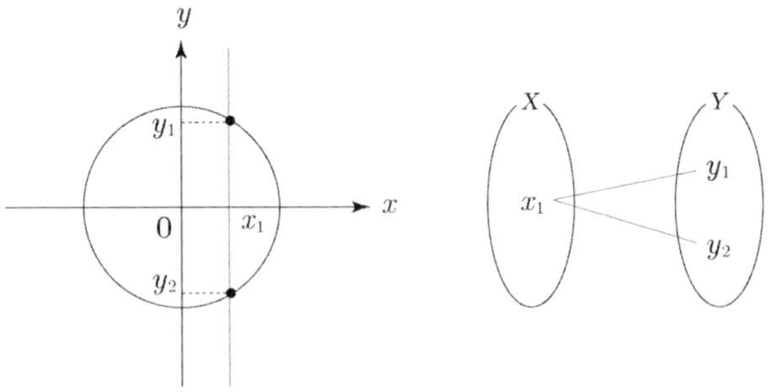

x_1에 대응되는 함숫값이 y_1, y_2(2개)이므로 함수가 될 수 없다.

다음 그래프가 함수인지 아닌지 확인해 보겠습니다. 우선 y축에 평행한 직선을 그려봅시다.

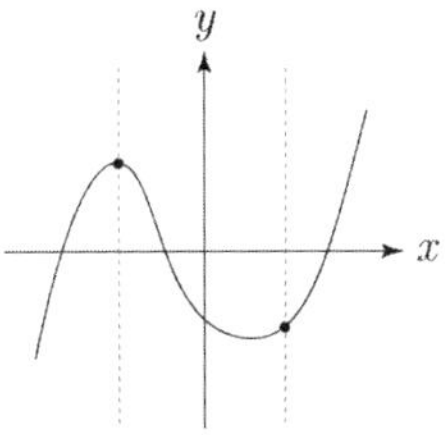

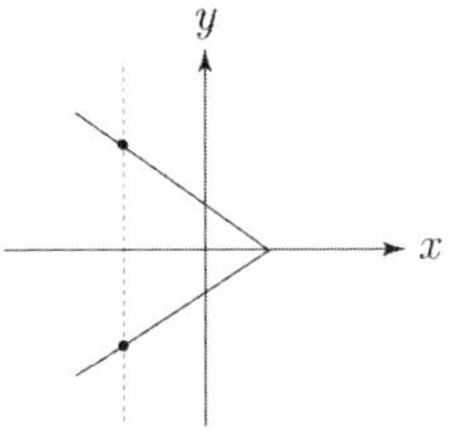

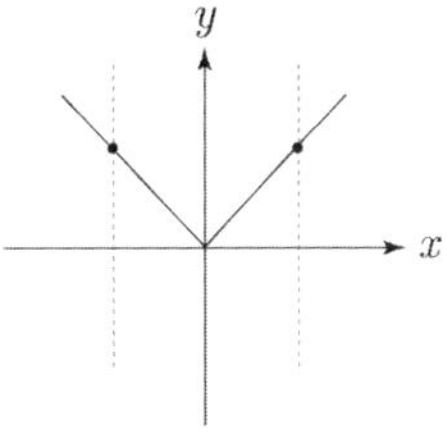

절댓값기호가 있는 함수의 그래프

$f(x)=x+1$일 때, 다음 절댓값기호가 있는 함수의 그래프를 그려보도록 하겠습니다.

① $y=f(|x|)$ ② $|y|=f(x)$ ③ $|y|=f(|x|)$ ④ $y=|f(x)|$

① $y=f(|x|)$: $y=|x|+1$
절댓값의 정의에 맞춰 함수식을 구분하여 함수의 그래프를 그려보면 다음과 같다.

i) $x \geq 0$: $y=|x|+1 \rightarrow y=x+1$
ii) $x < 0$: $y=|x|+1 \rightarrow y=-x+1$

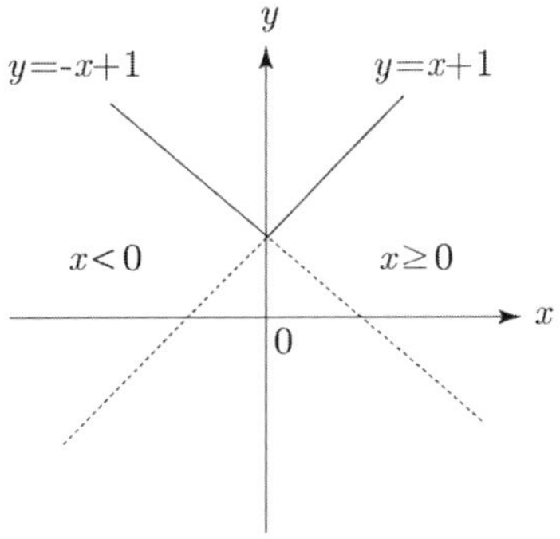

보는 바와 같이 함수 $y=f(|x|)$의 그래프는 '$y=f(x)$ $(x \geq 0)$'의 그래프를 'y축에 대칭시킨 그래프'와 같습니다.

② $|y|=f(x)$: $|y|=x+1$

절댓값의 정의에 맞춰 함수식을
구분하여 함수의 그래프를 그려보면
다음과 같다.

i) $y \geq 0$: $|y|=x+1 \rightarrow y=x+1$

ii) $y < 0$: $|y|=x+1 \rightarrow y=-x-1$

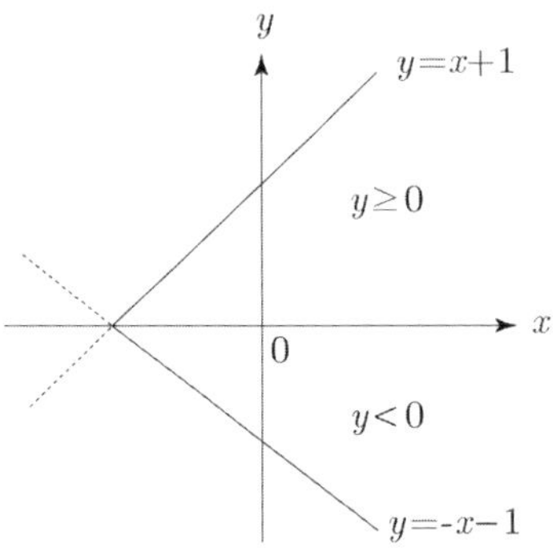

보는 바와 같이 $|y|=f(x)$의 그래프는 '$y=f(x)$ $(y \geq 0)$'의 그래프를 'x축에 대칭시킨 그래프'와 같습니다. 참고로 $|y|=f(x)$의 그래프는 y축에 평행한 직선과 두 점에서 만나므로 함수가 될 수 없겠죠?

③ $|y|=f(|x|)$: $|y|=|x|+1$

절댓값의 정의에 맞춰 함수식을 구분하여 함수의 그래프를 그려보면
다음과 같다. (절댓값 속의 변수가 2개이므로 차례대로 구분한다)

i) $x \geq 0$ 1) $y \geq 0$: $|y|=|x|+1 \rightarrow y=x+1$

2) $y < 0$: $|y|=|x|+1 \rightarrow -y=x+1 \rightarrow y=-x-1$

ii) $x < 0$ 1) $y \geq 0$: $|y|=|x|+1 \rightarrow y=-x+1$

2) $y < 0$: $|y|=|x|+1 \rightarrow -y=-x+1 \rightarrow y=x-1$

절댓값기호가 2개나 있어 조금 복잡해 보이죠? 여기서는 절댓값기호($|x|$, $|y|$)를 풀기 위해 총 4가지로 제한변역을 분류하였습니다. 잘 살펴보면 각 사분면에 대한 분류라는 사실을 쉽게 알아챌 수 있을 것입니다.

① $x \geq 0,\ y \geq 0$: 제1사분면 ② $x < 0,\ y \geq 0$: 제2사분면

③ $x < 0,\ y < 0$: 제3사분면 ④ $x \geq 0,\ y < 0$: 제4사분면

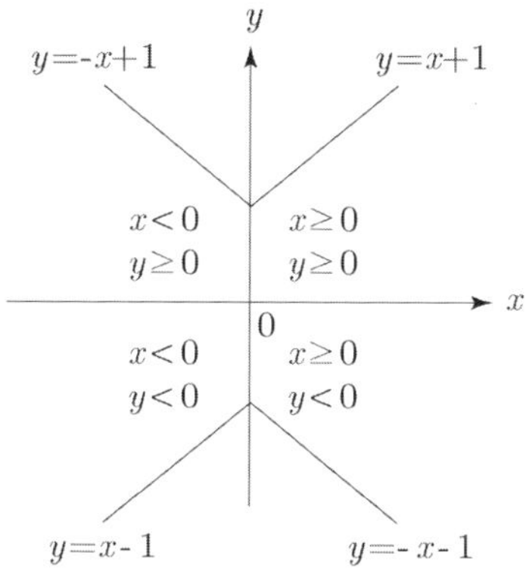

함수 $|y|=f(|x|)$의 그래프는 '$y=f(x)$ $(x \geq 0,\ y \geq 0)$'의 그래프를 'x축, y축, 원점에 대칭시킨 그래프'와 같습니다. 참고로 $|y|=f(|x|)$의 그래프는 y축에 평행한 직선과 두 점에서 만나므로 함수가 될 수 없습니다.

④ $y=|f(x)|$: $y=|x+1|$
절댓값의 정의에 맞춰
함수식을 구분하여 함수의 그래프를
그려보면 다음과 같다.

i) $x \geq -1$: $y=|x+1| \rightarrow y=x+1$
ii) $x < -1$: $y=|x+1| \rightarrow y=-x-1$

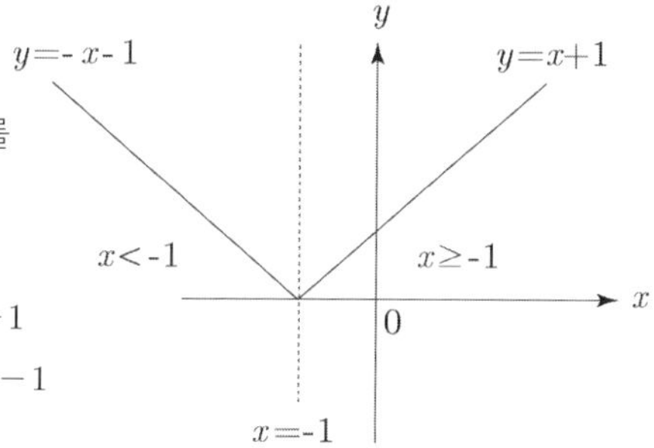

함수 $y=|f(x)|$의 그래프는 '$y=f(x)$ $(f(x) \geq 0)$'의 그래프를 '직선(축) $f(x)=0\,(x=-1)$에 대칭시킨 그래프'와 같습니다. 그렇다면 $y=f(x)$의 그래프가 다음과 같을 때 보기 ①, ②, ③, ④에 해당하는 함수의 그래프를 그려보시길 바랍니다. (앞에서 설명한 대칭관계를 생각해 보면서 각자 천천히 그려보도록 한다)

① $y=f(|x|)$　　② $|y|=f(x)$

③ $|y|=f(|x|)$　　④ $y=|f(x)|$

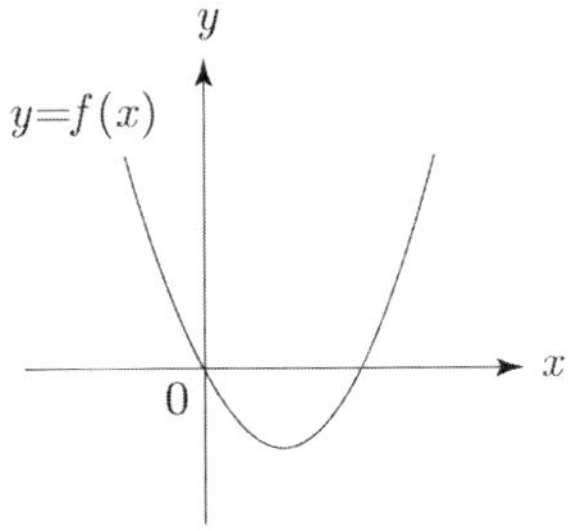

절댓값기호가 포함된 함수와 관련하여 다음 응용문제를 풀어보도록 하겠습니다. 어떻게 풀지 잠시 생각해 보는 시간을 가져봅시다.

함수 $f(x)=|x|+1$에 대하여 $f(x-2)-f(x+3)$의 그래프를 그려라.

문제해결을 위한 기본설계가 끝나셨나요? 그러면 함께 풀어보도록 하겠습니다. 우선 함수 $f(x-2)-f(x+3)$을 $h(x)$로 치환하여 다시 작성해 보면 다음과 같습니다.

$$f(x-2)-f(x+3)=|x-2|+1-(|x+3|+1)=|x-2|-|x+3|=h(x)$$

함수식 $h(x)=|x-2|-|x+3|$의 그래프를 그리기 위해서는 변수 x값에 따라 함수식을 분류해야 합니다.

$$h(x)=|x-2|-|x+3|$$

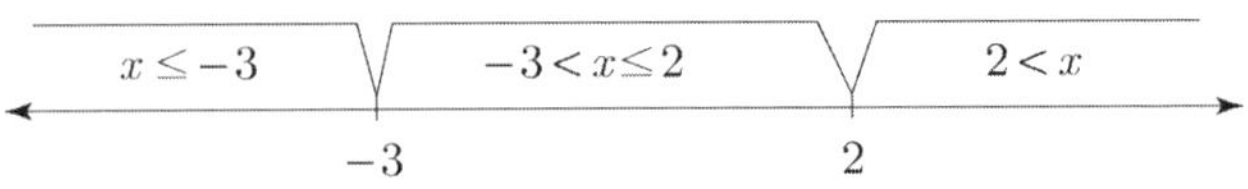

i) $x \le -3$일 때, $h(x) = -(x-2)+(x+3) = 5$

ii) $-3 < x \le 2$일 때, $h(x) = -(x-2)-(x+3) = -2x-1$

iii) $2 < x$일 때, $h(x) = (x-2)-(x+3) = -5$

분류된 범위에 맞춰 차근차근 함수의 그래프를 그려보면 어렵지 않게 $f(x-2)-f(x+3)$의 그래프를 그릴 수 있을 것입니다. 각자 그려보시길 바랍니다.

일대일함수

함수에는 어떤 종류가 있을까요? 다음 대응관계는 모두 함수를 나타냅니다.

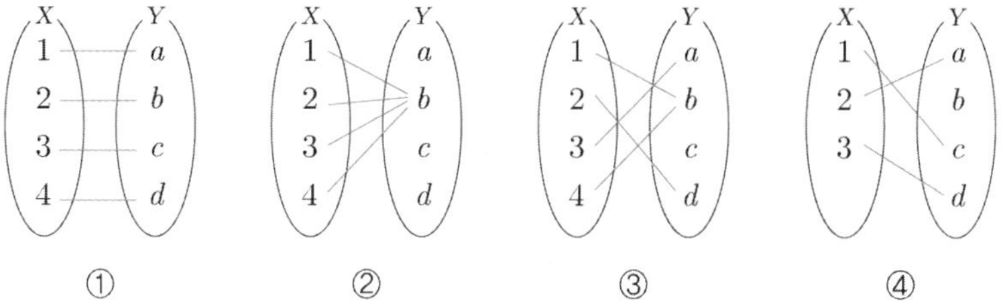

①, ④와 같이 X의 원소와 Y의 원소가 1 : 1로 대응되는 함수를 **일대일함수**라고 말합니다. (X의 원소 1개 : Y의 원소 1개)

일대일함수에 대한 수학적 정의는 다음과 같습니다. 내용이 좀 난해할 수 있으니 천천히 수식의 의미를 생각하면서 읽어보시길 바랍니다.

일대일함수

함수 $f: X \to Y$에서 X의 임의의 두 원소 x_1, x_2에 대하여 '$x_1 \neq x_2$이면 $f(x_1) \neq f(x_2)$'가 성립하는 함수를 일대일함수라고 말한다.

일대일함수 중 공역과 치역의 개수가 같은 함수를 특히 **일대일대응함수**라고 하는데, 앞의 ①과 같은 경우가 바로 그러합니다. 그러면 다음 함수 $(f: X \to Y)$ 중 일대일함수를 골라보도록 하겠습니다. 독립변수 x_1, x_2에 대한 함숫값 $f(x_1)$, $f(x_2)$를 생각하면서 차근차근 읽어보시길 바랍니다.

① $f(x) = 2x$ ② $f(x) = x^2$ (단, x는 실수)

일대일함수의 정의($x_1 \neq x_2$이면 $f(x_1) \neq f(x_2)$를 만족하는 함수)를 적용해 보면 다음과 같습니다.

① $f(x) = 2x$

$x_1 \neq x_2$인 두 원소 x_1, x_2에 대응되는 함숫값

→ $f(x_1) = 2x_1$, $f(x_2) = 2x_2$

임의의 두 원소 x_1, x_2에 대하여 $x_1 \neq x_2$이면 함숫값 $2x_1 \neq 2x_2$가 성립하므로 함수 $f(x) = 2x$는 일대일함수가 됩니다.

② $f(x) = x^2$

$x_1 \neq x_2$인 두 원소 x_1, x_2에 대응되는 함숫값

→ $f(x_1) = x_1^2$, $f(x_2) = x_2^2$

이번에도 임의의 두 원소 x_1, x_2에 대하여 $x_1 \neq x_2$이면 함숫값 $x_1^2 \neq x_2^2$가 성립할까요? 다음 $f(x) = x^2$의 그래프에서와 같이 $x_1 = 1$, $x_2 = -1 (x_1 \neq x_2)$

일 때 $x_1^2 = x_2^2 = 1$이 되므로 함수 $f(x) = x^2$은 일대일함수가 될 수 없습니다.

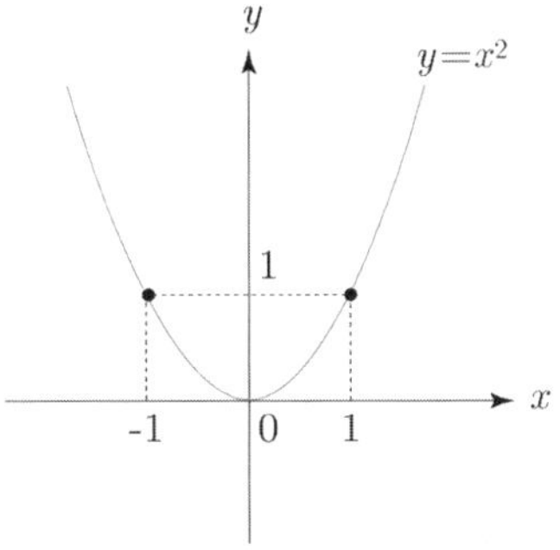

어떤 그래프가 일대일함수인지 아닌지 확인하기 위해서는 x축에 평행한 직선을 그어보면 쉽게 알 수 있습니다. 여기서 x축에 평행한 직선과 '한 점에서 만나는 그래프'는 일대일함수가 될 수 있지만 2개 이상의 점에서 만나는 그래프는 일대일함수가 될 수 없습니다. 교점이 2개 이상이라는 것은 2개 이상의 독립변수(x)에 대응되는 종속변수(y)가 존재한다는 것을 의미하기 때문이죠. 예를 들어 $f(x) = x^2$에서 $x = -1, 1$일 때 $f(-1) = f(1) = 1$이므로 서로 다른 독립변수 $-1, 1$에 대응되는 종속변수가 1로 같기 때문에 $f(x) = x^2$은 일대일함수가 될 수 없습니다.

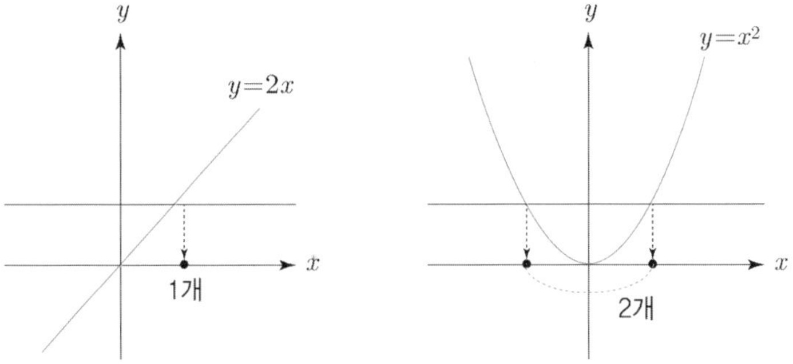

$y = 2x$는 일대일함수이고 $y = x^2$은 일대일함수가 아니다.

다음 함수의 그래프를 보고 일대일함수를 찾아보도록 하겠습니다. 우선 x축에 평행한 직선을 머릿속으로 그어보십시오.

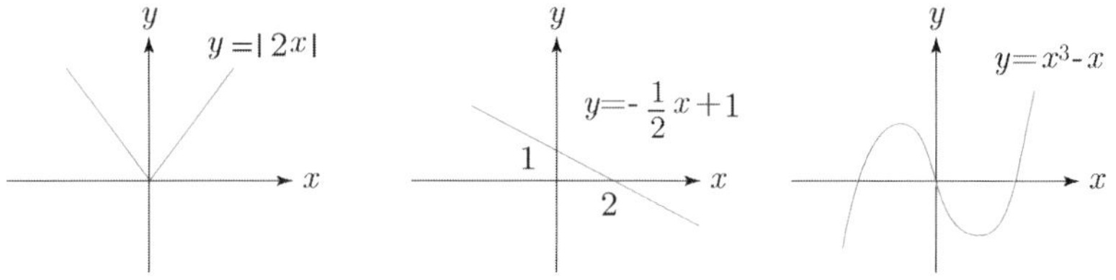

① ② ③

일대일함수는 ② $y=-\frac{1}{2}x+1$뿐입니다.

함수와 일대일함수의 판별

- 함수의 판별
  → y축에 평행한 직선과 만나는 점이 1개일 경우 함수가 되며, 그렇지 않을 경우 함수가 될 수 없다.
- 일대일함수의 판별
  → x축에 평행한 직선과 만나는 점이 1개일 경우 일대일함수가 되며, 그렇지 않을 경우 일대일함수가 될 수 없다.

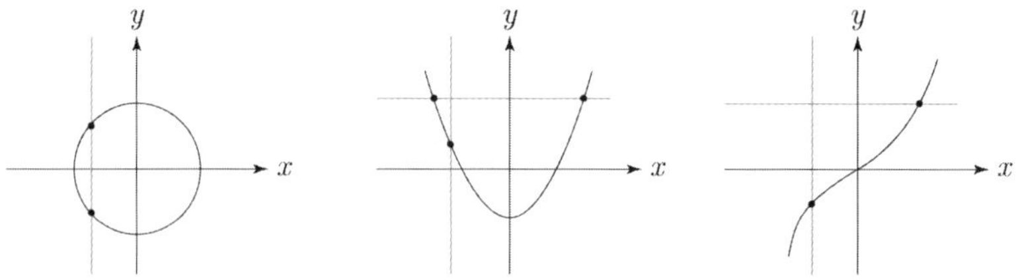

함수 X

함수 O
일대일함수 X

함수 O
일대일함수 O

일대일함수와 관련하여 다음 문제를 풀어보도록 하겠습니다. 어떻게 풀지 잠시 생각해 보는 시간을 가져봅시다.

두 집합 $A=\{x|-1<x\le 2, x\text{는 정수}\}$, $B=\{y|-3<y\le 0, y\text{는 정수}\}$에 대하여 다음 조건을 만족하는 함수($A$에서 B로 가는 함수) f는 몇 개인가?

「A의 임의의 두 원소 x_1, x_2에 대하여
'$f(x_1)=f(x_2)$이면, $x_1=x_2$'이다」

문제해결을 위한 기본설계가 끝나셨나요? 그러면 함께 풀어보도록 하겠습니다. 우선 일대일함수의 정의를 살펴보면 다음과 같습니다.

일대일함수

함수 $f: X \to Y$에서 X의 임의의 두 원소 x_1, x_2에 대하여 '$x_1 \ne x_2$이면 $f(x_1)\ne f(x_2)$'가 성립하는 함수를 일대일함수라고 말한다.

주어진 조건 '$f(x_1)=f(x_2)$이면 $x_1=x_2$'는 일대일함수의 정의를 나타내는 명제에 대한 '대우'와 같으므로 앞의 문제는 일대일함수의 개수를 구하는 문제라고 볼 수 있습니다.

집합 A와 B를 원소나열법으로 나타낸 후 일대일함수의 개수를 찾아보면 다음과 같습니다.

$$A=\{0,\ 1,\ 2\},\quad B=\{-2,\ -1,\ 0\}$$

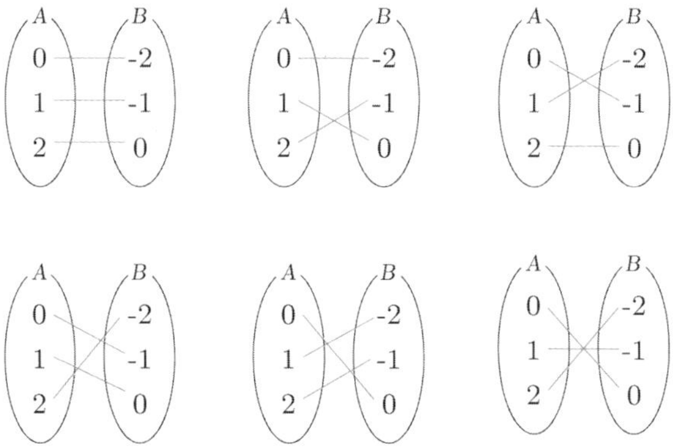

따라서 두 집합 $A=\{x|-1<x\leq 2,\ x$는 정수$\}$, $B=\{y|-3<y\leq 0,\ y$는 정수$\}$에 대한 일대일함수($A \rightarrow B$)의 개수는 6개가 됩니다. 나중에 배울 순열을 이용하게 되면 원소가 아무리 많아도 손쉽게 일대일함수의 개수를 구할 수 있습니다.

항등함수와 상수함수

독립변수와 이에 대응하는 종속변수의 값이 서로 같은 함수를 **항등함수**라고 말합니다. 항등함수는 일대일함수이면서 동시에 일대일대응함수이기도 합니다. 즉, 정의역과 치역의 개수가 같습니다.

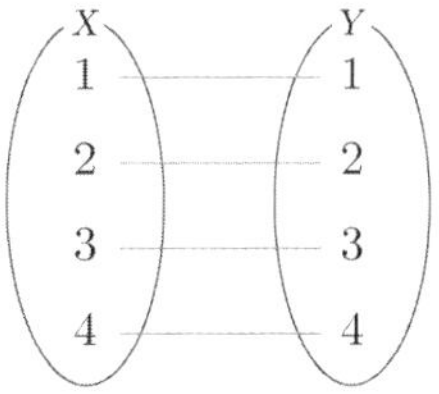

일반적인 항등함수 : $f(x)=x$ 또는 $y=x$ $(f(1)=1, f(2)=2\cdots)$

항등함수와는 다르게 모든 독립변수에 대응하는 종속변수의 값이 동일한 함수를 **상수함수**라고 말합니다.

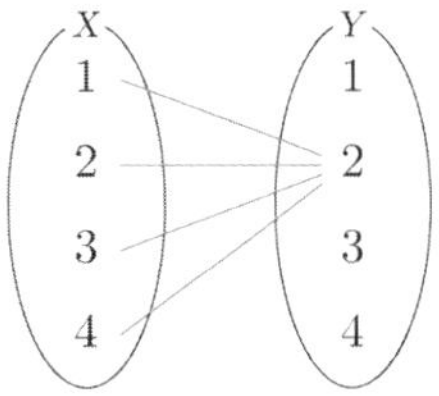

상수함수 : $f(x)=a$ 또는 $y=a$

$(f(1)=2,\ f(2)=2,\ \cdots)$

상수함수의 함수식을 보면 독립변수(x)가 없는 것처럼 보이지만 이는 x의 계수가 0이기 때문에 그러합니다.

상수함수 : $f(x)=0\times x+a,\ y=0\times x+a$

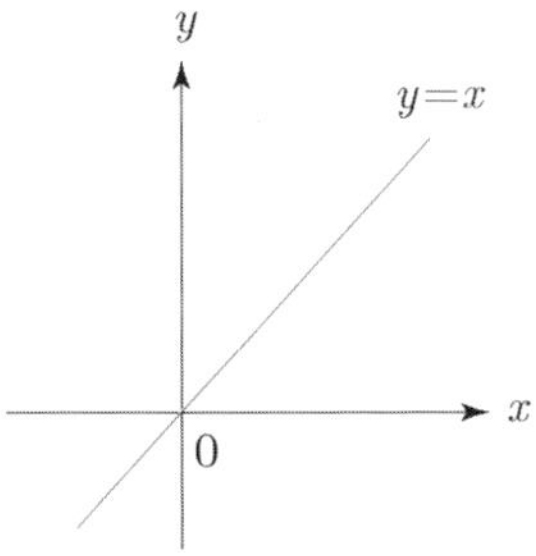

항등함수

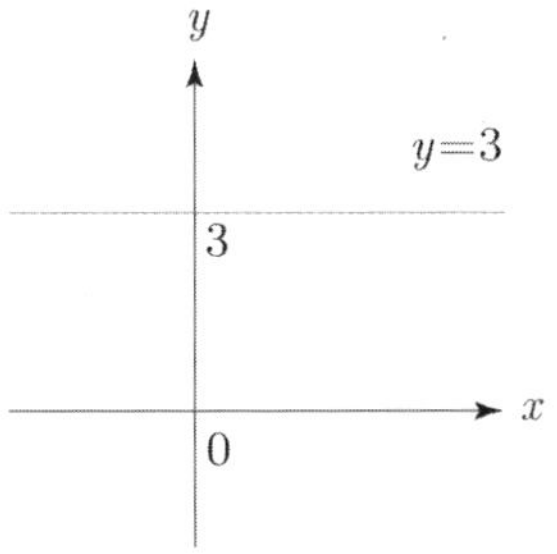

상수함수

항등함수와 관련하여 다음 문제를 풀어보도록 하겠습니다. 어떻게 풀지 잠시 생각해 보는 시간을 가져봅시다.

다음 함수가 항등함수가 되기 위한 정의역 $X(\neq \varnothing)$의 개수를 구하여라.

$$f(x) = x^3 + 2x^2 - 2$$

문제해결을 위한 기본설계가 끝나셨나요? 그러면 함께 풀어보도록 하겠습니다. 우선 항등함수의 정의를 살펴보면 다음과 같습니다.

항등함수 : 독립변수와 이에 대응하는 종속변수의 값이 서로 같은 함수
($f(x) = x$ 또는 $y = x$: $f(1) = 1, f(2) = 2 \cdots$)

함수 $f(x) = x^3 + 2x^2 - 2$의 독립변수 x와 이에 대응하는 종속변수(함숫값) '$x^3 + 2x^2 - 2$'의 값이 서로 같게 되는 x값을 찾아보면,

$$\underline{x} = \underline{x^3 + 2x^2 - 2} \rightarrow x = -2,\ -1,\ 1$$

독립변수 종속변수(함숫값)

인수정리를 이용하여
3차방정식을 푼다

따라서 함수 $f(x) = x^3 + 2x^2 - 2$가 항등함수가 되기 위한 독립변수 x값은 $-2, -1, 1$이 됩니다. $x = -2, -1, 1$을 가지고 정의역을 만들어보면 다음과 같습니다.

$$\{-2\}, \{-1\}, \{1\}, \{-2, -1\}, \{-1, 1\}, \{1, -2\}, \{-2, -1, 1\}$$

→ 정의역 X의 개수는 7개

함수의 상등

대응관계가 같은 두 함수를 **상등**이라고 정의합니다. 상등은 '서로 상(相)', '같은 등(等)' 자를 써서 '서로 같다'를 의미하는 한자어입니다. 그러면 두 함수의 상등조건이 무엇인지 자세히 살펴보도록 하겠습니다.

함수의 상등조건

함수 f와 g가 각각 $f: X \to Y$, $g: U \to V$일 때,

① 정의역과 공역이 같고 $(X=U,\ Y=V)$

② 임의의 원소 $a(\in X, U)$에 대하여 $f(a)=g(a)$일 때

두 함수 f, g는 서로 같다(상등)고 말하며 $f=g$로 표현한다.

다음 두 함수 f, g가 상등인지 확인해 보도록 하겠습니다.

① 실수집합 X, Y에 대해 $f: X \to Y$이고 $f(x)=3x+1$

② 실수집합 U, V에 대해 $g: U \to V$이고 $g(u)=3u+1$

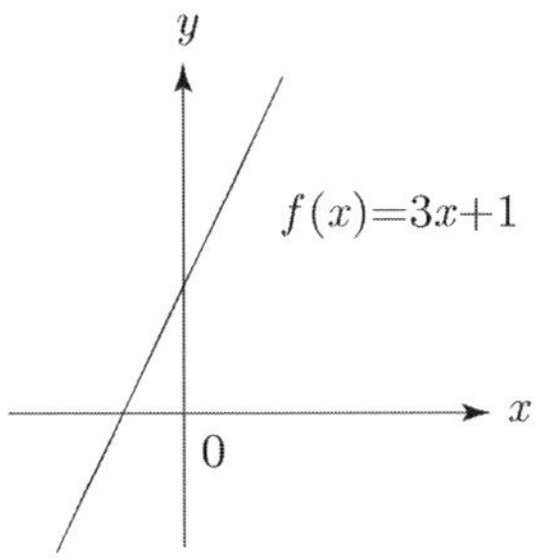

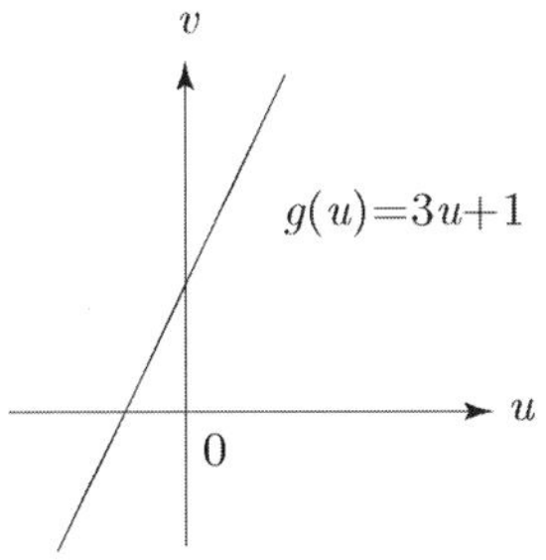

두 함수 f, g는 정의역과 공역은 서로 같으며 임의의 실수 a에 대하여 $f(a)=g(a)$를 만족하므로 상등이라고 말할 수 있습니다. $(f=g)$

$X = U$, $Y = V$ (X, U, Y, V : 실수집합)
임의의 실수 a에 대해 $f(a) = g(a) = 3a+1$이다.

간혹 변수를 나타내는 문자(x, u)만 보고 서로 다른 함수라고 착각하는 학생들이 있습니다. 그러나 함수의 상등을 판단하는 기준은 변수를 나타내는 문자가 아닌 '함수의 대응관계'라는 사실을 반드시 기억하시길 바랍니다. 더불어 함수식이 다르다고 해서 두 함수가 상등이 아니라고 단정할 수는 없습니다. 함수식이 서로 다르더라도 정의역과 공역 그리고 함수의 대응관계만 같다면 두 함수는 상등이 될 수 있기 때문이죠. 다음 함수 f, g는 함수식이 서로 다르지만 상등($f = g$)이라고 볼 수 있습니다.

$X = \{-1, 1\}$, $Y = \{-1, 1\}$
$f : X \to Y$이고 $f(x) = x$

$X = \{-1, 1\}$, $Y = \{-1, 1\}$
$g : X \to Y$이고 $g(x) = \dfrac{1}{x}$

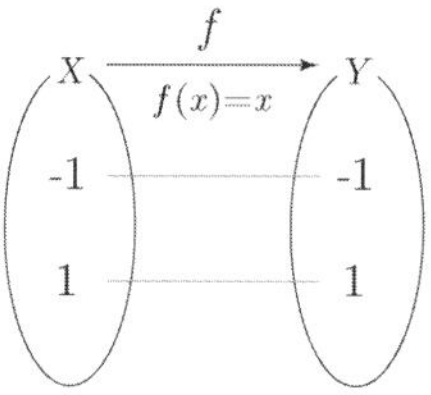

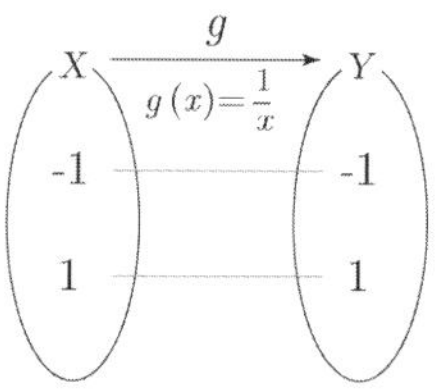

함수의 상등을 판단하는 기준은 함수식이 아닌 '함수의 대응관계'라는 사실을 반드시 기억하고 넘어가시길 바랍니다. 그러면 함수의 상등과 관련하여 다음 문제를 풀어보도록 하겠습니다. 어떻게 풀지 잠시 생각해 보는 시간을 가져봅시다.

다음 함수 f, g가 상등이 되기 위한 정의역 X를 구하여라.

$$f(x) = x^2, \quad g(x) = -x+6$$

문제해결을 위한 기본설계가 끝나셨나요? 그러면 함께 풀어보도록 하겠습니다. 우선 두 함수의 함숫값 x^2과 $-x+6$이 서로 같게 되는 원소 x를 찾아보면 다음과 같습니다.

$$f(x)=g(x) \rightarrow x^2=-x+6 \rightarrow x=2, -3$$

정의역의 원소 x값이 2와 −3이 될 때 두 함수 f, g의 함숫값은 서로 같습니다.

$$f(x)=x^2, \quad g(x)=-x+6$$
$$f(2)=g(2)=4, \quad f(-3)=g(-3)=9$$

따라서 두 함수 $f(x)=x^2$, $g(x)=-x+6$이 상등이 되기 위한 정의역은 $2, -3$을 원소로 하는 집합 $\{2\}$, $\{-3\}$ 그리고 $\{2, -3\}$이 됩니다.

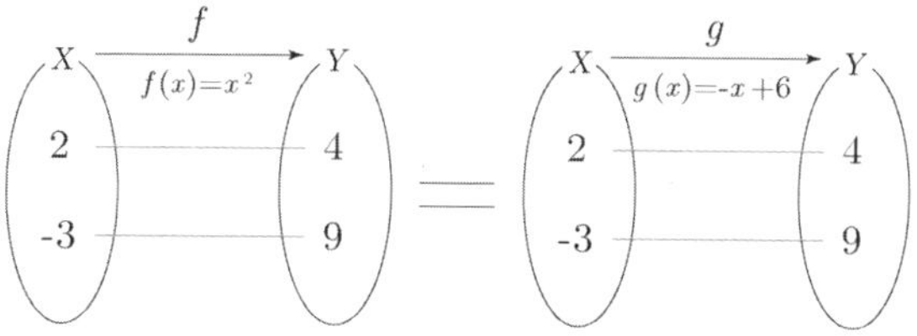

함수식 찾기

일반적으로 함수에 관한 문제를 풀 때에는 가장 먼저 함수식부터 찾습니다. 왜냐하면 함수식을 알면 함수의 모든 대응관계를 쉽게 알 수 있기 때문입니다. 다음 식에서 함수식 $f(x)$를 찾아보도록 하겠습니다.

$$f(x+1)=2x+1 \text{ (}x\text{는 실수)}$$

얼핏 보면 $f(x+1)$도 함수식처럼 보이지만 '$f(x)=$ ~꼴'이 아니므로 온전한 함수식이라고 말할 수 없습니다. 일반적으로 함수식은 '$f(x)$, $f(X)$, $f(t)\cdots$꼴'처럼 괄호 안에 하나의 문자가 들어간 식을 말합니다. 여기서 괄호 안의 문자는 변수를 나타내므로 어떤 문자가 되든지 상관없습니다. 그러면 주어진 $f(x+1)$의 괄호 안의 식 $x+1$을 X로 치환하여 변수가 X인 함수식 $f(X)$를 도출해 보도록 하겠습니다.

$$x+1=X \quad \rightarrow \quad x=X-1$$

치환식 $x=X-1$을 주어진 식에 대입하면,

$$f(\underset{\uparrow\,X}{x+1})=2\underset{\uparrow\,X-1}{x}+1 \quad \rightarrow \quad f(X)=2(X-1)+1$$

함수식 $f(X)=2X-1$에서 독립변수 X를 x로 바꿔주면 $f(x)$를 구할 수 있습니다. 여기서 독립변수를 나타내는 문자는 x든 X든 상관없습니다.

$$f(X)=2X-1 \text{ (}X\text{는 실수)} \rightarrow f(x)=2x-1 \text{ (}x\text{는 실수)}$$

조금 혼동되죠? 변수 x, y, X, $Y\cdots$ 등은 상수가 아니라 어떤 문자로도 변환이 가능한 '변수'라는 사실을 잊지 마시길 바랍니다. 그러면 함수식과 관련하여 다음 문제를 풀어보도록 하겠습니다. 어떻게 풀지 잠시 생각해 보는 시간을 가져봅시다.

함수 $f(x)$가 $f(x-\frac{1}{x})=x^2+\frac{1}{x^2}$을 만족할 때 $f(3)$의 값을 구하여라.

문제해결을 위한 기본설계가 끝나셨나요? 그러면 함께 풀어보도록 하겠습니다. 우선 함수식 $f(x)$를 구해보면 다음과 같습니다.

식의 변형

$$f(x-\frac{1}{x})=x^2+\frac{1}{x^2}=(x-\frac{1}{x})^2+2$$

$$=(x-\frac{1}{x})^2+2 \rightarrow f(X)=(X)^2+2$$

$x-\frac{1}{x}=X$로 치환

$\rightarrow$ $f(X)=X^2+2$: $f(X)$의 함수식

변수 X를 일반적인 변수 x로 교체하면 $f(x)=x^2+2$가 됩니다. 따라서 함숫값 $f(3)$은 11이 됩니다.

개념 한눈에 보기

1. **함수** : 변수 $x(\in X)$의 값이 정해지면 그에 따라 변수 $y(\in Y)$의 값이 정해질 때 두 변수 x, y의 대응관계를 함수라고 말한다. 여기서 변수 x를 독립변수, 변수 y를 종속변수라고 하며 집합 X를 정의역, 집합 Y를 공변역(또는 공역)이라고 정의한다. 또한 정의역의 원소에 대응되는 공역을 치역이라고 말한다.

2. **함수의 조건**
   ① X, Y는 공집합이 아니어야 한다.
   ② X의 모든 원소에 대응되는 Y의 원소가 반드시 존재해야 한다.
   ③ X의 원소에 대응되는 Y의 원소의 개수는 반드시 1개이어야 한다.

3. **함수식** : 함수관계에 있는 독립변수 x와 종속변수 y 사이에 관계식 $y=f(x)$를 말한다. 참고로 함수 $y=f(x)$에서 정의역의 원소 x_1에 대응되는 공역의 원소 $y_1(=f(x_1))$을 원소 x_1에 대한 함숫값이라고 한다.

4. **n차 (다항)함수** : 함수식이 x에 대한 n차 다항식인 함수

5. **함수의 그래프** : 함수식 $y=f(x)$를 만족하는 순서쌍 (x, y)의 집합을 좌표평면에 나타낸 도형

6. **일대일함수** : 임의의 서로 다른 독립변수 x값에 대응되는 종속변수 y값이 서로 다른 함수, 즉 임의의 $x_1 \neq x_2$이면 $f(x_1) \neq f(x_2)$가 성립하는 함수를 말한다. 또한 일대일함수 중에서 공역과 치역이 같은 함수를 일대일대응이라고 말한다.

7. **항등함수** : 임의의 독립변수 x값에 대응되는 종속변수 y값이 서로 같은 함수 $(y=x,\ I(x)=x)$

8. **상수함수** : 함수 f의 치역의 원소가 하나뿐인 함수 $(f(x)=a,\ y=a)$

9. **함수의 상등** : 함수 $f\ :\ X \to Y$와 $g\ :\ U \to V$에 대하여 정의역과 공역이 같고 $(X=U,\ Y=V)$ 각 함수의 임의의 독립변수에 대한 함숫값이 같을 때$(f(x)=g(u))$, 두 함수 f, g를 상등이라고 말한다. $(f=g)$

도출형 학습방식으로 다음 문제를 풀어보도록 하겠습니다. (개념이 잘 기억나지 않으면 앞의 내용을 찾아보길 바란다)

정의역이 실수의 집합이고 함수 $f(x)=(a+b)x-(a-1)$의 함숫값이 2뿐일 때 a, b값을 구하여라.

1단계 개념도출 문제를 풀기 위해서는 어떤 개념을 알아야 할까요?

2단계 개념설명 개념을 알고 있다면 간단히 설명해 보길 바랍니다.

3단계 문제해결 그러면 어떻게 문제를 해결할 수 있을까요?

정의역이 실수의 집합이고 함수 $f(x)=(a+b)x-(a-1)$의 함숫값이 2뿐일 때 a, b값을 구하여라.

1단계 문제를 풀기 위해서는 어떤 개념을 알아야 할까요?

함수의 정의(조건), 함숫값, 상수함수, 항등식의 성질을 알아야 한다.

2단계 개념을 알고 있다면 간단히 설명해 보길 바랍니다.

함수의 조건

① X, Y는 공집합이 아니어야 한다.

② X의 모든 원소에 대응되는 Y의 원소가 반드시 존재해야 한다.

③ X의 원소에 대응되는 Y의 원소의 개수는 반드시 1개이어야 한다.

함숫값

함수 $y=f(x)$에서 정의역의 원소 x_1에 대응되는 공역의 원소 $y_1(=f(x_1))$ → (함숫값의 집합) = (치역)

상수함수

함수 f의 치역의 원소가 하나뿐인 함수

ex) $f(x)=2$

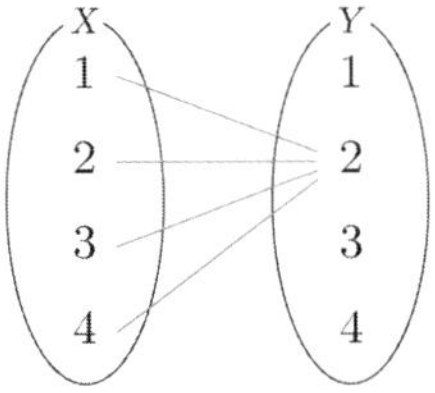

항등식의 성질

$ax+b=0$이 모든 x에 대하여 성립할 때 a, b는 0이 된다. $(a=b=0)$

3단계 그러면 어떻게 문제를 해결할 수 있을까요?

함수 $f(x)=(a+b)x-(a-1)$의 함숫값이 2뿐이므로 $f(x)$는 상수함수가 된다. 상수함수의 함수식은 $f(x)=2$이므로,

$$f(x)=(a+b)x-(a-1)=2$$

모든 x에 대응하는 함숫값이 2이므로 함수식 $f(x)=2$는 x에 관한 항등식으로 볼 수 있다. 즉, 모든 x에 대하여 항상 $f(x)=2$가 성립한다. 여기서 항등식의 성질을 이용하면 미정계수 a, b의 값을 쉽게 구할 수 있을 것이다.

정답이 궁금한 학생들은 다음 정답풀이를 참고하시기 바랍니다.

함수 $f(x)=(a+b)x-(a-1)$의 함숫값이 2뿐이므로 $f(x)$는 상수함수가 된다. 상수함수의 함수식은 $f(x)=k$ (k는 함숫값)이므로 함수 $f(x)$의 함수식은 $f(x)=2$가 된다.

$$f(x)=(a+b)x-(a-1)=2$$

상수함수 $f(x)=2$는 모든 x에 대하여 항상 성립하므로 $(a+b)x-(a-1)=2$는 x에 관한 항등식으로 볼 수 있다. 그러면 항등식의 성질을 이용하여 미정계수 a, b의 값을 구해보자.

$(a+b)x-(a-1)=2$가 x에 관한 항등식일 때,

$$(a+b)x-(a-1)=2 \quad\rightarrow\quad \underbrace{(a+b)}_{0}x+\underbrace{(-a-1)}_{0}=0$$

$a+b=0$, $-a-1=0$을 연립하면 $a=-1$, $b=1$임을 쉽게 알 수 있다.

정답 $a=-1, b=1$

2 합성함수와 역함수

함수의 합성

변수 x값에 따라 y값이 결정되고($X \to Y$), y값에 따라 새로운 변수 z값이 결정될 때($Y \to Z$) 'z를 결정하는 변수'는 결국 'x'가 되는 셈입니다.($X \to Z$) 다음 기사에서 꼬리처럼 연결된($X \to Y \to Z$) '3가지 변수'가 무엇인지 한번 찾아보시길 바랍니다.

> 정부에서는 물가 안정을 위해 담뱃값을 인하하기로 결정했다. 이러한 정부의 결정에 국민들의 담배 소비량은 증가할 것으로 예상된다.
> 국립암센터에서는 정부의 이런 결정에 유감을 표명하면서 국민들의 폐암 발병률이 높아질 것을 우려하고 있다.

담배와 관련된 3가지 변수를 찾으셨나요? 첫 번째 변수는 '담뱃값', 두 번째 변수는 '담배 소비량', 그리고 세 번째 변수는 '폐암 발병률'입니다. 세 변수에 초점을 맞춰 기사 내용의 인과관계를 요약해 보면 다음과 같습니다.

담뱃값 인하 → 담배 소비량 증가 → 폐암 발병률 증가

담뱃값을 독립변수로 생각하면 담배 소비량은 담뱃값의 종속변수가 되며, 담배 소비량을 독립변수로 생각하면 폐암 발병률은 담배 소비량의 종속변수가 될 수 있습니다. 즉, 담뱃값과 담배 소비량, 담배 소비량과 폐암 발병률은 서로 함수관계에 있다고 말할 수 있습니다.

첫 번째 함수관계($f: X \to Y$) : 담뱃값(X)과 담배 소비량(Y)
두 번째 함수관계($g: Y \to Z$) : 담배 소비량(Y)과 폐암 발병률(Z)

초기 변수 담뱃값(X)과 중간변수 담배 소비량(Y) 그리고 최종 변수 폐암 발병률(Z) 사이의 함수관계를 도식화하면 다음과 같습니다.

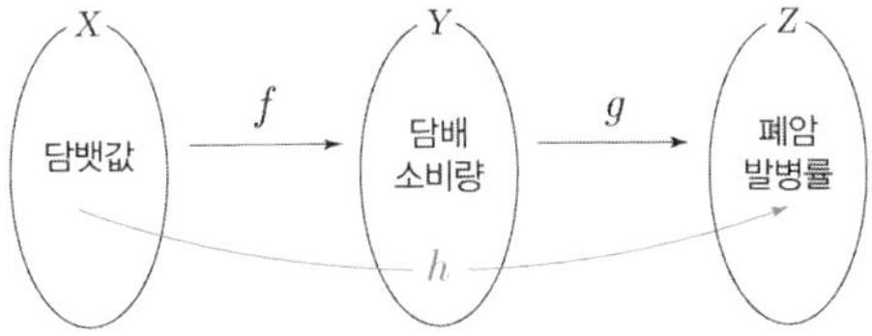

담뱃값 인하 → 담배 소비량 증가 → 폐암 발병률 증가

여기서 새로운 함수 $h: X \to Z$는 '담뱃값(X)'을 독립변수로, '폐암 발병률(Z)'을 종속변수로 하는 함수가 됩니다. 그러면 세 함수 f, g, h에 대한 변수를 한꺼번에 정리해 보도록 하겠습니다.

- 함수 f : 담뱃값(X)과 담배 소비량(Y)
  → 독립변수 : 담뱃값, 종속변수 : 담배 소비량
- 함수 g : 담배소비량(Y)과 폐암 발병률(Z)
  → 독립변수 : 담배 소비량, 종속변수 : 폐암 발병률
- 함수 h : 담뱃값(X)과 폐암 발병률(Z)
  → 독립변수 : 담뱃값, 종속변수 : 폐암 발병률

이렇게 함수 f의 독립변수(X)와 함수 g의 종속변수(Z)를 대응시키는 함수 $h: X \to Z$를 f, g의 **합성함수**라고 말하며 다음과 같이 정의합니다. 여기서 '$\circ$'는 '도트 또는 합(합성)'이라고 읽습니다.

f, g의 합성함수

f, g의 합성함수 $h = g(f(x))$ 또는 $h = (g \circ f)(x)$

함수 $f: X \to Y$ 함수 $g: Y \to Z$	$\longrightarrow$	합성함수 $h: X \to Z$ $h = (g \circ f)$

합성함수는 일상생활에서 흔하게 찾아볼 수 있습니다.

출근길 자전거량(X) 증가 $\longrightarrow$ 매연 (CO_2 발생량) (Y) 감소 $\longrightarrow$ 지구 온실효과(Z) 감소

결국 직장인들이 출근길에 자전거를 많이 타게 되면 지구의 온실효과(지구 온난화)를 감소시킬 수 있게 됩니다.

합성함수식

합성함수식은 어떻게 구할 수 있을까요? 다음 함수 f, g에 대한 합성함수 $g \circ f$의 함수식을 구해보도록 하겠습니다. 일단 함수 f, g의 합성함수를 $h\,(= g \circ f)$라고 할 때, 함수 $h: X \to Z$의 함수식(x, z의 관계식)을 찾아봅시다.

$$f:\ X \to Y,\ f(x) = x + 1 \qquad g:\ Y \to Z,\quad g(y) = y^2$$

합성함수 $h\,(=g \circ f)$에 대한 대응관계를 살펴보면 다음과 같습니다. 먼저 $x=1$에 대응하는 z값을 찾아보면,

$$\begin{array}{c} x=1 \rightarrow y=2 \\ f(1)=1+1=2 \end{array} \longrightarrow \begin{array}{c} y=2 \rightarrow z=4 \\ g(2)=2^2=4 \end{array}$$

$$x=1 \rightarrow z=4$$

위와 같은 방식으로 독립변수 x에 변수 k를 대입하여 이에 대응하는 z값을 찾게 되면 x, z의 함수관계(함수식)를 도출해 낼 수 있습니다.

$$\begin{array}{ccccc} & & \begin{array}{c} y=f(x) \\ f(x)=x+1 \end{array} & & \begin{array}{c} z=g(y) \\ g(y)=y^2 \end{array} & \\ & & \downarrow & & \downarrow & \\ x=k & & \longrightarrow & y=k+1 & \longrightarrow & z=(k+1)^2 \end{array}$$

$$x=k \quad \rightarrow \quad z=(k+1)^2 \quad : \quad z=(x+1)^2$$

함수 h의 함수식(x, z의 관계식)은 다음과 같습니다.

$$h:\ X \rightarrow Z,\ \ h(x)=(x+1)^2 \ \begin{pmatrix} z=h(x) \\ z=(x+1)^2 \end{pmatrix}$$

여기서 우리는 합성함수도 하나의 함수에 불과하다는 사실을 반드시 명심해야 합니다.

다음과 같이 바로 합성함수식 $h=g(f(x))$를 도출할 수도 있다.

$g(y)=y^2$

$$h(x) = g(f(x)) = g(x+1) = (x+1)^2$$

$f(x)=x+1$

합성함수 $(g \circ f)(x)$를 구할 때 함수 g가 앞에 있다고 해서 독립변수 x를 g부터 적용해서는 안 됩니다. 합성함수의 정의에 의해 뒤에서부터, 즉 함수 f부터 독립변수 x를 적용해야 한다는 사실에 주의하시길 바랍니다.

$$x \xrightarrow{f} f(x) \xrightarrow{g} g(f(x))$$

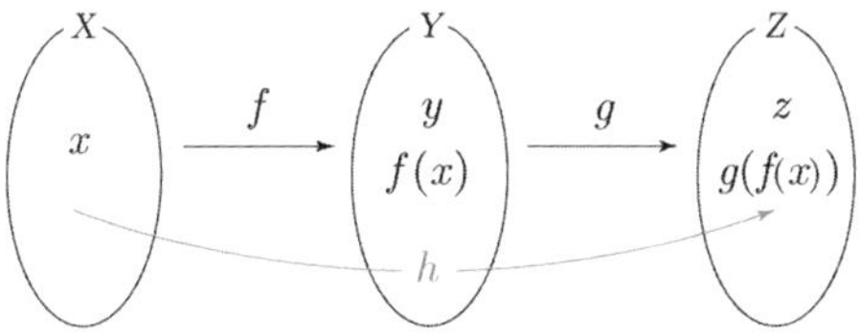

$h: X \to Z$

$h=g(f(x)) \qquad h=(g \circ f)(x)$

일반적인 경우에는 합성함수도 여느 함수와 같이 변수 $x(\in X)$를 이용하여 함수식을 표현합니다.

$f(x)=x+1,\ g(x)=x^2$의 합성함수 $\rightarrow$ $h(x)=(x+1)^2$

다음의 여러 가지 합성함수식을 구해보며 합성함수식에 대한 개념을 정리해 보도록 하겠습니다.

두 함수 $f(x)=x^2-1$, $g(x)=2x+1$의 합성함수가 h $(=g\circ f)$일 때 합성함수 $h(2)$의 값을 구하여라.

일단 독립변수 x와 함수식 $f(x)$를 직접 함수식에 적용하여 합성함수 $h(=g\circ f)$를 구해보겠습니다. 먼저 합성함수 $h(x)$의 함수식을 구해보면 다음과 같습니다.

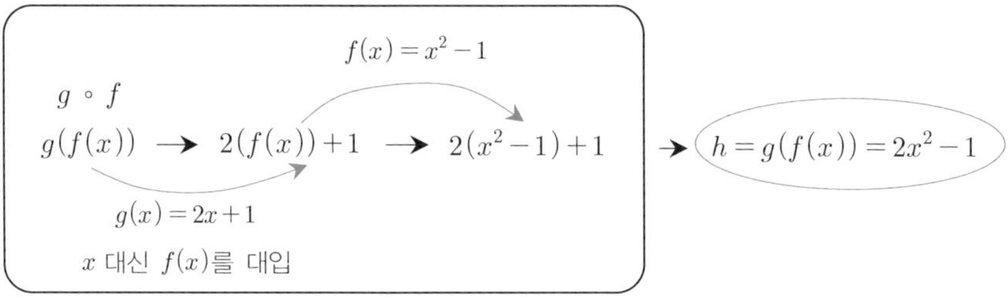

합성함수 $h(x)=2x^2-1$에 $x=2$를 대입하면 함숫값 $h(2)$를 쉽게 구할 수 있습니다.

$$h(2)=2\times 2^2-1 \;\rightarrow\; h(2)=7$$

어렵지 않죠? 일반적으로 합성함수식 $g(f(x))$을 찾을 때에는 함수식 $f(x)$을 직접 $g(x)$에 대입하여 합성함수식을 찾습니다. 여기서 x는 어떤 값을 나타내는 것이 아니라 단순히 어떤 숫자 또는 문자를 대입할 수 있는 상자라고 생각하면 쉬울 것입니다. 예를 들어 $f(x)=ax+b$, $g(x)=x^2$일 때 $g(x)=x^2$에서 x 대신 $f(x)$의 함수식 '$ax+b$'를 대입하는 것과 같습니다.

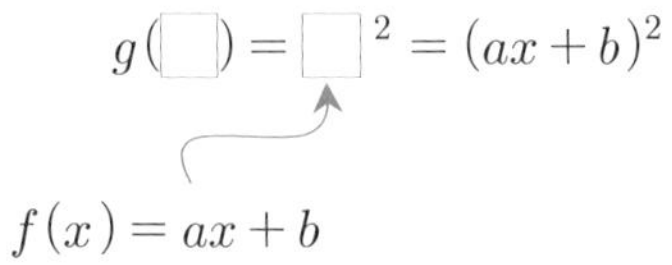

합성함수의 연산법칙

이번에는 합성함수의 연산 $\circ$에 대한 교환법칙 $g \circ f = f \circ g$가 성립하는지 확인해 보도록 하겠습니다. 먼저 예시를 통해 확인해 보겠습니다.

$$f(x) = 2x, \quad g(x) = 3x + 1$$

좌변 $g \circ f$에 대한 함수식을 구해보면 다음과 같습니다. 여기서 $(g \circ f)(x)$는 $g(f(x))$와 같습니다.

$f(x) = 2x$

$$(g \circ f)(x) = g(f(x)) = 3(f(x)) + 1 = 3(2x) + 1 = 6x + 1$$

$g(x) = 3x + 1$

x 대신 $f(x)$를 대입

$$\therefore \quad g(f(x)) = 6x + 1 : (g \circ f)(x) = 6x + 1$$

마찬가지로 우변 $f \circ g$의 함수식을 구해보겠습니다.

$g(x) = 3x + 1$

$$(f \circ g)(x) = f(g(x)) = 2(g(x)) = 2(3x + 1) = 6x + 2$$

$f(x) = 2x$

x 대신 $g(x)$를 대입

$$\therefore \quad f(g(x)) = 6x + 2 : (f \circ g)(x) = 6x + 2$$

양변의 결과를 비교해 보면 합성함수에 대한 교환법칙이 성립하지 않는다는 사실($g \circ f \neq f \circ g$)을 쉽게 알 수 있습니다.

$$(g \circ f)(x) = 6x+1 \quad \neq \quad (f \circ g)(x) = 6x+2$$
$$g \circ f \neq f \circ g$$

교환법칙과 관련하여 합성함수의 연산을 적용할 때 반드시 주의해야 할 것이 하나 있습니다. 양변에 '같은 함수를 합성'하고자 할 때는 반드시 '같은 방향으로 함수를 합성'해야 한다는 사실입니다. 왜냐하면 합성함수의 연산 $\circ$에 대한 교환법칙이 성립하지 않기 때문이죠.

> 식 $f=g$에서 함수 h를 양쪽에 합성할 경우, 같은 방향으로 합성한다.
>
> $$f=g \quad \rightarrow \quad f \circ h = g \circ h \quad (h \circ f \neq g \circ h)$$

참고로 교환법칙이 성립되는 등식에서는 연산의 방향성을 따지지 않습니다.

$$a=b \rightarrow a+c=b+c \quad \Leftrightarrow \quad a+c=c+b$$

이번에는 합성함수의 연산 $\circ$에 대한 결합법칙 $h \circ (g \circ f) = (h \circ g) \circ f$가 성립하는지 확인해 보도록 하겠습니다. 마찬가지로 예시를 통해 확인해 보겠습니다.

$$f(x) = 2x, \; g(x) = 3x+1, \; h(x) = x^2$$

좌변 $h \circ (g \circ f)$의 함수식을 구해보면 다음과 같습니다.

$$h \circ (g \circ f)(x) \; = \; h \circ g(f(x)) \; = \; h(g(f(x)))$$

$g(f(x)) = 6x+1$ ← 앞서 구한 함수식 적용

$$h(g(f(x))) = \{g(f(x))\}^2 = (6x+1)^2$$

$h(x) = x^2$

x 대신 $g(f(x))$를 대입

$$\therefore\ h(g(f(x))) = (6x+1)^2 \quad \rightarrow \quad h \circ (g \circ f)(x) = (6x+1)^2$$

이번에는 우변 $(h \circ g) \circ f$의 함수식을 구하기 위해 $(h \circ g)$부터 계산해 보겠습니다. 여기서 $h \circ g$는 $h(g(x))$와 같습니다.

$g(x) = 3x+1$

$$h(g(x)) = \{g(x)\}^2 = (3x+1)^2$$

$h(x) = x^2$

x 대신 $g(x)$를 대입

$$\therefore\ h(g(x)) = (3x+1)^2 : (h \circ g)(x) = (3x+1)^2$$

편의상 $h(g(x))$를 함수 k로 치환하여 계산해 보면,

$$(h \circ g)(x) = (3x+1)^2 \quad \rightarrow \quad k(x) = (3x+1)^2$$

여기서 $((h \circ g) \circ f)(x)$를 $(k \circ f)(x)$로 놓고 $k(f(x))$의 함수식을 구해 보면 다음과 같습니다.

$f(x)=2x$

$$k(f(x)) \quad = \quad (3f(x)+1)^2 \quad = \quad (6x+1)^2$$

$k(x)=(3x+1)^2$

x 대신 $f(x)$를 대입

$$\therefore\ k(f(x)) = ((h \circ g) \circ f)(x) = (6x+1)^2$$
$$\rightarrow ((h \circ g) \circ f)(x) = (6x+1)^2$$

양변의 결과를 비교해 보면 합성함수에 대한 결합법칙이 성립한다는 사실 $(h \circ (g \circ f) = (h \circ g) \circ f)$을 쉽게 알 수 있을 것입니다.

$$h \circ (g \circ f)(x) = ((h \circ g) \circ f)(x) = (6x+1)^2$$
$$h \circ (g \circ f) = (h \circ g) \circ f$$

함숫값의 흐름을 통해서도 합성함수에 대한 결합법칙을 설명할 수 있습니다. 여기서 초기값에서 최종값으로 가는 함숫값의 흐름을 유심히 관찰해 보시길 바랍니다.

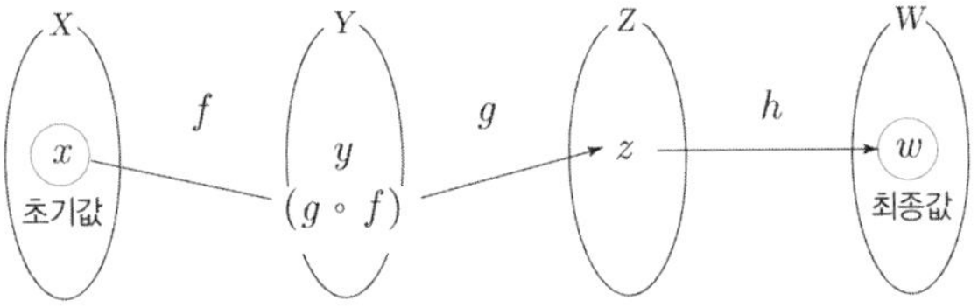

$h \circ (g \circ f)$

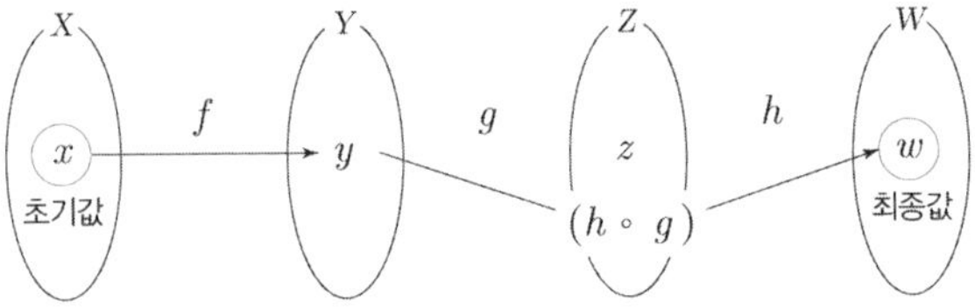

$(h \circ g) \circ f$

합성함수 $h \circ (g \circ f)$ 그리고 $(h \circ g) \circ f$는 모두 초기값 x에서 최종값 w로 가는 함수입니다. 즉, 합성함수의 결합법칙이 성립한다는 얘기죠.

항등함수

어떤 값을 대입하든 그 값이 그대로 함숫값이 되는 함수를 **항등함수**라고 말합니다. 보통 항등함수는 I로 표시하는데, I는 Identity Function의 머리글자입니다. 영어로 '나'를 뜻하는 I로 생각하면 좀 더 쉽게 기억할 수 있을 것입니다.

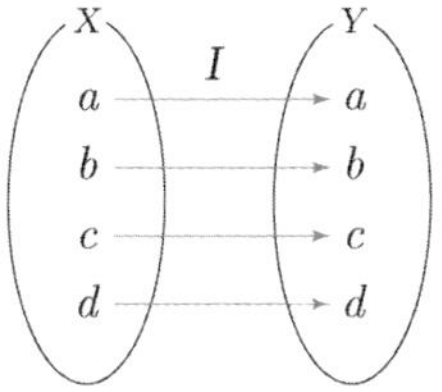

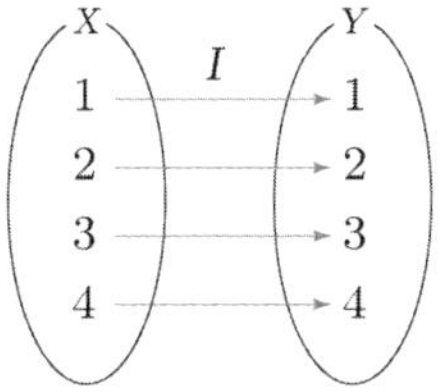

일반적인 항등함수는 다음과 같습니다.

$$I(x) = x \text{ 또는 } y = x$$
$$(I(1) = 1,\ I(a) = a, \cdots)$$

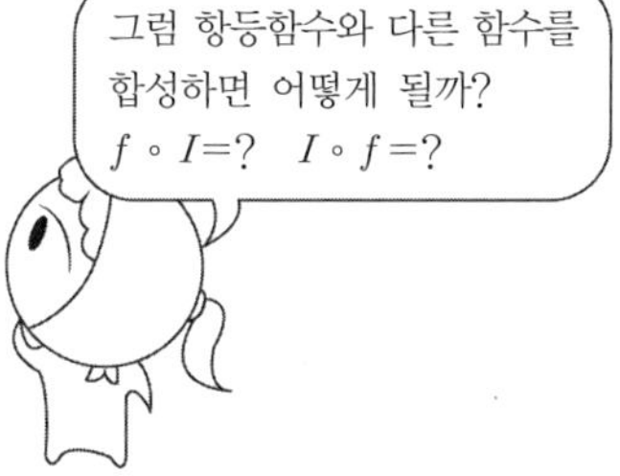

항등함수의 성질

임의의 함수 f와 항등함수 I에 대하여 다음 등식이 만족한다.

$$f \circ I = I \circ f = f$$

$I(x) = x$

$$(f \circ I)(x) = f(I(x)) = f(x)$$
$$(I \circ f)(x) = I(f(x)) = f(x)$$
$$\rightarrow (f \circ I)(x) = (I \circ f)(x) = f(x)$$

$I(x) = x$

다음 함수에 대하여 합성함수 $f \circ I \circ g$의 함수식을 구해보도록 하겠습니다.

$$f(x) = 2x, \quad g(x) = 3x + 1, \quad I(x) = x$$

일단 항등함수의 성질 '$f \circ I = I \circ f = f$'에 의해 합성함수 $f \circ I \circ g$는 $f \circ g$와 같습니다. ($f \circ I \circ g = f \circ g$)

$g(x) = 3x + 1$

$$(f \circ g)(x) = f(g(x)) = 2(g(x)) = 2(3x+1) = 6x + 2$$

$f(x) = 2x$

x 대신 $g(x)$를 대입

$$\therefore (f \circ g)(x) = (f \circ I \circ g)(x) = 6x + 2$$

따라서 합성함수 $f \circ I \circ g$의 함수식은 $6x + 2$가 됩니다. 어렵지 않죠?

역함수

함수 f의 정의역과 치역이 뒤바뀐 함수를 f의 **역함수**라고 말하며, f^{-1}로 씁니다. 여기서 f^{-1}는 'f inverse' 또는 'f의 역(역함수)'이라고 읽습니다.

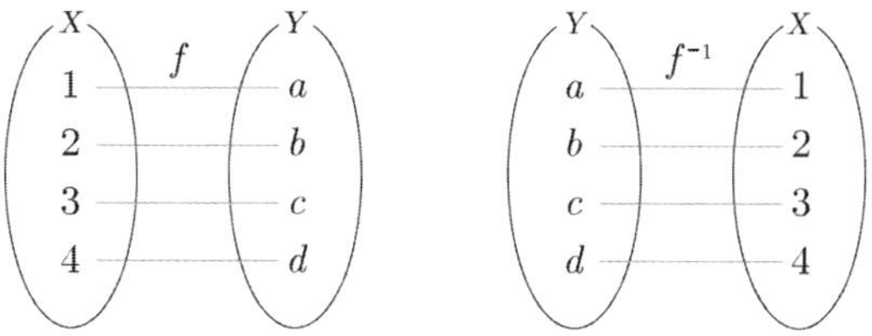

역함수 f^{-1}는 f의 치역을 정의역으로 하는 함수이기 때문에 함수 f가 일대일대응함수일 때만 f^{-1}가 존재합니다. 다음 함수 f, g는 일대일대응함수가 아니므로 역함수 f^{-1}, g^{-1} 또한 함수가 될 수 없게 됩니다.

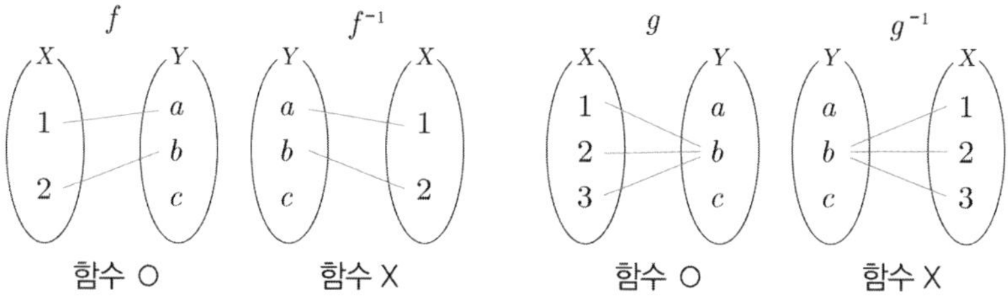

역함수의 개념을 수학적으로 정리해 보면 다음과 같습니다.

역함수

함수 f가 X에서 Y로 가는 일대일대응함수일 때 $(f: X \to Y)$, $f(x) = y$의 대응관계를 유지하면서 f의 정의역과 치역이 바뀐 함수 $(f^{-1}: Y \to X)$를 f의 역함수라고 말하며 f^{-1}로 쓴다.

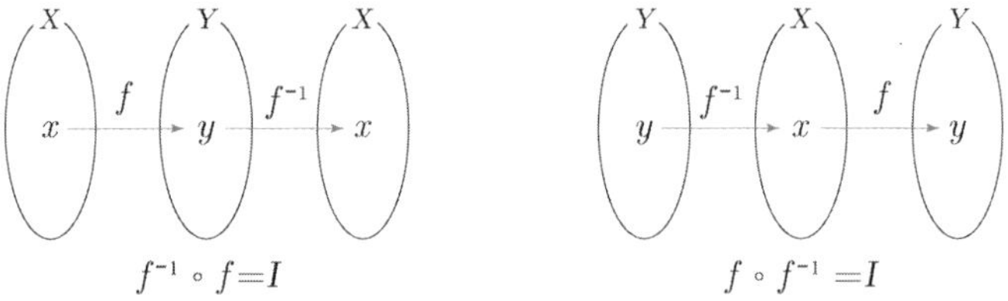

역함수의 성질

임의의 일대일대응함수 f에 대하여 역함수 f^{-1}는 다음을 만족한다.

$$f \circ f^{-1} = f^{-1} \circ f = I$$

다음 함수 f의 역함수 f^{-1}의 함수식을 찾아보도록 하겠습니다.

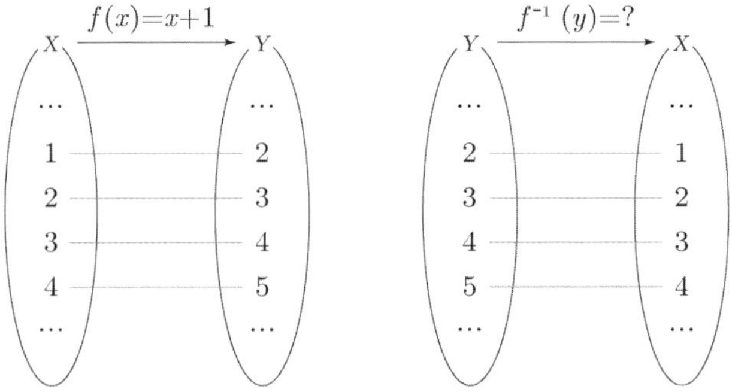

역함수 $f^{-1}: Y \to X$의 대응관계를 잘 살펴보면 f^{-1}의 함수식이 무엇인지 짐작할 수 있을 것입니다. 여기서 f^{-1}의 정의역이 Y이므로 함수식은 y에 관한 식이 됩니다.

$$f^{-1}(y) = y - 1 \quad (f^{-1}(2) = 1,\ f^{-1}(3) = 2 \ldots)$$

여러 학생들이 '$f^{-1}(y)$'에 대해 많이들 어려워합니다. 그 이유는 일반적인 함수식(x에 관한 식)과 다르기 때문입니다. 그러나 함수식, 정의역, 치역 등을 나타내는 문자 'X, Y, x, $y\cdots$'는 단지 함수를 구별하기 위한 문자에 불과하며 $f^{-1}(y)$ 또한 역함수의 개념을 설명하기 위해 사용된 함수식일 뿐입니다. 즉, 역함수의 이해를 돕기 위해 역함수의 정의역을 Y로 두었기 때문에 함수식을 y에 관한 식으로 쓴 것에 불과하죠. 실제 역함수를 다룰 때에는 여느 함수와 마찬가지로 'x에 관한 함수식'으로 역함수 f^{-1}를 표현합니다. 다시 말해 역함수도 하나의 함수에 불과합니다.

다음에 짝지어진 두 함수 f, g들은 모두 역함수의 관계에 있습니다. 함수의 대응관계를 상상해 보면서 역함수에 대한 감을 익혀보시길 바랍니다.

① $f(x) = 3x,\ g(x) = \frac{1}{3}x$ ② $f(x) = x - 1,\ g(x) = x + 1$

③ $f(x) = x^2 (x \geq 0),\ g(x) = \sqrt{x}$ ④ $f(x) = \frac{1}{x-2},\ g(x) = \frac{1}{x} + 2$

$f(x)=2x$의 역함수 : $f^{-1}(x)=\frac{1}{2}x$

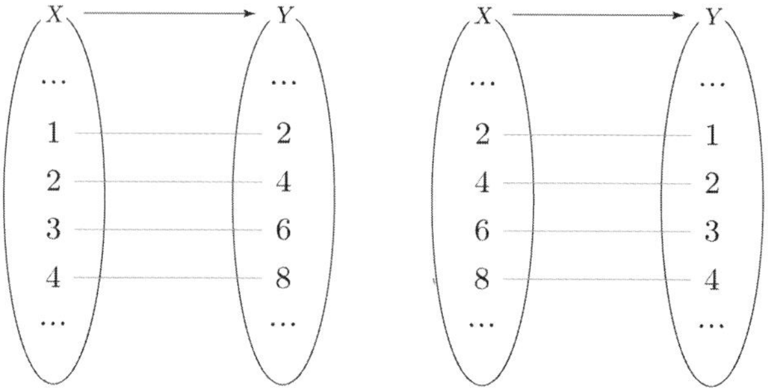

X, Y는 실수의 집합이다. $(X=Y)$

> f^{-1}는 특별한 함수가 아니라 그냥 f, g, h와 같은 일반적인 함수를 나타내는 하나의 문자라고 생각하자.

역함수 찾기

다음 $f(x)$의 역함수 f^{-1}의 함수식을 구해보도록 하겠습니다.

함수 $f(x)=3x-1$ (x는 실수)

역함수 $f^{-1}(y)$는 f의 정의역(X)과 치역(Y)이 바뀐 함수이므로($y=f(x)$의 대응관계를 유지) 함수식 $y=f(x)$를 x에 관한 식 '$x=(\quad)$꼴'로 변형하기만 하면 됩니다.

$$f(x)=3x-1 \rightarrow y=3x-1 \rightarrow x=\underbrace{\frac{1}{3}y+\frac{1}{3}}_{f^{-1}(y)}$$

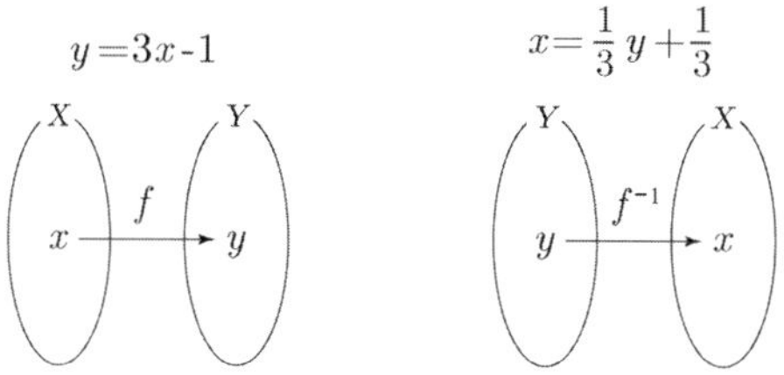

따라서 역함수 $f^{-1}(y)$는 다음과 같습니다. 여기서 f^{-1}의 정의역은 Y이며 y는 실수입니다.

$$f^{-1}(y)=\frac{1}{3}y+\frac{1}{3}\ \ (y\text{는 실수 : 정의역 } Y)$$

역함수 f^{-1} 또한 여느 함수와 마찬가지로 독립변수 y를 일반적인 함수의 독립변수 x로 바꿔줄 수 있습니다. 즉, 독립변수 y가 x로 바뀌었을 뿐 정의역의 원소(실수)와 함수식은 변함이 없기 때문에 함수의 대응관계는 이전과 동일합니다.

$$f^{-1}(y)=\frac{1}{3}y+\frac{1}{3}\ \ (y\text{는 실수 : 정의역 } Y)$$
$$\rightarrow\ f^{-1}(x)=\frac{1}{3}x+\frac{1}{3}\ \ (x\text{는 실수 : 정의역 } X)$$

따라서 $f(x)=3x-1$(x는 실수)의 역함수는 $f^{-1}(x)=\frac{1}{3}x+\frac{1}{3}$($x$는 실수)이 됩니다. f^{-1}가 쓰기 불편하면 $f^{-1}(x)$를 $g(x)$로 놓고 f, g가 역함수관계라는 것을 밝혀주면 됩니다. 역함수를 구하는 방법을 단계별로 정리해 보면 다음과 같습니다.

역함수 구하기

① 함수식을 x, y의 관계식($y=f(x)$)으로 바꾼다.

② x에 관하여 정리한다. ($x=f^{-1}(y)$꼴) → 역함수의 정의

(여기서 $f^{-1}(y)$는 y에 관한 식을 말한다)

③ 독립변수를 y에서 x로 바꿔준다. ($y \to x$)

④ 역함수 f^{-1}의 정의역은 f의 치역으로 정의한다.

다음 함수 $f(x)$에 대한 역함수 f^{-1}를 구해보도록 하겠습니다. 앞에서 언급한 역함수를 구하는 순서대로 하나씩 적용해 봅니다.

$$f(x)=\sqrt{x}+1$$

① 함수식을 x, y의 관계식으로 바꾼다 : $f(x)=\sqrt{x}+1 \to y=\sqrt{x}+1$

② x에 관해 정리한다 ($x=f^{-1}(y)$꼴) : $y=\sqrt{x}+1$

(역함수의 정의)

$\to \sqrt{x}=y-1$

$\to x=(y-1)^2$ (양변제곱)

$\to f^{-1}(y)=(y-1)^2$

③ 함수의 독립변수를 y에서 x로 바꾼다 :

($y \to x$) $f^{-1}(y)=(y-1)^2 \to f^{-1}(x)=(x-1)^2$

④ f^{-1}의 정의역은 f의 치역으로 정의한다 :

f의 치역 $y \geq 1 \to f^{-1}$의 정의역 $x \geq 1$

$\therefore$ 역함수 $f^{-1}(x)=(x-1)^2 (x \geq 1)$

학생들이 자주 궁금해하는 것 중 하나가 바로 함수의 '제한변역'입니다. '제한변역을 언제 써줘야 할지' 그리고 '정의역과 치역을 모두 써야 하는지' 잘 모르는 학생들이 상당히 많습니다. 참고로 일반적인 함수의 제한변역에 대해 간단히 정리하고 넘어가도록 하겠습니다.

함수의 제한변역

① 정의역(독립변수)의 범위만 설정해 준다.

ex) $f(x)=x^2$ (x는 실수) : 치역 Y의 범위($y \ge 0$)는 쓰지 않는다.

② 제한변역이 없을 경우, 정의역은 실수집합으로 간주한다.

③ 수학적으로 잘 알려져 있는 제한변역의 경우, 생략하는 것이 보통이다.

ex) $f(x)=\sqrt{x}$ ($\rightarrow x \ge 0$ 생략), $f(x)=\dfrac{1}{x}$ ($\rightarrow x \ne 0$ 생략)

역함수를 찾는 것과 관련하여 다음 문제를 풀어보도록 하겠습니다. 어떻게 풀지 잠시 생각해 보는 시간을 가져봅시다.

$y=f(x)$의 역함수를 $g(x)$라고 할 때 $y=f(3x+1)$의 역함수를 $g(x)$로 나타내어라.

문제해결을 위한 기본설계가 끝나셨나요? 그러면 함께 풀어보도록 하겠습니다. 우선 역함수를 구하는 순서에 따라 $y=f(3x+1)$의 역함수를 구해보면 다음과 같습니다. (역함수를 구하는 순서에 맞춰 천천히 계산해 본다)

$$y=f(3x+1) \quad 3x+1=f^{-1}(y) \quad x=\frac{f^{-1}(y)-1}{3} \quad y=\frac{f^{-1}(x)-1}{3}$$

역함수의 정의 x에 관하여 푼다 변수 교환

$g(x)=f^{-1}(x)$이므로 역함수식 $y=\dfrac{f^{-1}(x)-1}{3}$에 대입하면 $y=f(3x+1)$의 역함수는 결국 $y=\dfrac{g(x)-1}{3}$이 됩니다.

역함수의 성질 (1)

역함수는 어떤 성질을 가지고 있을까요?

역함수의 성질

$f(a)=b \iff f^{-1}(b)=a$

ex) $f(3)=5$일 때 $f^{-1}(5)=3$이다.

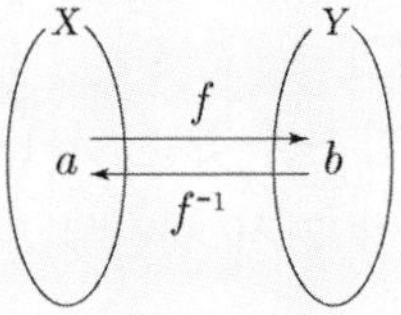

역함수 f^{-1}는 $f(x)$의 대응관계는 그대로 둔 채 정의역과 치역이 바뀐 함수에 불과합니다. 그러면 역함수의 성질과 관련하여 다음 문제를 풀어보도록 하겠습니다. 어떻게 풀지 잠시 생각해 보는 시간을 가져봅시다.

$f(x)=3x+1$의 역함수를 $g(x)$라고 할 때 $g(4)$의 값은?

일반적으로 역함수의 함숫값만 구하고자 할 때는 굳이 역함수의 함수식을 찾지 않아도 됩니다. 역함수의 성질을 이용하면 역함수의 함숫값을 쉽게 찾을 수 있기 때문이죠. 그러면 역함수의 성질을 이용하여 $g(4)$의 값을 찾아보도록 하겠습니다. $(f^{-1}=g)$

역함수의 성질 : $f(a)=b \Leftrightarrow f^{-1}(b)=a$

$$g(4)=a \quad \rightarrow \quad f(a)=4$$

$$/\!/$$

$$f^{-1}(4)$$

$f(a)=4$는 a에 관한 방정식으로 볼 수 있으므로 방정식을 풀면 a값을 쉽게 구할 수 있습니다. 여기서 $f(a)=4$는 $f(x)$에서 x 대신 a를 대입한 식에 불과합니다.

$$f(a)=3a+1=4 \ \rightarrow \ a=1$$

따라서 $f(x)=3x+1$의 역함수를 $g(x)$라고 할 때 $g(4)$의 값은 1이 됩니다. 한 문제 더 풀어볼까요?

$f(x)=ax-1$의 역함수 $g(x)$에 대하여 $g(2)=1$일 때 a값을 구하여라.

$g(2)=1$에 역함수의 성질에 적용하면 함숫값 $f(1)$을 구할 수 있습니다. $(f^{-1}=g)$

$$g(2)=1 \ \Leftrightarrow \ f(1)=2$$

$f(1)=2$는 a에 관한 방정식이므로 방정식을 풀어 미정계수 a를 구하면 다음과 같습니다.

$$f(x)=ax-1 \ : \ f(1)=a\times1-1=2 \ \rightarrow \ a=3$$

역함수의 성질 (2)

그 밖의 역함수의 성질에 대해 간략히 정리하고 넘어가도록 하겠습니다. 앞서 배운 합성함수와 역함수의 개념을 잘 생각하면서 읽어보시길 바랍니다.

그 밖의 역함수의 성질

① $f: X \rightarrow Y$가 일대일대응함수이고, f^{-1}를 f의 역함수라고 할 때
$(f^{-1})^{-1}=f$, $f\circ f^{-1}=f^{-1}\circ f=I$

② $f: X \rightarrow Y$, $g: Y \rightarrow Z$가 일대일대응일 때
$(g\circ f)^{-1}=f^{-1}\circ g^{-1}$

역함수의 성질 ①을 이용하여 역함수의 성질 ②를 증명할 수 있습니다. 양변에 함수 $(g\circ f)$를 합성한 후 합성 결과를 비교해 보겠습니다. 여기서 우리는 합성함수의 교환법칙이 성립되지 않으므로 같은 방향으로 함수를 합성해야 한다는 사실을 반드시 기억해야 합니다.

$$(g \circ f)^{-1} = f^{-1} \circ g^{-1}$$

$$\rightarrow \underline{(g \circ f)} \circ (g \circ f)^{-1} = \underline{(g \circ f)} \circ f^{-1} \circ g^{-1}$$

양변에 함수 $(g \circ f)$을 좌측 방향으로 합성

좌변

$$(g \circ f) \circ (g \circ f)^{-1}$$

$$= I$$

역함수의 성질(1) $f \circ f^{-1} = I$

우변

$$(g \circ f) \circ f^{-1} \circ g^{-1}$$

합성함수의 결합법칙

$$= g \circ (f \circ f^{-1}) \circ g^{-1}$$

역함수의 성질(1) $f \circ f^{-1} = I$

$$= g \circ I \circ g^{-1}$$

항등함수의 성질

$$= g \circ g^{-1}$$

역함수의 성질(1) $f \circ f^{-1} = I$

$$= I$$

$$(g \circ f)^{-1} = f^{-1} \circ g^{-1} \quad \text{(성립 ○)}$$

그러면 역함수의 성질과 관련하여 다음 문제를 풀어보도록 하겠습니다. 어떻게 풀지 잠시 생각해 보는 시간을 가져봅시다.

두 함수 $f(x) = 2x - 1$과 $g(x) = x^2\ (x \geq 0)$에 대하여 $(f \circ (g \circ f)^{-1} \circ g \circ f)(1)$의 값을 구하여라.

문제해결을 위한 기본설계가 끝나셨나요? 그러면 함께 풀어보도록 하겠습니다. 우선 주어진 식 $(f \circ (g \circ f)^{-1} \circ g \circ f)$를 간단히 하면 다음과 같습니다.

$$(f \circ \underline{(g \circ f)^{-1}} \circ g \circ f) = f \circ \underline{f^{-1} \circ g^{-1}} \circ g \circ f = \underbrace{f \circ f^{-1}}_{I} \circ \underbrace{g^{-1} \circ g}_{I} \circ f = f$$

즉, $(f \circ (g \circ f)^{-1} \circ g \circ f)(1) = f(1)$라는 사실을 쉽게 알 수 있습니다.

$$f(x) = 2x - 1 \ \rightarrow \ f(1) = 2(1) - 1 = 1$$

따라서 두 함수 $f(x) = 2x - 1$과 $g(x) = x^2 \ (x \geq 0)$에 대하여 $(f \circ (g \circ f)^{-1} \circ g \circ f)(1)$의 값은 1이 됩니다.

역함수와 그래프

역함수는 그래프상에서 어떠한 특징을 보일까요? 다음 함수 f, g의 역함수 f^{-1}, g^{-1}의 그래프를 그려보도록 하겠습니다.

$$f(x) = 3x \qquad g(x) = \sqrt{x}$$

우선 $f(x) = 3x$와 $g(x) = \sqrt{x}$의 역함수를 각각 구해보면 다음과 같습니다. 여기서 우리는 $f(x)$, $g(x)$를 x, y의 관계식으로 만든 후, '$x = \sim$꼴'로 변형하여 독립변수가 y인 역함수 f^{-1}를 구한 다음, 다시 독립변수를 x로 전환해야 한다는 사실을 잊지 말아야겠습니다.

역함수 관계에 있는 두 함수의 그래프는 어떻게 그려질까?
어떤 함수의 그래프에서 변수 x와 y를 서로 바꾸어 그려보면?

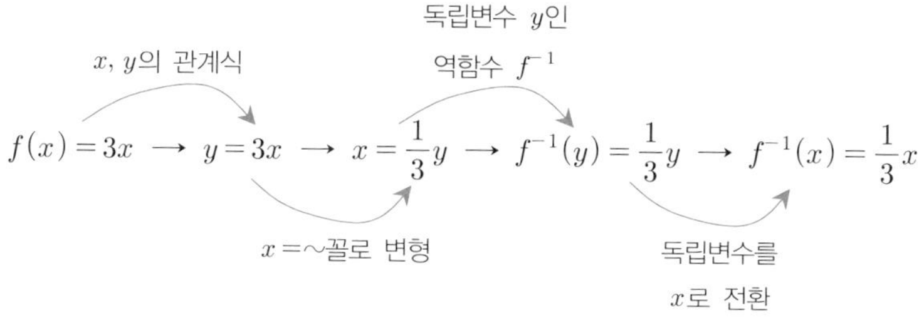

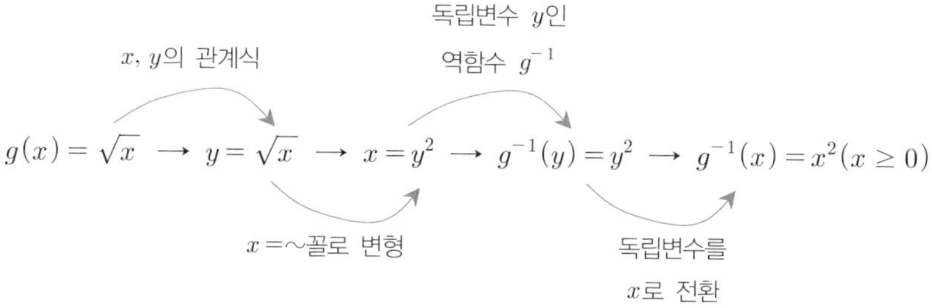

여기서 $g(x)$의 치역(≥ 0)이므로 역함수 g^{-1}의 정의역(≥ 0)이 된다는 사실에 주의해야 합니다. 그러면 함수 f, g와 역함수 f^{-1}, g^{-1}의 그래프를 그려 서로 비교해 보도록 하겠습니다.

$f(x)=3x \ \ (y=3x)$

$f^{-1}(x)=\frac{1}{3}x \ \ (y=\frac{1}{3}x)$

$g(x)=\sqrt{x} \ \ (y=\sqrt{x})$

$g^{-1}(x)=x^2 \ \ (y=x^2\ (x \geq 0))$

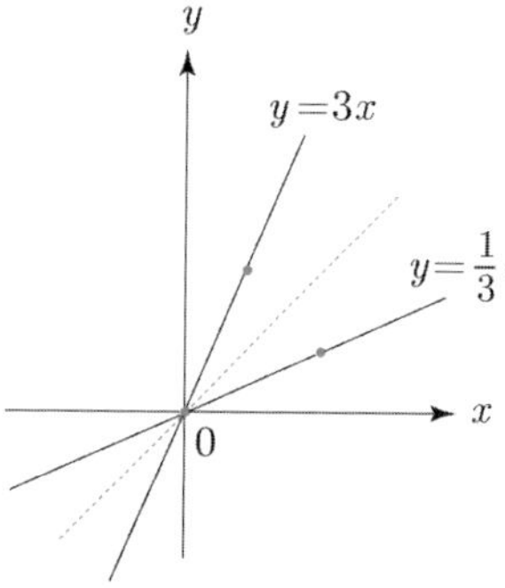

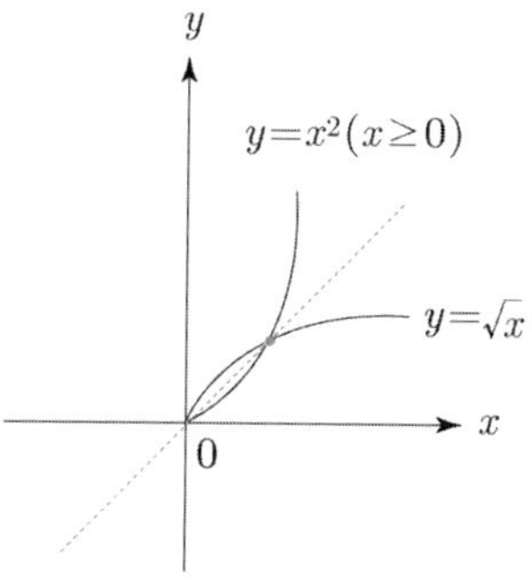

(참고로 무리함수 $y=\sqrt{x}$ 의 그래프는 뒤쪽에서 자세히 배울 테니 지금은 역함수의 그래프가 원래 함수의 그래프와 비교하여 어떻게 변화되었는지에만 초점을 맞추도록 한다)

그림에서 보는 바와 같이 역함수의 기하학적(도형적) 의미는 바로 '직선 $y=x$에 대한 대칭'입니다. 즉, 역함수를 구하는 과정은 직선 $y=x$에 대한 대칭이동과 같다는 의미죠.

직선 $y=x$에 대한 대칭이동식 : $(x,\ y) \rightarrow (y,\ x)$

다음 중 원래의 함수와 역함수가 서로 같은 함수는 무엇일까요?

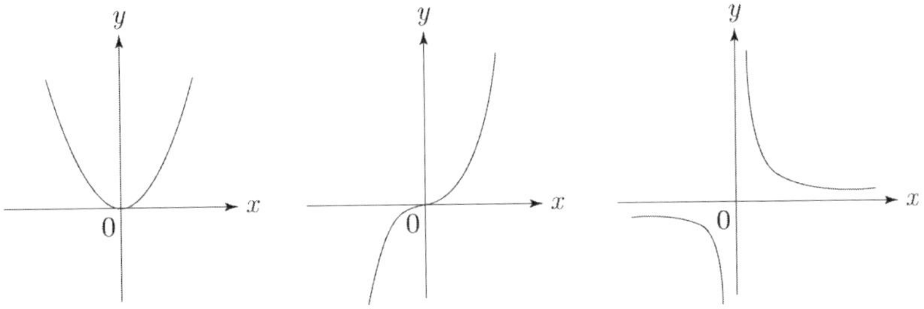

① $y=x^2$ ② $y=x^3$ ③ $y=\frac{1}{x}$

역함수의 기하학적 의미는 바로 '직선 $y=x$에 대한 대칭'입니다. 즉, 직선 $y=x$에 대칭인 함수는 역함수식과 원래의 함수식이 같게 됩니다. 따라서 원래의 함수와 역함수가 같은 함수는 ③ $y=\frac{1}{x}$이 됩니다.

개념 한눈에 보기

1. 합성함수

함수 $f: X \to Y$의 치역 Y가 또 다른 함수 $g: Y \to Z$의 정의역이 될 때 함수 $h: X \to Z$를 f, g의 합성함수라고 말한다. 합성함수 $h: X \to Z$는 '$h = g(f(x))$, $h = (g \circ f)(x)$'로 표현한다.

2. $h = g(f(x))$의 함수식 구하기

$g(x)$에서 x 대신 $f(x)$를 대입하여 합성함수 $h = g(f(x))$의 함수식을 도출한다.

3. 합성함수의 연산법칙

합성함수에 대한 교환법칙은 성립하지 않으나 결합법칙은 성립한다.

→ $f \circ g \neq g \circ f$, $(f \circ g) \circ h = f \circ (g \circ h)$

4. 항등함수 : 임의의 독립변수 x값에 대응되는 종속변수 y값이 독립변수 x값과 같은 함수 ($y = x$, $I(x) = x$)

5. 상수함수 : 함수 f의 치역의 원소가 하나뿐인 함수 ($f(x) = a$, $y = a$)

6. 역함수

함수 $f: X \to Y$가 일대일대응함수일 때 $f(x)$의 정의역(X)과 치역(Y)의 대응관계는 유지하면서 $f(x)$의 정의역이 치역이 되고 $f(x)$의 치역이 정의역이 되는 함수를 말하며, 함수 f의 역함수를 f^{-1}로 표시한다.

7. 역함수 구하기

① 함수 $f(x)$를 x, y의 관계식으로 바꾼다.

② x에 관해 정리한다. ($x = f^{-1}(y)$꼴) → 역함수의 정의

③ 독립변수를 y에서 x로 바꿔준다. ($y \to x$)

④ 역함수 f^{-1}의 정의역은 함수 f의 치역으로 한다.

8. 역함수의 성질 : $f(a) = b \Leftrightarrow f^{-1}(b) = a$

9. 역함수의 기하학적 의미

두 함수 f, g가 역함수 관계에 있을 때 두 함수의 그래프는 직선 $y = x$에 대한 대칭이다.

도출형 학습방식으로 다음 문제를 풀어보도록 하겠습니다. (개념이 잘 기억나지 않으면 앞의 내용을 찾아보길 바란다)

함수 f가 다음과 같이 정의되었을 때 물음에 답하여라.

$$f(x)\begin{cases} -x^2 \ (x>0) \\ -x\ (x<0) \end{cases}$$

① 함숫값 $(f \circ f)(2)$ ② $f \circ f$의 함수식 ③ $f^{-1}(-1)$

1단계 개념도출 문제를 풀기 위해서는 어떤 개념을 알아야 할까요?

2단계 개념설명 개념을 알고 있다면 간단히 설명해 보길 바랍니다.

3단계 문제해결 그러면 어떻게 문제를 해결할 수 있을까요?

함수 f가 다음과 같이 정의되었을 때, 물음에 답하여라.

$$f(x)\begin{cases} -x^2 \ (x>0) \\ -x\,(x<0) \end{cases}$$

① 함숫값 $(f \circ f)(2)$ ② $f \circ f$의 함수식 ③ $f^{-1}(-1)$

1단계 문제를 풀기 위해서는 어떤 개념을 알아야 할까요?

$f(x)$의 의미, 합성함수 및 역함수의 개념과 성질에 대해 알아야 한다.

2단계 개념을 알고 있다면 간단히 설명해 보길 바랍니다.

함수 $f(x)$

$f(x)$는 x의 범위에 따라 함수식이 달라지는 함수이다. 즉, 함수식을 적용할 때에는 x의 범위를 반드시 확인한 후 적용하도록 한다.

합성함수

함수 $f: X \to Y$의 치역 Y가 또 다른 함수 $g: Y \to Z$의 정의역이 될 때 함수 $h: X \to Z$를 f, g의 합성함수라고 말한다. 합성함수 $h: X \to Z$는 '$h = g(f(x))$, $h = (g \circ f)(x)$'로 표현한다.

역함수

함수 $f: X \to Y$가 일대일대응함수일 때 $f(x)$의 정의역(X)과 치역(Y)의 대응관계를 유지하면서 $f(x)$의 정의역이 치역이 되고 $f(x)$의 치역이 정의역이 되는 함수를 $f(x)$의 역함수라고 말하며, 기호로는 $y = f^{-1}(x)$로 표시한다.

역함수의 성질

$f(a) = b \iff f^{-1}(b) = a$

3단계 그러면 어떻게 문제를 해결할 수 있을까요?

① $(f \circ f)(2)$: 합성함수 $(f \circ f)(2)$는 $f(f(2))$와 같으므로 $f(2)$의 값을 구한 후 $f(x)$에 x 대신 $f(x)$의 값을 대입한다. (정의역에 주의하면서 함수식을 적용한다)

② $f \circ f$의 함수식 : 합성함수 $(f \circ f)(x)$는 $f(f(x))$와 같으므로 $f(x)$에 x 대신 $f(x)$를 대입한다.

③ $f^{-1}(-1)$: 역함수의 성질에 의해 $f^{-1}(-1)=a$는 $f(a)=1$과 같으므로 $f(a)=1$을 만족하는 a값을 구한다. (정의역에 주의하면서 함수식을 적용한다)

정답이 궁금한 학생들은 다음 정답풀이를 참고하시기 바랍니다.

주어진 $f(x)$는 x의 범위에 따라 함수식이 달라지는 함수이므로 함수식을 적용할 때 x값이 어디에 속하는지 정확히 확인해야 한다.

① $(f \circ f)(2)$: 합성함수 $(f \circ f)(2)$는 $f(f(2))$와 같으므로 함숫값 $f(2)$를 구한 다음 $f(x)$에 x 대신 $f(2)$의 값을 대입한다.

$$f(x)\begin{cases} -x^2(x>0) \\ -x(x<0) \end{cases} \rightarrow f(2) = -4 \qquad f(x)\begin{cases} -x^2(x>0) \\ -x(x<0) \end{cases} \rightarrow f(-4) = 4 \rightarrow (f \circ f)(2)$$

② $f \circ f$의 함수식 : 변수 x를 이용하면 이해하기 복잡하므로 변수 t를 함수식에 대입하여 합성함수 $(f \circ f)(x)$를 구해본다. (일단 t의 범위를 구분한다)

i) $t>0$: $f(t) = -t^2 \rightarrow f(f(t)) = f(-t^2)$ 　여기서 $-t^2<0$이므로

$f(-t^2) = -(-t^2) = t^2$ 　함수식 $f(x) = -x$ 적용

$\therefore (f \circ f)(x) = x^2(x>0)$

ii) $t<0$: $f(t) = -t \rightarrow f(f(t)) = f(-t)$ 　여기서 $-t>0$이므로

$f(-t) = -(-t)^2 = -t^2$ 　함수식 $f(x) = -x^2$ 적용

$\therefore (f \circ f)(x) = -x^2(x<0)$

③ $f^{-1}(-1)$: 역함수의 성질에 의해 $f^{-1}(-1) = a$는 $f(a) = 1$과 같으므로 $f(a) = 1$을 만족하는 a값을 구한다.

$f(x)\begin{cases} -x^2(x>0) \\ -x(x<0) \end{cases}$

$a>0$일 때 $f(a) = -a^2 = 1$ → 식을 만족하는 a값은 없다.

$a<0$일 때 $f(a) = -a = 1$ → $a = -1$

정답 위 참조

3 유리식의 연산

유리식의 정의

나눗셈의 또 다른 표현은 바로 '분수'입니다.

$$(2x+1) \div (x-1) = \frac{2x+1}{x-1}$$

$\frac{2x+1}{x-1}$과 같이 분수형태로 된 식을 **분수식**이라고 말합니다. (분수식을 이용하면, 유리식을 정의할 수 있다)

유리식

A, B를 다항식이라고 할 때, 분수 $\frac{A}{B}(B \neq 0)$꼴로 표현되는 식

※ 정수와 분수를 통칭하는 수가 유리수이듯 다항식과 분수식을 통칭하는 식을 유리식이라고 말한다.

B가 상수이면 유리식 $\frac{A}{B}$는 다항식이 됩니다. (상수 또한 다항식으로 볼 수 있다)

$$\frac{x+3}{3} = \frac{1}{3}x+1 \text{ : 다항식}$$

유리식은 모든 다항식을 포함하며 다항식이 아닌 유리식을 특히 **분수식**이라고 말합니다.

$$\frac{1}{x}, \quad \frac{x+1}{x-1}, \quad \frac{x-1}{x^2+1} \ : \text{분수식}$$

다항식을 정수, 분수식을 분수 그리고 유리식은 유리수에 비유할 수 있다.

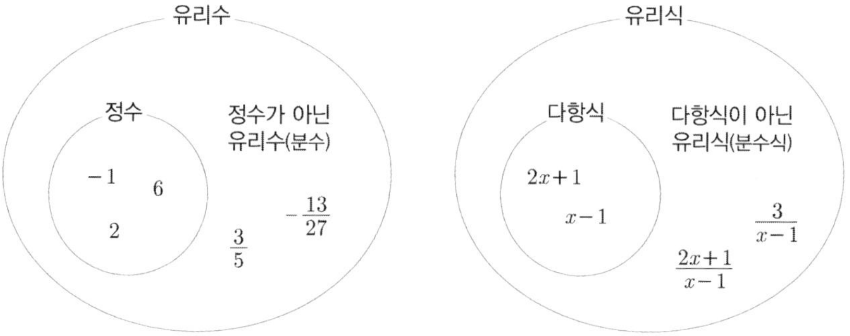

분수식의 계산

분수식도 분수의 기본성질을 이용하여 계산할 수 있습니다.

분수의 기본성질

A, B, C, D, M $(A, B, C, D, M \neq 0)$을 다항식이라고 할 때, 다음 등식이 성립한다.

① $\dfrac{A}{B} = \dfrac{A \times M}{B \times M}$ ② $\dfrac{A}{B} = \dfrac{A \div M}{B \div M}$

③ $\dfrac{A}{B}\times\dfrac{C}{D}=\dfrac{AC}{BD}$ ④ $\dfrac{A}{B}\div\dfrac{C}{D}=\dfrac{A}{B}\times\dfrac{D}{C}=\dfrac{AD}{BC}$

⑤ $\dfrac{A}{D}+\dfrac{B}{D}-\dfrac{C}{D}=\dfrac{A+B-C}{D}$ ⑥ $\dfrac{\dfrac{A}{B}}{\dfrac{C}{D}}=\dfrac{A}{B}\div\dfrac{C}{D}=\dfrac{A}{B}\times\dfrac{D}{C}=\dfrac{AD}{BC}$

익히 알고 있듯이 분수의 덧셈과 뺄셈은 **통분**이라는 방법으로, 곱셈과 나눗셈은 **약분**이라는 방법으로 계산할 수 있습니다.

통분이란 분모가 다른 둘 이상의 분수(분수식)에서 분모를 같게 만드는 것을 말합니다. (통분은 '통할 통(通)' 자를 써서 '분모를 서로 통하게 한다'는 의미의 한자어이다 → 분수의 기본성질 ⑤)

분수식을 통분하기 위해서는 먼저 분모의 최소공배수를 공통분모로 만듭니다.

$$\frac{x}{x+1}-\frac{3}{x-1}$$: 분모의 최소공배수 $(x+1)(x-1)$

각 분수식의 분모를 $(x+1)(x-1)$로 만들기 위해 분자·분모에 같은 식을 곱하면 다음과 같습니다. (→ 분수의 기본성질 ①)

$$\frac{x}{x+1}-\frac{3}{x-1}=\frac{x(x-1)}{(x+1)(x-1)}-\frac{3(x+1)}{(x+1)(x-1)}$$

$$\frac{A}{B}=\frac{A\times M}{B\times M}$$

$$\frac{x(x-1)}{(x+1)(x-1)}-\frac{3(x+1)}{(x+1)(x-1)}=\frac{x(x-1)-3(x+1)}{(x+1)(x-1)}$$

$$\frac{A}{D}+\frac{B}{D}-\frac{C}{D}=\frac{A+B-C}{D}$$

$$\frac{x(x-1)-3(x+1)}{(x+1)(x-1)}=\frac{x^2-x-3x-3}{(x+1)(x-1)}=\frac{x^2-4x-3}{(x+1)(x-1)}$$

약분이란 분모와 분자를 공통인수(공약수)로 나누어 분수를 간단하게 만드는 것을 말합니다. (약분은 '약수 약(約)', '나눌 분(分)' 자를 써서 '약수로 나눈다'는 의미의 한자어이다)

$$\frac{x}{x+1}\times\frac{3(x+1)}{x(x-1)}\rightarrow\frac{3x(x+1)}{x(x+1)(x-1)}$$

$$\frac{A}{B}\times\frac{C}{D}=\frac{AC}{BD}$$

분자, 분모의 공약수

분모, 분자에 공약수 $x(x+1)$을 나누어줍니다.

$$\frac{3x(x+1)}{x(x+1)(x-1)}=\frac{3x(x+1)\div x(x+1)}{x(x+1)(x-1)\div x(x+1)}$$

$$\frac{A}{B}=\frac{A\div M}{B\div M}$$

$$\frac{3x(x+1)\div x(x+1)}{x(x+1)(x-1)\div x(x+1)}=\frac{3}{x-1}$$

※ 일반적으로는 중간 풀이 과정 없이 바로 약분한다.

$$\frac{\cancel{x}}{\cancel{x-1}}\times\frac{3\cancel{(x-1)}}{\cancel{x}(x-1)}=\frac{3}{x-1}$$

통분과 약분을 하기 위해서는 다항식을 먼저 '곱의 꼴(인수분해)'로 만드는 것이 중요합니다.

다음 분수식을 계산해 보도록 하겠습니다.

① $\dfrac{2}{x+1}+\dfrac{x-1}{x^2+2x+1}$

$=\dfrac{2}{x+1}+\dfrac{x-1}{(x+1)^2}$ ← 분모의 인수분해

$=\dfrac{2}{x+1}+\dfrac{x-1}{(x+1)^2}=\dfrac{2(x+1)}{(x+1)^2}+\dfrac{(x-1)}{(x+1)^2}$ ← 분모의 통분

$=\dfrac{2(x+1)+(x-1)}{(x+1)^2}=\dfrac{3x+1}{x^2+2x+1}$

② $\dfrac{3x+6}{3x-6}\times\dfrac{x-2}{x^2+4x+4}$

$=\dfrac{3(x+2)}{3(x-2)}\times\dfrac{x-2}{(x+2)^2}$ ← 분자, 분모의 인수분해

$=\dfrac{\cancel{3}(\cancel{x+2})}{\cancel{3}(\cancel{x-2})}\times\dfrac{\cancel{x-2}}{(x+2)^{\cancel{2}}}=\dfrac{1}{(x+2)}$ ← 분자, 분모의 약분

③ $\frac{4}{x-3} \div \frac{x^2-1}{x^2-4x+3}$

나눗셈을 곱셈으로 $\frac{A}{B} \div \frac{C}{D} = \frac{A}{B} \times \frac{D}{C} = \frac{AD}{BC}$

$= \frac{4}{x-3} \times \frac{x^2-4x+3}{x^2-1}$

분자, 분모의 인수분해

$= \frac{4}{x-3} \times \frac{(x-3)(x-1)}{(x+1)(x-1)}$

분자, 분모의 약분

$= \frac{4}{x+1}$

유리식은 기본적으로 계산 문제가 많기 때문에 여러 유형의 문제를 풀어보아야 합니다. 특히 식의 특성을 정확히 파악하는 것이 중요한데, 식을 어떻게 변형해야 할지 또는 어떤 곱셈공식을 적용해야 할지 곰곰이 따져봐야 됩니다. (유리식에 관한 문제는 계산 스킬이 필요한 문제가 많으므로 문제를 풀고 난 후 그 특성(스킬)을 잘 이해하고 넘어가는 것이 좋다)

다음 유리식에 대한 문제를 풀어보도록 하겠습니다. (어떤 곱셈공식을 적용할지 곰곰이 생각해 보면서 각자 풀어보길 바란다. 공식이 기억나지 않을 때에는 앞의 내용을 찾아보도록 한다)

1) $x + \frac{1}{x} = 3$일 때, 다음 식의 값을 구하여라.

① $x^2 + \frac{1}{x^2}$ ② $x^3 + \frac{1}{x^3}$

2) $a+b+c=1$, $a^2+b^2+c^2=3$, $\frac{1}{a}+\frac{1}{b}+\frac{1}{c}=4$일 때 식 abc의 값은?

정답 1) ① 7 ② 18, 2) $-\frac{1}{4}$

가분수식의 계산

분수식을 계산할 때 통분의 과정을 거슬러 올라가는 경우가 있습니다. 이를 **부분분수**라고 말합니다. (부분분수에 대해서는 뒤에서 좀 더 자세히 정리하도록 하겠다)

부분분수

통분되어 있는 하나의 분수를 2개 이상의 분수로 나누는 것

$$\frac{1}{9}+\frac{1}{3} \xrightarrow{\text{통분}} \frac{1}{9}+\frac{3}{9}=\frac{1+3}{9}=\frac{4}{9}$$

$$\frac{1}{9}+\frac{1}{3} \xleftarrow{\text{부분분수}} \frac{4}{9}$$

부분분수는 **가분수식**을 계산하는 데 유용하게 쓰입니다.

가분수식

분자가 분모보다 큰 분수를 가분수라고 하듯이, 분자의 차수가 분모의 차수보다 크거나 같은 분수식을 가분수식이라고 말한다 (반대로 분자의 차수가 분모의 차수보다 작은 분수식을 진분수식이라고 한다)

$\frac{4}{5}$: 진분수 $\frac{7}{2}$: 가분수 $\frac{x}{x^2+1}$: 진분수식 $\frac{x^2}{x+1}$: 가분수식

다음 가분수식을 부분분수로 변형하여 보도록 하겠습니다. (분자의 다항식을 분모와 맞추어 상수항을 조정한다)

① $\dfrac{x}{x+1}$

$= \dfrac{(x+1)-1}{x+1} = \dfrac{x+1}{x+1} - \dfrac{1}{x+1} = 1 - \dfrac{1}{x+1}$

※ 분자, 분모의 차수가 같을 경우에는 바로 부분분수로 변형이 가능하다.

1차 이상 차이가 나는 가분수식에서는 분자를 나눗셈식으로 표현하여 부분분수로 변형합니다.

② $\dfrac{x^2+1}{x+1}$

→ $(x^2+1) \div (x+1)$: 조립제법, 항등식 등의 방법으로 나눗셈

→ 나눗셈식 : $(x^2+1) = \underline{(x+1)(x-1)+2}$

$$\frac{x^2+1}{x+1} = \frac{(x+1)(x-1)+2}{x+1} \rightarrow (x-1) + \frac{2}{x+1}$$

부분분수

다음 분수식의 계산 과정을 유심히 살펴보도록 하겠습니다.

통분

$$\frac{1}{x}-\frac{1}{x+1}=\frac{x+1}{x(x+1)}-\frac{x}{x(x+1)}=\frac{x+1-x}{x(x+1)}=\frac{1}{x(x+1)}$$

분모가 1차인 분수식 　　　　 분모가 2차인 분수식

분모가 1차인 분수식의 뺄셈 $\frac{1}{x}-\frac{1}{x+1}$을 계산한 결과, 분모가 2차인 분수식 $\frac{1}{x(x+1)}$이 되었습니다. 그렇다면 반대로 분모가 2차인 분수식을 분모가 1차인 두 분수식의 덧셈(또는 뺄셈)으로 표현할 수 있지 않을까요? (단, 분수식의 분모는 서로 약수와 배수관계에 있다)

분수식 A 　　　　 **분수식 B**

$$\frac{1}{x(x+1)} \rightarrow \frac{1}{x}-\frac{1}{x+1}$$

약수와 배수

이와 같은 분수식 B를 A의 **부분분수**라고 말합니다. 그럼 부분분수를 좀 더 명확히 정의해 보도록 하겠습니다.

부분분수

진분수식 $\dfrac{f(x)}{g(x)}$에 대하여 분모 $g(x)$가 서로소인 두 다항식 $a(x), b(x)$의 곱으로 이루어질 때, 분수 $\dfrac{c(x)}{a(x)}$, $\dfrac{d(x)}{b(x)}$를 $\dfrac{f(x)}{g(x)}$의 부분분수라고 한다. (단, $c(x)$, $d(x)$는 $a(x)$, $b(x)$보다 차수가 낮은 어떤 다항식이다)

ex) $\dfrac{1}{x(x+1)}$의 부분분수 → $\dfrac{1}{x}$, $\dfrac{1}{x+1}$

모든 진분수식은 부분분수로 변형이 가능합니다. (복잡한 분수식을 부분분수로 변형하게 되면 계산이 한결 쉬워진다)

$$\frac{1}{x(x+1)}=\frac{1}{x}-\frac{1}{x+1},\quad \frac{-5}{(2x+1)(x-2)}=\frac{2}{2x+1}-\frac{1}{x-2}$$

그럼 부분분수로 변형하는 방법을 자세히 알아보도록 하겠습니다.

부분분수 변형 방법

① 분모를 인수분해한다.

② 분모의 인수를 가지고 부분분수의 합 또는 차로 식을 나눈다.
(여기서 분자는 분모보다 1차수 낮은 미지의 다항식으로 쓰도록 한다)

③ 항등식의 성질을 이용하여, 본래의 분수식과 같게 되도록 미정계수를 찾는다.

그럼 다음 분수식을 부분분수로 변형하여 보겠습니다.

$$\frac{1}{x^2+x}$$

① 분모를 인수분해한다. → $x^2+x=x(x+1)$

② 분모의 인수를 가지고 부분분수의 합 또는 차로 식을 나눈다.

→ $\dfrac{1}{x(x+1)}=\dfrac{a}{x}+\dfrac{b}{x+1}$ (a, b는 미정계수)

※ 부분분수의 분모가 1차이므로 분자는 상수가 된다.

③ 항등식의 성질을 이용하여 본래의 분수식과 같게 되도록 미정계수를 찾는다.

$\dfrac{1}{x(x+1)}=\dfrac{a}{x}+\dfrac{b}{x+1}=\dfrac{a(x+1)+bx}{x(x+1)}$: $a=1$, $b=-1$

∴ 부분분수로 변형 : $\dfrac{1}{x^2+x}=\dfrac{1}{x}-\dfrac{1}{x+1}$

어렵지 않죠? 이번엔 좀 더 복잡한 분수식에 도전해 보겠습니다.

$$\frac{3}{2x(x-2)}$$

분모의 인수 $2x$와 $x-2$를 가지고 부분분수의 합 또는 차로 식을 나누어 봅니다.

$$\frac{3}{2x(x-2)}=\frac{a}{2x}+\frac{b}{x-2}$$ (a, b는 미정계수)

항등식의 성질을 이용하면 미정계수 a, b를 쉽게 결정할 수 있습니다.

$$\frac{a}{2x}+\frac{b}{x-2}=\frac{a(x-2)+2bx}{2x(x-2)} = \frac{3}{2x(x-2)}$$

※ 분자비교(항등식) : $a(x-2)+2bx=(a+2b)x-2a=3$

$$\to a=-\frac{3}{2},\ b=\frac{3}{4} \quad \to \quad \frac{\left(-\frac{3}{2}\right)}{2x}+\frac{\left(\frac{3}{4}\right)}{x-2}=-\frac{3}{4x}+\frac{3}{4(x-2)}$$

부분분수는 분수식의 계산을 쉽게 하는 중간 풀이 과정이므로 부분분수 자체를 어려워해서는 안 됩니다. 가능하다면 부분분수의 미정계수를 정할 때 암산으로 할 수 있도록 연습하시길 바랍니다. (항등식의 미정계수를 결정하는 방법에 익숙해지길 바란다)

번분수식

여러분은 **번분수**라는 말을 들어본 적이 있습니까?
번분수는 분자·분모 중 적어도 하나가 분수 형태로 되어 있는 복잡한 분수를 말합니다. (번분수는 '많을 번(繁)' 자를 써서, 분수가 많다는 것을 의미하는 한자어이다)

$$\frac{\frac{2}{3}}{2},\ \frac{\frac{3}{4}}{\frac{5}{6}}$$

번분수는 앞서 다루었던 분수의 기본성질 ⑥을 이용하여 계산할 수 있습니다.

분수의 기본성질⑥ : $\dfrac{\dfrac{A}{B}}{\dfrac{C}{D}}=\dfrac{A}{B}\div\dfrac{C}{D}=\dfrac{A}{B}\times\dfrac{D}{C}=\dfrac{AD}{BC}$

$$\frac{\frac{3}{4}}{\frac{5}{6}} \rightarrow \frac{3}{4}\div\frac{5}{6}=\frac{3}{4}\times\frac{6}{5} \rightarrow \frac{18}{20}$$

다음 번분수식을 계산해 보도록 하겠습니다.

$$\frac{\frac{2}{x+1}}{\frac{3}{x}} \rightarrow \frac{2}{x+1}\div\frac{3}{x}=\frac{2}{x+1}\times\frac{x}{3} \rightarrow \frac{2x}{3(x+1)}$$

그렇게 어렵진 않죠? 이번엔 좀 더 복잡한 번분수식을 계산해 볼까요?

$$\frac{\frac{2}{x}}{\frac{1}{x+1}-1}$$

우선 분모부터 차근차근 계산해 나갑니다.

$$\frac{\frac{2}{x}}{\frac{1}{x+1}-1}=\frac{\frac{2}{x}}{\frac{1}{x+1}-\frac{x+1}{x+1}}=\frac{\frac{2}{x}}{\frac{-x}{x+1}}$$

$$\rightarrow \frac{\frac{2}{x}}{\frac{-x}{x+1}}=\frac{2}{x}\div\frac{-x}{x+1}=\frac{2}{x}\times\frac{x+1}{-x}=-\frac{2(x+1)}{x^2}$$

$$\rightarrow -\frac{2(x+1)}{x^2}$$

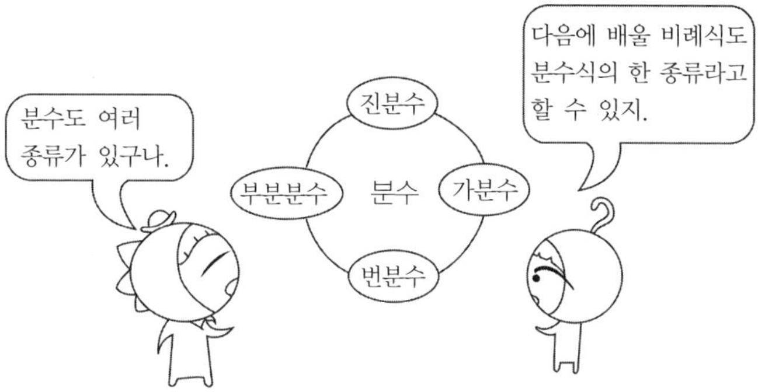

비례관계

붕어빵틀 1대로 5개의 붕어빵을 만들었다면
붕어빵틀 3대로 몇 개의 붕어빵을 만들 수 있을까요?

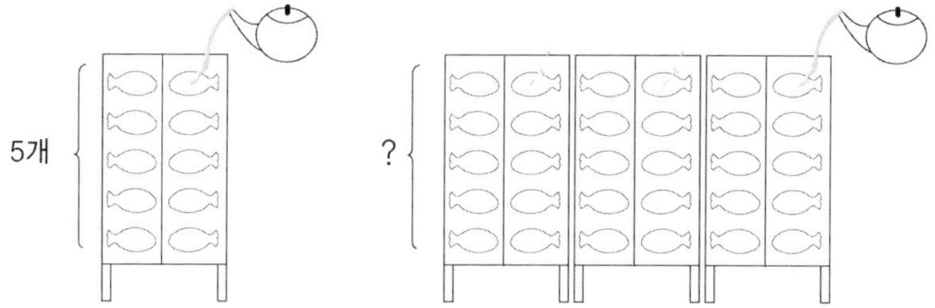

틀의 개수가 1대에서 3대로 '3배 증가'했기 때문에 만들 수 있는 붕어빵의 개수도 '3배로 증가'합니다. (즉, 붕어빵틀 3대로 만들 수 있는 붕어빵은 15개가 된다)

이렇게 함께 변화하는 두 값에 있어서 '한쪽이 2배, 3배…가 되면, 다른 한쪽도 2배, 3배…로 변화하는 두 값의 관계'를 **비례관계**라고 말합니다.

틀의 개수 : 1대 → 3대 (3배)		1 : 3 = 5 : 15	
빵의 개수 : 5개 → 15개 (3배)		(틀의 개수의 비) = (빵의 개수의 비)	

비례관계를 나타낸 식 「$a:b=c:d$」을 **비례식**이라고 말하는데, 일반적으로 비례식은 분수식으로 변형이 가능합니다.

$$a:b=c:d \Leftrightarrow \frac{a}{b}=\frac{c}{d} \quad (\text{단, } a,\ b,\ c,\ d \neq 0)$$

$$\rightarrow \frac{a}{b}=\frac{c}{d}$$

양변에 bd를 곱하면

$$\rightarrow ad=bc$$

즉, 비례식 $a:b=c:d$는 등식 $ad=bc$와 같습니다. (비례식에서 외항의 곱과 내항의 곱은 같다)

외항의 곱

$$a : b = c : d \quad \Rightarrow \quad ad=bc$$

내항의 곱

※ 비례식 $a:c=b:d$에서 '외항의 곱이 ad', '내항의 곱이 bc'가 되므로, 두 비례식 $a:b=c:d$와 $a:c=b:d$는 서로 동일한 비례식이 된다.

미지수가 포함된 비례식의 경우, 등식 $ad=bc$를 이용하면 쉽게 미지수를 구할 수 있습니다. (즉, 비례식도 등식의 일종으로 볼 수 있다)

$$3:5=x:10 \quad \rightarrow \quad 3\times 10=5\times x \quad \rightarrow \quad x=6$$

미지수가 2개(x, y)인 비례식의 경우, 어떻게 계산할 수 있을까요? 다음 미지수 x, y에 관한 비례식을 살펴보도록 하겠습니다.

$$x : y = 1 : 3$$

1개의 비례식으로 2개의 미지수를 구할 수는 없습니다. 그러나 비례관계를 이용하면 두 변수 x, y를 1개의 변수로 나타낼 수 있습니다. 여기서 2개 이상의 변수 사이의 관계를 간접적으로 나타내는 변수를 **매개변수**라고 말합니다. (매개변수는 '중매 매(媒)', '끼일 개(介)' 자를 써서 '중간에 끼어 있는 변수'를 의미하는 한자어이다)

$$x : y = 1 : 3 \quad \rightarrow \quad x = k, \ \ y = 3k \quad (x, y\text{의 매개변수 } k)$$

※ 일반적으로 $x : y = a : b$일 때, $x = ak$, $y = bk(k \neq 0)$가 된다.

실생활에서 비례관계가 있는 것들에는 뭐가 있을까?

일상생활 대부분이 비례관계야.

휘발유의 양과 가격

5배 ↓	1L에	1000원	↓ 5배
	5L는	5000원	

시간과 강수량

3배 ↓	1시간에	50mm(강수량)	↓ 3배
	3시간에	150mm(강수량)	

그럼 비례식의 성질에 대해 간단히 정리해 보고 넘어가도록 하겠습니다.
(어렵지 않으니 천천히 읽어보길 바란다)

비례식의 성질

① 비례식 $a:b=c:d$는 등식 $ad=bc$와 같다.

$$\overbrace{a : \underbrace{b = c}_{bc} : d}^{ad} \Rightarrow ad=bc$$

② $a:b=c:d$와 $a:c=b:d$는 서로 같은 비례식이다.

$$\underbrace{a : \overbrace{b = c}^{bc} : d}_{ad} \Rightarrow ad=bc \Leftarrow \underbrace{a : \overbrace{c = b}^{bc} : d}_{ad}$$

③ 상수항이 없는 두 변수의 관계식($ax+by=0$)은 비례식으로 볼 수 있다.

ex) $2x-3y=0 \rightarrow 2x=3y \rightarrow \frac{x}{3}=\frac{y}{2} \rightarrow x:3=y:2$

$\rightarrow \ x:y=3:2$

④ $x:y=a:b$는 $x=ak,\ y=bk$로 나타낼 수 있다.

비례식의 성질을 이용하여 다음 문제를 풀어보도록 하겠습니다. (어떻게 풀지 잠시 생각해 보는 시간을 가져본다)

$3x-4y=0$일 때, $(x^2+y^2):(x^2-y^2)$은 몇 대 몇일까요?

문제해결을 위한 기본설계가 끝나셨나요? 그럼 함께 풀어보도록 하겠습니다. 우선 '등식 $3x-4y=0$은 상수항이 없는 식'이므로 비례식으로 볼 수 있습니다. (x, y에 대한 비례식이 무엇인지 생각해 본다)

$$3x-4y=0 \;\rightarrow\; 3x=4y \;\rightarrow\; \frac{x}{4}=\frac{y}{3} \;\rightarrow\; x:4=y:3 \;\rightarrow x:y=4:3$$

($x=4$, $y=3$을 대입해 보면 쉽게 확인할 수 있다)

x, y를 매개변수 k로 나타내면,

$$x:y=4:3 \quad\rightarrow\quad x=4k,\; y=3k \quad (\text{단, } k\neq 0)$$

$x=4k$, $y=3k$를 비례식 $(x^2+y^2):(x^2-y^2)$에 대입하면 우리가 원하는 답을 구할 수 있습니다. (비례식은 분수식과 같으므로 $(x^2+y^2):(x^2-y^2)$을 매개변수 k로 나타낸 후 양변을 k로 약분한다)

$$(x^2+y^2):(x^2-y^2)=\{(4k)^2+(3k)^2\}:\{(4k)^2-(3k)^2\}=25k^2:7k^2$$

➡ $25:7$

※ 사실 $x:y=4:3$이므로 $x=4$, $y=3$을 비례식 $(x^2+y^2):(x^2-y^2)$에 직접 대입하여 답을 찾을 수도 있다.

$$(x^2+y^2):(x^2-y^2) \quad\rightarrow\quad (4^2+3^2):(4^2-3^2)=25:7$$

가비의 리

일반적으로 비례식은 분수식으로 바꾸어 계산합니다.

$$1:2=2:4 \quad\rightarrow\quad \frac{1}{2}=\frac{2}{4}$$

분수식의 양변은 모두 '분모가 분자의 2배수'가 되는 분수로 이루어져 있습니다. 그럼 분자는 분자끼리, 분모는 분모끼리 각각 더해보면 어떻게 될까요?

$$\frac{1}{2}=\frac{2}{4}\ \text{2배} \rightarrow \frac{1+2}{2+4}=\frac{3}{6}\ \text{2배}$$

그 결과 역시 '분모가 분자의 2배수'인 분수가 됩니다. 이런 규칙이 모든 비례식에도 적용될까요?

$$4:9=8:18=12:27=16:36$$
$$\rightarrow \frac{4}{9}=\frac{8}{18}=\frac{12}{27}=\frac{16}{36} \rightarrow \frac{4+8+12+16}{9+18+27+36}=\frac{40}{90} \rightarrow \frac{40}{90}=\frac{4}{9}$$

비례식의 각 항을 더하여도 그 비례관계가 유지되는 성질을 **가비의 리**(加比의 理)라고 말합니다. 가비의 리는 '더할 가(加)', '비교할 비(比)' 자를 써서 '비를 더한다'는 것을 의미하는 한자어입니다.

가비의 리

임의의 비례식에서 왼쪽 항의 합과 오른쪽 항의 합 역시 동일한 비를 갖는다. (단, $A+B+C\neq 0$)

$$a:A=b:B=c:C \text{ 일 때,}$$
$$a:A=b:B=c:C = (a+b+c):(A+B+C)$$

분수식으로 표현하면 다음과 같다.

$$\frac{a}{A}=\frac{b}{B}=\frac{c}{C}\text{일 때,}\quad \frac{a}{A}=\frac{b}{B}=\frac{c}{C}=\frac{a+b+c}{A+B+C}$$

매개변수 k를 이용하여 가비의 리를 증명해 보도록 하겠습니다.

$\dfrac{a}{A}=\dfrac{b}{B}=\dfrac{c}{C}=k$라고 하면, $a=kA$, $b=kB$, $c=kC$가 성립한다.

$a=kA$, $b=kB$, $c=kC$를 $\dfrac{a+b+c}{A+B+C}$에 대입하면,

$$\frac{k(A+B+C)}{A+B+C}=k \quad \therefore \frac{a}{A}=\frac{b}{B}=\frac{c}{C}=\frac{a+b+c}{A+B+C}$$

(단, $A+B+C\neq 0$)

일반적인 비례식 문제에서는 매개변수를 잘 활용하는 것이 중요합니다. 예를 들어 a, b, c를 매개변수 k로 나타내면 a, b, c의 비($a: b: c$)를 쉽게 구할 수 있습니다.

$$a=3k,\ b=4k,\ c=7k \ \rightarrow \ a:b:c=3:4:7$$

가비의 리 활용

가비의 리를 활용하여 다음 문제를 풀어보도록 하겠습니다. (어떻게 풀지 잠시 생각해 보도록 한다)

$\dfrac{x+y}{2}=\dfrac{y+z}{3}=\dfrac{z+x}{7}$일 때, $x:y:z$의 비를 구하여라.

문제해결을 위한 기본설계가 끝나셨나요? 그럼 함께 풀어보도록 하겠습니다. 먼저 $\frac{x+y}{2}=\frac{y+z}{3}=\frac{z+x}{7}$에 가비의 리를 적용하면 다음과 같습니다. (분모는 분모끼리, 분자는 분자끼리 모두 더한다)

$$\frac{x+y}{2}=\frac{y+z}{3}=\frac{z+x}{7}=\frac{2(x+y+z)}{12}=\frac{x+y+z}{6}$$

x, y, z의 비를 구하기 위해서는 변수 x, y, z를 매개변수 k로 표현하는 것이 중요합니다. (분수식 $\frac{x+y+z}{6}$의 값을 k로 놓게 되면 x, y, z를 k로 나타낼 수 있다)

$$\frac{x+y}{2}=\frac{y+z}{3}=\frac{z+x}{7}=\frac{x+y+z}{6}=k$$

→ $\frac{x+y}{2}=k,\ \frac{y+z}{3}=k,\ \frac{z+x}{7}=k,\ \frac{x+y+z}{6}=k$

→ $x+y=2k,\ y+z=3k,\ z+x=7k,\ x+y+z=6k$ ············①

①식을 정리하면,

$$x+y+z=6k \rightarrow 2k+z=6k \Rightarrow z=4k$$

$x+y=2k$

$$x+y+z=6k \rightarrow 3k+x=6k \Rightarrow x=3k$$

$y+z=3k$

$$x+y+z=6k \rightarrow 7k+y=6k \Rightarrow y=-k$$

$x+z=7k$

따라서 $x:y:z$의 비는 $3k:(-k):4k$, 즉 $3:(-1):4$가 됩니다.

일상생활에서 볼 수 있는 비례관계는 무엇이 있을까?

비례대표제(比例代表制)는 정당의 득표율에 비례하여 당선자 수를 결정하는 선거제도이다. 우리나라 국회의원의 의석수는 총 300석이며, 이중 비례대표제 의석수는 54석이다.

2012년 정당별 득표율에 따른 의석수는 다음과 같다.

비례대표제 득표율(54석)

- 새누리당 : 42.8%(25석)
- 민주통합당 : 36.5%(21석)
- 통합진보당 : 10.3%(6석)
- 자유선진당 : 3.2%(2석)

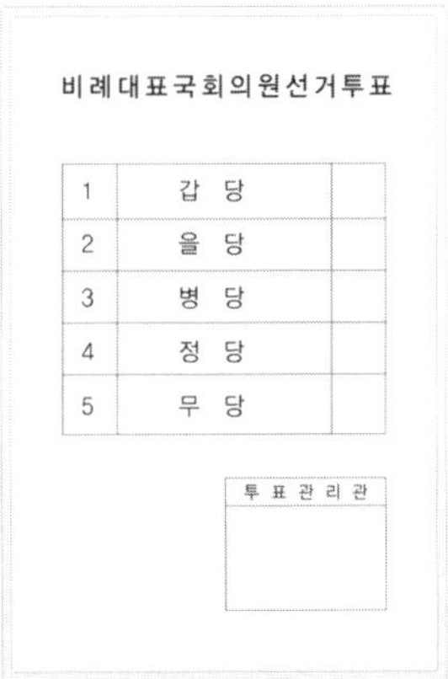

대한민국의 국회의원 총선거 :
비례대표(전국구)국회의원 선출 투표용지

개념 한눈에 보기

1. **유리식** : A, B를 다항식이라고 할 때, 분수 $\frac{A}{B}(B \neq 0)$꼴로 표현되는 식

2. **통분** : 분모가 다른 둘 이상의 분수에서 분모를 서로 같게 만드는 것

3. **약분** : 분자와 분모를 공통인수(약수)로 나누어서 분수를 간단히 만드는 것

4. **가분수식** : 분자의 차수가 분모의 차수보다 크거나 같은 분수식

5. **부분분수** : 진분수식 $\frac{f(x)}{a(x)b(x)}$의 분모의 인수를 분모로 하는 분수 $\frac{c(x)}{a(x)}$와 $\frac{d(x)}{b(x)}$

   ※ 단, $c(x), d(x)$는 $a(x), b(x)$보다 차수가 낮은 어떤 다항식이다.

6. **번분수** : 분자, 분모 중 적어도 하나가 분수인 복잡한 분수

7. **비례관계** : 함께 변화하는 두 값에 있어서 한쪽이 2배, 3배…가 되면 다른 한쪽도 2배, 3배…로 되는 두 값의 관계. 비례관계를 나타낸 식 「$a:b=c:d$」를 비례식이라고 말한다.

   ① $a:b=c:d \Leftrightarrow \frac{a}{b}=\frac{c}{d}$ ② $x:y=a:b \Leftrightarrow x=ak,\ y=bk$

8. **비례식의 특징**

   ① $a:b=c:d$는 등식 $ad=bc$와 같다.

   ② $a:b=c:d$와 $a:c=b:d$는 동일한 비례식이다.

   ③ $x:y=a:b$는 $bx=ay(bx-ay=0)$와 같다. 즉, 상수항이 없는 두 변수의 관계식은 비례식으로 볼 수 있다.

   ④ $x:y=a:b$는 $x=ak,\ y=bk$로 나타낼 수 있다.

9. **가비의 리** : 임의의 비례식에서 왼쪽 항의 합과 오른쪽 항의 합 역시 동일한 비를 갖는다는 원리

   $a:A=b:B=c:C$일 때,
   $a:A=b:B=c:C\ =\ (a+b+c):(A+B+C)$이다.

   분수식으로 표현하면,
   $\frac{a}{A}=\frac{b}{B}=\frac{c}{C}=\frac{a+b+c}{A+B+C}$ 이다. (단, $A+B+C \neq 0$)

도출형 학습방식을 이용하여 다음 문제를 풀어보겠습니다. (개념이 잘 기억나지 않으면 앞의 내용을 찾아보길 바란다)

다음 등식을 만족시키는 자연수 x, y, z를 구하여라.

① $16x-8y-z=0$ ② $22x-6y-3z=0$ ③ $x^2+y^2+z^2=7400$

1단계 개념도출 문제를 풀기 위해서는 어떤 개념을 알아야 할까요?

2단계 개념설명 개념을 알고 있다면 간단히 설명해 보길 바랍니다.

3단계 문제해결 그럼 어떻게 문제를 해결할 수 있을까요?

다음 등식을 만족시키는 자연수 x, y, z를 구하여라.

① $16x-8y-z=0$ ② $22x-6y-3z=0$ ③ $x^2+y^2+z^2=7400$

1단계 문제를 풀기 위해서는 어떤 개념을 알아야 할까요?

비례식의 특징에 대해 알아야 한다.

2단계 개념을 알고 있다면 간단히 설명해 보길 바랍니다.

비례식의 특징

① $a:b=c:d$는 등식 $ad=bc$와 같다.

② $a:b=c:d$와 $a:c=b:d$는 동일한 비례식이다.

③ $x:y=a:b$는 $bx=ay(bx-ay=0)$와 같다. 즉, 상수항이 없는 두 변수의 관계식은 비례식으로 볼 수 있다.

ex) $2x-3y=0 \rightarrow 2x=3y \rightarrow \frac{x}{3}=\frac{y}{2} \rightarrow x:y=3:2$

④ $x:y=a:b$는 $x=ak$, $y=bk$로 나타낼 수 있다.

3단계 그럼 어떻게 문제를 해결할 수 있을까요?

미지수가 x, y, z 3개이고, 주어진 식도 3개인 연립방정식임에도 식을 연립하여 풀기란 상당히 어려워 보인다. 그러나 주어진 식 ①, ②를 유심히 살펴보면 상수항이 없다는 것을 쉽게 알 수 있을 것이다. 이는 비례식으로 볼 수 있으므로 세 변수를 매개변수 k로 나타낼 수 있음을 의미한다. 따라서 세 변수 x, y, z를 매개변수 k로 나타낸 후 ③식을 적용하면 어렵지 않게 자연수 x, y, z를 구할 수 있을 것이다.

정답이 궁금한 학생들은 다음 정답풀이를 참고하시기 바랍니다.

주어진 식 $16x-8y-z=0$, $22x-6y-3z=0$은 상수항이 없으므로, x, y, z의 비례식으로 볼 수 있다. 식을 정리하여 세 변수 x, y, z를 매개변수 k로 나타내 보면,

① 식×3 − ②식

① $16x-8y-z=0$

② $22x-6y-3z=0$

$$\begin{array}{r} 48x-24y-3z=0 \\ -\ \ 22x-6y-3z=0 \\ \hline 26x-18y=0 \end{array}$$

$26x-18y=0 \rightarrow 13x-9y=0$

$\downarrow$

$13x=9y$

$\downarrow$

$x:y=9:13$

$\downarrow$

$x=9k,\ y=13k$

① 식에 대입하여 z를 구하면

$x=9k,\ y=13k,\ z=40k$

세 수 x, y, z를 매개변수 k로 나타낸 식을 ③식에 대입해 보자.

$$x=9k,\ y=13k,\ z=40k$$

$$\rightarrow\ \underline{x^2=81k^2,\ y=169k^2,\ z=1600k^2}$$

$$x^2+y^2+z^2=7400$$

$$\rightarrow\ (81+169+1600)k^2=7400$$

$$\rightarrow\ 1850k^2=7400 \quad \therefore k=\pm 2$$

문제에서 세 수 x, y, z가 자연수라고 했으므로, $k=2$가 될 것이다.
따라서 $k=2$일 때 x, y, z는 각각 18, 26, 80이 된다.

정답 $x=18$, $y=26$, $z=80$

4 무리식의 연산

제곱근

우선 유리수와 무리수에 대한 개념을 다시 한 번 짚고 넘어가도록 하겠습니다.

- 유리수 : 두 정수 a, $b(b \neq 0)$를 사용하여 $\frac{a}{b}$의 꼴로 표현되는 수
- 무리수 : 유리수가 아닌 실수로서, $\frac{a}{b}$의 꼴로 표현할 수 없는 수

무리수는 '0.414236…'과 같이 소수점 이하 숫자 배열에 규칙성이 없는 무한소수(비순환소수)를 말합니다.

$$\sqrt{2} = 1.414213\cdots \qquad \sqrt{3} = 1.732050\cdots \qquad \pi = 3.1415926\cdots$$

'밑변과 높이가 1인 직각삼각형의 빗변의 길이'를 $\sqrt{2}$로 쓰기 시작하면서부터 무리수의 개념이 등장하였습니다. (여기서 제곱근의 개념이 도입된다)

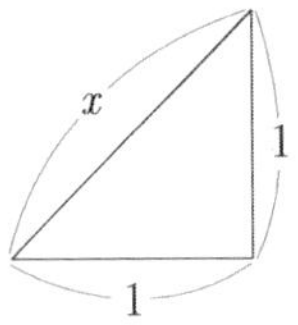

피타고라스 정리에 의해
밑변과 높이가 1인 삼각형의 빗변의 길이 x

$$x^2 = 1^2 + 1^2 = 2 \rightarrow x = \sqrt{2}$$

$\sqrt{2}$는 제곱하여 2가 되는 수

제곱근

어떤 수 x를 제곱하여 양수 a가 되었을 때, x를 a의 제곱근이라고 말하고 양의 제곱근을 $\sqrt{a}$, 음의 제곱근을 $-\sqrt{a}$로 나타낸다.

$$x^2 = 2 \quad \rightarrow \quad x = \pm\sqrt{2} \quad : \pm\sqrt{2}\text{는 2의 제곱근}$$

※ 제곱근으로 모든 무리수를 표현할 수는 없다.
단지 무리수의 일부를 확인할 수 있을 뿐이다.

$\sqrt{a}$와 $-\sqrt{a}$를 '제곱해서 a가 되는 수'라고 정의했으므로 다음과 같은 등식이 성립합니다.

$$(\sqrt{a})^2 = a \qquad (-\sqrt{a})^2 = a$$

$\sqrt{2}$: 제곱해서 2가 되는 수 → $(\sqrt{2})^2 = 2$

$-\sqrt{5}$: 제곱해서 5가 되는 수 → $(-\sqrt{5})^2 = 5$

제곱근의 정의에 의해 $(\sqrt{a})^2$은 a가 됩니다. 그럼 $\sqrt{a^2}$의 값은 무엇일까요? (식 $\sqrt{a}^2$과 $\sqrt{a^2}$은 엄연히 다르다)

$$\sqrt{a^2} = a \ ?$$

별다른 의심 없이 '$\sqrt{a^2} = a$'라고 생각할 수도 있습니다. $\sqrt{a^2}$이 a가 된다는 것은 도대체 어떻게 도출된 계산 규칙일까요? 과연 맞는 풀이법이기는 할까요?

제곱근의 정의를 이용하여 $\sqrt{a^2}$의 값을 찾아보도록 하겠습니다. (내용이 난해하므로 천천히 이해하면서 읽기를 바란다)

우선 $\sqrt{a^2}$의 값을 미지수 x라고 놓습니다. (단, $a \neq 0$라고 하자)

$$\sqrt{a^2} = x$$

※ 근호 $\sqrt{\ }$ 자체는 양의 값이므로 x는 양수이다. ($x > 0$)

식 $\sqrt{a^2} = x$의 양변을 제곱하면,

$\sqrt{a^2} = x$

→ $(\sqrt{a^2})^2 = x^2$

→ $a^2 = x^2$

($(\sqrt{a^2})^2 = a^2$ ← $\sqrt{a^2}$: 제곱해서 a^2이 되는 수)

→ $x^2 - a^2 = 0$

→ $(x+a)(x-a) = 0$ (인수분해)

→ $x = a$ or $-a$

$x>0$라고 했으므로 '$a>0$이면 $x=a$'가 되고, '$a<0$이면 $x=-a$'가 됩니다.

$$x\text{의 값}\begin{cases}\text{i}\ )\ a>0,\ x=a\\ \text{ii}\ )\ a<0,\ x=-a\end{cases}$$

다시 처음으로 돌아와서, $\sqrt{a^2}=x$라고 했으므로 $\sqrt{a^2}$의 값은 다음과 같습니다.

$$\sqrt{a^2}\text{의 값}\begin{cases}\text{i}\ )\ a>0,\ \sqrt{a^2}=a\\ \text{ii}\ )\ a<0,\ \sqrt{a^2}=-a\end{cases}$$

당연히 $\sqrt{a^2}=a$인 줄 알았는데, 그게 아니죠?

식의 의미는 다르지만 $\sqrt{a^2}$과 $|a|$의 계산 결과는 동일합니다. ($\sqrt{a^2}=|a|$: $a\geq 0$일 때 a가 되며, $a<0$일 때 $-a$가 된다)

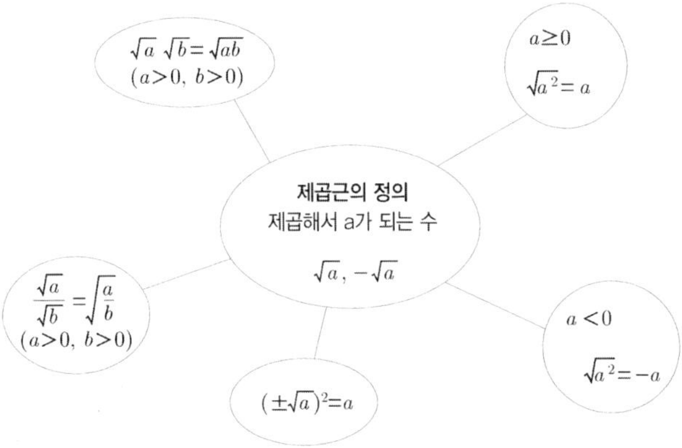

제곱근의 확장

제곱근을 세제곱, 네제곱 등 n제곱까지 확장할 수도 있습니다.

a의 n제곱근

'$x^n=a$'를 만족시키는 x값을 a의 n제곱근이라 한다.

※ $n=2$일 경우를 그냥 제곱근이라고 말한다.

a의 n제곱근은 n이 짝수일 때와 홀수일 때 다르게 적용됩니다. (n이 짝수일 때는 $n=2$를 대입해 보면 쉽게 이해할 수 있을 것이다 : $\sqrt[2]{a}=\sqrt{a}$)

① n이 짝수일 때,

i) $a>0$이면, a의 n제곱근은 양, 음 2개가 존재하며 그중 양인 것을 $\sqrt[n]{a}$, 음인 것을 $-\sqrt[n]{a}$로 나타낸다. (a의 n제곱근$=\pm\sqrt[n]{a}$)

ex) 2의 제곱근 : $\pm\sqrt[2]{2}$ → 제곱하면 2가 되는 수

2의 네제곱근 : $\pm\sqrt[4]{2}$ → 네제곱하면 2가 되는 수

ⅱ) $a<0$이면 a의 n제곱근은 실수가 아니다. ($\sqrt[2]{-2}\ \neq$ 실수)

ⅲ) $a=0$이면 a의 n제곱근은 0이 된다. ($\sqrt[n]{0}=0,\ \sqrt{0}=0$)

ⅳ) $\sqrt[n]{a^n}$과 $(\sqrt[n]{a})^n$의 값

$$(\pm\sqrt[n]{a})^n=a,\quad \sqrt[n]{a^n}\begin{cases} a>0: \sqrt[n]{a^n}=a & \sqrt[2]{2^2}=2 \\ a<0: \sqrt[n]{a^n}=-a & \sqrt[2]{(-2)^2}=-(-2)=2 \end{cases}$$

② n이 홀수일 때,

ⅰ) a의 n제곱근은 $\sqrt[n]{a}$가 된다.

ex) 2의 세제곱근 : $\sqrt[3]{2}$ → 세제곱하면 2가 되는 수

−2의 세제곱근 : $\sqrt[3]{-2}$ → 세제곱하면 −2가 되는 수

ⅱ) $a=0$이면 a의 n제곱근은 0이 된다.

ⅲ) $\sqrt[n]{a^n}$과 $(\sqrt[n]{a})^n$의 값

$(\pm\sqrt[n]{a})^n=\pm a,\ \sqrt[n]{a^n}=a$

ex) $(\sqrt[3]{2})^3=2,\ (-\sqrt[3]{2})^3=-2,\ \sqrt[3]{2^3}=2,\ \sqrt[3]{(-2)^3}=-2$

ⅳ) $\sqrt[n]{(-a)^n}=\sqrt[n]{-a^n}=-\sqrt[n]{a^n}$

ex) $\sqrt[3]{(-2)^3}=\sqrt[3]{-2^3}=-\sqrt[3]{2^3}$

※ a의 n제곱근 $\sqrt[n]{a}$에서 근호의 왼쪽 어깨숫자 n을 **근지수**라고 말한다.
($n=2$인 제곱근의 경우는 근지수를 생략한다)

다음 식의 값을 구해보도록 하겠습니다. (어떻게 풀지 잠시 생각해 보는 시간을 가져본다)

a가 실수일 때 다음 식의 값을 구하여라.

$$\sqrt[3]{a^3}+\sqrt[4]{(-a)^4}-\sqrt[5]{-a^5}$$

문제해결을 위한 기본설계가 끝나셨나요? 그럼 함께 풀어보도록 하겠습니다. 우선 n이 짝수일 때 $a \geq 0$, $a < 0$에 따라 $\sqrt[n]{a^n}$의 값이 달라지므로 a를 양과 음으로 분류하여 계산해 보면 다음과 같습니다. (짝수 제곱근에 대해서만 신경 쓰면 된다)

ⅰ) $a \geq 0$일 때,

$$\sqrt[3]{a^3} + \sqrt[4]{(-a)^4} - \sqrt[5]{-a^5}$$
$$= a - (-a) - (-a) = 3a$$

ⅱ) $a < 0$일 때,

$$\sqrt[3]{a^3} + \sqrt[4]{(-a)^4} - \sqrt[5]{-a^5}$$
$$= a + (-a) - (-a) = a$$

제곱근의 정의를 이용하면, 'a의 n제곱근'을 지수로 표현할 수 있습니다. (지수법칙 $(a^n)^m = a^{n \times m}$을 이용한다)

$\sqrt[n]{a}$를 n제곱하면 a가 된다. : $(\sqrt[n]{a})^n = a$

$a^{\frac{1}{n}}$꼴로 나타내면, $\left(a^{\frac{1}{n}}\right)^n = a^{\frac{1}{n} \times n} = a$

$\sqrt[n]{a} = a^{\frac{1}{n}}$

※ 제곱근을 지수로 표현하면, 지수를 유리수로 확장할 수 있다.
(지수에 대해서는 뒤쪽에서 자세히 배울 것이다)

제곱근의 계산 (1)

제곱근에 관한 문제는 제곱근의 기본원리에 충실하면 크게 어려울 것이 없습니다.

제곱근의 기본원리

① 제곱해서 a가 되는 수 : $\sqrt{a}$, $-\sqrt{a}$ (제곱근의 정의)

$\rightarrow (\sqrt{a})^2 = a, \quad (-\sqrt{a})^2 = a$

② $\sqrt{a^2}$의 계산방법

i) $a \geq 0$, $\sqrt{a^2} = a$

ii) $a < 0$, $\sqrt{a^2} = -a$

③ 근호의 제한범위

$\sqrt{a}$에서 $a \geq 0$ (근호 안의 수는 0보다 크거나 같은 수)

$\sqrt{a} = x$에서 $x \geq 0$ (근호($\sqrt{\ }$) 자체는 양의 값을 갖는다)

근호 안에 문자가 들어 있을 때 많이들 어려워하는데, 다음과 같이 생각을 전환해 보면 어떨까요?

무리식 $x=\sqrt{y-1}$에서 변수 x, y의 범위는 어떻게 될까요? 일단 근호 안의 값이 양수이므로(또는 0) 쉽게 y값의 범위를 정할 수 있습니다.

$$y-1 \ge 0 \quad \rightarrow \quad y \ge 1$$

또한 근호($\sqrt{\ }$) 자체는 근호 앞의 부호에 따라 양과 음의 값이 결정되므로, x는 양의 값(또는 0)을 갖게 됩니다.

$$(\sqrt{\ }) \ge 0 \rightarrow \sqrt{y-1} \ge 0,\ x=\sqrt{y-1} \ge 0 \rightarrow x \ge 0$$

따라서 무리식 $x=\sqrt{y-1}$의 변수 x, y의 범위는 $x \ge 0$, $y \ge 1$가 됩니다.

$\sqrt{a^2}$ 이 나오면 절댓값 $|a|$를 떠올리시길 바랍니다. (계산 실수를 줄일 수 있다)

$\sqrt{a^2}$ 와 $|a|$의 비교

① $a \ge 0$: $\sqrt{a^2} = a$, $|a| = a$
② $a < 0$: $\sqrt{a^2} = -a$, $|a| = -a$
➡ $\sqrt{a^2} = |a|$

제곱근과 관련하여 다음 문제를 풀어보도록 하겠습니다. (어떻게 풀지 잠시 생각해 보는 시간을 가져본다)

다음 식에서 실수 x값을 구하여라.

$$\sqrt{x^2 - 4x + 4} = 5$$

문제해결을 위한 기본설계가 끝나셨나요? 그럼 함께 풀어보도록 하겠습니다. 우선 근호 안의 값을 인수분해하면 다음과 같습니다.

$$\sqrt{x^2 - 4x + 4} = \sqrt{(x-2)^2}$$

$\sqrt{a^2} = |a|$와 같으므로

$$\sqrt{(x-2)^2} = |x-2| = 5$$

절댓값 안의 값에 대한 범위를 나눈 후 방정식 $|x-2| = 5$를 풀어보면 다음과 같습니다.

ⅰ) $x - 2 \geq 0$, 즉 $x \geq 2$일 때 $|x-2| = (x-2)$이므로
$x - 2 = 5 \quad \therefore x = 7$

ⅱ) $x - 2 < 0$, 즉 $x < 2$일 때 $|x-2| = -(x-2)$이므로
$-(x-2) = 5 \quad \therefore x = -3$

따라서 $\sqrt{x^2 - 4x + 4} = 5$를 만족하는 x는 −3, 7입니다.

제곱근의 계산 (2)

제곱근의 곱셈은 어떻게 계산될까요?

$$\sqrt{2} \times \sqrt{3} = \sqrt{6} \ ?$$

$\sqrt{a} \times \sqrt{b}$에 대한 계산법칙을 도출해 보도록 하겠습니다. ($\sqrt{a} \times \sqrt{b} = x$ $(x > 0)$라고 놓고 x값을 구해본다)

$$\sqrt{a}\times\sqrt{b}=x$$

양변제곱

$$\rightarrow (\sqrt{a}\times\sqrt{b})^2=x^2$$

$$\rightarrow \sqrt{a}\times\sqrt{b}\times\sqrt{a}\times\sqrt{b}=x^2$$

곱셈의 교환법칙

$$\rightarrow \sqrt{a}\times\sqrt{a}\times\sqrt{b}\times\sqrt{b}=x^2$$

$$\rightarrow (\sqrt{a})^2\times(\sqrt{b})^2=x^2$$

제곱근의 정의 $(\sqrt{a})^2=a$

$$\rightarrow a\times b=x^2$$

$$\rightarrow ab=x^2$$

제곱해서 ab가 되는 수 : $\pm\sqrt{ab}$

$$\rightarrow x=\sqrt{ab}\,(x>0)$$

$$\therefore \sqrt{a}\times\sqrt{b}=\sqrt{ab}$$

당연한 것으로 여겨졌던 제곱근의 곱셈규칙 '$\sqrt{a}\times\sqrt{b}=\sqrt{ab}$'가 제곱근의 정의로부터 도출되었다는 사실을 확인할 수 있습니다. (즉, 'a, b의 제곱근의 곱'은 두 수 'a, b의 곱의 제곱근'과 같다)

$$\sqrt{a}\times\sqrt{b}=\sqrt{ab}$$

$$\sqrt{2}\times\sqrt{3}=\sqrt{2\times3}=\sqrt{6}$$

※ 역으로 생각하면 하나의 근호를 2개로 분리할 수도 있다.

$$\sqrt{6}=\sqrt{2\times3}=\sqrt{2}\times\sqrt{3}$$

제곱근의 나눗셈(분수)도 마찬가지입니다.

$$\frac{\sqrt{b}}{\sqrt{a}}\Leftrightarrow\sqrt{\frac{b}{a}},\quad \frac{\sqrt{2}}{\sqrt{3}}=\sqrt{\frac{2}{3}}$$

일반적인 제곱근의 계산법칙(곱셈과 나눗셈)을 정리해 보면 다음과 같습니다.

제곱근의 계산법칙 $(a,\ b>0)$

① $\sqrt{a}\sqrt{b}=\sqrt{ab}$　　② $\dfrac{\sqrt{a}}{\sqrt{b}}=\sqrt{\dfrac{a}{b}}$

분모의 유리화

분모에 무리식이 있을 때, 어떻게 풀어야 할까요?

분수의 계산이 어려운 이유는 바로 '분모'가 있기 때문입니다. (분모에 무리식이 있을 경우 더더욱 그렇다)

분모의 무리식을 유리식으로 만들면 계산이 한결 편해집니다. 이것을 **분모의 유리화**라고 말합니다. (분모의 유리화는 중학교 때, 무리수의 계산에서 다루어본 적이 있을 것이다)

분모를 유리화하기 위해서는 먼저 근호를 풀어주는 작업이 필요합니다. (근호를 풀 때 제곱근의 정의를 이용한다)

제곱근 $\sqrt{a}$: 제곱하면 a가 되는 수 → $(\sqrt{a})^2 = a$

$\dfrac{1}{\sqrt{2}}$의 분모를 유리수로 만들어보겠습니다. (우선 분모의 제곱을 유도하기 위해서 분자, 분모에 $\sqrt{2}$를 곱한다)

$$\frac{1}{\sqrt{2}} \times \frac{\sqrt{2}}{\sqrt{2}} = \frac{\sqrt{2}}{(\sqrt{2})^2} = \frac{\sqrt{2}}{2}$$

분모의 유리화

이번에는 $\dfrac{1}{1+\sqrt{2}}$의 분모를 유리수로 만들어보겠습니다. (분모의 $\sqrt{2}$의 제곱을 유도하기 위해서 분자, 분모에 $1-\sqrt{2}$를 곱한다)

$$\rightarrow \frac{1}{1+\sqrt{2}} \times \frac{1-\sqrt{2}}{1-\sqrt{2}} = \frac{1-\sqrt{2}}{1^2-(\sqrt{2})^2} = \frac{1-\sqrt{2}}{-1}$$

$$= -1+\sqrt{2}$$

분모의 유리화

※ 곱셈공식 $(a+b)(a-b) = a^2 - b^2$ 활용

좀 더 복잡한 형태인 $\dfrac{-1+\sqrt{2}}{\sqrt{3}-\sqrt{2}}$의 분모를 유리화해 보도록 하겠습니다. (분모의 $\sqrt{3}$, $\sqrt{2}$의 각각의 제곱을 유도하기 위해서 분자, 분모에 $\sqrt{3}+\sqrt{2}$를 곱한다)

$$\frac{-1+\sqrt{2}}{\sqrt{3}-\sqrt{2}} \times \frac{\sqrt{3}+\sqrt{2}}{\sqrt{3}+\sqrt{2}} = \frac{(-1+\sqrt{2})(\sqrt{3}+\sqrt{2})}{(\sqrt{3})^2-(\sqrt{2})^2}$$

$$= \frac{(-1+\sqrt{2})(\sqrt{3}+\sqrt{2})}{1} = 2-\sqrt{2}-\sqrt{3}+\sqrt{6}$$

분모의 유리화는 단순계산이므로 시간을 두고 천천히 연습하시길 바랍니다.

이번에는 분모의 무리식을 '유리식'으로 만들어보도록 하겠습니다. (분자, 분모에 같은 식을 곱해 무리식의 제곱을 유도한다)

$$\frac{1}{\sqrt{x+1}} = \frac{1}{\sqrt{x+1}} \times \frac{\sqrt{x+1}}{\sqrt{x+1}} = \frac{\sqrt{x+1}}{x+1}$$

분모가 '무리식에서 유리식'으로 바뀌었습니다. 그런데 처음 식 $\frac{1}{\sqrt{x+1}}$보다 더 복잡해 보인다고요? 그렇지 않습니다. 실제 분수식을 계산하게 되면 분모가 유리화된 식 $\frac{\sqrt{x+1}}{x+1}$이 더 간단하다는 것을 알 수 있을 것입니다.

좀 더 복잡한 형태인 $\frac{1}{\sqrt{x}-\sqrt{y}}$의 분모를 유리식으로 만들어보도록 하겠습니다. (분모 $\sqrt{x}$, $\sqrt{y}$의 제곱을 유도하기 위해서 분자, 분모에 $\sqrt{x}+\sqrt{y}$를 곱한다)

$$\frac{1}{\sqrt{x}-\sqrt{y}} \rightarrow \frac{1}{\sqrt{x}-\sqrt{y}} = \frac{1}{\sqrt{x}-\sqrt{y}} \times \frac{\sqrt{x}+\sqrt{y}}{\sqrt{x}+\sqrt{y}} = \frac{\sqrt{x}+\sqrt{y}}{x-y}$$

※ 곱셈공식 $(a+b)(a-b)=a^2-b^2$을 활용

다음 무리식에 관한 문제를 풀어보도록 하겠습니다. (어떻게 풀지 잠시 생각해 보는 시간을 가져본다)

$x=\dfrac{1+\sqrt{3}}{2}$, $y=\dfrac{1-\sqrt{3}}{2}$ 일 때, x^2+y^2의 값은?

문제해결을 위한 기본설계가 끝나셨나요? 그럼 함께 풀어보도록 하겠습니다. 우선 x^2+y^2을 보면, 곱셈공식(변형식) $x^2+y^2=(x+y)^2-2xy$가 생각날 것입니다.

$$x^2+y^2=(x+y)^2-2xy$$

주어진 변수 x, y를 가지고 $x+y$(합)와 xy(곱)의 값을 구하면, 쉽게 x^2+y^2의 값을 구할 수 있습니다.

$$x+y=\frac{1+\sqrt{3}}{2}+\frac{1-\sqrt{3}}{2}=1,\quad xy=\left(\frac{1+\sqrt{3}}{2}\right)\left(\frac{1-\sqrt{3}}{2}\right)=-\frac{1}{2}$$

$$\rightarrow \quad x^2+y^2=(x+y)^2-2xy=1^2-2\left(-\frac{1}{2}\right)=2$$

이중근호

'근호 안에 근호'가 들어 있는 경우도 있을까요?

근호 안의 값이 양의 실수(또는 0)이기만 하면 근호 안의 수가 무리수가 되어도 전혀 상관없습니다. 이처럼 근호 안에 또 다른 무리수가 들어 있는 경우를 **이중근호**라고 말합니다.

$$\sqrt{3+2\sqrt{2}}$$

그렇다면 이중근호는 어떻게 풀 수 있을까요?
기본적인 제곱근의 계산 법칙인 $\sqrt{a^2}=a\ (a \geq 0)$, $\sqrt{a^2}=-a\ (a<0)$를 이용하면 어렵지 않게 이중근호를 풀 수 있습니다. (즉, 근호 안의 수를 완전제곱식으로 변형해 본다)

$$\sqrt{3+2\sqrt{2}}$$

근호 안의 수 $3+2\sqrt{2}$를 완전제곱꼴 $a^2+2ab+b^2=(a+b)^2$으로 변형하면 제곱근 풀이법을 적용할 수 있습니다.

$$3+2\sqrt{2}$$

$$a^2+2ab+b^2 \;:\; 2+2\sqrt{2}+1$$

$$\rightarrow a^2+2ab+b^2 \;:\; (\sqrt{2})^2+2\sqrt{2}+(\sqrt{1})^2$$

$$\rightarrow (a+b)^2 : (\sqrt{2}+\sqrt{1})^2$$

$$\sqrt{3+2\sqrt{2}} = \sqrt{(\sqrt{2}+\sqrt{1})^2} = \sqrt{2}+\sqrt{1}$$

다음 이중근호의 풀이 과정을 잘 분석해 보면 이중근호 $\sqrt{p+2\sqrt{q}}$ 에 대한 일반적인 풀이법을 도출해 낼 수 있습니다.

$$\begin{aligned} &\sqrt{3+2\sqrt{2}} \\ =&\sqrt{2+1+2\sqrt{2}} \\ =&\sqrt{(\sqrt{2})^2+(\sqrt{1})^2+2\sqrt{2}\cdot\sqrt{1}} \\ =&\sqrt{(\sqrt{2}+\sqrt{1})^2} \\ =&\sqrt{2}+\sqrt{1} \end{aligned}$$

$$\begin{aligned} &\sqrt{p+2\sqrt{q}} \quad (p=x+y,\ q=xy) \\ =&\sqrt{(x+y)+2\sqrt{xy}} \\ =&\sqrt{(\sqrt{x})^2+(\sqrt{y})^2+2\sqrt{xy}} \\ =&\sqrt{(\sqrt{x}+\sqrt{y})^2} \\ =&\sqrt{x}+\sqrt{y} \end{aligned}$$

즉, 이중근호 $\sqrt{p+2\sqrt{q}}$ 에서 $p=x+y$, $q=xy$를 만족하는 x, y값만 찾으면 쉽게 이중근호를 풀 수 있다는 것을 알 수 있습니다.

이중근호 $\sqrt{p \pm 2\sqrt{q}}$ 풀이법

① $p = x + y,\ q = xy$를 만족하는 x, y를 찾는다. (단, $x > y$)

② $\sqrt{p \pm 2\sqrt{q}}$에 x, y를 대입하여 완전제곱식 $\sqrt{(\sqrt{x} \pm \sqrt{y})^2}$으로 인수분해한다.

③ $\sqrt{(\sqrt{x} \pm \sqrt{y})^2} \rightarrow \sqrt{x} \pm \sqrt{y}$로 변형한다.

(주의사항 : $\sqrt{A} > 0$이므로 $\sqrt{x} - \sqrt{y} > 0$이어야 한다)

$$\sqrt{p \pm 2\sqrt{q}} \quad ➡ \quad \sqrt{x} \pm \sqrt{y}$$

$$p = x + y$$

$$q = xy$$

다음 이중근호를 풀어보도록 하겠습니다.

$$\sqrt{5 + 2\sqrt{6}}\ ,\quad \sqrt{5 - 2\sqrt{6}}$$

$5 = x + y,\ 6 = xy$를 만족하는 x, y를 찾으면 다음과 같습니다.

$(x = 3,\ y = 2)$

$$\sqrt{5 + 2\sqrt{6}} = \sqrt{3} + \sqrt{2} \qquad \sqrt{5 - 2\sqrt{6}} = \sqrt{3} - \sqrt{2}$$

간단하죠? 그럼 맞는지 직접 확인해 보도록 하겠습니다. (근호 안의 수를 완전제곱식으로 만들어본다)

$$\sqrt{5+2\sqrt{6}} = \sqrt{3+2\sqrt{6}+2} = \sqrt{(\sqrt{3}+\sqrt{2})^2} = \sqrt{3}+\sqrt{2}$$

$$\begin{aligned}&3+2\sqrt{6}+2\\&=(\sqrt{3})^2+2\sqrt{3}\cdot\sqrt{2}+(\sqrt{2})^2\\&=(\sqrt{3}+\sqrt{2})^2\end{aligned}$$

참고로 $\sqrt{p\pm2\sqrt{q}}$ 가 아닌 $\sqrt{a\pm\sqrt{b}}$ 꼴의 이중근호는 분수의 성질을 이용하여 풀 수 있습니다.

$$\sqrt{2+\sqrt{3}} = \sqrt{\frac{2(2+\sqrt{3})}{2}} = \frac{\sqrt{4+2\sqrt{3}}}{\sqrt{2}} = \frac{\sqrt{3}+1}{\sqrt{2}}$$

$$\sqrt{4+2\sqrt{3}} \rightarrow \sqrt{3}+1$$
$$4=3+1,\ 3=3\times1$$

이중근호를 풀 때에는 그 결과값이 양수가 되는지 반드시 확인해야 합니다.

$\sqrt{5-2\sqrt{6}} \rightarrow$ ~~$\sqrt{2}-\sqrt{3}<0$~~ $\quad \sqrt{3}-\sqrt{2}>0$

※ 이중근호는 그 풀이에 한계가 있으므로 고등학교 과정에서는 풀이가 가능한 이중근호만 다루고 있다. 즉, $\sqrt{p\pm2\sqrt{q}}$ 에서 $p=x+y$, $q=xy$를 만족하는 x, y(x, y는 유리수)가 없는 경우는 다루지 않는다.

이중근호와 관련하여 다음 문제를 풀어보도록 하겠습니다. (어떻게 풀지 잠시 생각해 보는 시간을 가져본다)

$x=\frac{1}{4}$ **일 때, 식** $\sqrt{2+2\sqrt{1-x^2}}-\sqrt{2-2\sqrt{1-x^2}}$ **의 값을 구하여라.**

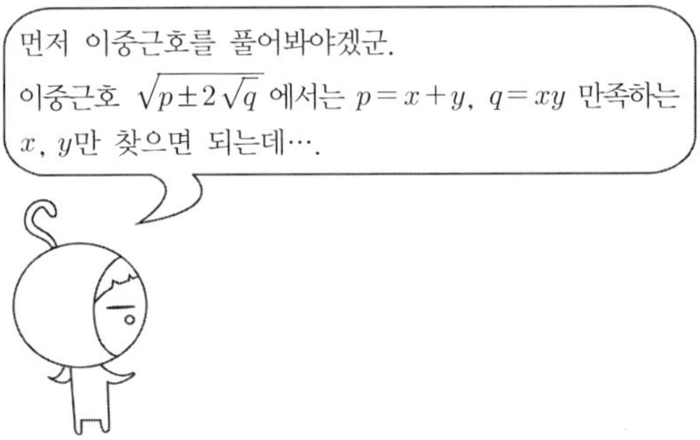

문제해결을 위한 기본설계가 끝나셨나요? 그럼 함께 풀어보도록 하겠습니다. 우선 이중근호를 풀어보면 다음과 같습니다. (먼저 근호 안의 값을 인수분해해 본다)

$$\sqrt{2+2\sqrt{1-x^2}}-\sqrt{2-2\sqrt{1-x^2}}$$
$$=\sqrt{2+2\sqrt{(1+x)(1-x)}}-\sqrt{2-2\sqrt{(1+x)(1-x)}}$$

이중근호 풀이법을 적용하여 이중근호를 푼 다음 무리식을 계산해 보면,

$\sqrt{2+2\sqrt{(1+x)(1-x)}}$, (2: 합, $(1+x)(1-x)$: 곱) $\quad \sqrt{2-2\sqrt{(1+x)(1-x)}}$ (2: 합, $(1+x)(1-x)$: 곱)

$=\sqrt{1+x}+\sqrt{1-x} \qquad =\sqrt{1+x}-\sqrt{1-x}$

> 이중근호
> $\sqrt{p\pm2\sqrt{q}}$
> $=\sqrt{x}\pm\sqrt{y}$
> $p=x+y$, $q=xy$
> 만족하는 x, y

$$\sqrt{2+2\sqrt{1-x^2}}-\sqrt{2-2\sqrt{1-x^2}}$$
$$=(\sqrt{1+x}+\sqrt{1-x})-(\sqrt{1+x}-\sqrt{1-x})=2\sqrt{1-x}$$

$x=\frac{1}{4}$이므로 $2\sqrt{1-x}$에 대입하면 답을 구할 수 있다.

$$2\sqrt{1-x}=2\sqrt{\frac{3}{4}}=\sqrt{3}$$

무리수 상등

앞서 복소수 상등의 원리에 대해 배운 적이 있습니다.

복소수 상등의 원리

두 복소수 $a+bi$와 $c+di$가 같기 위해서는 실수부와 허수부의 값이 각각 같아야 한다. (실수와 허수의 덧셈(뺄셈)이 성립되지 않는다)

$$a+bi=c+di \quad \Leftrightarrow \quad a=c,\ b=d$$

실수와 허수처럼 무리수와 유리수도 덧셈이 성립되지 않기 때문에 다음과 같이 무리수 상등의 원리를 도출해 낼 수 있습니다.

무리수 상등의 원리

a, b, c, d가 유리수일 때, $a+b\sqrt{m}$과 $c+d\sqrt{m}$ ($\sqrt{m}$은 무리수)이 같기 위해서는 '$a=c,\ b=d$'이어야 한다.

$$a+b\sqrt{m}=c+d\sqrt{m} \quad \Leftrightarrow \quad a=c,\ b=d$$

※ 참고로 $a+b\sqrt{m}=0$일 경우, $a=b=0$이 된다.

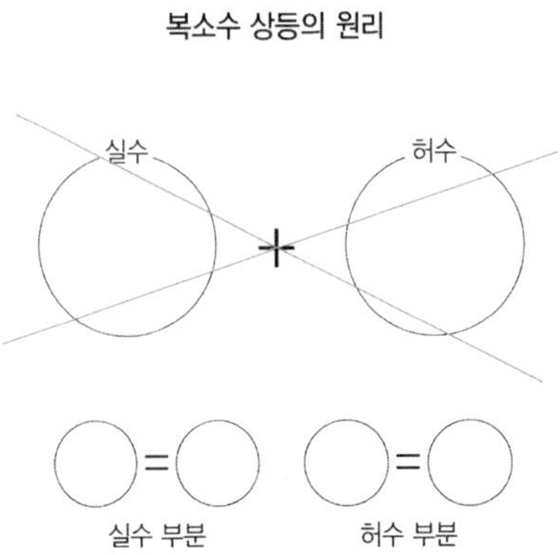

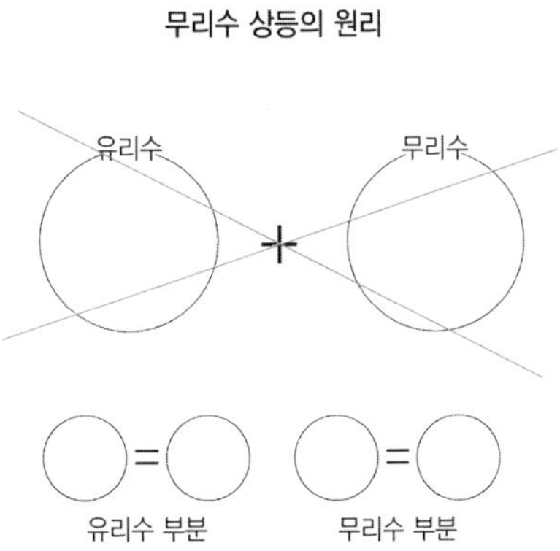

무리수 상등의 원리를 이용하면 1개의 무리식을 가지고도 2개의 미정계수(유리수)를 구할 수 있습니다. 그럼 무리수 상등과 관련하여 다음 문제를 풀어보도록 하겠습니다. (어떻게 풀지 잠시 생각해 보는 시간을 가져본다)

다음 식을 만족하는 유리수 a, b의 값을 구하여라.

$$a+b\sqrt{3}-1+2b-3\sqrt{3}=0$$

문제해결을 위한 기본설계가 끝나셨나요? 그럼 함께 풀어보도록 하겠습니다. 우선 $\sqrt{3}$을 기준으로 유리수는 유리수끼리, 무리수는 무리수끼리 묶어보면 다음과 같습니다.

$$a+b\sqrt{3}-1+2b-3\sqrt{3}=0 \quad \rightarrow \quad a-1+2b+(b-3)\sqrt{3}=0$$

a, b가 유리수이므로 무리수 상등의 원리를 적용하면, a, b의 연립방정식을 도출할 수 있습니다. (a, b의 연립방정식을 도출하면 a, b의 값을 구할 수 있다)

$$\underbrace{a-1+2b}_{=0}+\underbrace{(b-3)}_{=0}\sqrt{3}=0 \quad \Leftrightarrow \quad (a-1+2b)=0,\ b-3=0$$

$$\therefore\ a=-5,\ b=3$$

개념 한눈에 보기

1. **무리수** : 유리수가 아닌 실수로서, $\frac{a}{b}$의 꼴(a, b는 정수)로 나타낼 수 없는 수

2. **a의 제곱근** : 제곱하여 a가 되는 수 (양의 제곱근 $\sqrt{a}$, 음의 제곱근 $-\sqrt{a}$)

3. **제곱근의 계산법칙** $(a, b > 0)$

   ① $(\sqrt{a})^2 = a$ ② $\sqrt{a}\sqrt{b} = \sqrt{ab}$ ③ $\frac{\sqrt{a}}{\sqrt{b}} = \sqrt{\frac{a}{b}}$

   ※ $\sqrt{a^2}$ $\begin{cases} a \geq 0 : \sqrt{a^2} = a \\ a < 0 : \sqrt{a^2} = -a \end{cases}$

4. **분모의 유리화** : 분모를 유리수로 만드는 것

5. **분모의 실수화** : 분모를 실수로 만드는 것

   ※ 곱셈공식 활용 $(a+b)(a-b) = a^2 - b^2$

6. **이중근호** : 근호 안에 또 다른 무리수(무리식)가 들어 있는 수

7. **이중근호 $\sqrt{p \pm 2\sqrt{q}}$ 풀이법**

   ① $p = x + y$, $q = xy$를 만족하는 x, y를 찾는다.

   ② $\sqrt{p \pm 2\sqrt{q}}$에 x, y를 대입하여 완전제곱식 $\sqrt{(\sqrt{x} \pm \sqrt{y})^2}$으로 인수분해

   ③ $\sqrt{(\sqrt{x} \pm \sqrt{y})^2} \rightarrow \sqrt{x} \pm \sqrt{y}$로 변형한다.

   ※ 주의사항 : $\sqrt{A} > 0$이므로 $\sqrt{x} - \sqrt{y} > 0$이어야 한다.

8. **무리수 상등의 원리**

   a, b, c, d가 유리수이고, $\sqrt{m}$이 무리수일 때,

   $a + b\sqrt{m} = c + d\sqrt{m} \Rightarrow a = c, \ b = d$

   ※ 참고로 $a + b\sqrt{m} = 0$일 경우, $a = b = 0$이 된다.

도출형 학습방식을 이용하여 다음 문제를 풀어보겠습니다. (개념이 잘 기억 나지 않으면 앞의 내용을 찾아보길 바란다)

$\| x \|$ 를 다음과 같이 정의할 때,

$$\| x \| = \sqrt{2x - 2\sqrt{x^2 - 1}}$$

$\| 1 \| + \| 2 \| + \cdots + \| 5 \|$ 의 값을 구하여라. (단, $x \geq 1$이다)

1 단계 **개념도출** 문제를 풀기 위해서는 어떤 개념을 알아야 할까요?

2 단계 **개념설명** 개념을 알고 있다면 간단히 설명해 보길 바랍니다.

3 단계 **문제해결** 그럼 어떻게 문제를 해결할 수 있을까요?

$\| x \|$ 를 다음과 같이 정의할 때,

$$\| x \| = \sqrt{2x - 2\sqrt{x^2 - 1}}$$

$\| 1 \| + \| 2 \| + \cdots + \| 5 \|$ 의 값을 구하여라. (단, $x \geq 1$이다)

1단계

문제를 풀기 위해서는 어떤 개념을 알아야 할까요?

새로운 연산 $\| x \|$, 이중근호의 정의와 이중근호 풀이법에 대해 알아야 한다.

2단계

개념을 알고 있다면 간단히 설명해 보길 바랍니다.

새로운 연산 $\| x \|$

새로운 연산 $\| x \|$ 는 이중근호를 나타낸다.

$\| x \| = \sqrt{2x - 2\sqrt{x^2 - 1}}$

이중근호의 정의

근호 안에 또 다른 무리수가 들어 있는 수 ex) $\sqrt{1 + \sqrt{2}}$

이중근호 $\sqrt{p \pm 2\sqrt{q}}$ 풀이법

① $p = x + y$, $q = xy$를 만족하는 x, y를 찾는다.

② $\sqrt{p \pm 2\sqrt{q}}$ 에 x, y를 대입하여 완전제곱식 $\sqrt{(\sqrt{x} \pm \sqrt{y})^2}$ 으로 인수분해한다.

③ $\sqrt{(\sqrt{x} \pm \sqrt{y})^2}$ → $\sqrt{x} \pm \sqrt{y}$로 변형한다.

※ 주의사항 : $\sqrt{A} > 0$이므로 $\sqrt{x} - \sqrt{y} > 0$이어야 한다.

3단계 그럼 어떻게 문제를 해결할 수 있을까요?

새로운 연산 $\| x \|$ 는 이중근호를 나타내는 연산이므로, 근호 안의 식을 인수분해하여 이중근호를 푼 다음 구하고자 하는 식 $\| 1 \| + \| 2 \| + \cdots + \| 5 \|$ 의 값을 구해본다.

정답이 궁금한 학생들은 다음 정답풀이를 참고하시기 바랍니다.

새로운 연산 $\| x \| = \sqrt{2x - 2\sqrt{x^2 - 1}}$ 이 이중근호를 나타낸다는 것을 쉽게 알 수 있다.

$\| 1 \| = \sqrt{2 - 2\sqrt{0}}$, $\| 2 \| = \sqrt{4 - 2\sqrt{3}}$, $\| 3 \| = \sqrt{6 - 2\sqrt{8}}$ $\cdots$

그럼 이중근호 풀이법($\sqrt{p \pm 2\sqrt{q}}$)을 적용하여, $\sqrt{2x - 2\sqrt{x^2 - 1}}$ 을 계산해 보자. (먼저 근호 안의 식 $x^2 - 1$을 인수분해한다)

$$\| x \| = \sqrt{2x - 2\sqrt{x^2 - 1}} = \sqrt{2x - 2\sqrt{(x+1)(x-1)}}$$

① $p = a + b$, $q = ab$를 만족하는 a, b를 찾는다.
→ $a = x + 1$, $b = x - 1$

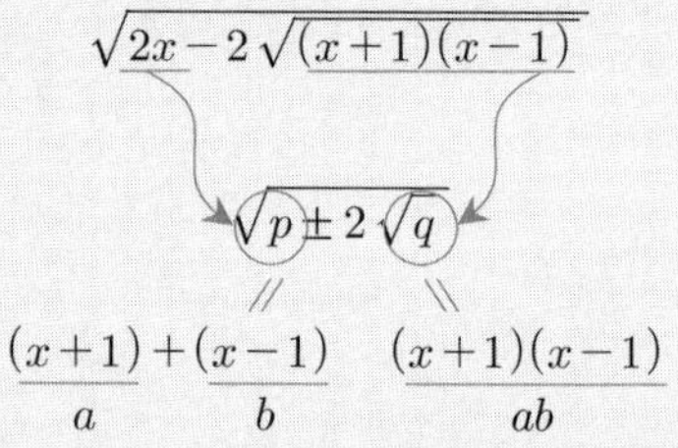

② 이중근호 풀이법에 의해 $\sqrt{2x - 2\sqrt{(x+1)(x-1)}}$ 을 간단히 한다.

$$\sqrt{2x - 2\sqrt{(x+1)(x-1)}} \quad \rightarrow \quad \sqrt{x+1} - \sqrt{x-1}$$

따라서 새로운 연산은 $\| x \| = \sqrt{x+1} - \sqrt{x-1}$ 로 변형할 수 있다.
구하고자 하는 식 $\| 1 \| + \| 2 \| + \cdots + \| 5 \|$ 의 값을 구하면 다음과 같다.

$$\begin{aligned} & \| 1 \| + \| 2 \| + \cdots + \| 5 \| \\ & = (\sqrt{1+1} - \sqrt{1-1}) + (\sqrt{2+1} - \sqrt{2-1}) + \cdots \\ & = (\sqrt{2} - \sqrt{0}) + (\sqrt{3} - \sqrt{1}) + (\sqrt{4} - \sqrt{2}) + (\sqrt{5} - \sqrt{3}) + (\sqrt{6} - \sqrt{4}) \\ & = -\sqrt{1} + \sqrt{5} + \sqrt{6} \\ & = \sqrt{5} + \sqrt{6} - 1 \end{aligned}$$

정답 $\sqrt{5} + \sqrt{6} - 1$

5 유리, 무리함수

유리함수의 정의

유리함수라는 단어를 보면 앞에서 배운 유리식이 떠오를 것입니다.

유리식

A, B가 다항식일 때, $\frac{A}{B}(B \neq 0)$꼴로 표현할 수 있는 식을 유리식이라고 말한다. 특히 $B=$(상수항)일 경우, 유리식 $\frac{A}{(\text{상수항})}$를 다항식이라고 하며, 다항식이 아닌 유리식을 분수식이라고 말한다.

다항식 : $x+1$, x^2+2x-1, $x^3-1 \cdots$
분수식 : $\frac{1}{x}$, $\frac{x-1}{2x+1}$, $\frac{x}{x^2+1} \cdots$
} 유리식

유리함수

함수식 $f(x)$가 유리식인 함수를 유리함수라고 말하며 다음과 같이 분류된다.

$$\left.\begin{array}{l} ① \ f(x)\text{가 다항식일 경우, } f(x)=x^2+x+1 \rightarrow \text{다항함수} \\ ② \ f(x)\text{가 분수식일 경우, } f(x)=\dfrac{1}{x+1} \rightarrow \text{분수함수} \end{array}\right\}\text{유리함수}$$

여기서는 기본적인 분수함수에 대해서만 배우도록 하겠습니다.

분수함수의 그래프(기본형)

분수함수의 기본형 $y=\dfrac{k}{x}$부터 살펴보도록 하겠습니다. 분수함수 $y=\dfrac{k}{x}$의 그래프는 어떠한 형태로 그려질까요? 일단 k값의 부호를 달리하여 함수의 그래프를 그려보겠습니다.

$$① \ y=\frac{1}{x} \qquad ② \ y=-\frac{1}{x}$$

처음 접하는 함수를 그릴 때에는 함수식을 만족하는 순서쌍 (x, y)를 찾아 좌표평면에 하나씩 찍어보는 거 아시죠?

① $y=\dfrac{1}{x}$

$\rightarrow (-3, -\frac{1}{3}), (-2, -\frac{1}{2}), (-1, -1), (1, 1), (2, \frac{1}{2}), (3, \frac{1}{3})\cdots$

② $y=-\frac{1}{x}$

$\rightarrow (-3, \frac{1}{3}), (-2, \frac{1}{2}), (-1,1), (1,-1), (2,-\frac{1}{2}), (3,-\frac{1}{3})\cdots$

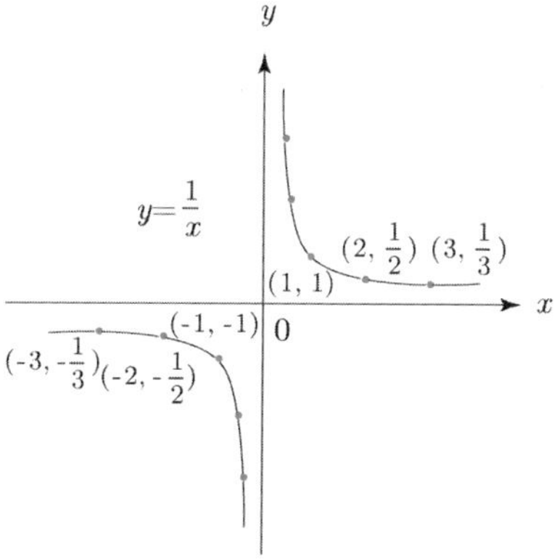

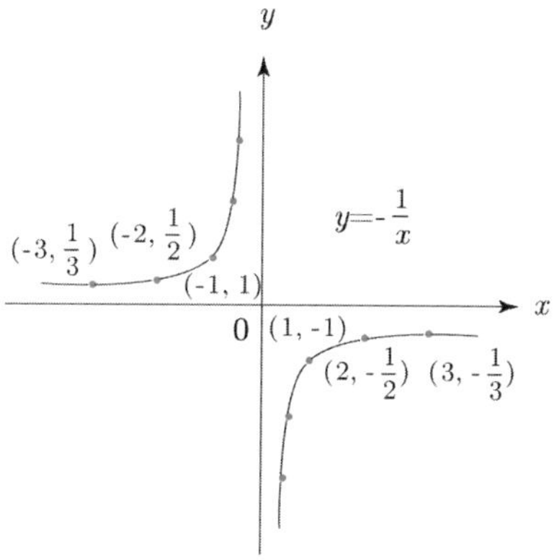

분수함수 $y=\frac{k}{x}$의 그래프는 k값의 부호에 따라 2개의 사분면에서 쌍곡선으로 그려집니다. ($k>0$: 1, 3사분면, $k<0$: 2, 4사분면)

이번에는 k값의 크기를 변화시켜 분수함수 $y=\frac{k}{x}$의 그래프를 그려보도록 하겠습니다.

③ $y=\frac{2}{x}$　　④ $y=-\frac{2}{x}$

함수식을 만족하는 순서쌍 (x, y)를 찾아 좌표평면에 찍어보면 다음과 같습니다.

③ $y = \frac{2}{x}$

$\rightarrow (-3, -\frac{2}{3}), (-2, -1), (-1, -2), (1, 2), (2, 1), (3, \frac{2}{3})\cdots$

④ $y = -\frac{2}{x}$

$\rightarrow (-3, \frac{2}{3}), (-2, 1), (-1, 2), (1, -2), (2, -1), (3, -\frac{2}{3})\cdots$

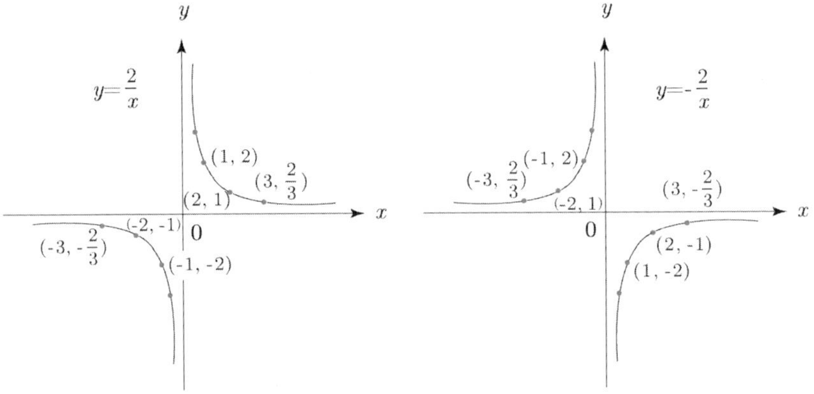

그래프의 순서쌍의 위치를 잘 살펴보면 $|k|$가 크면 클수록 분수함수 $y = \frac{k}{x}$의 그래프는 x축, y축에서 멀어진다는 것을 알 수 있습니다. 여기서 분수함수 $y = \frac{k}{x}\,(k \neq 0)$에 대해 정리해 보면 다음과 같습니다. 그래프를 보면서 천천히 읽어보시길 바랍니다.

① 정의역$=\{x \mid x \neq 0$ 인 실수$\}$, 치역$=\{y \mid y \neq 0$ 인 실수$\}$

(정의역 : (분모)$\neq 0 \rightarrow x \neq 0$, 치역 : $k \neq 0 \rightarrow \frac{k}{x} \neq 0 \rightarrow y \neq 0$)

② 원점과 직선 $y = x$에 대칭인 직각 쌍곡선

③ 점근선 : x축, y축 (점근선 : 어떤 그래프가 점점 접근하는 선)

→ 분모가 0이 되는 x값, 분수식이 0이 될 때 y값이 점근선의 방정식이 된다.

④ $k > 0$이면 그래프는 제1사분면과 제3사분면에 존재하고 $k < 0$이면 그래프는

제2사분면과 제4사분면에 존재한다.

⑤ $|k|$가 크면 클수록 함수의 그래프는 점근선 x축, y축에서 멀어진다.

⑥ 일대일함수이다.

⑦ x, y는 서로 반비례관계이다.

분수식과 마찬가지로 분수함수의 가장 큰 특징(제한)은 분모가 0이 될 수 없다는 것입니다. 일반적으로 분모를 0으로 하는 x값을 제외하는 것이 보통입니다. 참고로 **반비례 관계**란 함께 변화하는 두 값이 있을 때 한쪽 값을 2배, 3배… 하면 그 값에 대응하는 다른 쪽 값이 $\frac{1}{2}$배, $\frac{1}{3}$배…로 되는 관계를 말합니다.

분수함수의 그래프(표준형)

도형의 평행이동을 이용하여 분수함수를 확장해 보도록 하겠습니다.

평행이동식 : $(x, y) \rightarrow (x+m, y+n)$

→ x축의 방향으로 m만큼 y축의 방향으로 n만큼 평행이동

x축의 방향으로 m만큼, y축의 방향으로 n만큼 평행이동한 함수는 $y=f(x)$에 x 대신 $x-m$을, y 대신 $y-n$을 대입한 함수 $y=f(x-m, y-n)$입니다.

$$\left.\begin{array}{l} x\text{축의 방향으로 } m\text{만큼 } x \rightarrow (x-m) \\ y\text{축의 방향으로 } n\text{만큼 } y \rightarrow (y-n) \end{array}\right\} y=f(x) \rightarrow y-n=f(x-m)$$

분수함수 $y=\frac{k}{x}$를 x축으로 m만큼, y축으로 n만큼 평행이동시킨 함수는 다음과 같습니다.

$$y=\frac{k}{x} \quad \rightarrow \quad y-n=\frac{k}{x-m} \quad \rightarrow \quad y=\frac{k}{x-m}+n$$

그러면 분수함수 $y=\dfrac{k}{x-m}+n$의 그래프를 그려보도록 하겠습니다. $y=\dfrac{k}{x}$의 점근선을 x축 방향으로 m만큼, y축 방향으로 n만큼 평행이동시키면 쉽게 그래프를 그릴 수 있을 것입니다.

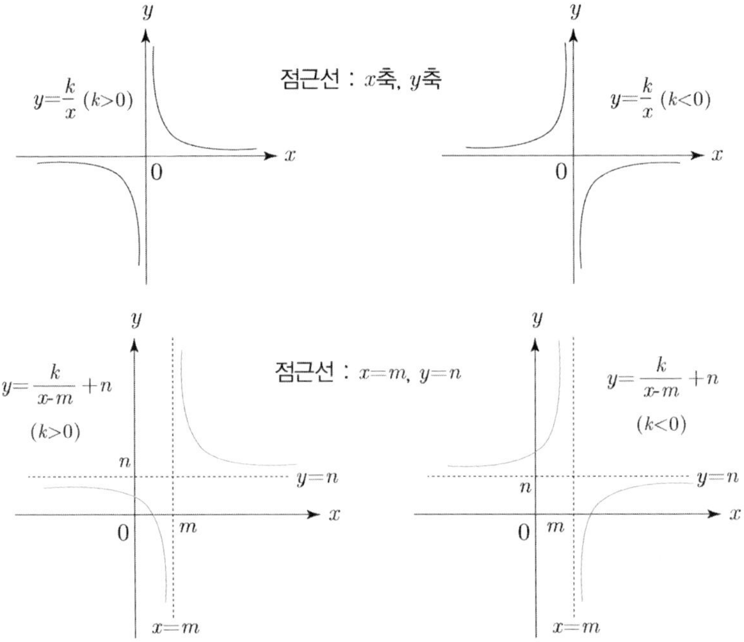

여기서 $y=\dfrac{k}{x-m}+n$은 분수함수 그래프의 표준이 된다고 하여 분수함수의 **표준형**이라고 말합니다. 분수함수 $y=\dfrac{k}{x-m}+n$ $(k\neq 0)$의 그래프의 성질을 정리하면 다음과 같습니다. 그래프를 보면서 천천히 읽어보시길 바랍니다.

① 정의역 $=\{x \mid x\neq m$ 인 실수$\}$, 치역 $=\{y \mid y\neq n$ 인 실수$\}$

(정의역 : (분모) $\neq 0 \rightarrow x\neq m$, 치역 : $k\neq 0 \rightarrow \dfrac{k}{x-m}\neq 0 \rightarrow y\neq n$)

② 점 (m, n)과 직선 $y-n=x-m$에 대칭인 직각 쌍곡선

③ 점근선 : $x=m$, $y=n$

→ 분모가 0이 되는 x값, 분수식이 0이 될 때 y값이 점근선의 방정식이 된다.

④ $|k|$가 크면 클수록 그래프는 점근선 $x=m$, $y=n$에서 멀어진다.

⑤ 일대일함수이다.

분수함수의 그래프를 그릴 때 가장 중요한 것은 바로 **점근선**입니다. 표준형 $y=\frac{k}{x-m}+n$에서 분모 $(x-m)$이 0이 되는 x값$(x=m)$과 분수식 $(\frac{k}{x-m})$가 0이 될 때의 y값$(y=n)$을 구하여 점근선을 먼저 찾은 다음, 점근선을 기준으로 그래프를 그리면 쉽게 분수함수를 그릴 수 있습니다.

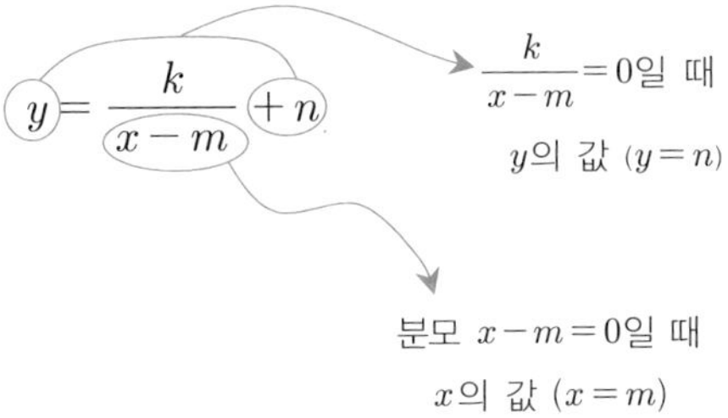

고등학교 1학년에서 배우는 분수함수의 그래프는 여기까지입니다. 그러면 분수함수와 관련하여 다음 문제를 풀어보도록 하겠습니다. 어떻게 풀지 잠시 생각해 보는 시간을 가져봅시다.

함수 $f(x)=\dfrac{k}{x-m}+n\ (k\neq 0)$의 그래프가 점 (4, 3)을 지나고, 점 (−1, 2)에 대하여 대칭일 때 m, n, k값을 구하여라.

우선 점 (−1, 2)에 대칭인 분수함수 $f(x)=\dfrac{k}{x-m}+n$을 그려보면 오른쪽과 같습니다. 여기서 점근선의 방정식은 $x=m$, $y=n$이라는 사실을 기억해 봅니다.

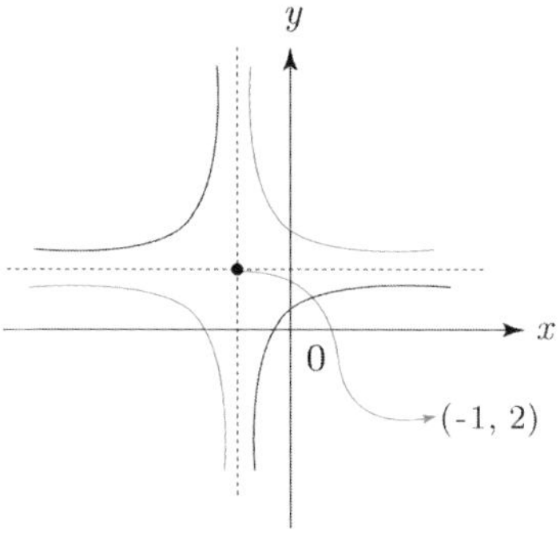

우리는 대칭점 (−1, 2)를 통해 점근선이 $x=-1$, $y=2$라는 사실을 쉽게 알 수 있습니다. ($m=-1$, $n=2$)

$$f(x)=\frac{k}{x-m}+n=\frac{k}{x+1}+2$$

이 분수함수가 점 (4, 3)을 지난다고 했으므로 함수식 $y=\dfrac{k}{x+1}+2$에 점 (4, 3)을 대입하면 쉽게 k값을 구할 수 있겠죠? → $k=5$ (계산과정 생략)

따라서 함수 $f(x)=\dfrac{k}{x-m}+n\ (k\neq 0)$의 그래프가 점 (4, 3)을 지나고 점 (−1, 2)에 대하여 대칭일 때 $m=-1$, $n=2$, $k=5$가 됩니다.

함수 $y=-\dfrac{2}{x}$를 적당히 평행이동시켰을 때 겹쳐질 수 있는 분수함수를 모두 고르시오.

① $y=\dfrac{-2}{x-1}+1$　　② $y=\dfrac{-x-5}{x-1}$

③ $y=\dfrac{2-2x}{x^2-1}$

그럼 보기의 함수식을 분수함수의 표준형 $y-a=\dfrac{k}{x-b}$로 변형한 후, 어떻게 평행이동되었는지 살펴보면 다음과 같습니다. 참고로 $y-a=\dfrac{k}{x-b}$는 $y=\dfrac{k}{x}$를 x축으로 a만큼, y축으로 b만큼 평행이동한 함수에 해당합니다.

① $y-1=\dfrac{-2}{x-1}$: $y=\dfrac{-2}{x}$를 x축으로 1만큼, y축으로 1만큼 평행이동

② $y+1=\dfrac{-6}{x-1}$: $y=\dfrac{-6}{x}$을 x축으로 1만큼, y축으로 -1만큼 평행이동

③ $y=\dfrac{-2}{x+1}$: $y=\dfrac{-2}{x}$를 x축으로 -1만큼 평행이동

정답 ①과 ③

분수함수의 그래프(일반형)

일반적인 분수함수의 형태는 $y=\dfrac{ax+b}{cx+d}$(일반형)입니다. 단, 분자와 분모가 배수관계일 경우에는 분수함수가 될 수 없습니다.

$$y=\frac{x+3}{2x+6} \; : \; y=\frac{x+3}{2(x+3)}=\frac{1}{2} \quad \rightarrow \quad y=\frac{1}{2}$$

즉, 함수 $y=\dfrac{ax+b}{cx+d}$가 분수함수가 되기 위해서는 분자와 분모는 서로 배수관계가 아니어야 합니다. ($a:c \neq b:d \rightarrow ad-bc \neq 0$) 또한 c가 0이 되면 분모가 상수항이 되어 다항식이 되므로 분수함수가 될 수 없습니다.

$$y=\frac{ax+b}{cx+d} \; : \; c=0 \quad \rightarrow \quad y=\frac{ax+b}{d}=\frac{a}{d}x+\frac{b}{d}\text{(다항식)}$$

따라서 일반형 $y=\dfrac{ax+b}{cx+d}$가 분수함수가 되기 위해서는 ① $ad-bc \neq 0$, ② $c \neq 0$를 만족해야 합니다. 참고로 부분분수를 이용하면 분수함수의 일반형 $y=\dfrac{ax+b}{cx+d}$을 표준형으로 쉽게 변형할 수 있습니다. 부분분수는 통분되어 있는 하나의 분수를 2개 이상의 분수로 나누는 것을 말합니다.

$$\frac{1}{9}+\frac{1}{3} \; \xrightarrow{\text{통분}} \; \frac{1+3}{9}=\frac{1}{9}+\frac{3}{9}=\frac{4}{9}$$

$$\frac{1}{9}+\frac{1}{3} \; \xleftarrow{\text{부분분수}} \; \frac{1+3}{9}=\frac{1}{9}+\frac{3}{9}=\frac{4}{9}$$

ex) $\dfrac{x}{x+1}=\dfrac{(x+1)-1}{x+1}=\dfrac{x+1}{x+1}-\dfrac{1}{x+1} \rightarrow 1-\dfrac{1}{x+1}$

다음 분수함수의 그래프를 그려보도록 하겠습니다. 일단 일반형을 표준형으로 바꾼 후 점근선을 찾아봅시다.

$$① \ y=\frac{x+1}{x-1} \qquad ② \ y=\frac{2x-3}{x-1}$$

①의 경우, 일반형 $y=\frac{x+1}{x-1}$을 표준형 $y=\frac{k}{x-m}+n$으로 변형하면 다음과 같습니다.

$$y=\frac{x+1}{x-1} \ \rightarrow \ y=\frac{(x-1)+2}{x-1}=1+\frac{2}{x-1} \ \rightarrow \ y=\frac{2}{x-1}+1$$

분수함수 $y=\frac{2}{x-1}+1$은 기본형 $y=\frac{2}{x}$를 x축 방향으로 1만큼, y축 방향으로 1만큼 평행이동한 그래프입니다. 여기서 x, y절편도 확인해 보시길 바랍니다. (함수식에 $x=0, y=0$을 대입하면 쉽게 절편을 구할 수 있다)

②의 경우, $y=\frac{2x-3}{x-1}$도 마찬가지입니다.

$$y=\frac{2x-3}{x-1} \rightarrow y=\frac{2(x-1)-1}{x-1}=2-\frac{1}{x-1} \ \rightarrow \ y=-\frac{1}{x-1}+2$$

분수함수 $y=-\frac{1}{x-1}+2$는 기본형 $y=-\frac{1}{x}$을 x축 방향으로 1만큼, y축 방향으로 2만큼 평행이동한 그래프입니다. 마찬가지로 x, y절편도 확인해 보시길 바랍니다. 그러면 분수함수 ①과 ②의 그래프를 그려보면 다음과 같습니다.

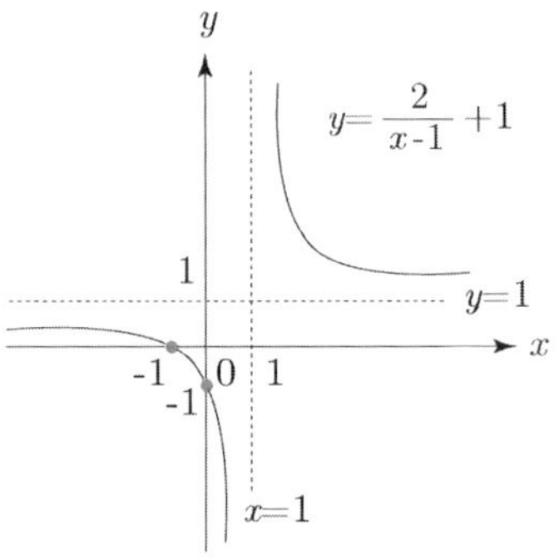

①

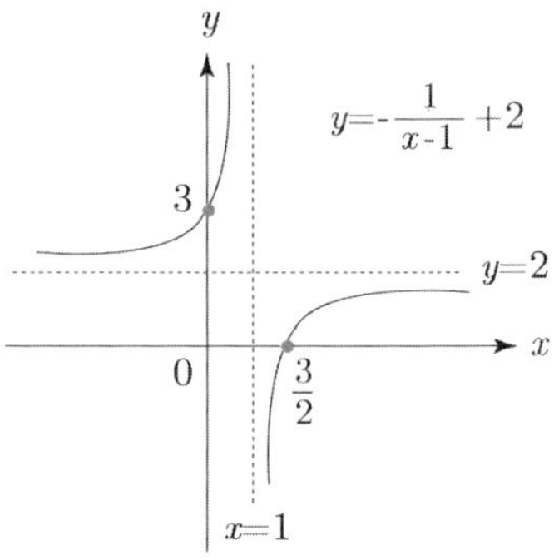

②

여기서 우리가 잊지 말아야 할 것은 모든 분수함수 $y=\dfrac{ax+b}{cx+d}$(일반형)는 $y=\dfrac{k}{x-m}+n$(표준형)으로 변형할 수 있다는 사실입니다. 즉, 어떤 분수함수가 나와도 표준형으로 변형하기만 하면 쉽게 그래프를 그릴 수 있다는 얘기죠. 그러면 분수함수와 관련하여 다음 응용문제를 풀어보도록 하겠습니다. 어떻게 풀지 잠시 생각해 보는 시간을 가져봅시다.

함수 $y=x+\dfrac{1}{x}$의 그래프의 개형을 그리고 치역을 찾아보아라.

문제해결을 위한 기본설계가 끝나셨나요? 그러면 함께 풀어보도록 하겠습니다. 우선 $y=x+\dfrac{1}{x}$은 일반적인 분수함수의 형태가 아닙니다. 그러나 식을 유심히 살펴보면 x와 $\dfrac{1}{x}$의 합으로 이루어졌다는 사실을 금방 알 수 있을 것입니다. 그러면 두 함수로 나눠보겠습니다.

$$y=x+\frac{1}{x} \quad \rightarrow \quad y=x,\ y=\frac{1}{x}$$

여기서 우리는 두 함수를 좌표평면에 동시에 그린 후 좌표평면상에서 y값을 더하게 되면 함수 $y=x+\frac{1}{x}$에 대한 그래프의 개형을 그릴 수 있습니다. 두 함수의 그래프를 직접 더하는 것에 어색할 수도 있으나 두 함수의 함숫값을 보면서 천천히 이해해 보도록 하겠습니다.

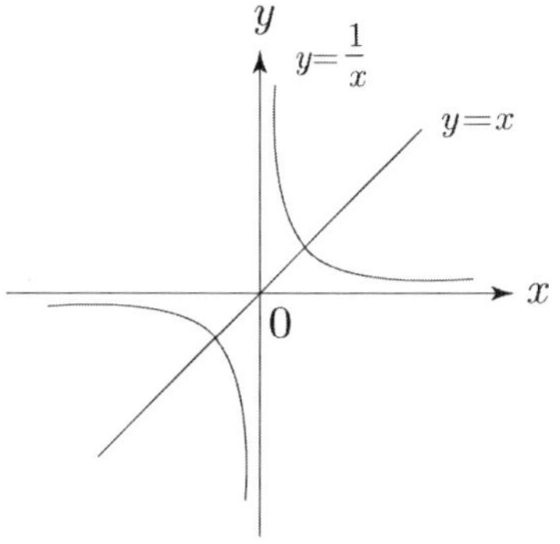

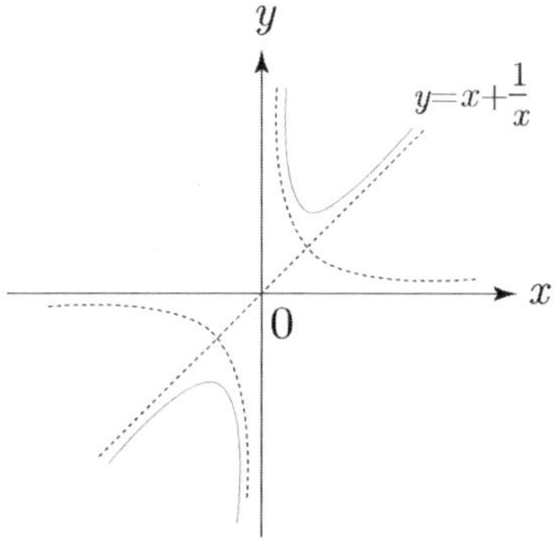

그러면 함수 $y=x+\frac{1}{x}$의 치역은 어떻게 구할 수 있을까요? 그래프 개형만 가지고는 함수의 치역을 찾는다는 것이 사실상 불가능합니다. 그렇다면 수식으로 접근해 보면 어떨까요? 함수식을 보아하니 x와 $\frac{1}{x}$의 합으로 이뤄졌습니다. 또한 x와 $\frac{1}{x}$의 곱은 상수 1이 됩니다. 여기서 뭔가 떠오르지 않나요?

합과 곱에 대한 부등식 $a \le x \le b$이라… → 산술·기하평균?

절대부등식 산술·기하평균식을 이용하면 함수 $x+\frac{1}{x}$의 범위를 구할 수 있습니다. 참고로 산술·기하평균은 양수에 대해서만 성립하므로 $x>0$일 때와 $x<0$일 때로 나누어 적용해야 합니다.

i) $x>0$: 산술·기하평균 $\frac{a+b}{2} \geq \sqrt{ab}$ 적용($a>0$, $b>0$)

$$\rightarrow \quad x+\frac{1}{x} \geq 2$$

ii) $x<0$: 산술·기하평균 $\frac{a+b}{2} \geq \sqrt{ab}$ 적용($a>0$, $b>0$)

$$\rightarrow \quad (-x)+\frac{1}{(-x)} \geq 2 \quad \rightarrow \quad x+\frac{1}{x} \leq -2$$

따라서 함수 $y=x+\frac{1}{x}$의 치역은 $\{y | y \leq -2 \text{ or } y \geq 2\}$가 됩니다. 한 문제 더 풀어볼까요?

정의역이 $\{x | 2 \leq x \leq 4\}$인 함수 $y=\frac{2x-1}{x-1}$의 그래프와 직선 $y=mx+(m-1)$이 서로 만날 때 m의 값의 범위를 구하여라.

문제해결을 위한 기본설계가 끝나셨나요? 그러면 함께 풀어보도록 하겠습니다. 우선 함수 $y=\frac{2x-1}{x-1}$ $(2 \leq x \leq 4)$과 직선 $y=mx+(m-1)$을 그려보면 다음과 같습니다. 참고로 분수함수 $y=\frac{2x-1}{x-1}$을 표준형으로 변형한 후 그래프를 그려보시길 바랍니다. 또한 직선 $y=mx+(m-1)$이 항상 지나는 점도 찾아보시길 바랍니다.

분수함수 $y=\frac{2x-1}{x-1}$

$$\rightarrow \quad y=\frac{2(x-1)+1}{x-1}=\frac{1}{x-1}+2 \qquad \therefore \text{ 점근선 } x=1,\ y=2$$

직선 $y = mx + (m-1)$

→ $y+1 = m(x+1)$

∴ m의 값에 관계없이 항상 점 $(-1, -1)$을 지난다.

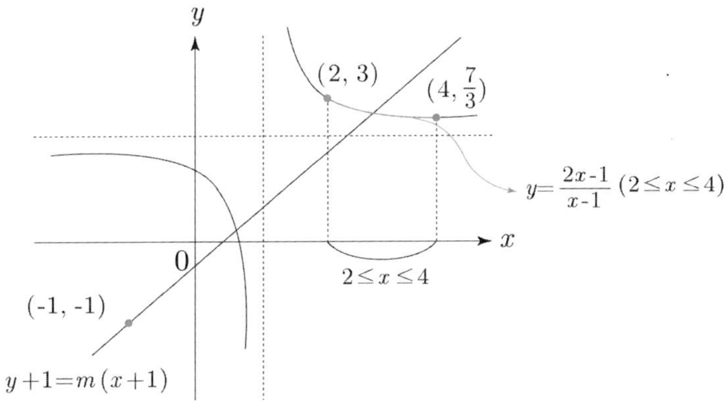

직선 $y = mx + (m-1)$이 분수함수 $y = \dfrac{2x-1}{x-1}$과 만나기 위해서는 기울기 m이 점 $(-1, -1)$과 $(4, \dfrac{7}{3})$을 지나는 직선의 기울기보다 크거나 같아야 하며 점 $(-1, -1)$과 $(2, 3)$을 지나는 직선의 기울기보다 작거나 같아야 합니다.

- 점 $(-1, -1)$과 $(4, \dfrac{7}{3})$을 지나는 직선의 기울기 : $\dfrac{\frac{7}{3}-(-1)}{4-(-1)} = \dfrac{2}{3}$
- 점 $(-1, -1)$과 $(2, 3)$을 지나는 직선의 기울기 : $\dfrac{3-(-1)}{2-(-1)} = \dfrac{4}{3}$

$\dfrac{2}{3} \le m \le \dfrac{4}{3}$

따라서 직선 $y = mx + (m-1)$이 분수함수 $y = \dfrac{2x-1}{x-1}$과 만나기 위한 m의 범위는 $\dfrac{2}{3} \le m \le \dfrac{4}{3}$가 됩니다.

정의역, 치역, 점근선 찾기

다음 분수함수의 그래프를 그리고 ① 정의역과 치역, ② x, y절편, ③ 점근선의 방정식을 찾아보도록 하겠습니다. 참고로 정의역과 치역은 분수식의 특성을 이용하면 쉽게 구할 수 있습니다. → 분모$\neq 0$

$$y=\frac{4x+3}{2x-1}$$

먼저 분수함수의 일반형 $y=\dfrac{4x+3}{2x-1}$을 표준형 $y=\dfrac{k}{x-m}+n$으로 바꿔보면,

$$y=\frac{4x+3}{2x-1} \rightarrow y=\frac{2(2x-1)+5}{2x-1}=2+\frac{5}{2x-1} \rightarrow y=\frac{5}{2x-1}+2$$

분수함수 $y=\dfrac{5}{2x-1}+2$에서 분모 $2x-1$은 0이 될 수 없고$\left(x\neq\dfrac{1}{2}\right)$, 분수식 $\dfrac{5}{2x-1}$ 또한 0이 될 수 없으므로$(y\neq 2)$ 정의역과 치역은 다음과 같습니다.

① 정의역 : $\left\{x \mid x\neq\dfrac{1}{2}\text{인 실수}\right\}$, 치역 : $\{y \mid y\neq 2\text{인 실수}\}$

x절편은 $y=0$일 때의 x좌표이고, y절편은 $x=0$일 때의 y좌표이므로 함수식 $y=\dfrac{5}{2x-1}+2$에 $y=0$, $x=0$을 대입하면 다음과 같습니다.

② $y=\dfrac{5}{2x-1}+2$ → $y=0$일 때, $\dfrac{5}{2x-1}+2=0$

→ $x=-\dfrac{3}{4}$: x절편 $-\dfrac{3}{4}$

$y=\dfrac{5}{2x-1}+2$ → $x=0$일 때, $y=\dfrac{5}{0-1}+2$

→ $y=-3$: y절편 -3

점근선은 표준형 $y=\dfrac{k}{x-m}+n$에서 분모 $x-m$이 0이 되는 x값($x=m$)과 분수 $\dfrac{k}{x-m}$가 0일 때 y값($y=n$)이 되는 직선이므로,

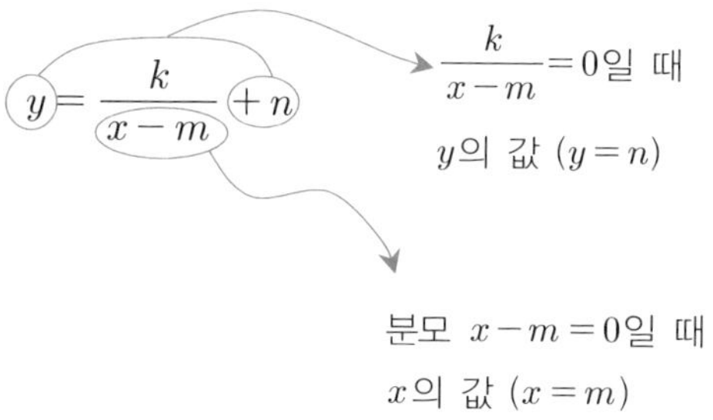

③ 점근선 : $y=\dfrac{5}{2x-1}+2$ → $x=\dfrac{1}{2}$, $y=2$

참고로 분수함수 $y=\dfrac{5}{2x-1}+2$는 $y=\dfrac{5}{2x}$를 x축의 방향으로 $\dfrac{1}{2}$만큼, y축의 방향으로 2만큼 평행이동한 그래프이므로 $y=\dfrac{5}{2x-1}+2$의 점근선을 $y=\dfrac{5}{2x}$의 점근선인 x, y축($x=0$, $y=0$)을 x축의 방향으로 $\dfrac{1}{2}$만큼 y축의 방향으로 2만큼 평행이동시켜 구할 수도 있습니다.

분수함수의 그래프를 이용하여 다음 문제를 풀어보도록 하겠습니다. 어떻게 풀지 잠시 생각해 보는 시간을 가져봅시다.

$y=\dfrac{ax+1}{bx-3}$의 정의역이 $\{x|x\neq 3$ 인 실수$\}$이고 치역이 $\{y|y\neq 2$ 인 실수$\}$일 때, 실수 $a+b$의 값은?

문제해결을 위한 기본설계가 끝나셨나요? 그러면 함께 풀어보도록 하겠습니다. 우선 분수함수의 표준형 $y=\dfrac{k}{x-m}+n(k\neq 0)$에 대한 정의역과 치역은 다음과 같습니다.

$$\text{정의역}=\{x|x\neq m\text{인 실수}\},\ \text{치역}=\{y|y\neq n\text{인 실수}\}$$

우리는 여기서 주어진 정의역 $\{x|x\neq 3$인 실수$\}$, 치역 $\{y|y\neq 2$인 실수$\}$을 통해 분수함수의 표준형 $y=\dfrac{k}{x-3}+2$를 도출해 낼 수 있습니다.

$\left(y=\dfrac{k}{x-m}+n\ :\ m=3,\ n=2\right)$

또한 도출된 함수식 $y=\frac{k}{x-3}+2$를 일반형으로 변형하여 주어진 함수식 $y=\frac{ax+1}{bx-3}$과 비교하면 미정계수 a, b, k값을 모두 구할 수 있습니다.

$$y=\frac{k}{x-3}+2 \rightarrow y=\frac{k}{x-3}+2=\frac{k+2(x-3)}{x-3}=\frac{2x-6+k}{x-3}$$

$$\| $$

$$a=2 \quad b=1 \quad k=7 \quad \Leftarrow \quad y=\frac{ax+1}{bx-3}$$

따라서 구하고자 하는 식 $a+b$의 값은 3이 됩니다. 이번에는 분수함수의 점근선과 관련된 문제를 풀어보도록 하겠습니다. 분수함수의 그래프의 점근선이 무엇인지 잘 생각해 보면서 각자 문제를 풀어보시길 바랍니다.

분수함수 $y=\frac{x^3-x^2-x-2}{x^3-1}$의 점근선의 방정식을 구하여라.

정답 $x=1,\ y=1$

함수 $f(x)=\frac{2x-1}{x+1}$의 역함수 $f^{-1}(x)$의 그래프를 x축으로 a만큼, y축으로 b만큼 평행이동하면 $g(x)=-\frac{3}{x}$의 그래프와 일치할 때 $a+b$의 값을 구하여라.

각 함수 $f(x)$의 역함수를 구한 다음 $g(x)$와 비교하면서 평행이동식을 적용해 보면 어렵지 않게 미지수 a, b를 구할 수 있을 것입니다. 각자 계산해 보도록 하겠습니다.

정답 1

무리함수의 그래프(기본형)

함수식이 무리식인 함수를 **무리함수**라고 합니다.

$$무리식 : \sqrt{x+1},\ x+\sqrt{x^2-1},\ \cdots$$
$$무리함수 : y=\sqrt{x+1},\ y=x+\sqrt{x^2-1},\ \cdots$$

가장 간단한 무리함수인 $y=\sqrt{ax}$(기본형)에 대해 알아보도록 하겠습니다. 일단 a값의 부호를 달리하여 다음 무리함수의 그래프를 그려보겠습니다.

① $y=\sqrt{x}$ ② $y=\sqrt{-x}$

먼저 함수식을 만족하는 순서쌍 $(x,\ y)$를 찾아보면 다음과 같습니다.

① $y=\sqrt{x}$ (정의역 $x>0$)
$\rightarrow (0,\ 0), (1,\ 1), (2,\ \sqrt{2}), (3,\ \sqrt{3}), (4, 2)$
② $y=\sqrt{-x}$ (정의역 $x<0$)
$\rightarrow (0,\ 0), (-1,\ 1), (-2,\ \sqrt{2}), (-3,\ \sqrt{3}), (-4,\ 2)$

순서쌍을 좌표평면에 찍어보면,

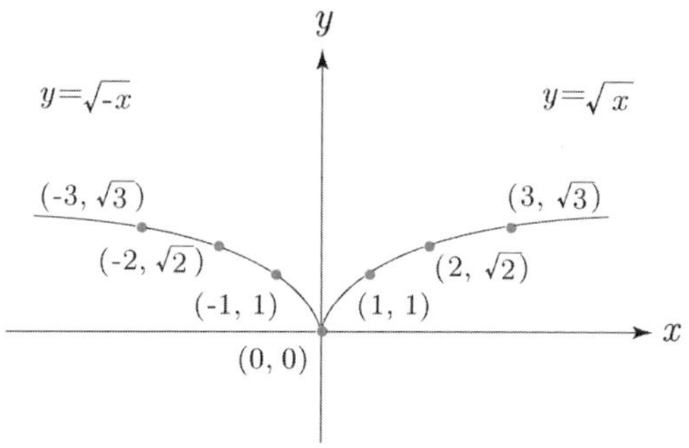

무리함수의 그래프는 원점으로부터 증가하거나($a>0$) 원점으로 감소하는($a<0$) 곡선의 형태를 띠고 있습니다. 기울기가 1인 직선보다 더 완만하게 그려지죠? 이번에는 무리함수 $y=\sqrt{ax}$의 a값의 크기를 변화시켜 그

래프를 그려보겠습니다.

$$③\ y=\sqrt{2x} \qquad ④\ y=\sqrt{-2x}$$

③ $y=\sqrt{2x}$ (정의역 $x>0$)

$\rightarrow (0,\ 0),\ (1,\ \sqrt{2}),\ (2,\ 2),\ (3,\ \sqrt{6}),\ (4,\ 2\sqrt{2})$

④ $y=\sqrt{-2x}$ (정의역 $x<0$)

$\rightarrow (0, 0),\ (-1,\ \sqrt{2}),\ (-2,\ 2),\ (-3,\ \sqrt{6}),\ (-4,\ 2\sqrt{2})$

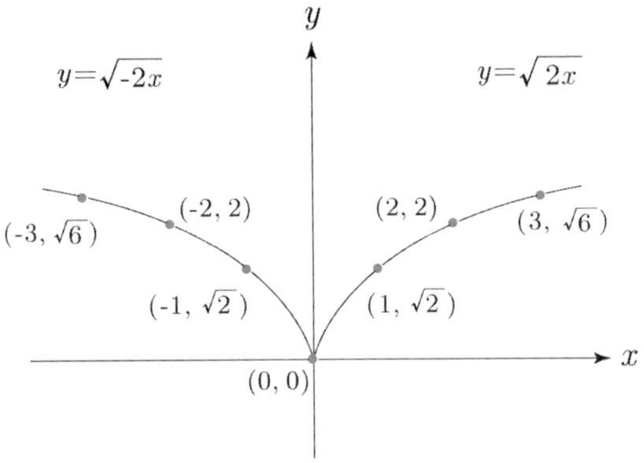

$|a|$이 클수록 무리함수 $y=\sqrt{ax}$의 그래프는 x축과 멀어진다는 것을 알 수 있습니다. 무리함수 $y=\sqrt{ax}\ (a\neq 0)$에 대해 정리해 보면 다음과 같습니다. 그래프를 보면서 천천히 읽어보시길 바랍니다.

① $a>0$인 경우 정의역은 $\{x\,|\,x\geq 0\}$이며 $a<0$인 경우 정의역은 $\{x\,|\,x\leq 0\}$이다.

② 치역은 $\{y\,|\,y\geq 0\}$이다.

③ $a>0$인 경우, 원점으로부터 증가하는 곡선이 되며 $a<0$인 경우 원점으로 감소하는 곡선이 된다.

④ 원점에서 멀어질수록 완만해지는 곡선이 된다.

⑤ $|a|$값이 클수록 x축과는 멀어진다.

⑥ 일대일함수이다.

무리함수는 무리식과 마찬가지로 근호 안의 값이 0보다 크거나 같아야 한다는 특징이 있습니다. 참고로 근호 안의 값이 0보다 크거나 같은 범위를 정의역으로 정하지만 따로 언급하지는 않습니다. 또한 무리함수를 직선 $y=x$에 대칭시키면 2차함수의 반쪽 그래프와 일치하게 되는데 이는 무리함수 $y=\sqrt{ax}$ 와 2차함수 $y=\frac{1}{a}x^2\ (x \geq 0)$이 서로 역함수의 관계에 있기 때문입니다. 즉, 무리함수식 $y=\sqrt{ax}$ 를 양변제곱한 후 변수 x, y를 서로 바꾸면 2차함수 $y=\frac{1}{a}x^2\ (x \geq 0)$을 구할 수 있습니다.

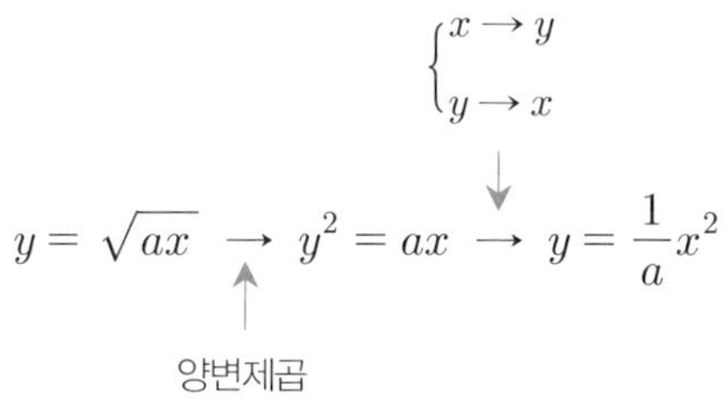

두 함수를 그래프로 그려보면, 직선 $y=x$ 대칭이라는 사실을 쉽게 알 수 있습니다. $(a>0)$

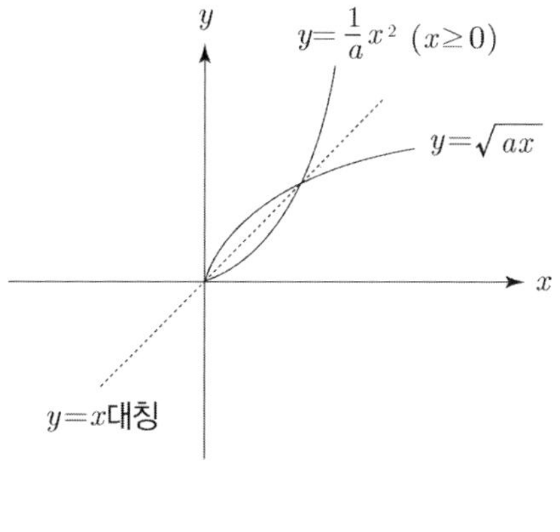

무리함수와 관련하여 다음 문제를 풀어보도록 하겠습니다. 어떻게 풀지 잠시

생각해 보는 시간을 가져봅시다.

무리함수 $y=\sqrt{x}$ 위의 두 점 $P(a, b)$, $Q(c, d)$에 대하여 $b+d=1$일 때, $\overline{PQ}$의 기울기를 구하여라.
(단, $a<c$, $b<d$)

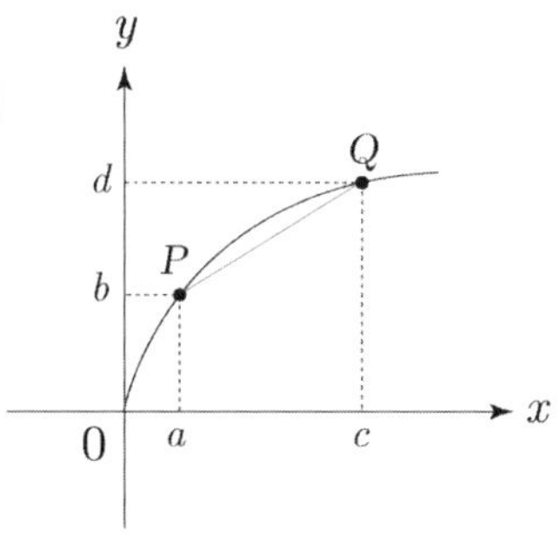

문제해결을 위한 기본설계가 끝나셨나요? 그러면 함께 풀어보도록 하겠습니다. 우선 두 점 $P(a, b)$, $Q(c, d)$가 $y=\sqrt{x}$ 위의 점이라고 했으므로 다음 관계식이 성립합니다.

$$y=\sqrt{x} : P(a, b),\ Q(c, d) \quad \rightarrow \quad \begin{aligned} b=\sqrt{a} \rightarrow b^2=a \\ d=\sqrt{c} \rightarrow d^2=c \end{aligned}$$

또한 $\overline{PQ}$의 기울기는 $\dfrac{d-b}{c-a}$이므로(기울기의 정의) 앞서 도출한 식 $b^2=a$와 $d^2=c$ 그리고 주어진 조건식 $b+d=1$을 이용하면 기울기 $\dfrac{d-b}{c-a}$의 값을 구할 수 있습니다.

$$\begin{array}{r} d^2=c \\ -\ \ b^2=a \\ \hline d^2-b^2=c-a \end{array}$$

$$\frac{d-b}{c-a} \rightarrow \frac{d-b}{d^2-b^2}=\frac{d-b}{(d-b)(d+b)}=\frac{1}{d+b} \rightarrow 1 \quad (b+d=1)$$

따라서 무리함수 $y=\sqrt{x}$ 위의 두 점 $P(a, b)$, $Q(c, d)$에 대하여 $b+d=1$일 때 $\overline{PQ}$의 기울기는 1이 됩니다.

무리함수의 그래프(표준형)

도형의 평행이동을 이용하여 무리함수를 확장해 보도록 하겠습니다.

평행이동식 : $(x, y) \to (x+m, y+n)$
→ x축의 방향으로 m만큼, y축의 방향으로 n만큼 평행이동

도형의 방정식과 마찬가지로 함수의 평행이동에서도 x축의 방향으로 m만큼, y축의 방향으로 n만큼 평행이동한 함수는 $y=f(x)$에 x 대신 $x-m$을, y 대신 $y-n$을 대입한 함수 $y=f(x-m, y-n)$입니다.

$$\left.\begin{array}{ll} x\text{축의 방향으로 } m\text{만큼} & x \to (x-m) \\ y\text{축의 방향으로 } n\text{만큼} & y \to (y-n) \end{array}\right\} \ y=f(x) \to y-n=f(x-m)$$

무리함수 $y=\sqrt{ax}$를 x축으로 m만큼, y축으로 n만큼 평행이동시킨 함수는 다음과 같습니다.

$$y=\sqrt{ax} \to y-n=\sqrt{a(x-m)} \to y=\sqrt{a(x-m)}+n$$

무리함수 그래프의 시작점만 잘 찾으면 무리함수의 평행이동도 그리 어렵지 않을 것입니다.

$$\underset{\overset{\|}{0}}{y} = \sqrt{\underset{\overset{\|}{0}}{ax}} \rightarrow x = y = 0 \quad \text{시작점 } (0, 0)$$

$$\underset{\overset{\|}{0}}{y - n} = \sqrt{\underset{\overset{\|}{0}}{a(x - m)}} \rightarrow x = m,\ y = n \quad \text{시작점 } (m, n)$$

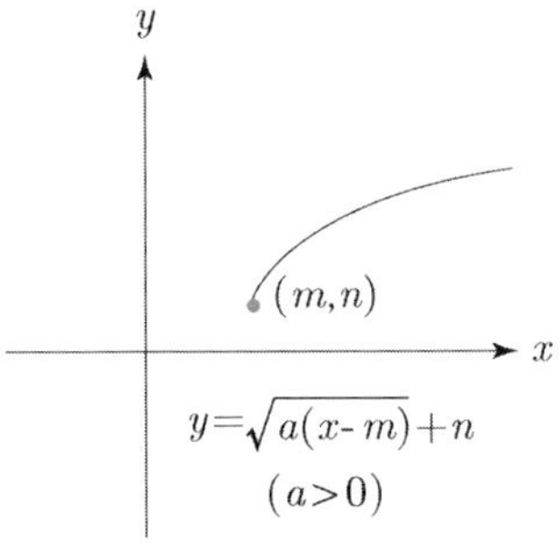

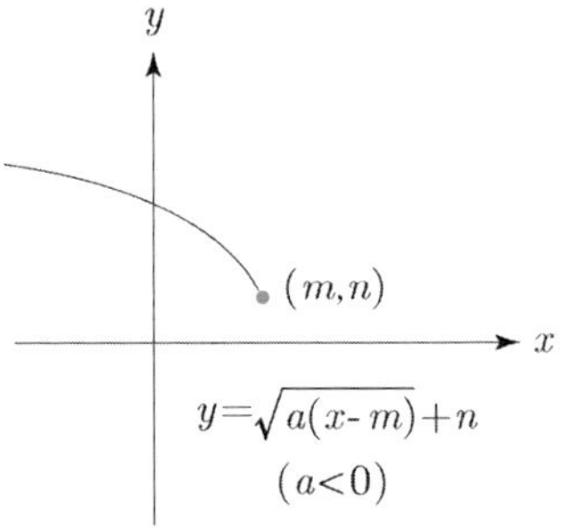

여기서 $y = \sqrt{a(x-m)} + n$을 무리함수의 표준형이라고 말합니다. 그러면 무리함수 $y = \sqrt{a(x-m)} + n$의 그래프의 성질을 정리해 보도록 하겠습니다. 그래프를 보면서 천천히 읽어보시길 바랍니다.

① $a > 0$인 경우 정의역은 $\{x \mid x \geq m\}$이며, $a < 0$인 경우 정의역은 $\{x \mid x \leq m\}$이다.

② 치역은 $\{y \mid y \geq n\}$이다.

③ $a > 0$인 경우 점 (m, n)으로부터 증가하는 곡선이 되며, $a < 0$인 경우 점 (m, n)으로 감소하는 곡선이 된다.

④ 점 (m, n)에서 멀어질수록 완만해지는 곡선이 된다.

⑤ $|a|$값이 클수록 x축과는 멀어진다.

⑥ 일대일함수이다.

무리함수의 그래프(일반형)

일반적인 무리함수의 형태는 $y = \sqrt{ax+b} + c\,(a \neq 0)$입니다. 무리함수의 일반형을 표준형으로 변형하면 쉽게 그래프를 그릴 수 있습니다.

$$y = \sqrt{ax+b} + c\text{(일반형)} \quad \rightarrow \quad y = \sqrt{a(x-m)} + n\text{(표준형)}$$

그러면 다음 무리함수의 그래프를 그려보도록 하겠습니다. 우선 표준형으로 변형해 봅시다.

$$① \ y = \sqrt{2x+1} - 3 \quad \rightarrow \quad y = \sqrt{2(x+\frac{1}{2})} - 3$$

$$② \ y = \sqrt{-2x-3} + 1 \quad \rightarrow \quad y = \sqrt{-2(x+\frac{3}{2})} + 1$$

①의 경우, 무리함수 $y = \sqrt{2(x+\frac{1}{2})} - 3$은 기본형 $y = \sqrt{2x}$를 x축 방향으로 $-\frac{1}{2}$만큼, y축 방향으로 −3만큼 평행이동한 그래프이며 ②의 경우, 무리함수 $y = \sqrt{-2(x+\frac{3}{2})} + 1$은 기본형 $y = \sqrt{-2x}$를 x축 방향으로 $-\frac{3}{2}$만큼, y축 방향으로 1만큼 평행이동한 그래프입니다. 여기서 무리함수 $y = \sqrt{-2x}$의 그래프에서 시작점 $(0, 0)$을 $(-\frac{3}{2}, 1)$로 평행이동하여 그리면 무리함수 $y = \sqrt{-2(x+\frac{3}{2})} + 1$의 그래프를 쉽게 그릴 수 있을 것입니다.

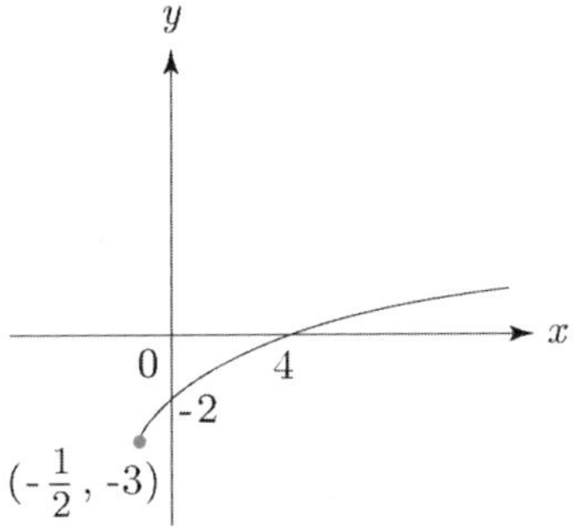

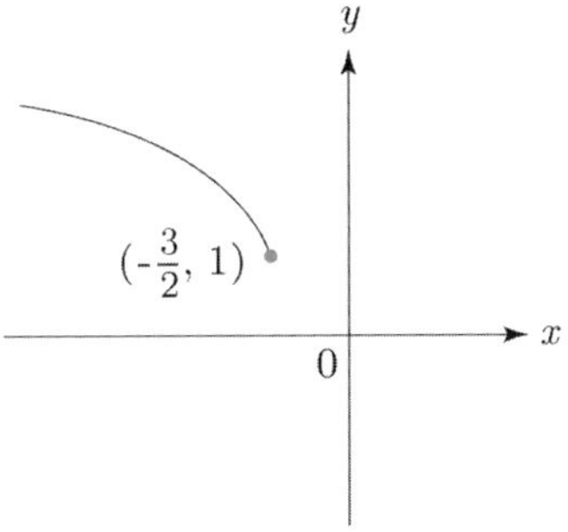

이번에는 다음 무리함수의 ① 정의역과 치역 ② x, y절편을 찾아보도록 하겠습니다.

$$y = 3\sqrt{2x-4} - 3$$

무리함수의 일반형 $y = 3\sqrt{2x-4} - 3$을 표준형 $y = \sqrt{a(x-m)} + n$으로 바꾸어봅시다(여기서 근호 앞의 숫자 3은 크게 신경 쓸 필요는 없다).

$$y = 3\sqrt{2x-4} - 3 \quad \rightarrow \quad y = 3\sqrt{2(x-2)} - 3$$

① 근호 안의 값은 음수가 될 수 없으므로 $2(x-2) \geq 0$를 만족하는 x의 범위가 정의역이 됩니다. $(x \geq 2)$ 또한 $3\sqrt{2x-4}$는 0보다 크거나 같으므로 함숫값 $y(=3\sqrt{2(x-2)}-3)$는 -3보다 크거나 같게 됩니다. $(y \geq -3)$

정의역 : $\{x \mid x \geq 2$인 실수$\}$, 치역 : $\{y \mid y \geq -3$인 실수$\}$

② x절편은 $y=0$일 때 대응되는 x값이고, y절편은 $x=0$일 때의 대응되는 y값입니다. 하지만 $x \geq 2$이므로 y절편은 없겠죠?

$$y = 3\sqrt{2(x-2)} - 3 \ : \ y = 0 \text{ 대입}$$
$$\rightarrow 0 = 3\sqrt{2(x-2)} - 3 \ \rightarrow \ x = \frac{5}{2} \ : \ x\text{절편 } \frac{5}{2}$$

참고로 무리함수 $y = 3\sqrt{2(x-2)} - 3$은 $y = 3\sqrt{2x}$ $(= \sqrt{18x})$를 x축의 방향으로 2만큼, y축의 방향으로 -3만큼 평행이동한 그래프입니다. (그래프 생략)

그렇다면 무리함수와 관련하여 다음 문제를 풀어보도록 하겠습니다. 어떻게 풀지 잠시 생각해 보는 시간을 가져봅시다.

무리함수 $y=\sqrt{3x+b}+c$의 정의역이 $\{x|x \geq 1\}$이고 치역이 $\{y|y \geq 5\}$일 때, $b+c$의 값을 구하여라. (단, b, c는 실수)

문제해결을 위한 기본설계가 끝나셨나요? 그러면 함께 풀어보도록 하겠습니다. 우선 무리함수의 표준형 $y=\sqrt{a(x-m)}+n$에 대한 정의역과 치역은 다음과 같습니다.

- 정의역 : $a>0$인 경우 $\{x|x \geq m\}$, $a<0$인 경우 $\{x|x \leq m\}$
- 치　역 : $\{y|y \geq n\}$

문제에서 정의역이 $\{x|x \geq 1\}$이고 치역이 $\{y|y \geq 5\}$라고 했으므로 일단 함수식을 $y=\sqrt{a(x-1)}+5\,(a>0)$로 놓을 수 있습니다. 무리함수 $y=\sqrt{a(x-1)}+5$를 일반형으로 변형하여 주어진 함수식 $y=\sqrt{3x+b}+c$와 비교하면 미정계수 a, b, c값을 모두 구할 수 있게 됩니다.

$$y=\sqrt{a(x-1)}+5 \rightarrow y=\sqrt{ax-a}+5$$

$$\parallel$$

$$y=\sqrt{3x+b}+c$$

$$a=3,\quad b=-3,\quad c=5$$

따라서 구하고자 하는 식 $b+c$의 값은 2가 됩니다.

어렵게만 느껴졌던 무리함수였지만 하나씩 풀어나가니까 할 만하죠? 수학이란 것이 그렇습니다. 시작이 중요하죠. 단순히 성적을 올리기 위해 급하게 개념과 공식을 외우고 반복하여 문제를 풀게 되면, 수학에 대한 흥미도 떨어질 뿐만 아니라 결국 '수포자(수학 포기자)'로 가는 지름길로 향할 수밖에 없습니다. 단기간의 성적에 연연해하지 말고, 차근차근 쉽고 재미있게 수학을 공부하는 것이, 수험생들에게는 수학 분야에 있어 '롱런'하는 지름길이 될 것입니다.

반원의 방정식(반원함수)

원의 방정식 $x^2+y^2=r^2$(중심이 원점이고 반지름이 r인 원)은 함수가 될 수 없습니다. 왜냐하면 하나의 x값에 대응되는 y값이 2개이기 때문입니다.

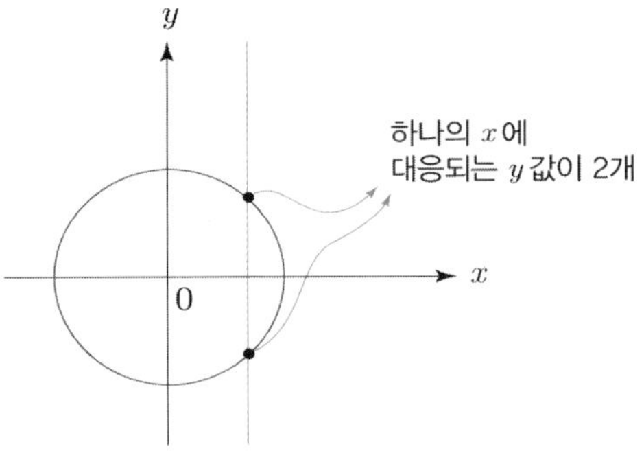

하지만 위쪽 또는 아래쪽 반원은 함수가 될 수 있습니다. 그러면 반원의 방정식(반원함수)이 무엇인지 찾아보도록 하겠습니다. 일단 원의 방정식을 y에 관한 식으로 만들어보면 다음과 같습니다.

$$x^2+y^2=r^2 \quad \rightarrow \quad y^2=r^2-x^2 \quad \rightarrow \quad y=\pm\sqrt{r^2-x^2}$$

함수식 $y=\pm\sqrt{r^2-x^2}$이 조금 어렵게 느껴지시죠? 원의 그래프를 유심히 살펴보면서 y값이 양수인 부분과 음수인 부분을 구분해 보면 쉽게 반원함수의 그래프를 확인할 수 있을 것입니다.

① $y=\sqrt{r^2-x^2}$

: 함숫값 y가 0보다 크거나 같은 값을 가지므로 $y=\sqrt{r^2-x^2}$ 의 그래프는 x축 위쪽 영역의 원이 된다.

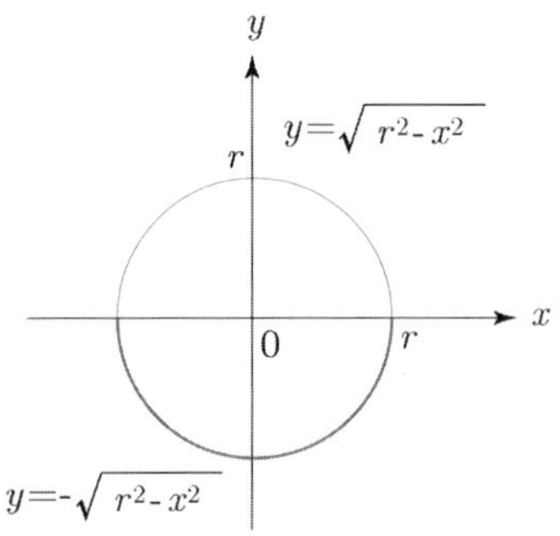

② $y=-\sqrt{r^2-x^2}$

: 함숫값 y는 0보다 작거나 같은 값을 가지므로 $y=-\sqrt{r^2-x^2}$ 의 그래프는 x축 아래쪽 영역의 원이 된다.

반원의 방정식(반원함수)은 무리함수이므로 정의역은 근호 안의 값이 0보다 크거나 같아야 합니다. 즉, $r^2-x^2 \geq 0$를 만족하는 x의 범위가 바로 정의역이 되겠죠?

$$
\left.\begin{aligned}
& r^2-x^2 \geq 0 \\
\rightarrow\ & x^2-r^2 \leq 0 \\
\rightarrow\ & (x+r)(x-r) \leq 0 \\
\rightarrow\ & -r \leq x \leq r
\end{aligned}\right\}\ \text{정의역}: \{x \mid -r \leq x \leq r\}
$$

이번에는 반원함수(기본형)를 x축으로 m만큼, y축으로 n만큼 평행이동시켜 보겠습니다. 일단 원의 방정식처럼 중심을 기준으로 평행이동해 봅니다.

$$y=\pm\sqrt{r^2-x^2} \quad \rightarrow \quad y-n=\pm\sqrt{r^2-(x-m)^2}$$

(x 대신 $(x-m)$을, y 대신 $(y-n)$을 대입한다)

$\therefore$ 반원함수(표준형) : $y=\pm\sqrt{r^2-(x-m)^2}+n$

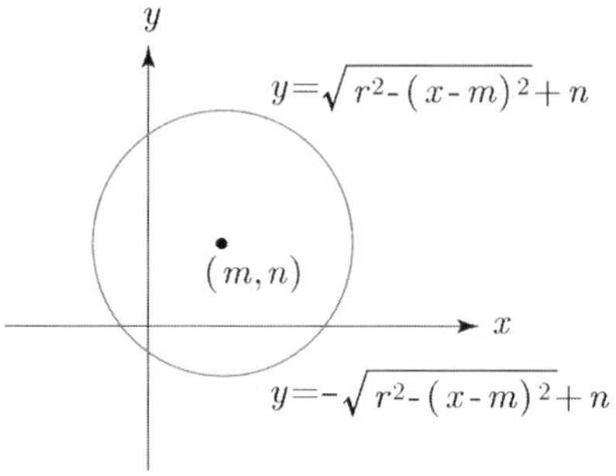

반원함수 $y=\pm\sqrt{r^2-(x-m)^2}+n$의 그래프는 중심이 (m, n)인 원의 위쪽과 아래쪽 반원이 됩니다. $y=\pm\sqrt{r^2-(x-m)^2}+n$ 또한 무리함수이므로 정의역은 근호 안의 값이 0보다 크거나 같아야 합니다. 즉, $r^2-(x-m)^2\geq 0$을 만족하는 x의 범위가 바로 정의역이 됩니다.

$$\left.\begin{aligned} & r^2-(x-m)^2\geq 0 \\ \rightarrow\ & (x-m)^2-r^2\leq 0 \\ \rightarrow\ & (x-m+r)(x-m-r)\leq 0 \\ \rightarrow\ & -r+m\leq x\leq r+m \end{aligned}\right\}\ \text{정의역} : \{x\mid -r+m\leq x\leq r+m\}$$

여러분은 반원함수가 무리함수의 한 종류라는 사실만 기억하고 넘어가시길 바랍니다. 실제로 반원함수에 관한 문제는 원의 방정식을 이용하면 대부분 풀 수 있는 문제가 많기 때문입니다.

무리함수와 직선

수학 I에서 2차함수 $y = ax^2 + bx + c$와 직선 $y = mx + n$과의 위치관계를 조사해 본 적이 있었을 것입니다. 여기서 두 함수의 교점의 x, y좌표는 연립방정식의 해가 됩니다.

2차함수 $y = ax^2 + bx + c$
직선 $y = mx + n$

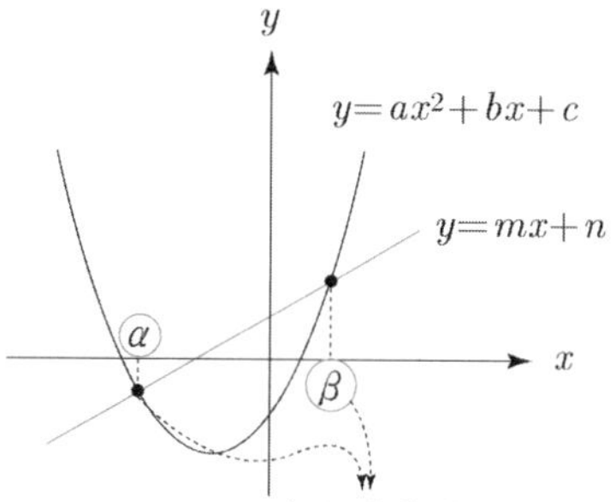

두 식을 연립하여 y를 소거하면 다음과 같습니다.

$ax^2 + bx + c = mx + n$

$\longrightarrow\ ax^2 + (b-m)x + (c-n) = 0$

y가 소거된 2차방정식 $ax^2 + (b-m)x + (c-n) = 0$의 두 근을 α, β라고 할 때, α, β는 교점의 x좌표가 됩니다. 또한 판별식 D값에 따라 두 도형의 교점의 개수를 쉽게 구할 수가 있었습니다. ($D > 0$: 2개, $D = 0$: 1개, $D < 0$: 0개)

y가 소거된 방정식 $ax^2 + (b-m)x + (c-n) = 0$의 판별식 D

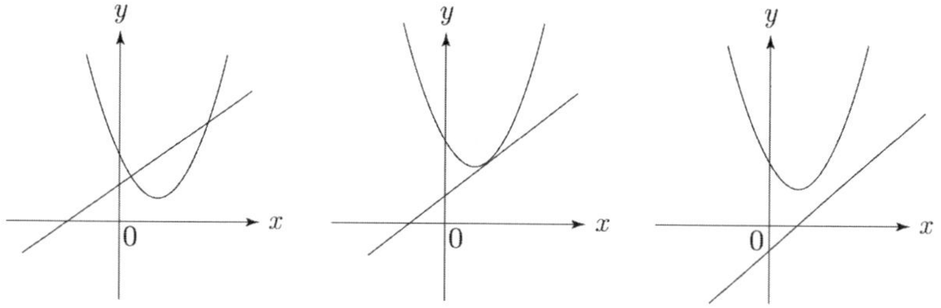

마찬가지로 무리함수도 직선과의 관계를 확인할 때 두 식을 연결하여(y를 소거) 판별식을 적용할 수 있습니다.

하지만 무리함수는 2차함수와 달리 제한변역(근호 안의 값이 0보다 크거나 같다)이 정해져 있기 때문에 함수의 그래프를 직접 그래프를 그린 다음 직선과의 관계를 파악해야 합니다. 그러면 다음 무리함수와 직선과의 교점의 개수를 조사해 보도록 하겠습니다. 여기서 m의 값에 따라서 교점의 개수가 달라진다는 사실을 잊지 말아야겠습니다.

$$y=\sqrt{x-1},\ y=x+m$$

우선 무리함수와 직선의 그래프를 그려보면 다음과 같습니다. 참고로 직선 $y=x+m$은 기울기가 1이고, y절편이 m인 직선입니다.

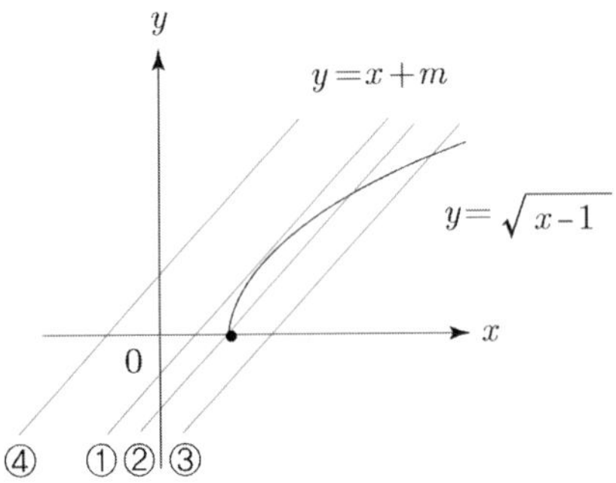

여기서 무리함수 $y=\sqrt{x-1}$과 직선 $y=x+m$의 위치관계(교점의 개수)를 ①, ②, ③, ④의 경우에 맞춰 생각해 보겠습니다.

무리함수 $y=\sqrt{x-1}$과 직선 $y=x+m$의 위치관계는 다음과 같다.

1) 두 점에서 만나는 경우 : 직선 ①과 ②의 사이

2) 한 점에서 만나는 경우 : 직선 ①과 ③

3) 만나지 않는 경우 : 직선 ④

각각의 경우에 해당되는 m의 값을 찾아보면 다음과 같습니다.

1) 두 점에서 만나는 경우 (①과 ②의 사이 : ① 불포함 ② 포함)

①의 경우, 무리함수 $y=\sqrt{x-1}$과 직선 $y=x+m$이 서로 접하기 때문에 두 함수식을 연립하여 y를 소거하면 x에 관한 2차방정식을 도출할 수 있습니다. 여기서 판별식 $D=0$은 m에 관한 방정식이므로 방정식을 풀면 쉽게 m을 구할 수 있습니다.

$$\left.\begin{array}{l} y=\sqrt{x-1} \\ y=x+m \end{array}\right\} \rightarrow \sqrt{x-1}=x+m \rightarrow x^2+(2m-1)x+(m^2+1)=0$$

y를 소거 양변제곱 후 정리

$$\rightarrow D=\underline{(2m-1)^2-4\cdot 1\cdot (m^2+1)=0} \rightarrow m=-\frac{3}{4}$$

m에 관한 방정식

따라서 ①의 경우, $m=-\frac{3}{4}$이 됩니다. ②의 경우, 직선 $y=x+m$은 점 $(-1,\ 0)$을 지나므로 $m=-1$이라는 사실을 쉽게 알 수 있습니다. 따라서 두 함수 $y=\sqrt{x-1}$, $y=x+m$이 두 점에서 만나는 경우를 정리하면 다음과 같습니다.

①과 ②의 사이 : $-\frac{3}{4}<m\leq-1$ (① 불포함 ② 포함)

2) 한 점에서 만나는 경우 (①과 ③의 경우)

③의 경우, 직선은 앞서 구했던 ②의 경우($m=-1$)보다 우측에 위치한 직선입니다. (y절편 m의 값이 ②의 경우보다 작다 : $m<-1$) 따라서 두 함수 $y=\sqrt{x-1}$, $y=x+m$이 한 점에서 만나는 경우는 다음과 같습니다.

①과 ③의 경우 : $m=-\frac{3}{4}$(①) 또는 $m<-1$(③)

3) 만나지 않는 경우 (④의 경우)

④의 경우, 직선은 앞서 구했던 ①의 경우($m=-1$)보다 좌측에 위치한 직선입니다. (y절편 m의 값이 ①의 경우보다 크다 : $m>-\frac{3}{4}$) 따라서 두 함수 $y=\sqrt{x-1}$, $y=x+m$이 만나지 않는 경우는 다음과 같습니다.

④의 경우 : $m>-\frac{3}{4}$

이렇게 무리함수와 직선과의 관계는 함수의 그래프를 기준으로 정확히 확인해야 합니다. 무턱대고 판별식을 적용하면 양변제곱에서 오는 오류에 빠지게 되니 주의하시길 바랍니다.

2차방정식 풀이

$x=1 \rightarrow x^2=1 \rightarrow x=-1, 1 \not\Leftrightarrow$ 원래의 식 $x=1$

양변제곱

무리함수와 직선과 관련하여 다음 문제를 풀어보도록 하겠습니다. 어떻게 풀지 잠시 생각해 보는 시간을 가져봅시다.

함수 $y=\sqrt{|x-1|}$ 과 $y=ax$의 그래프가 세 점에서 만날 때, a값을 구하여라.

문제해결을 위한 기본설계가 끝나셨나요? 그러면 함께 풀어보도록 하겠습니다. 우선 함수 $y=\sqrt{|x-1|}$ 과 $y=ax$의 그래프를 그리면 다음과 같습니다. 참고로 $y=\sqrt{|x-1|}$ 에서 절댓값 안의 변수를 분류하여 그래프를 그려야 합니다. 또는 $y=\sqrt{|x|}$ 의 그래프를 그린 다음, x축의 방향으로 +1만큼 평행이동해도 상관없습니다. 대신 '절댓값기호가 있는 함수'의 그래프를 정확히 그릴 수 있어야겠죠?

$y=\sqrt{|x-1|}$

i) $x \geq 1$

$: y=\sqrt{x-1}$

ii) $x<1$

$: y=\sqrt{-x+1}$

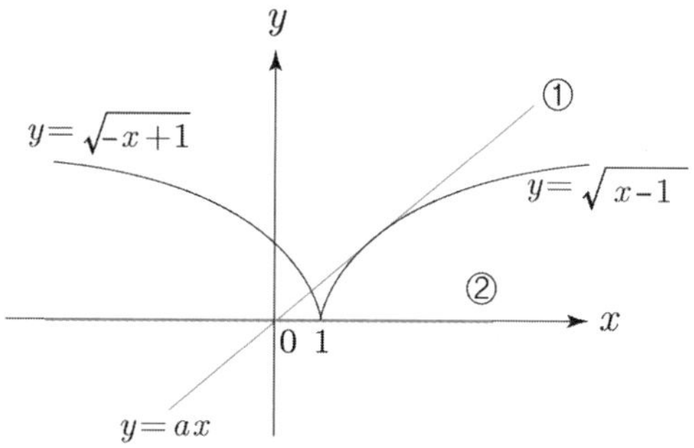

함수 $y=\sqrt{|x-1|}$과 $y=ax$가 세 점에서 만나기 위해서는 직선 $y=ax$가 $y=\sqrt{x-1}$에 접할 때의 직선 ①의 기울기보다 작고, 직선 $y=ax$가 점 (1, 0)을 지날 때의 직선 ②, 즉 x축의 기울기인 0보다 커야 합니다. 그림을 보며 천천히 다음 내용을 읽어보도록 하겠습니다.

① 직선 $y=ax$가 무리함수 $y=\sqrt{x-1}$에 접할 때의 직선의 기울기 a

: 무리함수 $y=\sqrt{x-1}$과 직선 $y=ax$를 연립하여 y를 소거한다.

$$\sqrt{x-1}=ax \xrightarrow{\text{(양변제곱)}} a^2x^2-x+1=0$$

2차방정식 $a^2x^2-x+1=0$에서 $D=0$을 이용하여 a값을 구한다.

$$D=(-1)^2-4a^2=0 \ : \ a=\frac{1}{2} \ (a>0)$$

② 직선 $y=ax$가 점 (1, 0)을 지날 때 직선의 기울기 a : 0

따라서 직선 $y=ax$의 기울기 a는 $0<a<\frac{1}{2}$일 때 무리함수 $y=\sqrt{|x-1|}$과 세 점에서 만나게 됩니다.

함수의 이동과 대칭

지금까지 다항함수(1차·2차함수)와 분수함수 그리고 무리함수에 대해 배워보았습니다. 각 함수의 일반형과 표준형 그리고 제한변역(정의역)까지 한꺼번에 정리하면 다음과 같습니다. 천천히 기억을 더듬어보면서 읽어봅시다. 참고로 함수의 일반형과 도형의 방정식의 일반형과는 조금 차이가 있다는 사실을 명심하시길 바랍니다.

	일반형	표준형	제한변역(정의역) [표준형 기준]
1차 함수	–	$y=ax+b(a\neq 0)$	모든 실수
2차 함수	$y=ax^2+bx+c$ $(a\neq 0)$	$y=a(x-m)^2+n$	모든 실수
분수 함수	$y=\frac{ax+b}{cx+d}$ $(ad-bc\neq 0,\ c\neq 0)$	$y=\frac{k}{x-m}+n$	$x\neq m$인 실수
무리 함수	$y=\sqrt{ax+b}+c$	$y=\sqrt{a(x-m)}+n$	$a>0,\ \ x\geq m$ $a<0,\ \ x\leq m$
반원 함수	–	$y=\sqrt{r^2-(x-m)^2}+n$ $(r>0)$	$-r+m\leq x\leq r+m$

함수의 이동과 대칭은 도형의 방정식에서 다루었던 것과 꼭 같습니다. 먼저 평행이동에 대해 간단히 정리하고 넘어가도록 하겠습니다.

평행이동

$(x,\ y)\rightarrow(x+m,\ y+n)$

: x축으로 m만큼,

y축으로 n만큼 평행이동

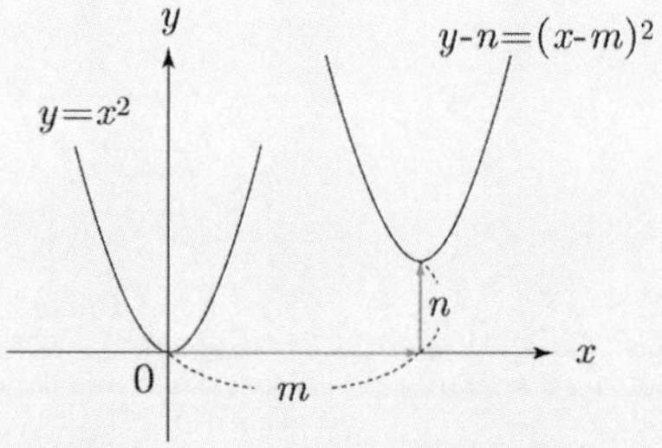

함수의 그래프를 x축으로 m만큼, y축으로 n만큼 평행이동한 함수식은 $y=f(x)$에서 x 대신 $x-m$을, y 대신 $y-n$을 대입한 식 $y-n=f(x-m)$이 됩니다. 당연히 함수의 그래프도 도형의 일종입니다. 대칭이동의 경우에는 평행이동과 다르게 대칭이동식을 그대로 함수식에 대입합니다.

대칭이동

① x축에 대한 대칭 : $(x, y) \rightarrow (x, -y) \rightarrow -y=f(x)$
② y축에 대한 대칭 : $(x, y) \rightarrow (-x, y) \rightarrow y=f(-x)$
③ 원점에 대한 대칭 : $(x, y) \rightarrow (-x, -y) \rightarrow -y=f(-x)$
④ $y=x$에 대한 대칭 : $(x, y) \rightarrow (y, x) \rightarrow x=f(y)$

x축에 대한 대칭 $(x, y) \rightarrow (x, -y)$

$\underline{y}=x^2+1 \rightarrow \underline{-y}=x^2+1$

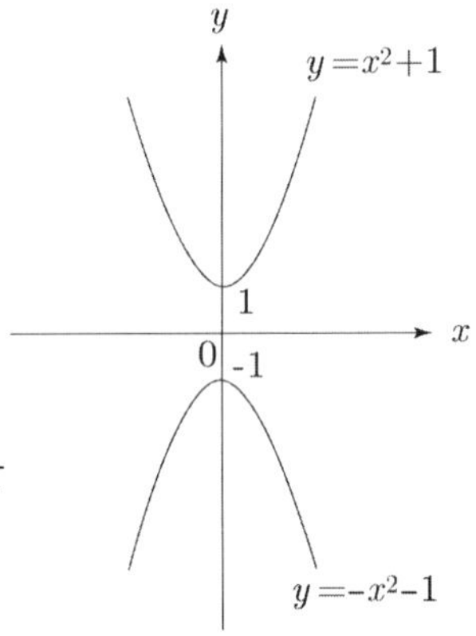

함수의 이동은 다음에 나오는 함수의 변환에서 좀 더 자세히 다루도록 하겠습니다.

개념 한눈에 보기

1. 분수함수의 기본형 $y=\dfrac{k}{x}\ (k\neq 0)$의 그래프

① 정의역$=\{x\mid x\neq 0$인 실수$\}$, 치역$=\{y\mid y\neq 0$인 실수$\}$

② 원점 (0, 0)과 직선 $y=x$에 대칭인 직각 쌍곡선

③ 점근선 : x축, y축 (점근선 : 어떤 그래프가 점점 접근하는 선)

④ $k>0$이면 그래프는 제1사분면과 제3사분면에 존재
$k<0$이면 그래프는 제2사분면과 제4사분면에 존재

⑤ $|k|$가 크면 클수록 x축, y축에서 멀어짐

2. 분수함수의 표준형 $y=\dfrac{k}{x-m}+n\ (k\neq 0)$의 그래프

① 정의역$=\{x\mid x\neq m$인 실수$\}$, 치역$=\{y\mid y\neq n$인 실수$\}$

② 점 (m, n)과 직선 $y-n=x-m$에 대칭인 직각 쌍곡선

③ 점근선 : $x=m,\ y=n$

3. 무리함수의 기본형 $y=\sqrt{ax}\ (a\neq 0)$의 그래프

① 정의역 : $a>0$일 때 $\{x\mid x\geq 0\}$, $a<0$일 때 $\{x\mid x\leq 0\}$

② 치역 : $\{y\mid y\geq 0\}$

③ 형태 : $a>0$인 경우 원점 (0, 0)으로부터 증가하는 곡선
$a<0$인 경우 원점 (0, 0)으로 감소하는 곡선

④ $|a|$가 클수록 x축과는 멀어진다.

4. 무리함수의 표준형 $y=\sqrt{a(x-m)}+n\ (a\neq 0)$

① 정의역 : $a>0$일 때 $\{x\mid x\geq m\}$, $a<0$일 때 $\{x\mid x\leq m\}$

② 치역 : $\{y\mid y\geq n\}$

③ 형태 : (기본형과 같음)

④ $|a|$가 클수록 x축과는 멀어진다.

5. 반원함수 기본형 $y=\pm\sqrt{r^2-x^2}$, 표준형 $y=\pm\sqrt{r^2-(x-m)^2}+n$

6. 함수의 이동

– 평행이동 : $(x, y)\rightarrow(x+a,\ y+b)\rightarrow x$축으로 a만큼, y축으로 b만큼 평행이동

– 대칭이동

① x축대칭 : $(x, y)\rightarrow(x, -y)$　② y축대칭 : $(x, y)\rightarrow(-x, y)$

③ 원점대칭 : $(x, y)\rightarrow(-x, -y)$　④ $y=x$대칭 : $(x, y)\rightarrow(y, x)$

도출형 학습방식으로 다음 문제를 풀어보겠습니다. (개념이 잘 기억나지 않으면 앞의 내용을 찾아보길 바란다)

반원함수 $y=-\sqrt{-x^2+4x-3}+1$의 그래프와 원점 $(0, 0)$의 최단거리는 얼마인가?

1단계 개념도출 문제를 풀기 위해서는 어떤 개념을 알아야 할까요?

2단계 개념설명 개념을 알고 있다면 간단히 설명해 보길 바랍니다.

3단계 문제해결 그러면 어떻게 문제를 해결할 수 있을까요?

반원함수 $y=-\sqrt{-x^2+4x-3}+1$의 그래프와 원점 $(0, 0)$의 최단거리는 얼마인가?

1단계 문제를 풀기 위해서는 어떤 개념을 알아야 할까요?

반원함수 및 원의 방정식, 두 점 사이의 거리에 대해 알아야 한다.

2단계 개념을 알고 있다면 간단히 설명해 보길 바랍니다.

반원함수

반원함수는 원의 위 또는 아랫부분에 대한 함수의 표현이다.

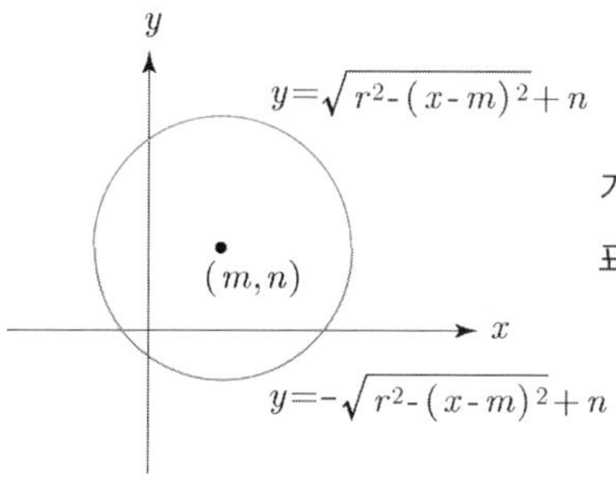

기본형 $y=\pm\sqrt{r^2-x^2}$

표준형 $y=\pm\sqrt{r^2-(x-m)^2}+n$

원의 방정식

- 표준형 : $(x-a)^2+(y-b)^2=r^2$ (원의 중심 : (a, b), 반지름 : r)
- 일반형 : $x^2+y^2+Ax+By+C=0$ (단, $A^2+B^2-4C>0$)

두 점 사이의 거리

- 좌표평면 위의 두 점 $A(x_1, y_1)$, $B(x_2, y_2)$ 사이의 거리

$\rightarrow$ $\overline{AB}=\sqrt{(x_2-x_1)^2+(y_2-y_1)^2}$

3단계 그러면 어떻게 문제를 해결할 수 있을까요?

반원함수 $y=-\sqrt{-x^2+4x-3}+1$의 그래프를 그린 후 원점 $(0, 0)$과의 최단거리를 찾아본다. 일반적으로 반원함수는 원의 방정식을 이용하여 그래프를 그릴 수 있다. 단, 치역에 주의해야 한다.

$$y=-\sqrt{-x^2+4x-3}+1 \quad \rightarrow \quad (x-2)^2+(y-1)^2=1$$

정답이 궁금한 학생들은 다음 정답풀이를 참고하시기 바랍니다.

반원함수 $y=-\sqrt{-x^2+4x-3}+1$의 그래프를 그린 후 원점 $(0, 0)$과의 최단 거리를 찾아본다. 일반적으로 반원함수는 원의 방정식을 이용하여 그래프를 그릴 수 있다. 여기서 y값에 따라 위쪽 반원인지 아래쪽 반원인지 확인해야 한다. 즉, $y \le 1$이므로 아래쪽 반원이 된다.

$$y=-\sqrt{-x^2+4x-3}+1 \rightarrow (y-1)^2=-x^2+4x-3$$

상수항 이항 후 양변제곱

원의 방정식의 표준형

$(x-2)^2+(y-1)^2=1$

중심 : $(2, 1)$

반지름 : 1

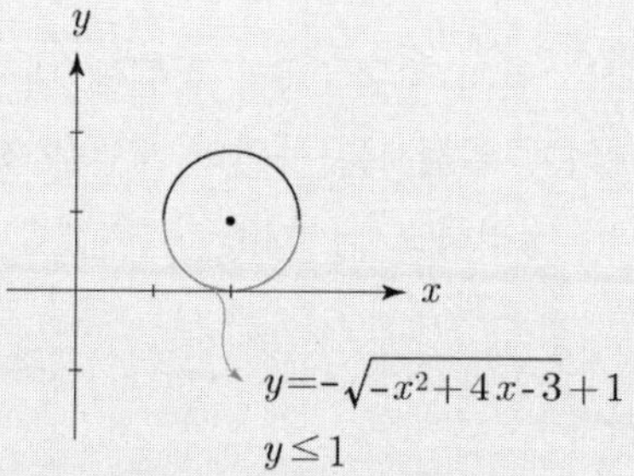

'그래프와 원점과의 최단거리'는 다음과 같이 구할 수 있다.

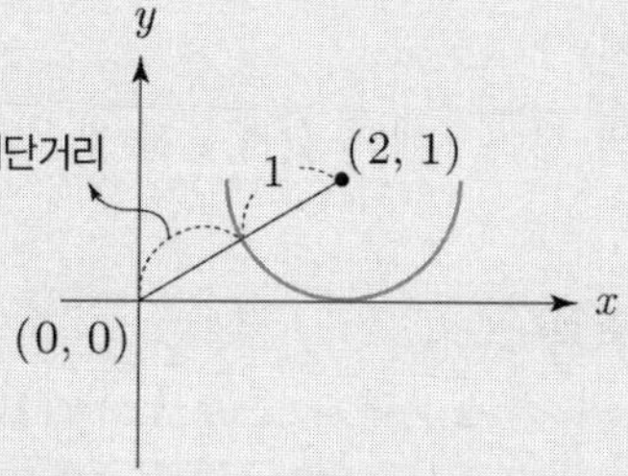

두 점 $(2, 1)$, $(0, 0)$의 거리에서 반원의 반지름을 뺀 값이 바로 최단거리가 된다. 두 점 $(2,1)$, $(0, 0)$의 거리를 구해보면 다음과 같다.

$$(\text{두 점 } (2, 1), (0, 0)\text{의 거리}) = \sqrt{(2-0)^2+(1-0)^2} = \sqrt{5}$$

따라서 최단거리는 $\sqrt{5}-1$이 된다.

정답 $\sqrt{5}-1$

6 함수의 변환

R과 R^2

우리는 앞서 수학 I에서 차원에 대해 배운 적이 있습니다. 함수의 변환을 이해하기 위해서는 차원의 개념을 정확히 알아야 하므로 차원에 대해 다시 한 번 정리하고 넘어가도록 하겠습니다.

차원

차원은 좌표계 안에서 어떤 특정한 점의 위치를 지정하는 데 필요한 숫자(좌표)의 개수를 의미한다.

- 1차원 : 직선(수직선)
  → 직선 위의 임의의 점에 1개의 숫자 x를 대응시켜 주면 점의 위치를 지정할 수 있다.
- 2차원 : 평면(좌표평면)
  → 평면 위의 임의의 점에 2개의 숫자 (x, y)를 대응시켜 주면 점의 위치를 지정할 수 있다.
- 3차원 : 공간(좌표공간)
  → 공간 안의 임의의 점에 3개의 숫자 (x, y, z)를 대응시켜 주면 점의 위치를 지정할 수 있다.

현실세계에서 어떤 특정한 점의 위치를 결정하는 데 '시간'이라는 새로운 변수가 필요하다면, 위 차원의 정의대로 공간 안의 위치를 표현하는 3개의 숫자와 시간을 표현하는 1개의 숫자를 더해 4차원이 될 것입니다.

1차원

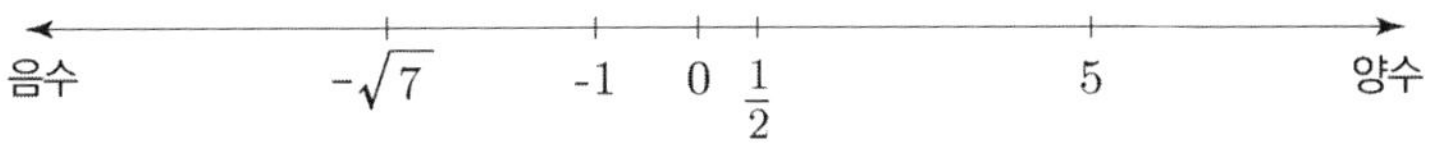

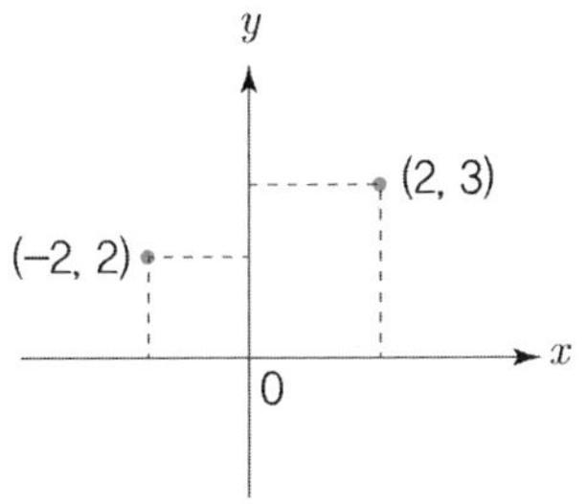

2차원

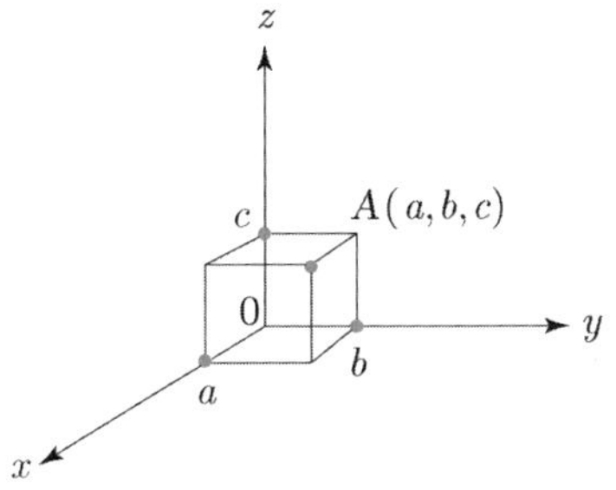

3차원

실수집합을 R이라고 한다면 두 실수의 순서쌍 $(x,\ y)$의 집합을 R^2으로 표현합니다. 여기서 R^2은 실수를 제곱했다는 것이 아니라 곱집합 '$R\times R$'을 의미합니다. 곱집합? 기억이 가물가물하죠? 그러면 집합에서 배웠던 곱집합의 의미를 되새겨보겠습니다.

곱집합

두 집합 A, B에 대하여 $A\times B$를 다음과 같이 정의하고 $A\times B$를 A, B의 곱집합이라고 말한다.

$$A\times B=\{(x, y)\mid x\in A,\ y\in B\}$$

ex) $A=\{1, 2\}$, $B=\{1, 2\}$: $A\times B=\{(1, 1), (1, 2), (2, 1), (2, 2)\}$

실수집합 R에 대한 곱집합 $R\times R=\{(x,\ y)\mid x\in R,\ y\in R\}$의 원소는 좌표평면 위의 모든 점을 의미합니다. 또한 곱집합 $R\times R$을 R^2으로 간단히 표현합니다. 참고로 R은 1차원의 집합, R^2은 2차원의 집합이 됩니다.

매개변수 방정식

1차원을 2차원으로 표시할 수는 없을까요? 즉, 1차원 변수(숫자)가 결정되면 그에 따른 2차원 변수(순서쌍 (x, y))가 결정되는 경우를 살펴보도록 하겠습니다.
다음 물체의 움직임을 자세히 살펴보시길 바랍니다.

어떤 물체가 시간에 따라 그림과 같이 움직이고 있다.
시간 t에 따른 물체의 위치 즉, x, y의 순서쌍(좌표)은 다음과 같다.

- $t=1$(초) : $(x, y)=(-3, -3)$
- $t=2$(초) : $(x, y)=(-2, 3)$
- $t=3$(초) : $(x, y)=(5, 2)$

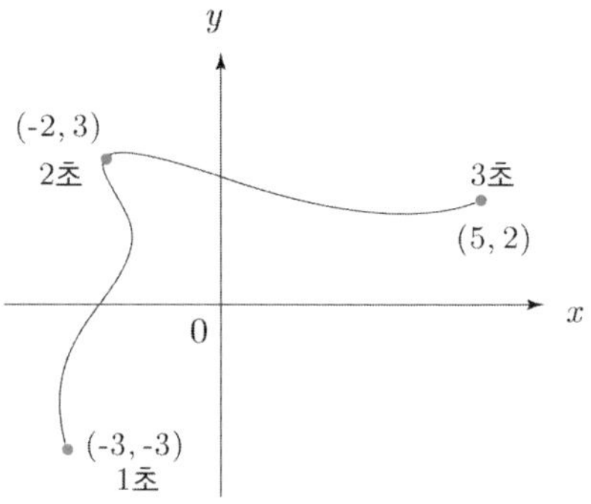

시간 t값이 정해지면 평면 위의 물체의 위치 (x, y)가 결정됩니다. 즉, 물체의 위치를 나타내는 2차원 변수 순서쌍 (x, y)는 1차원 변수인 시간 't의 함수'로 볼 수 있습니다. (t : 독립변수, (x, y) : 종속변수)

$$f: X \to X^2$$: 물체의 위치 (x, y)는 시간 t의 함수이다.

참고로 정의역은 1차원의 집합 X, 치역은 2차원의 집합 X^2이 됩니다.

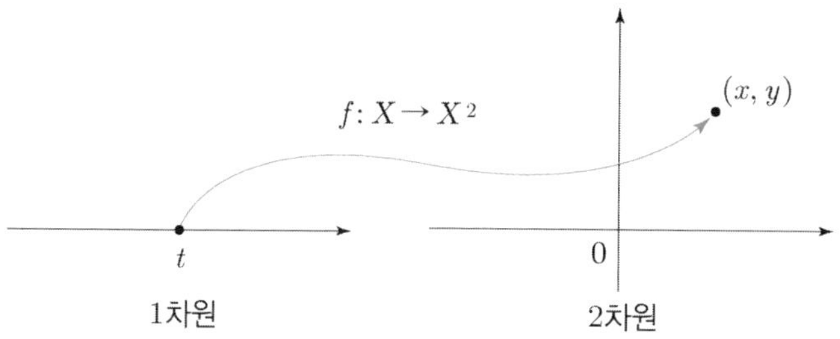

다음은 1차원 변수 t를 독립변수로, 2차원 변수 (x, y)를 종속변수로 하는 함수 g의 그래프를 도식화한 것입니다. 우선 t에 대한 함숫값 (x, y)를 좌표평면에 표시해 보겠습니다.

$$g : t \rightarrow (x, y)$$

$t = -1$: $(-1, -2)$
$t = 0$: $(0, 0)$
$t = 1$: $(1, 2)$
$t = 2$: $(2, 4)$
…

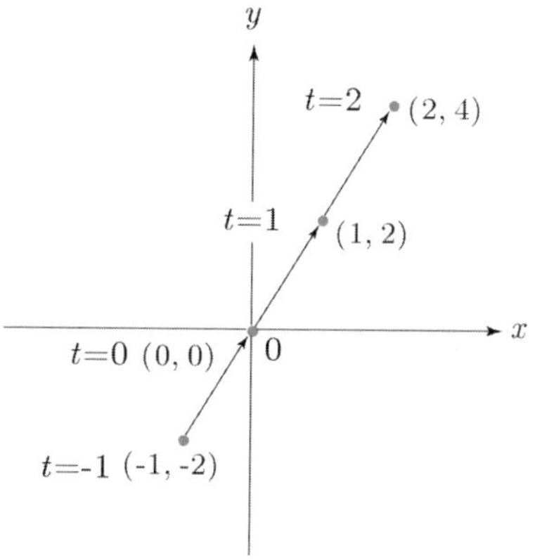

독립변수 t와 종속변수 (x, y)와의 관계식을 유추해 보면 다음과 같습니다.

$t = -1$: $(-1, -2)$
$t = 0$: $(0, 0)$
$t = 1$: $(1, 2)$ $\longrightarrow$ $(x, y) = (t, 2t)$
$t = 2$: $(2, 4)$
…

$$x = t, \; y = 2t$$

독립변수 t의 값이 결정되면 그에 따른 x, y의 값이 동시에 결정되기 때문에 t와 순서쌍 (x, y)는 서로 함수관계에 있다고 볼 수 있습니다. 즉, 1차원에서 2차원으로 가는 함수가 되는 것이지요.

$$g : t \rightarrow (x, y)\ [x = t,\ y = 2t]$$
$$g : X \rightarrow X^2$$

t를 매개로 두 식 $x = t,\ y = 2t$를 연립하면 x, y에 관한 함수식을 도출할 수 있습니다. 여기서 t를 x, y의 **매개변수**라고 말합니다.

$$x = t,\ y = 2t \quad \rightarrow \quad y = 2x$$

결국 좌표평면(x, y축)에 그려지는 도형은 직선(1차함수) $y = 2x$가 됩니다. 여기서 $x = t,\ y = 2t$를 함수 $y = 2x$의 **매개변수 방정식**이라고 말합니다. 다시 말해, 어떤 도형의 매개변수 방정식이 주어진다면 종속변수 (x, y)의 함수식을 구할 수 있다는 말이죠. 여기서 주의해야 할 것은 t의 범위에 따라 x, y의 범위(제한변역)가 결정된다는 사실입니다. 따라서 x, y에 대한 함수식을 찾을 때는 제한변역을 반드시 조사해야 합니다.

다음 매개변수 방정식을 이용하여 함수 $y=f(x)$의 그래프를 그려보도록 하겠습니다.

$$x=t-1,\ y=t^2+1 \ (0<t<10\text{인 실수})$$

① 제한변역 조사

: $0<t<10$인 실수

$x=t-1$이므로 $-1<x<9$
$y=t^2+1$이므로 $1<y<101$) $-1<x<9,\ 1<y<101$

② x, y의 관계식 도출(t소거)

: $x=t-1 \rightarrow t=x+1$

$y=t^2+1 \rightarrow y=(x+1)^2+1$

$y=(x+1)^2+1\ (-1<x<9)$

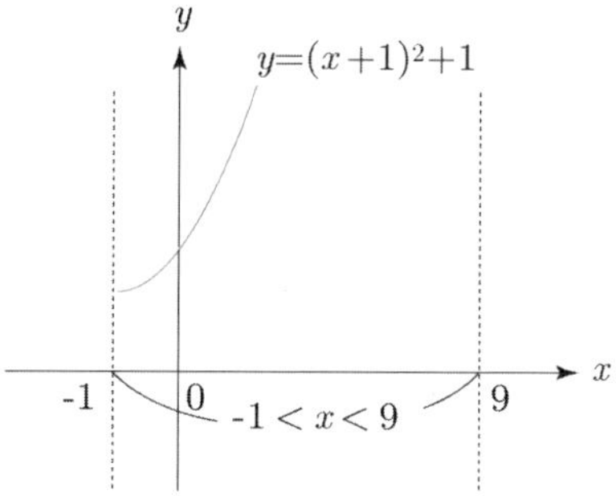

일반적으로 제한변역은 독립변수만 씁니다. 그 이유는 독립변수 x값을 알면 함수식에 의해 자연스럽게 종속변수의 제한변역이 결정되기 때문이죠. 함수라는 것이 본래 독립변수에 따라 종속변수가 결정되는 식 또는 그 규칙을 의미하니까요.

매개변수와 자취의 방정식

앞서 도형의 방정식에서 자취에 대한 개념을 배워본 적이 있습니다. 일정한 조건을 만족하는 점의 집합(도형)을 **자취**라고 하고, 자취를 나타내는 x, y의 관계식을 **자취의 방정식**이라고 말합니다. 매개변수를 이용하면 자취의 방정식을 쉽게 구할 수 있습니다. 그러면 다음 문제에서 자취의 방정식을 구해보도록 하겠습니다. 어떻게 풀지 잠시 생각해 보는 시간을 가져봅시다.

점 $P(a-1,\ a+1)$ $(a>0)$의 자취의 방정식을 구하여라.

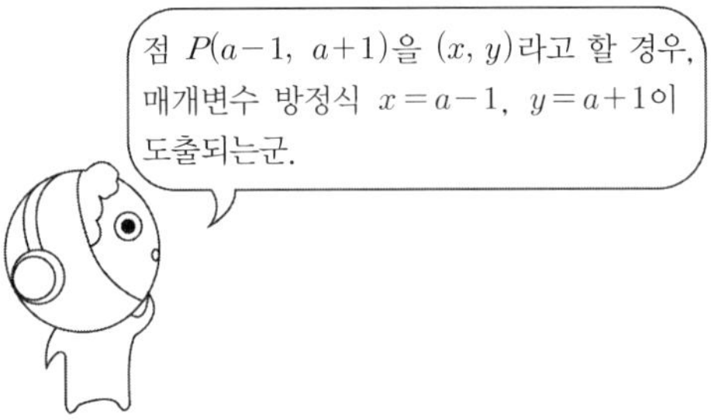

문제해결을 위한 기본설계가 끝나셨나요? 그러면 함께 풀어보도록 하겠습니다. 일단 a값이 정해지면 점 $P(x,\ y)$의 좌표를 구할 수 있으므로 a는 x, y의 매개변수라고 말할 수 있습니다. 즉, a값에 따른 점 $(x,\ y)$를 구하여 좌표평면에 찍으면 점 P의 자취를 알 수 있게 됩니다. 그러면 매개변수 a에 대한 x, y의 매개변수 방정식을 구해보도록 하겠습니다. 여기서 함수 f는 독립변수가 a이고, 종속변수가 $P(x,\ y)$인 함수로 정의하겠습니다.

$$P(a-1,\ a+1)=(x,\ y)$$

$$f: a \to (x,\ y)\ \ [x=a-1,\ \ y=a+1(a>0)]$$

$$f:\ X \to X^2$$

매개변수 방정식을 이용하여 함수식 $y=f(x)$를 찾아보면,

① 제한변역 조사

: $a>0$

$x=a-1$이므로 $x>-1$
$y=a+1$이므로 $y>1$　　　$x>-1,\quad y>1$

② x, y의 관계식 도출(a소거)

: $x=a-1 \ \to\ a=x+1$

$$y=a+1 \to\ y=x+2$$

$$x=a-1,\ y=a+1 \quad \to \quad y=x+2\ (x>-1)$$

따라서 점 $P(a-1,\ a+1)\ (a>0)$의 자취의 방정식(f의 함수식)은 $y=x+2(x>-1)$가 됩니다. 그러면 점 P의 자취를 좌표평면에 그려보도록 하겠습니다.

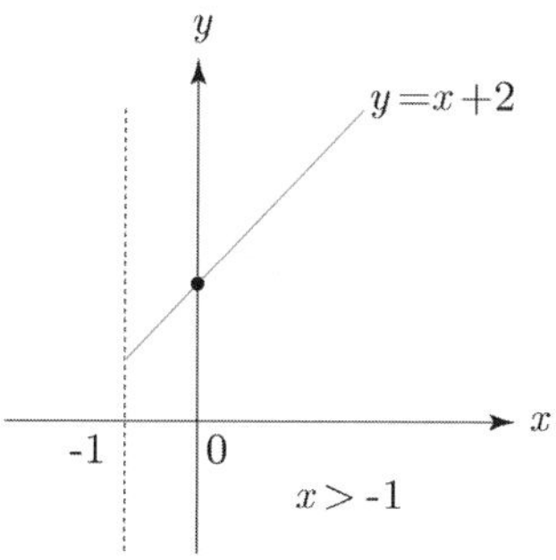

일반적으로 매개변수를 이용하여 자취의 방정식을 구하는 순서는 다음과 같습니다.

① 조건에 맞는 점을 순서쌍 $(x,\ y)$로 놓고 매개변수 방정식을 도출한다.
② 매개변수에 대한 $x,\ y$의 제한변역을 조사한다.
③ 매개변수를 소거하여 $x,\ y$의 관계식(자취의 방정식)을 도출한다.

참고로 자취의 방정식을 함수 $y=f(x)$꼴로 표현할 때는 x의 범위(정의역)만 표시하면 됩니다. 많은 학생들이 자취에 관한 문제를 풀 때 매개변수에 대한 x, y의 제한변역을 빼먹는 경우가 많은데 반드시 주의하시길 바랍니다.

자취의 방정식에 관한 문제 → 제한변역에 주의하라!

매개변수 방정식과 관련하여 다음 응용문제를 풀어보도록 하겠습니다. 어떻게 풀지 잠시 생각해 보는 시간을 가져봅시다.

함수 $y=x^2-2ax-3\,(a>0)$의 꼭짓점의 자취를 함수식 $y=f(x)$로 나타내고, 함수 $y=f(x)$의 그래프를 그려보아라.

문제해결을 위한 기본설계가 끝나셨나요? 그러면 함께 풀어보도록 하겠습니다. 우선 함수 $y=x^2-2ax-3$을 표준형으로 바꿔주고 꼭짓점의 좌표를 찾으면 다음과 같습니다. 여기서 x^2, x항을 기준으로 완전제곱식이 되는 상수항을 먼저 찾아봅시다.

$$y = x^2 - 2ax - 3 \rightarrow y = x^2 - 2ax + a^2 - a^2 - 3 \rightarrow y = (x - a)^2 - a^2 - 3$$

꼭짓점의 좌표 $(a, -a^2 - 3)$

꼭짓점의 좌표 $(a, -a^2 - 3)$를 (x, y)로 놓으면 꼭짓점에 대한 새로운 함수식 $y = f(x)$을 도출할 수 있습니다. 즉, x, y의 매개변수는 a가 되는 셈이지요.

$$(a, -a^2 - 3) = (x, y)$$

$$x = a,\ y = -a^2 - 3 \rightarrow y = -x^2 - 3 \text{(자취의 방정식)}$$

여기서 제한변역(정의역)은 $a > 0$이므로 $x > 0$가 됩니다.

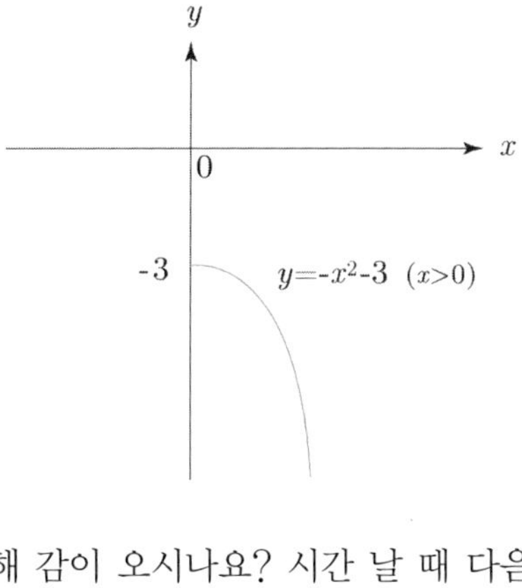

이제 매개변수에 대해 감이 오시나요? 시간 날 때 다음 매개변수 방정식에 대한 함수 $y = f(x)$의 그래프를 그려보시기 바랍니다. 여기서도 제한변역에 주의해야 하겠죠?

① $x = a^2,\ y = \sqrt{a}$　　② $x = \sqrt{a-5},\ y = |a|$

③ $x = \dfrac{2}{a-1},\ y = \dfrac{1}{a}$　　④ $x = |a-3|,\ y = a^2 - 1$

변환

정의역과 공역(치역)이 같은 함수를 **변환**이라고 말합니다. 여기서 정의역과 공역이 같다는 것은 '차원과 원소'가 같다는 것을 의미합니다.

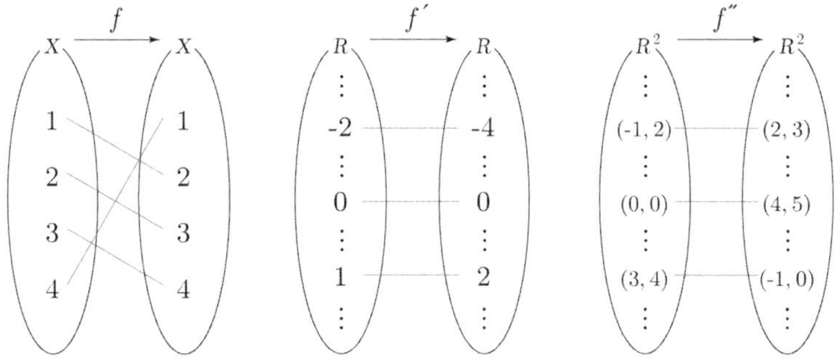

변환이란 어떤 값이 함수 f에 의해 새로운 값으로 '옮겨지는 것'을 의미하기 때문에 일반적으로 함수의 대응관계를 순서쌍으로 표현하지는 않습니다. 참고로 순서쌍은 좌표평면의 점(도형)을 의미한다는 것 아시죠?

X에서 Y로 가는 함수

$f: X \to Y$

$f(x)=2x : y=2x$

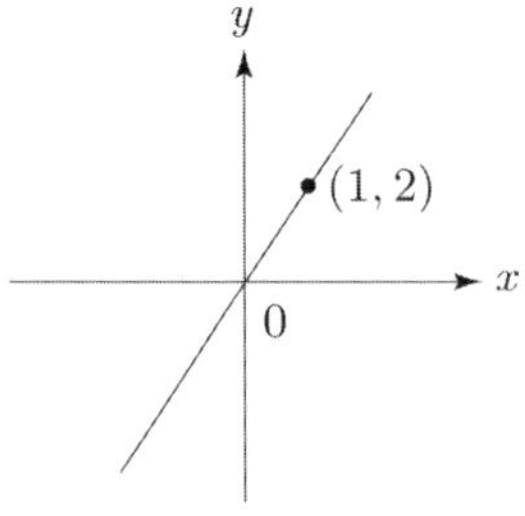

X에서 X로 가는 함수

$f: X \to X$

$f(x)=2x : x \to 2x$

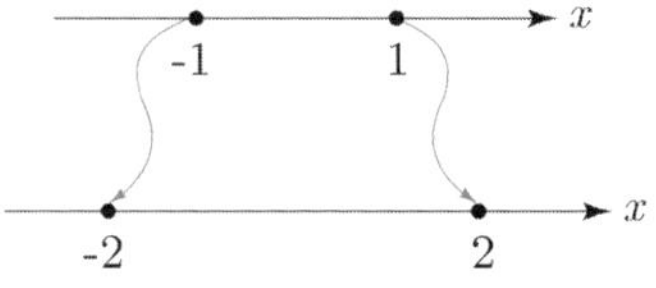

변환에 대해 아직은 감이 잘 안 오죠?

일반적으로 어떤 점을 다른 점으로 옮기거나 어떤 도형(함수)을 다른 도형(함수)으로 옮기는 것을 모두 변환이라고 말합니다. 고등학교 수준에서는 '$R^2 \to R^2$으로의 변환'을 주로 다루게 됩니다.

$$R^2 \to R^2 \ : \ (x, y) \to (x', y')$$

변환 : $R^2 \to R^2$

① 좌표평면 위의 어떤 점을 새로운 점으로 옮기는 것
② 좌표평면 위의 어떤 도형을 새로운 도형으로 옮기는 것

그럼 다음 좌표평면(R^2)상에서 ① 어떤 점을 새로운 점으로 옮기는 변환과 ② 어떤 도형을 새로운 도형으로 옮기는 변환을 눈으로 직접 확인해 보도록 하겠습니다.

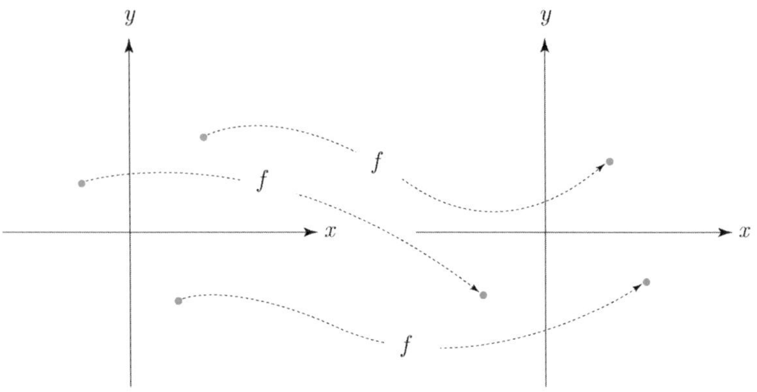

① 점에서 점으로 옮기는 변환

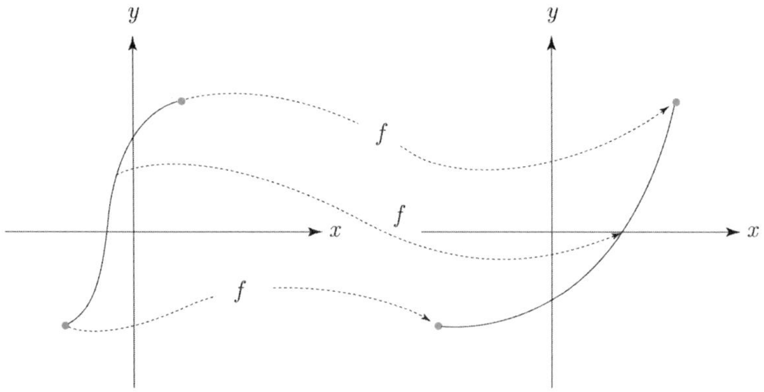

② 도형에서 도형으로 옮겨지는 변환

변환에 의해서 값이 옮겨지기 위해서는 함수가 일대일대응이 되어야 합니다. 우리가 이미 배운 변환은 다음과 같습니다.

① 평행이동 : $(x, y) \to (x+a, y+b)$

② 대칭이동

- x축에 대한 대칭 : $(x, y) \to (x, -y)$
- y축에 대한 대칭 : $(x, y) \to (-x, y)$
- 원점에 대한 대칭 : $(x, y) \to (-x, -y)$
- $y=x$에 대한 대칭 : $(x, y) \to (y, x)$

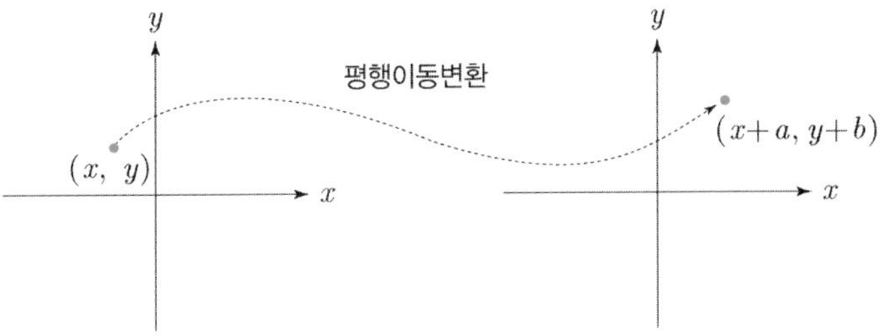

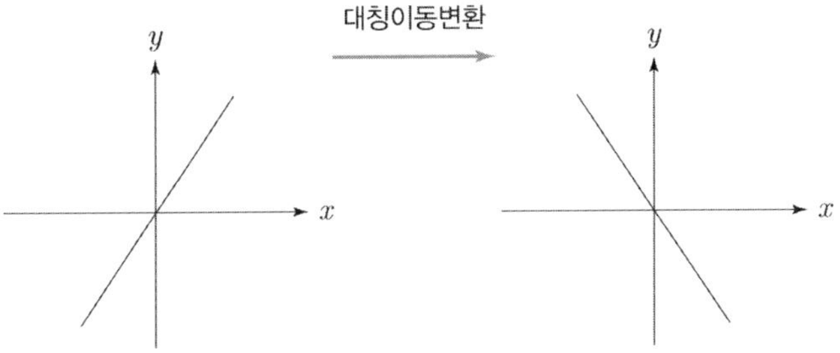

y 축에 대한 대칭 : $(x, y) \rightarrow (-x, y)$

③ 기타

- $(x, y) \rightarrow (ax+b,\ cy+d)$
- $(x, y) \rightarrow (ax+by+c,\ px+qy+r)$

변환의 활용

그러면 도형 $y=2x\,(x>1)$를 다음 변환 f에 의해 옮겨보도록 하겠습니다.

$$f:(x, y) \rightarrow (2x+1,\ 1-y)$$

변환 f에 의해 옮겨지는 점을 (X, Y)라고 할 때, 신좌표 (X, Y)와 구좌표 (x, y) 사이에는 다음과 같은 관계식이 성립합니다.

$$(2x+1, 1-y) \rightarrow (X, Y) \ : \ X=2x+1, \ Y=1-y$$

관계식 $X=2x+1$, $Y=1-y$를 주어진 식 $y=2x$에 대입하게 되면 X, Y의 관계식을 도출할 수 있습니다. 여기서 제한변역(X의 범위)에 주의해야 하겠죠?

$$y=2x\,(x>1) \ : \ X=2x+1, \ Y=1-y$$

$$\rightarrow \ \frac{X-1}{2}=x \ \rightarrow \ \frac{X-1}{2}>1 \ \rightarrow \ X>3$$

$$X=2x+1, \ Y=1-y \ \rightarrow \ x=\frac{X-1}{2}, \ y=1-Y$$

$$y=2x$$

$$\rightarrow \ 1-Y=2\left(\frac{X-1}{2}\right) \rightarrow \ Y=-X+2\,(X>3)$$

X, Y는 편의상 만든 변수이므로 일반적인 변수 x, y로 바꿔줄 수 있습니다. 대신 X의 정의역을 그대로 유지해야 합니다.

$$Y=-X+2\,(X>3) \ \rightarrow \ y=-x+2 \ \ (x>3)$$

따라서 도형 $y=2x\ (x>1)$가 변환 f에 의해 옮겨진 도형은 $y=-x+2$ $(x>3)$가 됩니다.

$$y=2x\,(x>1) \xrightarrow[(x,\ y)\ \rightarrow\ (2x+1,\ 1-y)]{\text{변환 } f} y=-x+2\,(x>3)$$

자주 사용되는 변환을 공식화하면 다음과 같습니다. 이미 알고 있는 내용이므로 빠르게 읽고 넘어가도록 하겠습니다.

변환공식

1) 평행이동변환 : $(x, y) \to (x+a, y+b)$
   - 점의 평행이동
   - 도형의 평행이동(변환된 도형의 방정식은 $f(x-a, y-b)=0$이 된다)

2) 대칭이동변환
   - x축에 대한 대칭 : $(x, y) \to (x, -y)$
   - y축에 대한 대칭 : $(x, y) \to (-x, y)$
   - 원점에 대한 대칭 : $(x, y) \to (-x, -y)$
   - $y=x$에 대한 대칭 : $(x, y) \to (y, x)$

변환공식에 맞는 변환의 경우, 공식을 직접 활용할 수 있지만 일반적으로는 어떤 변환식이 주어지면 새로운 좌표 X, Y를 설정한 후 변환된 함수식을 도출하는 것이 좋습니다. 그러면 함수 $y=2x$를 다음 변환에 의해 옮겨 보도록 하겠습니다.

① $(x, y) \to (x-2, y+1)$
② $(x, y) \to (-x, y)$
③ $(x, y) \to (x+y, x-y)$

여기서는 변환공식에 직접 대입하지 않고 일반적인 방법으로 변환식을 찾아보도록 하겠습니다. ①의 경우, 변환 $(x, y) \to (x-2, y+1)$에 의해 옮겨지는 새로운 좌표를 (X, Y)라고 하면 신좌표(X, Y)와 구좌표 (x, y) 사이에는 다음과 같은 관계식이 성립합니다.

$$(x,\ y) \rightarrow (x-2,\ y+1) = (X,\ Y) \quad : \quad X = x-2,\ Y = y+1$$

주어진 함수식 $y=2x$에 관계식 '$X=x-2$, $Y=y+1$'을 대입하면 변환된 함수식(X, Y의 관계식)을 구할 수 있습니다. 최종적으로 변수 X, Y를 일반적인 변수 x, y로 바꿔줍니다.

$$X = x-2,\quad Y = y+1$$
$$\rightarrow\ x = \underline{X+2}\quad y = \underline{Y-1}$$
$$y = 2x \quad Y-1 = 2(X+2) \ \rightarrow\ Y = 2X+5 \quad \therefore\ y = 2x+5$$

따라서 함수 $y=2x$는 변환 $(x,\ y) \rightarrow (x-2,\ y+1)$에 의해 함수 $y=2x+5$로 옮겨집니다.

②의 경우, 변환 $(x,\ y) \rightarrow (-x,\ y)$에 의해 옮겨지는 새로운 좌표를 $(X,\ Y)$라고 하면 신좌표 $(X,\ Y)$와 구좌표 $(x,\ y)$ 사이에는 다음과 같은 관계식이 성립합니다.

$$(x,\ y) \rightarrow (-x,\ y) = (X,\ Y) \ :\ X = -x,\ Y = y$$

주어진 함수식 $y=2x$에 관계식 '$X=-x$, $Y=y$'를 대입하면 변환된 함수식(X, Y의 관계식)을 구할 수 있습니다.

$$X = -x,\ Y = y$$
$$\rightarrow\ x = \underline{-X}\quad y = \underline{Y}$$
$$y = 2x \quad Y = 2(-X) \ \rightarrow\ Y = -2X \quad \therefore\ y = -2x$$

따라서 함수 $y=2x$는 변환 $(x,\ y) \rightarrow (-x,\ y)$에 의해 함수 $y=-2x$로

옮겨집니다.

③의 경우도 마찬가지입니다.

$$(x,\ y) \to (x+y,\ x-y) = (X,\ Y) \qquad \therefore \quad X = x+y,\ \ Y = x-y$$

주어진 함수식 $y=2x$에 관계식 '$X=x+y,\ \ Y=x-y$'를 대입하면 변환된 함수식(X, Y의 관계식)을 쉽게 구할 수 있습니다. 여기서 관계식을 적당히 가감하여 $x=(\quad)$꼴과 $y=(\quad)$꼴로 변형한 후 식 $y=2x$에 대입하는 것이 중요합니다.

$$\begin{array}{rl} & X=x+y \\ +) & Y=x-y \\ \hline & X+Y=2x \end{array} \quad \to \quad x=\frac{X+Y}{2} \qquad \begin{array}{rl} & X=x+y \\ -) & Y=x-y \\ \hline & X-Y=2y \end{array} \quad \to \quad y=\frac{X-Y}{2}$$

$$y=2x$$

$$\to \ \frac{X-Y}{2}=2\left(\frac{X+Y}{2}\right) \ \to \ X-Y=2(X+Y) \ \to \ Y=-\frac{1}{3}X$$

X, Y는 편의상 만든 변수이므로 일반적으로 쓰는 변수 x, y로 바꿔줍니다.

$$y=-\frac{1}{3}x$$

따라서 함수 $y=2x$는 변환 $(x,\ y) \to (x+y,\ x-y)$에 의해 함수 $y=-\dfrac{1}{3}x$로 옮겨집니다.

개념 한눈에 보기

1. **차원** : 어떤 물체의 위치를 지정할 때, 필요한 숫자의 개수
   ① 1차원(R) : 수직선 $P(x)$
   ② 2차원(R^2) : 평면좌표 $P(x, y)$
   ③ 3차원(R^3) : 공간좌표 $P(x, y, z)$

2. **곱집합** : 두 집합 A, B에 대하여 $A\times B=\{(x, y)\mid x\in A,\ y\in B\}$를 만족하는 집합
   ex) 실수 R에 대해 곱집합 $R\times R=R^2$

3. **매개변수** : 몇 개의 변수 사이의 함수관계를 정하기 위해서 사용되는 또 다른 변수
   ex) $x=2t,\ y=t^2$일 때, 매개변수는 t가 된다.

4. **매개변수 방정식** : 매개변수로 이루어진 방정식 ex) $x=2t,\ y=t^2$

5. **자취** : 일정한 조건을 만족하면서 움직이는 점이나 선이 그리는 도형의 궤적

6. **자취의 방정식** : 자취를 좌표평면(직교좌표계)에 나타낼 수 있는 관계식

7. **자취의 방정식 구하기** : 점 $P(g(t), h(t))$의 자취의 방정식
   ① 점 $P(g(t), h(t))$를 순서쌍 (x, y)로 두고 매개변수 방정식을 구한다.
   $P(g(t), h(t)) \rightarrow (x, y)$: $x=g(t),\ y=h(t)$
   ② 매개변수의 범위를 통해 x, y의 제한변역을 조사한다.
   ③ 매개변수를 소거하여 x, y의 관계식(자취의 방정식)을 도출한다.
   ④ 제한변역에 맞춰 자취를 그린다.

8. **변환** : 함수 중 정의역의 집합과 공역(치역)의 집합이 같은 함수 $(f: X\rightarrow X)$

9. **$R \rightarrow R$의 변환** : 정의역과 공역이 실수(R)인 일대일대응함수 ex) $f: x\rightarrow 2x$

10. **$R^2 \rightarrow R^2$의 변환** : 좌표평면(R^2)에서 좌표평면(R^2)으로의 도형(점)의 이동
   ① 평행이동 : $(x, y)\rightarrow(x+a,\ y+b)$
   ② 대칭이동
   - x축에 대한 대칭 : $(x, y)\rightarrow(x, -y)$
   - y축에 대한 대칭 : $(x, y)\rightarrow(-x, y)$
   - 원점에 대한 대칭 : $(x, y)\rightarrow(-x, -y)$
   - $y=x$에 대한 대칭 : $(x, y)\rightarrow(y, x)$

도출형 학습방식으로 다음 문제를 풀어보도록 하겠습니다. (개념이 잘 기억나지 않으면 앞의 내용을 찾아보길 바란다)

좌표평면(R^2) 위에 두 변환 $f:(x, y) \to (x+2, y-1)$과 $g:(x, y) \to (x-1, by)$가 있다. 직선 $y=x+1$이 변환 f, g에 의해 옮겨진 도형이 서로 수직일 때, b의 값을 구하여라.

1단계 개념도출 문제를 풀기 위해서는 어떤 개념을 알아야 할까요?

2단계 개념설명 개념을 알고 있다면 간단히 설명해 보길 바랍니다.

3단계 문제해결 그러면 어떻게 문제를 해결할 수 있을까요?

좌표평면(R^2) 위에 두 변환 $f:(x,\ y) \to (x+2, y-1)$과 $g:(x,\ y) \to (x-1,\ by)$가 있다. 직선 $y=x+1$이 변환 $f,\ g$에 의해 옮겨진 도형이 서로 수직일 때, b의 값을 구하여라.

1단계

문제를 풀기 위해서는 어떤 개념을 알아야 할까요?

차원, 변환, 도형을 변환하는 방법, 두 직선의 수직에 대해 알아야 한다.

2단계

개념을 알고 있다면 간단히 설명해 보길 바랍니다.

차원

어떤 물체의 위치를 지정할 때 필요한 숫자의 개수

① 1차원(R) : 수직선 $P(x)$

② 2차원(R^2) : 평면좌표 $P(x,\ y)$

③ 3차원(R^3) : 공간좌표 $P(x,\ y,\ z)$

변환

함수 중 정의역의 집합과 공역(치역)의 집합이 같은 함수

$(f: X \to X,\ \ f: R^2 \to R^2)$

변환하는 방법

변환된 점의 좌표를 신좌표 $(X,\ Y)$로 하여 구좌표 $(x,\ y)$와 신좌표 $(X,\ Y)$의 관계식을 변환 전의 도형의 방정식에 대입한 후 $X,\ Y$에 관계식을 도출한다. 여기서 신좌표에 사용된 변수 $X,\ Y$를 일반적인 변수 $x,\ y$로 바꿔준다.

두 직선이 수직

두 직선이 수직일 때, 두 직선의 기울기의 곱은 -1이 된다.

3단계 그러면 어떻게 문제를 해결할 수 있을까요?

미지수는 b이므로 우리는 b에 관한 방정식을 도출하기만 하면 된다. 직선 $y=x+1$을 f, g에 의해 각각 변환한 후 변환된 두 도형(직선)이 서로 수직이라고 했으므로 수직조건을 이용하면 미지수 b에 관한 방정식을 도출할 수 있다.

정답이 궁금한 학생들은 다음 정답풀이를 참고하시기 바랍니다.

미지수가 b(1개)이므로 우리는 b에 관한 방정식을 도출하기만 하면 된다. 직선 $y=x+1$을 $f:(x, y) \to (x+2, y-1)$에 의해 변환하면 다음과 같다.

$f:(x, y) \to (x+2, y-1)$에 의해서 $\underline{y=x+1}$을 변환

$$x+2=X,\ y-1=Y$$
$$x=X-2,\ y=Y+1$$

$$Y+1=X-2+1$$
$$\to Y=X-2$$
$$\to y=x-2$$

마찬가지 방법으로 직선 $y=x+1$을 $g:(x, y) \to (x-1, by)$에 의해 변환하면 다음과 같다. (신좌표를 X, Y로 놓고, $X=x-1$, $Y=by$로 놓은 후 변환한다)

$$y=x+1 \quad \to \quad y=bx+2b$$

변환된 두 도형(직선)이 수직이라고 했으므로 두 직선의 기울기의 곱은 -1이 된다.

변환된 두 직선

$$y=x-2,\ y=bx+2b \to 1\times b=-1 \to b=-1$$

기울기

따라서 직선 $y=x+1$을 변환 f, g에 의해 옮겨진 도형이 서로 수직일 때, b의 값은 -1이 된다.

정답 -1

3장 수열

1. 수열의 의미
2. 등차수열
3. 등비수열
4. 여러 가지 수열
5. 수학적 귀납법

1 수열의 의미

재미있는 퀴즈 하나 풀어볼까요?

> 갓 태어난 토끼 1쌍이 있었다. 이 1쌍의 토끼는 두 달 후부터 매달 암수 1쌍의 새끼를 낳았으며, 새로 태어난 토끼도 마찬가지로 태어난 지 두 달 후부터는 매달 암수 1쌍의 새끼를 낳는다고 한다. 1년이 지나면 모두 몇 쌍의 토끼가 있을까?

머릿속에 토끼가 너무 많이 떠올라 좀 어지럽죠? 이럴 땐 그림으로 그려보면 쉽습니다. 여기서 1쌍의 토끼를 '○번 토끼 부부'로 하겠습니다.

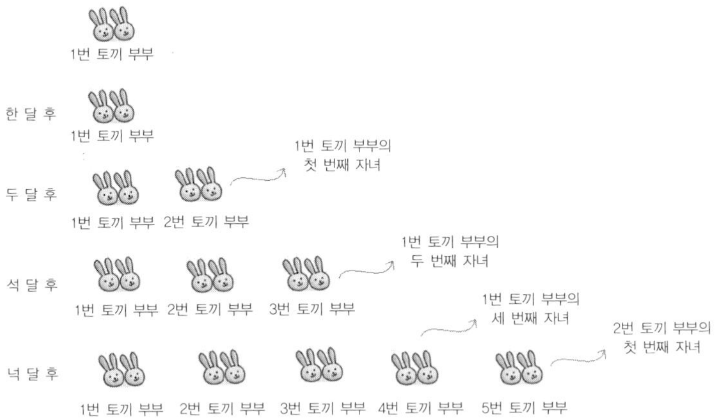

개월 수에 따라 토끼 부부가 몇 쌍인지 살펴보면 다음과 같습니다.

처음	1개월 후	2개월 후	3개월 후	4개월 후	5개월 후
1쌍	1쌍	2쌍	3쌍	5쌍	?

그럼 5개월 후에는 몇 쌍의 토끼가 있을까요? 월별로 나열된 토끼의 수(쌍)를 살펴보면서 어떤 규칙성이 있는지 찾아보시길 바랍니다.

$$1 \quad 1 \quad 2 \quad 3 \quad 5 \cdots$$

규칙성을 찾으셨나요? 나열된 숫자(수열)를 자세히 살펴보면, 선행하는 두 숫자의 합이 그다음 숫자가 된다는 것을 쉽게 확인할 수 있을 것입니다.

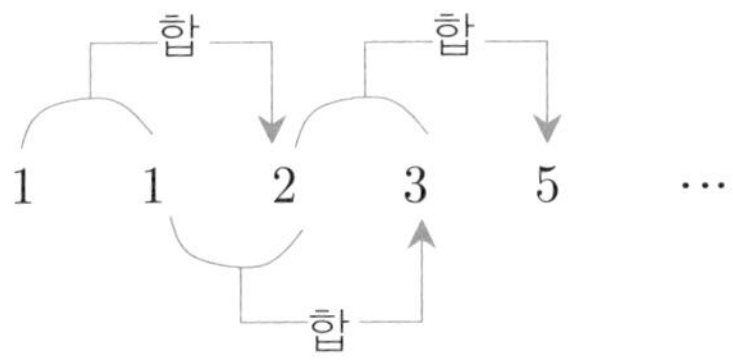

이런 규칙대로라면 5개월 후 토끼의 수(쌍)는 8쌍이 된다는 사실을 쉽게 알 수 있습니다. 그럼 처음 퀴즈의 정답을 함께 찾아보도록 하겠습니다. 1년 후의 토끼의 수(쌍)는 다음과 같습니다.

개월수	0	1	2	3	4	5	6	7	8	9	10	11	12
토끼수(쌍)	1	1	2	3	5	8	13	21	34	55	89	144	233

표에서 보는 바와 같이 1년 후 토끼의 수(쌍)는 233쌍이 됩니다. 이렇게 선행하는 두 숫자의 합이 그다음 숫자가 되는 수열을 **피보나치 수열**이라고 말합니다. 이탈리아의 피보나치라는 수학자가 처음 고안해낸 수열이기 때문에 그렇게 이름 붙여졌지요. 그럼 수열에 대해 좀 더 자세히 배워보도록 하겠습니다.

수열

어떤 규칙에 따라 차례로 늘어놓은 수의 배열을 **수열**(數列)이라고 말합니다. 여기서 중요한 것은 단순히 수를 늘어놓는 것이 아닌, 규칙이 있어야 한다는 것이죠. 참고로 a, b, c, $d\cdots$처럼 문자를 나열한 것을 문자열이라고 말합니다. 그럼 다음 수열의 규칙성을 찾아보시길 바랍니다. 어렵지 않으므로 각자 생각해 보세요.

$$1\ \ 3\ \ 5\ \ 7\ \ 9\cdots \qquad 2\ \ 4\ \ 6\ \ 8\ \ 10\cdots$$

수열에서 나열된 각각의 수를 **수열의 항**(項)이라고 하는데, 첫 번째 수를 첫째항 또는 제1항 그리고 두 번째 수를 둘째항 또는 제2항… 이렇게 부릅니다. 일반적으로 수열을 나타낼 때는 문자 a와 n을 이용하여 다음과 같이 표현합니다.

$$a_1,\ a_2,\ a_3,\ \cdots,\ a_n,\ \cdots$$

문자를 활용하면 어떤 임의의 숫자를 쉽게 표현할 수 있다는 사실, 다들 알고 계시죠? 여기서 n은 순번을 나타내므로 자연수가 됩니다. 그럼 앞서 홀수와 짝수의 수열을 일반적인 수열의 표시법인 $a_1,\ a_2,\ a_3,\ \cdots,\ a_n$과 짝지어 볼까요?

1	3	5	7	9	$\cdots$	?
|	|	|	|	|		
$a_1,$	$a_2,$	$a_3,$	$a_4,$	$a_5,$	$\cdots$	a_n

2	4	6	8	10	$\cdots$	?
|	|	|	|	|		
$a_1,$	$a_2,$	$a_3,$	$a_4,$	$a_5,$	$\cdots$	a_n

여기서 우리는 순번을 나타내는 문자인 n과 각각의 숫자와의 함수관계를 찾아낼 수 있습니다. 그럼 홀수와 짝수의 수열에서 n번째 항인 a_n이 어떤 숫자인지, 즉 문자 n에 관한 식으로 나타내보도록 하겠습니다.

$n=1$일 때, $a_1=1$　　$n=1$일 때, $a_1=2$

$n=2$일 때, $a_2=3$　　$n=2$일 때, $a_2=4$

$n=3$일 때, $a_3=5$　　$n=3$일 때, $a_3=6$

$\therefore\ a_n=2n-1$　　$\therefore\ a_n=2n$

이렇게 $a_n=2n-1$, $a_n=2n$과 같이 자연수 n에 관한 식 $a_n=f(n)$을 **수열의 일반항**이라고 말합니다. 다시 말해서 n번째 항(제n항)이 바로 수열의 일반항이 된다고 생각하면 쉽습니다. 여기서 일반항 $a_n=f(n)$의 함수식

$f(n)$을 알고 있다면, 우리는 변수 n에 숫자 1, 2, 3, ⋯을 대입하여 모든 수열의 항을 쉽게 구할 수 있게 됩니다. 그럼 다음 수열의 일반항을 구해보도록 하겠습니다.

$$3 \quad 6 \quad 9 \quad 12 \cdots : a_n = 3n$$

어렵지 않죠? 일반항 $a_n = 3n$에 $n = 1, 2, 3, \cdots$을 대입하면 각각의 순번에 해당하는 수열의 모든 항을 구할 수 있습니다. 즉, 수열은 자연수를 정의역으로, 실수를 공역으로 하는 함수라고 볼 수 있습니다.

$$\begin{cases} x: 1 \quad 2 \quad 3 \quad 4 \quad 5 \cdots \\ y: 3 \quad 6 \quad 9 \quad 12 \quad 15 \cdots \end{cases} \rightarrow \; y = 3x \; (x\text{는 자연수})$$

$$f: N \rightarrow R,\ f(n) = a_n$$

수열의 정의역은 자연수의 집합이기 때문에 일반적으로 자연수를 나타내는 대표적 문자인 n을 독립변수로 사용합니다. 그렇다면 종속변수는 n에 관한 식, 즉 일반항 $a_n = f(n)$이 될 것입니다. 그럼 다음 식이 수열의 일반항 a_n을 나타낸다고 할 때, 제1항부터 제5항까지의 수열을 구해보도록 하겠습니다. (각자 머릿속으로 변수 n에 1부터 5까지 대입하여 수열의 항을 구해본다)

$$① \ a_n = 4n^2 - 1 \qquad ② \ a_n = 4 \cdot (-1)^n$$

일반항이 a_n인 수열을 일일이 다 나열하기가 참 귀찮죠? 그래서 간단히 $\{a_n\}$으로 표현합니다. 즉, 수열 $\{n^2\}$이란 수열의 항이 1, 4, 9, 16, ⋯인 수열을 의미한다고 보면 됩니다. 참고로 수열은 항의 개수에 따라 **유한수열**과 **무한수열**로 나뉩니다. 이 말의 의미는 따로 설명하지 않아도 알겠죠? 참고로 유한수열의 제일 마지막 항을 **끝항**이라고 합니다.

수열의 합

'수열을 안다'는 것은 무엇을 의미할까요?

수열 문제에 있어서 가장 기본이 되는 것은 바로 수열의 일반항을 찾는 것입니다. 일반항을 n에 관한 식으로 만들 수만 있다면 우리는 수열의 모든 항을 구할 수 있습니다. 이는 함수에서 함수식을 알면 모든 함숫값을 구할 수 있다는 뜻이기도 합니다. 수열의 일반항을 찾는 방법에 대해서는 뒤쪽에서 차차 배우도록 하겠습니다. 일반항만큼이나 중요한 것이 하나 더 있습니다. 그것은 바로 **수열의 합**입니다.

수열의 합

일반적으로 수열의 합은 수열의 첫째항(a_1)부터 제n항(a_n)까지의 합을 의미하며, 기호로는 S_n으로 나타낸다.

$$a_1 + a_2 + \cdots + a_n = S_n$$

그럼 일반항이 $a_n = 2n-1$인 수열 $\{a_n\}$에서 수열의 합 S_n을 구해보도록 하겠습니다. 일단 수열 $\{a_n\}$의 항을 나열해보면 다음과 같습니다.

수열 $\{a_n\}$: 1, 3, 5, 7, 9, $\cdots$ → 홀수의 수열

이번엔 수열의 합 S_1, S_2, S_3, $\cdots$ 을 구해보면,

$$S_1 = 1$$
$$S_2 = 1+3 = 4$$
$$S_3 = 1+3+5 = 9$$
$$S_4 = 1+3+5+7 = 16$$

수열의 합 S_1, S_2, S_3, $\cdots$의 숫자 배열을 보니 뭔가 감이 잡히나요?

그렇다면 머릿속으로 S_n의 값을 n에 관한 식으로 표현해 보시길 바랍니다. 그것이 바로 수열 $\{a_n\}$의 합을 나타내는 숫자이면서 동시에 수열 $\{S_n\}$의 일반항이 될 것입니다.

수열의 합 S_1, S_2, S_3, …을 하나의 항으로 보게 되면, 새로운 규칙을 갖는 또 다른 수열이 됩니다.

$$S_1,\ S_2,\ S_3,\ \cdots\ :\ 1, 4, 9, 16, ...\ \rightarrow\ S_n = n^2$$

여기서 우리는 규칙성을 갖는 수열에 있어서 수열의 합 또한 규칙성을 갖는다는 것을 쉽게 알 수 있습니다.

수열의 합과 일반항

어떤 수열의 첫째항부터 제n항까지의 합을 S_n이라고 할 때, 제n항부터 제m항까지 합은 어떻게 계산될까요?

앞서 다루었던 홀수의 수열 $\{2n-1\}$을 가지고 제n항부터 제m항까지의 합을 생각해 보시길 바랍니다. 예를 들어 제2항부터 제6항까지라든지 제3항부터 제7항까지 등등 그리고 이 값을 어떻게 n과 m에 관한 식으로 표현할 수 있는지 각자 상상해 보세요.

일단 제n항부터 제m항까지의 합을 수식으로 나타내면 다음과 같습니다. (단, n, m은 자연수이며 $n<m$이다)

$$(\text{제}n\text{항부터 제}m\text{항까지의 합}) = a_n + a_{n+1} + \cdots + a_{m-1} + a_m$$

이번에는 첫째항부터 제n항까지의 합(S_n)과 첫째항부터 제m항까지의 합(S_m)을 수식으로 나타내보겠습니다.

$$S_n = a_1 + a_2 + \cdots + a_{n-1} + a_n$$
$$S_m = a_1 + a_2 + \cdots + a_{n-1} + a_n + a_{n+1} + \cdots + a_{m-1} + a_m$$

어떻게 하면 두 식 S_n과 S_m을 이용하여 제n항부터 제m항까지의 합을 나타내는 식 $a_n + a_{n+1} + \cdots + a_{m-1} + a_m$을 도출해낼 수 있을까요? 일단 S_m에서 S_n을 빼보도록 하겠습니다.

$$S_m - S_n = a_{n+1} + \cdots + a_{m-1} + a_m$$

아직 제n항부터 제m항까지의 합을 나타내는 식 $a_n + a_{n+1} + \cdots + a_{m-1} + a_m$을 표현하기에는 조금 부족하죠? 왜냐하면 $(S_m - S_n)$에는 항 a_n이 빠져 있기 때문입니다. 그럼 이건 어떨까요?

$$S_m - S_{n-1}$$

즉, 첫째항부터 제m항까지 합(S_m)에서 첫째항부터 제$(n-1)$항까지의 합(S_n)을 빼면, 우리가 원하는 '제n항부터 제m항까지의 합을 나타내는 식'을 찾아낼 수 있습니다.

$$S_m - S_{n-1} = a_n + a_{n+1} + \cdots + a_{m-1} + a_m$$

그렇다면 어떤 수열의 첫째항부터 제n항까지의 합을 $S_n = n^2 - 1$이라고 할 때, 제11항부터 제20항까지의 합을 구해보도록 하겠습니다.

$$S_{20} - S_{11-1} = S_{20} - S_{10}$$

여기서 S_{20}과 S_{10}는 단순히 숫자에 불과합니다. 왜냐하면 S_n을 n에 관한 함수식, 즉 $S(n) = n^2 - 1$로 볼 수 있기 때문이죠. 정답을 구해보면 다음과 같습니다.

$$S_{20} - S_{10} = (20^2 - 1) - (10^2 - 1) = 300$$

단순 계산일 뿐이죠? 그렇다면 '제n항부터 제m항까지의 합을 구하는 식'은 수학적으로 어떤 의미를 갖고 있을까요?

쉽게 떠오르지 않죠? 그렇다면 첫째항부터 제$(n-1)$항까지의 합과 제n항까지의 합의 차를 머릿속으로 상상해 보시길 바랍니다.

$$S_n - S_{n-1} = \ ?$$

제n항부터 제m항까지의 합을 구하는 원리를 이용하여 이번에는 수열의 합 S_n과 일반항 a_n의 관계를 찾아보도록 하겠습니다. 즉, 수열의 합 S_n을 가지고 일반항 a_n을 찾아보는 것이지요. 먼저 첫째항부터 제n항까지의 수열의 합 S_n을 써보면 다음과 같습니다.

$$S_n = a_1 + a_2 + \cdots + a_{n-1} + a_n$$

여기서 양변에 어떤 값을 빼야 a_n만 남게 될까요? 당연히 첫째항부터 제$(n-1)$항인 식 $a_1 + a_2 + \cdots + a_{n-1}$을 빼야 하겠죠?

$$\begin{array}{rl} & S_n = a_1 + a_2 + \cdots + a_{n-1} + a_n \\ -) & S_{n-1} = a_1 + a_2 + \cdots + a_{n-1} \\ \hline & S_n - S_{n-1} = a_n \end{array}$$

단순히 제n항까지의 합 S_n에서 제$(n-1)$항까지의 합 S_{n-1}을 뺐을 뿐인데, 식이 한결 간단해졌죠? 즉, 문제가 되었던 '$+ \cdots +$' 부분이 싹 사라져 버렸습니다.

우리는 뺄셈이라는 단순한 연산을 가지고, 수열의 합(S_n)과 일반항(a_n)의 관계식을 도출해 냈습니다. 이는 수열의 합(S_n)을 알면 일반항(a_n)을 쉽게 구할 수 있음을 의미합니다. 여기서 주의해야 할 것은 바로 n의 값입니다. 왜냐하면 S_{n-1}에서 n이 1이 된다면 S_0이 되어 수학적으로 의미가 없어지기 때문입니다. 따라서 수열의 합과 일반항의 관계식에서 n의 값은 항상 2 이상의 자연수가 된다는 사실을 반드시 기억하길 바랍니다. 그렇기 때문에 $n=1$일 때 첫째항 a_1은 $a_1=S_1$로 따로 정리합니다.

수열의 합과 일반항

수열 $\{a_n\}$의 첫째항부터 제n항까지의 합을 S_n이라고 할 때, 수열의 합과 일반항과의 관계는 다음과 같다.

$$a_1 = S_1,\ a_n = S_n - S_{n-1}\ \ (\text{단, } n=2, 3, 4\cdots)$$

수열의 합과 일반항의 관계와 관련하여 다음 문제를 풀어보도록 하겠습니다. 어떻게 풀지 잠시 생각해 보는 시간을 가져봅시다.

수열 $\{a_n\}$의 첫째항부터 제n항까지의 합을 S_n이라고 할 때, 다음 주어진 조건으로부터 수열의 일반항 a_n을 구하여라.

① $S_n = n^2 + n$　　　② $S_n = n^2 + n + 1$

문제해결을 위한 기본설계가 끝나셨나요? 그럼 함께 풀어보도록 하겠습니다. 우선 우리는 수열의 합에 관한 식을 알면 일반항에 관한 식을 쉽게 구할 수 있다는 사실을 알고 있습니다. 즉, ①, ②와 같이 수열의 합이 n에 관한 식으로 주어졌으므로, 이 문제는 '수열의 합과 일반항과의 관계식'을 이용하는 단순 계산문제에 불과합니다. 그럼 하나씩 풀어볼까요? 일단 '수열의 합과 일반항과의 관계식'을 되새겨보면 다음과 같습니다. 여기서 주의해야 할 것은 $n=1$일 때는 따로 정리되었다는 사실입니다.

수열의 합과 일반항과의 관계

$$a_1 = S_1,\ a_n = S_n - S_{n-1}\ (\text{단, } n=2,\ 3,\ 4\cdots)$$

먼저 첫째항 a_1을 구해보겠습니다. 참고로 $a_1 = S_1$이므로, S_1만 구하면 되겠죠? 문제에서 S_n의 관한 식이 주어졌으므로, S_1은 숫자(함숫값)에 불과합니다.

$$① \; S_n = n^2 + n \;:\; S_1 = 1^2 + 1 = 2 \rightarrow a_1 = 2$$

$$② \; S_n = n^2 + n + 1 \;:\; S_1 = 1^2 + 1 + 1 = 3 \rightarrow a_1 = 3$$

다음으로 $a_n = S_n - S_{n-1}$을 이용하여 일반항 a_n(n에 관한 식)을 구해보도록 하겠습니다. 마찬가지로 S_n에 관한 식이 주어졌으므로 $S_n - S_{n-1}$ 또한 쉽게 n에 관한 식으로 표현할 수 있습니다. 참고로 S_{n-1}이란 S_n을 표현하는 식에 n 대신 $(n-1)$을 대입한 것과 같습니다. 즉, 함수식의 개념과 동일하다고 볼 수 있습니다. $(S_n = f(n) \rightarrow S_{n-1} = f(n-1))$

$$① \; S_n = n^2 + n \;:\; S_n - S_{n-1} = (n^2 + n) - \left[(n-1)^2 + (n-1)\right] = 2n$$

$$\therefore \; a_n = S_n - S_{n-1} = 2n \; (\text{단, } n = 2,\ 3,\ 4,\ 5\cdots)$$

$$② \; S_n = n^2 + n + 1 \;:\; S_n - S_{n-1} = (n^2 + n + 1) - \left[(n-1)^2 + (n-1) + 1\right] = 2n$$

$$\therefore \; a_n = S_n - S_{n-1} = 2n \; (\text{단, } n = 2,\ 3,\ 4,\ 5\cdots)$$

그럼 ①과 ②에 해당하는 일반항 a_n(n에 관한 식)을 정리해 보면 다음과 같습니다. 여기서 a_1의 값에 주의합니다.

$$① \; a_1 = 2,\ a_n = 2n \; (\text{단, } n = 2,\ 3,\ 4,\ 5\cdots)$$

$$② \; a_1 = 3,\ a_n = 2n \; (\text{단, } n = 2,\ 3,\ 4,\ 5\cdots)$$

①번 같은 경우는 $a_1 = 2$이므로, 일반항 a_n에 포함하여 표현할 수 있지만, ②번의 경우에는 $a_1 = 3$이므로, 일반항 a_n에 포함할 수 없습니다. 따라서 첫째항과 일반항을 반드시 따로 표현해야 합니다.

$$① \; a_n = 2n(n = 1,\ 2,\ 3, \cdots) \qquad ② \; a_n \begin{cases} a_1 = 3 \\ a_n = 2n \; (n = 2,\ 3,\ 4\cdots) \end{cases}$$

다음 괄호 안에 들어갈 숫자는 무엇일까요?

1

1 1

1 2

1 1 2 1

1 2 2 1 1 1

1 1 2 2 1 3

1 2 2 2 1 1 3 1

( ) 1 ( ) 3 ( ) 2 ( ) 1 ( ) 1

* 홀수 번째 숫자는 바로 윗줄의 숫자를 의미하며,
짝수 번째 숫자는 바로 윗줄의 숫자의 개수를 의미한다.

정답 1, 2, 1, 3, 1

개념 한눈에 보기

1. 수열

어떤 규칙에 따라 차례로 늘어놓은 수의 배열

2. 수열의 항

수열에서 나열된 각각의 수

3. 수열의 일반항

수열의 제n번째 항(제n항)을 말하며, 수열의 규칙에 의해 n에 관한 식 $a_n=f(n)$으로 표현된다.

4. 수열과 함수

수열은 자연수를 정의역으로, 실수를 공역으로 하는 함수라고 볼 수 있다.
(일반적으로 자연수를 나타내는 대표적 문자인 n을 수열의 독립변수로 사용하며, 종속변수는 a_n이 된다)

$$\begin{cases} n \quad : 1 \quad 2 \quad 3 \quad 4 \quad 5 \cdots \\ f(n) : 3 \quad 6 \quad 9 \quad 12 \quad 15 \cdots \end{cases} \rightarrow f(n)=3n \ (n\text{은 자연수})$$

$$f: N \rightarrow R,\ a_n=f(n)=3n$$

5. 수열의 합

일반적으로 수열의 합은 수열의 첫째항(a_1)부터 제n항(a_n)까지의 합을 의미하며, 기호로는 S_n으로 나타낸다.

$$a_1+a_2+\cdots+a_n=S_n$$

6. 수열의 합과 일반항

수열 $\{a_n\}$의 첫째항부터 제n항까지의 합을 S_n이라고 할 때, 수열의 합과 일반항과의 관계는 다음과 같다.

$$a_1=S_1,\ a_n=S_n-S_{n-1}\ (\text{단, } n=2,\ 3,\ 4\cdots)$$

도출형 학습방식으로 다음 문제를 풀어보겠습니다. (개념이 잘 기억나지 않으면 앞의 내용을 찾아보길 바란다)

수열 $\{a_n\}$의 제1항부터 제n항까지의 합이 S_n이라고 할 때, 다음 수열은 S_1, S_2, S_3, $\cdots$을 나타낸다. 수열 $\{a_n\}$의 일반항을 구하여라.

$$1,\ 1\cdot2,\ 2\cdot3,\ 3\cdot4,\ 4\cdot5,\ 5\cdot6, \ldots$$

1단계 개념도출 문제를 풀기 위해서는 어떤 개념을 알아야 할까요?

2단계 개념설명 개념을 알고 있다면 간단히 설명해 보길 바랍니다.

3단계 문제해결 그러면 어떻게 문제를 해결할 수 있을까요?

수열 $\{a_n\}$의 제1항부터 제n항까지의 합이 S_n이라고 할 때, 다음 수열은 S_1, S_2, S_3, ⋯을 나타낸다. 수열 $\{a_n\}$의 일반항을 구하여라.

$$1,\ 1\cdot2,\ 2\cdot3,\ 3\cdot4,\ 4\cdot5,\ 5\cdot6, \ldots$$

1단계

문제를 풀기 위해서는 어떤 개념을 알아야 할까요?

수열의 일반항, 수열의 합, 수열의 일반항과 수열의 합과의 관계에 대해 알아야 한다.

2단계

개념을 알고 있다면 간단히 설명해 보길 바랍니다.

수열의 일반항

수열의 제n번째 항(제n항)을 말하며, 수열의 규칙에 의해 n에 관한 식 $a_n=f(n)$으로 표현된다.

수열의 합

일반적으로 수열의 합은 수열의 첫째항(a_1)부터 제n항(a_n)까지의 합을 의미하며, 기호로는 S_n으로 나타낸다.

$$a_1+a_2+\cdots+a_n=S_n$$

수열의 합과 일반항

수열 $\{a_n\}$의 첫째항부터 제n항까지의 합을 S_n이라고 할 때, 수열의 합과 일반항과의 관계는 다음과 같다.

$$a_1=S_1,\ a_n=S_n-S_{n-1}\ (\text{단, } n=2, 3, 4\cdots)$$

3단계 그러면 어떻게 문제를 해결할 수 있을까요?

주어진 수열은 $S_1, S_2, S_3, \cdots$을 나타내므로, 일단 수열의 합 S_n을 n에 관한 식으로 표현할 수 있다. 그리고 수열의 일반항과 수열의 합과의 관계를 이용하면 수열 $\{a_n\}$의 일반항을 구할 수 있다.

정답이 궁금한 학생들은 다음 정답풀이를 참고하시기 바랍니다.

주어진 수열은 S_1, S_2, S_3, $\cdots$을 나타내므로, 일단 수열의 합 S_n을 n에 관한 식으로 표현해 보자.

$$1,\ 1\cdot 2,\ 2\cdot 3,\ 3\cdot 4,\ 4\cdot 5,\ 5\cdot 6, \cdots$$
$$\rightarrow S_1 = 1,\ S_n = (n-1)n \text{ (단, } n\text{은 } 2, 3, 4, \cdots)$$

이제 수열의 일반항과 수열의 합과의 관계를 통해서 수열 $\{a_n\}$의 일반항을 구해 보자. 수열의 합과 일반항과의 관계는 다음과 같다.

$$a_1 = S_1,\ a_n = S_n - S_{n-1} \text{ (단, } n=2, 3, 4, \cdots)$$

먼저 첫째항은 $a_1 = S_1$이므로 $a_1 = 1$이 된다. 둘째항부터 관계식
$a_n = S_n - S_{n-1}$ (단, $n=2, 3, 4, \cdots$)을 적용해 보면,

$$a_n = S_n - S_{n-1} = (n-1)n - [(n-2)(n-1)]$$
$$= n^2 - n - (n^2 - 3n + 2) = 2n - 2 \quad \therefore a_n = 2n - 2\,(n = 2, 3, 4, \cdots)$$

$a_1 = 1$이므로 일반항 $a_n = 2n-2$에 포함시킬 수 없다.
($a_n = 2n-2$에서 $n=1$일 때, $a_1 = 0$이 된다)
따라서 a_1과 a_n을 따로 표현해 주어야 한다.

정답 $\begin{cases} a_1 = 1 \\ a_n = 2n-2\,(n = 2, 3, 4, \cdots) \end{cases}$

2 등차수열

등차수열

다음 수열의 규칙성을 찾아보시길 바랍니다.

$$1,\ 4,\ 7,\ 10,\ 13,\cdots$$

어렵지 않게 규칙성을 파악할 수 있을 것입니다. 이 수열의 경우, 선행하는 숫자에 3이 더해져서 다음 숫자가 만들어지는 규칙을 갖고 있는 수열입니다.

$$1,\quad 4,\quad 7,\quad 10,\quad 13,\quad \cdots$$

+3 +3 +3 +3

이렇게 인접한 두 항의 차가 일정한 값을 갖는 수열을 **등차수열**이라고 말합니다. 등차란 '같을 등(等)', '뺄 차(差)'를 써서 '차가 같다'는 의미의 한자어입니다. 그럼 또 다른 등차수열에는 뭐가 있을까요? 각자 등차수열을 머릿속으로 하나씩 만들어보시길 바랍니다.

등차수열에서 인접한 두 항의 차를 **공차**라고 말합니다. 공차(公差)를 한자로 풀어쓰면 '일반적인 차'를 의미합니다. 그렇다면 수열 $\{a_n\}$이 등차수열일 때, '두 인접한 항의 차는 같다'라는 성질을 이용하여 수열 $\{a_n\}$에 관한 식을 도출해 보도록 하겠습니다. 여기서 공차를 d라고 하겠습니다.

> 등차수열 $\{a_n\}$: $a_1,\ a_2,\ a_3,\ \cdots,\ a_{n-1},\ a_n,\ a_{n+1}$
>
> 두 인접한 항의 차(d)는 같다.
>
> $\rightarrow\ a_2-a_1=d,\ a_3-a_2=d,\ \cdots\ a_n-a_{n-1}=d,\ a_{n+1}-a_n=d$

다음 수열이 등차수열일 때, 괄호 안에 알맞은 숫자를 넣어보시길 바랍니다. 또한 각 등차수열의 공차까지도 함께 구해보시길 바랍니다. (등차수열과 공차의 개념만 알면 쉽게 해결되므로 각자 풀어보도록 합니다)

① $\cdots,\ -12,\ (\quad),\ 1,\ \cdots$ ② $\cdots,\ 1,\ (\quad),\ (\quad),\ 7,\ \cdots$

어렵지 않죠? 그럼 공차를 이용하여 등차수열의 일반항을 찾아보도록 하겠습니다.

첫째항이 a_1이고, 공차가 d인 등차수열의 일반항을 찾아라.

일반항 a_n을 찾는다는 것은 제n항을 나타내는 'n에 관한 식'을 찾는다는 말과도 같습니다. 여기서 첫째항 a_1과 공차 d는 정해진 숫자에 불과합니다. 그럼 공차 d를 이용하여 수열의 제2항, 제3항 …, 제n항까지 차례로 구해보도록 하겠습니다. 일단 첫째항 a_1에 공차 d를 더하면 제2항을 구할 수 있겠죠? 그리고 제2항에 공차 d를 더하면 제3항을 구할 수 있습니다.

[수열 $\{a_n\}$]

첫째항	제2항	제3항	제4항	…	제n항
a_1	a_1+d	a_1+d+d $=a_1+2d$	a_1+2d+d $=a_1+3d$	…	$a_1+(n-1)d$

제n항이 바로 일반항이 되므로, 우리는 다음과 같이 일반항 a_n을 n에 관한 식으로 표현할 수 있습니다.

$$a_n=a_1+(n-1)d \quad (a_1,\ d\text{는 상수에 불과하다})$$

그렇게 어렵지 않죠? 그럼 다음 등차수열의 일반항 a_n을 구해보도록 하겠습니다. 첫째항 a_1과 공차 d를 구한 다음, 등차수열의 일반항 $a_n=a_1+(n-1)d$에 대입하는 단순 계산문제이니 각자 풀어보도록 합니다.

① $-45,\ -21,\ 3,\ 27,\cdots$ ② $-1,\ -1,\ -1,\ -1,\cdots$

등차수열과 관련된 용어와 일반항을 정리하면 다음과 같습니다.

등차수열

① 등차수열 : 인접한 두 항의 차가 일정한 값을 갖는 수열로서, 선행하는 숫자에 일정한 값을 더하여 그다음 항을 만드는 수열

② 공차 : 등차수열에서 인접한 두 항의 차

③ 인접한 두 항의 관계식 : $a_{n+1} - a_n = d$ (d는 공차)
④ 등차수열의 일반항 : $a_n = a_1 + (n-1)d$

여기서 우리는 등차수열의 첫째항과 공차만 알면 쉽게 등차수열의 일반항을 찾을 수 있다는 것을 확인할 수 있습니다. 즉, 등차수열 문제에서는 첫째항과 공차를 찾는 것에 집중해야 한다는 말이죠. 참고로 공차가 0이 아닌 등차수열의 일반항은 항상 n에 관한 1차식으로 표현된다는 사실을 반드시 기억하시길 바랍니다.

공차(d)가 0이 아닌 등차수열의 일반항

$a_n = a_1 + (n-1)d$ → n에 관한 1차식

반대로 일반항이 n에 관한 1차식으로 주어진 수열은 반드시 등차수열이 된다는 사실도 함께 기억하시길 바랍니다. 그럼 등차수열과 관련하여 다음 문제를 풀어보도록 하겠습니다. 어떻게 풀지 잠시 생각해 보는 시간을 가져봅시다.

수열 $\{a_n\}$이 등차수열이고, $a_2 + a_5 = 10$, $a_7 + a_{10} = 30$을 만족할 때, 제23항은 무엇인가?

문제해결을 위한 기본설계가 끝나셨나요? 그럼 함께 풀어보도록 하겠습니다. 우선 수열 $\{a_n\}$이 등차수열이라고 했으므로, 등차수열의 일반항부터 구해보도록 하겠습니다. 일반항만 구하면 제23항은 쉽게 찾을 수 있기 때문이죠. 등차수열의 일반항을 구하기 위해서는 첫째항과 공차만 알면 된다는 사실, 다들 알고계시죠? 즉, 등차수열 $\{a_n\}$의 첫째항을 a_1, 공차를 d라고 놓은 후, 주어진 조건을 이용하여 a_1, d에 관한 2개의 연립방정식만 도출하면 됩니다. 그렇다면 등차수열 $\{a_n\}$의 일반항을 n에 관한 식으로 작성해 보면 다음과 같습니다.

$$a_n = a_1 + (n-1)d$$

등차수열의 일반항 $a_n = a_1 + (n-1)d$에 주어진 조건을 대입하여, a_1, d에 관한 2개의 연립방정식을 도출하면 다음과 같습니다. 참고로 a_2, a_5, a_7, a_{10}의 경우 일반항 $a_n = a_1 + (n-1)d$에 n 대신 숫자 2, 5, 7, 10을 대입한 값과 같습니다.

$$a_2 + a_5 = 10 \rightarrow [a_1 + (2-1)d] + [a_1 + (5-1)d] = 10$$
$$a_7 + a_{10} = 30 \rightarrow [a_1 + (7-1)d] + [a_1 + (10-1)d] = 30$$

도출된 연립방정식을 풀면 쉽게 $a_1 = 0$, $d = 2$라는 사실을 알 수 있을 것입니다. 등차수열 $\{a_n\}$의 일반항이 $a_n = 2n - 2$이므로, 문제에서 구하고자 하는 제23항은 $a_{23} = 2 \times 23 - 2 = 44$가 됩니다. 어렵지 않죠? 등차수열의 개념을 이용하여 각자 등차수열과 관련된 여러 문제를 만들어서 풀어보시길 바랍니다. 스스로 문제를 만들어 풀다 보면 수학이 점점 쉬워질 것입니다.

등차수열과 관련하여 또 하나의 개념(용어)이 있는데, 이 개념을 설명하기 전에 먼저 다음 물음의 답을 찾아보시길 바랍니다.

세 수 a, b, c가 등차수열을 이루고 있을 때,
b를 a와 c로 나타내어라.

등차수열을 이루는 세 항 중 가운데 항은 양쪽 항을 산술평균한 값, 즉 양쪽 항을 더해서 2로 나눈 값과 같습니다. 이때 가운데 항을 양쪽 항의 **등차중항**이라고 말합니다.

등차중항

세 수 a, b, c가 순서대로 등차수열을 이룰 때, 가운데 항 b를 a, c의 등차중항이라고 말하며, 등식 $b=\frac{a+c}{2}$가 성립한다. 마찬가지로 등식 $b=\frac{a+c}{2}$가 성립할 때, 세 수 a, b, c는 순서대로 등차수열을 이룬다.

그렇다면 세 수 a, b, c가 순서대로 등차수열을 이룰 때, 등식 $b=\frac{a+c}{2}$를 만족하는지 증명해 보도록 하겠습니다. 여기서 공차를 d로 놓으면, 등차수열의 정의에 따라 인접한 두 항의 차는 d가 될 것입니다.

$$b-a=d,\ c-b=d \rightarrow b-a=c-b \rightarrow b=\frac{a+c}{2}$$

여기서 등식 $b=\frac{a+c}{2}$를 일반항 a_n으로 나타내면 다음과 같습니다.

$$a_{n+1}=\frac{a_n+a_{n+2}}{2} \quad (n=1,\ 2,\ 3,\cdots)$$

참고로 n이라는 문자는 어떤 자연수를 의미하므로, 식 $a_{n+1}=\frac{a_n+a_{n+2}}{2}$를 다음과 같이 표현할 수도 있다는 사실을 반드시 기억하고 넘어가시길 바랍니다.

$$a_n=\frac{a_{n-1}+a_{n+1}}{2} \quad (n=2,\ 3,\ 4\cdots),\ a_{n-1}=\frac{a_{n-2}+a_n}{2} \quad (n=3,\ 4,\ 5\cdots)$$

그럼 등차중항이 5일 때, -3부터 12까지의 정수 중 5와 함께 등차수열을 이루는 나머지 2개의 숫자(정수)를 찾아보시길 바랍니다. 총 몇 개의 숫자쌍이 나올까요?

등차중항과 관련하여 다음 문제를 풀어보도록 하겠습니다. 어떻게 풀지 잠시 생각해 보는 시간을 가져봅시다.

다항식 $f(x)=x^2+ax+5$를 $(x-1)$로 나눈 나머지가 다항식 $f(x)$를 $(x+1)$과 $(x-2)$로 나눈 나머지의 등차중항이 될 때, 상수 a값을 구하여라. (단, b 또한 상수이다)

문제해결을 위한 기본설계가 끝나셨나요? 그럼 함께 풀어보도록 하겠습니다. 우선 나머지정리에 대한 개념을 살펴보도록 하겠습니다.

【나머지정리】

다항식 $f(x)$를 1차식 $(x-\alpha)$로 나누었을 때의 나머지는 $f(\alpha)$와 같다.

주어진 문제에서 다항식 $f(x)=x^2+ax+5$를 $(x-1)$로 나눈 나머지가 다항식 $f(x)$를 $(x+1)$과 $(x-2)$로 나눈 나머지의 등차중항이 된다고 했으므로, 나머지정리를 적용하면 $f(1)$의 값은 $f(-1)$과 $f(2)$의 값의 등차중항이 될 것입니다. 따라서 다음과 같은 관계식이 성립하죠.

$$f(1)=\frac{f(-1)+f(2)}{2}$$

식 $f(1)=\dfrac{f(-1)+f(2)}{2}$는 a에 관한 방정식이므로 우리는 쉽게 a값을 구할 수 있습니다. 각자 계산해 보시길 바랍니다.

정답 3

등차수열의 합

이번에는 등차수열의 합을 구해보도록 하겠습니다. 다음 등차수열의 합은 얼마일까요?

$$1+2+3+\cdots+98+99+100$$

1부터 100까지의 자연수는 공차가 1인 등차수열입니다. 이것을 순서대로 하나씩 더하면 시간도 많이 걸릴뿐더러 우리가 수열을 배우는 의미가 없어집니다. 수열이란 어떤 규칙이 있는 숫자의 배열을 의미하므로, 수열의 합을 구할 때에도 뭔가 쉽게 계산할 수 있는 규칙성을 찾는 것이 중요합니다. 어떤 방식으로 더해야 그 규칙성을 찾을 수 있을까요?

맨 앞의 수(제1항)와 맨 마지막 수(제100항)를 더하고, 두 번째 수(제2항)와 아흔아홉 번째 수(제99항)를 더해보면 어떤 결과가 나올까요?

$$\overbrace{1+\underbrace{2+3+\cdots+98+99}_{101}+100}^{101}$$

뭔가 감이 오시나요? 그렇습니다. 제1항과 제100항의 합(101)은 제2항과 제99항의 합(101)과 같습니다. 또한 제3항과 제98항의 합도 그러합니다. 그렇다면 이런 식으로 101이라는 숫자가 몇 번이나 나올까요? 총 항의 개수가 100개이고, 두 항씩 묶어서 더했으니 101이라는 숫자는 50번 나오겠죠? 따라서 $(1+2+3+\cdots+98+99+100)$의 값은 $101\times50=5050$이 됩니다. 마찬가지로 첫째항이 a_1이고 마지막 항이 a_n인 등차수열의 합은 다음과 같습니다.

$$a_1+a_2+\cdots+a_{n-1}+a_n=\frac{n}{2}(a_1+a_n)$$

그럼 첫째항이 a_1이고 공차가 d인 등차수열의 일반항 $a_n=a_1+(n-1)d$를 식 $\frac{n}{2}(a_1+a_n)$에 대입하면 다음과 같이 등차수열의 합의 공식을 유도할 수 있습니다.

등차수열의 합

수열 $\{a_n\}$이 등차수열이고, 첫째항부터 제n항까지의 합을 S_n이라고 할 때, S_n은 다음과 같다. (단, 첫째항이 a_1이고 공차는 d이다)

$$S_n=a_1+a_2+\cdots+a_{n-1}+a_n=\frac{n}{2}(a_1+a_n)=\frac{n}{2}[2a_1+(n-1)d]$$

보는 바와 같이 등차수열의 제1항부터 제n항까지의 합을 구하는 방법은 2가지입니다. 첫째는 제1항(a_1)과 제n항(a_n)을 찾아 공식 $S_n = \frac{n}{2}(a_1 + a_n)$에 대입하는 방법과 둘째는 제1항($a_1$)과 공차($d$)를 찾아 $S_n = \frac{n}{2}[2a_1 + (n-1)d]$에 대입하는 방법입니다. 여기서는 당연히 수열의 총 항의 개수인 n값을 알아야 하겠죠? 그렇다면 다음 주어진 등차수열의 합을 구해보시길 바랍니다. (단순히 공식에 대입하는 수준이므로 시간 날 때 각자 풀어보도록 한다)

① 첫째항이 -8, 마지막 항이 26이고, 항의 개수가 총 6개인 등차수열의 합

② 첫째항이 30이고, 공차가 -3인 등차수열의 제1항부터 제10항까지의 합

이번엔 등차수열의 합에 관한 응용문제를 풀어보도록 하겠습니다. 어떻게 풀지 잠시 생각해 보는 시간을 가져봅시다.

첫째항부터 제10항까지의 합이 55, 첫째항부터 제20항까지의 합이 210인 등차수열의 첫째항부터 제30항까지의 합을 구하여라.

문제해결을 위한 기본설계가 끝나셨나요? 등차수열의 합의 공식만 알면 단순한 연립방정식 계산문제에 불과하므로 각자 풀어보시길 바랍니다.

정답 465

참고로 자연수로 이루어진 수열의 합과 홀수, 짝수로 이루어진 수열의 합에 대해서 그 합의 공식을 알아두면 수열에 관한 계산문제를 풀 때 상당히 편리합니다. 자연수, 홀수, 짝수의 수열은 모두 등차수열이 되는 거 아시죠?

- 자연수 수열 : 첫째항이 1이고, 공차가 1인 등차수열

  $\rightarrow S_n = \frac{n}{2}[2a_1 + (n-1)d] = \frac{n(n+1)}{2}$

- 홀수 수열 : 첫째항이 1이고, 공차가 2인 등차수열

  $\rightarrow S_n = \frac{n}{2}[2a_1 + (n-1)d] = n^2$

- 짝수 수열 : 첫째항이 2이고, 공차가 2인 등차수열

  $\rightarrow S_n = \frac{n}{2}[2a_1 + (n-1)d] = n(n+1)$

여기서 등차수열의 합에 관한 식은 '상수항이 없는' n에 관한 2차식의 형태를 띠고 있습니다. 이는 등차수열의 일반항이 n에 관한 1차식의 형태를 띠고 있는 것과 깊은 연관이 있습니다.

수열 $\{a_n\}$의 일반항이 a_n이고, 제1항부터 제n항까지의 합을 S_n이라고 할 때,

$$a_n = An + B,\ S_n = A'n^2 + B'n \rightarrow \{a_n\}\text{은 등차수열이다.}$$

참고로 수열의 합이 '상수항이 있는' n에 관한 2차식의 형태일 경우에는 제2항부터 등차수열을 이루고 있다는 사실도 기억하시길 바랍니다.

$S_n = n^2 - 1$일 때, 일반항 a_n

i) $a_1 = S_1 = 0$

ii) $a_n = S_n - S_{n-1} = (n^2 - 1) - [(n-1)^2 - 1] = 2n - 1\ (n = 2,\ 3,\ 4, ...)$

$\{a_n\}$: 0, 3, 5, 7, 9, ⋯ → 제2항부터 등차수열

등차수열과 관련하여 다음 문제를 풀어보시길 바랍니다. 어떻게 풀지 잠시 생각해 보는 시간을 가져봅시다.

수열 $\{a_n\}$의 첫째항부터 제n항까지의 합 S_n이 $S_n = n^2 + n + 1$일 때, 식 $a_2 + a_5 + a_8 + \cdots + a_{20}$의 값을 구하여라.

문제해결을 위한 기본설계가 끝나셨나요? 그럼 함께 풀어보도록 하겠습니다. 우선 구하고자 하는 식 $a_2+a_5+a_8+\cdots+a_{20}$의 값은 일반적인 수열의 합이 아님을 알 수 있습니다. 일단 수열의 합 S_n을 이용하여 일반항 a_n을 구해보도록 하겠습니다. 여기서 수열의 합에 관한 식이 주어졌으므로, 일반항을 구하는 것은 어렵지 않을 것입니다. 먼저 수열의 합과 일반항과의 관계가 어떤지 기억해 봅니다.

수열의 합과 일반항과의 관계

수열 $\{a_n\}$의 첫째항부터 제n항까지의 합을 S_n이라고 할 때, 수열의 합과 일반항과의 관계는 다음과 같다.

$$a_1=S_1,\ a_n=S_n-S_{n-1}\ (\text{단, } n=2,\ 3,\ 4\cdots)$$

여기서 우리는 수열의 합 S_n을 알고 있다면 일반항과의 관계식을 이용하여 일반항 a_n을 쉽게 구할 수 있다는 사실을 알고 있습니다. 즉, 단순 계산문제에 불과하죠. 그렇다면 주어진 조건 $S_n=n^2+n+1$을 이용하여 일반항 a_n을 구해보겠습니다.

i) $a_1=S_1=1^2+1+1=3$

ii) $a_n=S_n-S_{n-1}=(n^2+n+1)-[(n-1)^2+(n-1)+1]=2n$
$(n=2,\ 3,\ 4,\cdots)$

여기서 주의할 게 하나 있죠? 바로 $a_n=2n$에서 $n=2,\ 3,\ 4,\cdots$이라는 사실입니다. 따라서 일반항 a_n은 다음과 같습니다.

$$a_n\begin{cases}a_1=3\\ a_n=2n\ \ (n=2,\ 3,\ 4,\ 5\cdots)\end{cases}$$

n이 2 이상일 때, 일반항 a_n이 n에 관한 1차식이 되므로 수열 $\{a_n\}$의 제2항부터는 등차수열로 볼 수 있습니다. 그렇다면 등차수열 $a_n(n=2,\ 3,\ 4,\cdots)$의 공차를 구해보도록 하겠습니다.

$$a_n=2n : a_2=4,\ \ a_3=6 \rightarrow \text{공차 } d=2$$

이제 처음에 우리가 구하고자 했던 식 $a_2+a_5+a_8+\ \cdots\ +a_{20}$의 값을 구해보면,

$$a_2+a_5+a_8+\cdots+a_{20}=4+10+16+\cdots+40$$

우리는 여기서 항의 값을 일일이 더해야 할까요? 만약 $a_2+a_5+a_8+\cdots+a_{20}$이 아니라 $a_2+a_5+a_8+\ \cdots\ +a_{101}$을 구하라고 했어도 그 값을 일일이 더할 수 있을까요? 당연히 아니겠죠? 이 등차수열의 경우(a_2, a_5, a_8, $\dots$, a_{20}), 첫째항이 4 마지막 항이 40 그리고 총 항의 개수가 7가 됩니다. 즉, 등차수열의 합의 공식을 적용하면 쉽게 정답을 찾아낼 수 있습니다. 앞서 배웠던 등차수열의 합의 공식을 떠올려봅시다.

$$S_n=\frac{n}{2}(a_1+a_n)=\frac{7}{2}(4+40)=154$$

수열 문제는 규칙성을 찾는 문제가 대부분입니다. 왜냐하면 수열이라는 것이 어떤 규칙대로 나열된 숫자의 배열이기 때문이죠. 그럼 다음 수열의 합과 관련된 여러 가지 문제를 풀어보도록 하겠습니다. 어떻게 풀지 생각해보는 시간을 가져봅시다.

좌표평면 위의 두 점 $A(1,\ 2)$, $B(61,\ 38)$을 6등분하는 점의 좌표를 차례로 $(x_1,\ y_1)$, $(x_2,\ y_2)$, $\cdots$, $(x_5,\ y_5)$라고 할 때, $x_1+x_2+\cdots+x_5$의 값을 구하여라.

문제해결을 위한 기본설계가 끝나셨나요? 그럼 함께 풀어보도록 하겠습니다. 우선 좌표평면에 두 점 $A(1,\ 2)$, $B(61,\ 38)$을 찍어서 6등분으로 내분한 다음 차례로 $(x_1,\ y_1)$, $(x_2,\ y_2)$, $\cdots$, $(x_5,\ y_5)$를 찍어보겠습니다.

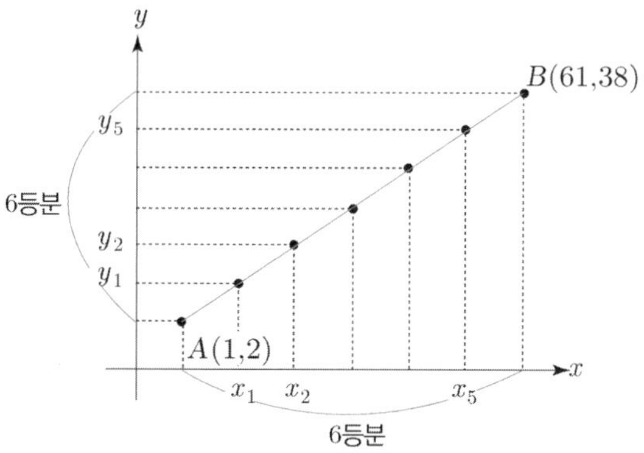

좌표평면의 두 점 $A(1,\ 2)$, $B(61,\ 38)$을 6등분했다는 말은 x, y좌표를 각각 x, y축을 기준으로 6등분한 것과 같다는 말입니다. 따라서 x좌표를 기

준으로 6등분이 되는 각 점의 x좌표를 찾아야 식 $x_1+x_2+\cdots+x_5$의 값을 구할 수 있습니다. 일단 두 점 A, B의 x좌표를 x축에 따라 그려보면 다음과 같습니다.

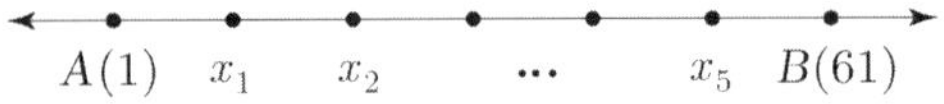

x축을 기준으로 좌표 1과 좌표 61을 6등분하였으므로 x_1과 x_2 사이의 거리는 10이 될 것입니다. 마찬가지로 x_2와 x_3 사이의 거리도 10이 되겠죠? 또한 x_1의 좌표는 점 A의 x좌표인 1보다 10이 더 큰 11이 될 것입니다. 이 말은 수열 x_1, x_2, $\cdots$, x_5는 첫째항이 11, 공차가 10, 그리고 항의 개수가 총 5개인 등차수열이 된다는 것을 의미합니다. 따라서 우리가 구하고자 하는 등차수열의 합 $x_1+x_2+\cdots+x_5$의 값은 다음과 같이 구할 수 있습니다. (등차수열의 합의 공식을 머릿속으로 떠올려봅니다)

$$S_n=\frac{n}{2}[2a_1+(n-1)d] \rightarrow S_5=\frac{5}{2}[2\times 11+4\times 10]=155$$

어떠세요? 어렵게만 느껴졌던 수열문제가 하나씩 풀리기 시작하죠? 기본적인 수열문제의 경우, 간단한 공식만 알고 있으면 단순 계산문제(연립방정식의 풀이)에 지나지 않습니다. 이번엔 머리를 좀 쓰는 문제를 풀어볼까요?

첫째항이 132이고, 공차가 -6인 등차수열 $\{a_n\}$에서 첫째항부터 제n항까지의 합을 S_n이라고 할 때, S_n의 최댓값과 그 때의 n의 값을 구하여라.

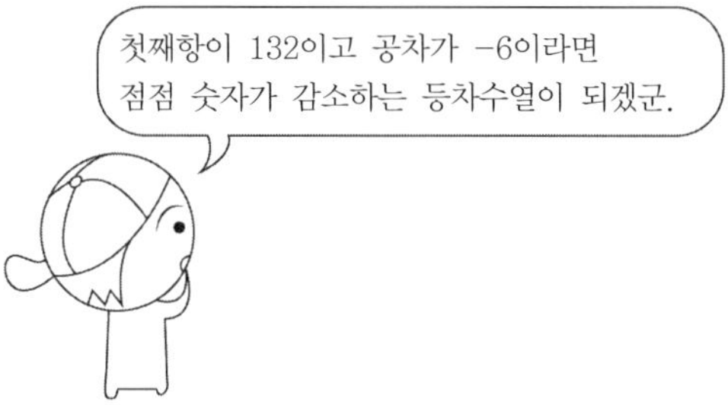

문제해결을 위한 기본설계가 끝나셨나요? 그럼 함께 풀어보도록 하겠습니다. 우선 주어진 등차수열 $\{a_n\}$은 공차가 음수이므로 점점 감소하는 수열이 됩니다. 따라서 수열의 합이 최대가 되기 위해서는 양수인 수열의 항까지만 더해야 되겠죠? 그럼 몇 번째 항에서 음수가 나올지 생각해 보면서 일반항 a_n을 찾아보도록 하겠습니다.

$$a_n = a_1 + (n-1)d = 132 - 6(n-1) = -6n + 138$$

일반항 $a_n = -6n + 138$이 음수가 되는 자연수 n을 찾아보면,

$$-6n + 138 < 0 \rightarrow -6n < -138 \rightarrow n > 23$$

등차수열 $\{a_n\}$은 제24항부터 음수가 나옵니다. 따라서 등차수열 $\{a_n\}$의 합이 최대가 되기 위해서는 제1항부터 제23항까지의 합을 구해야 할 것입니다. 등차수열의 합의 공식을 이용하면 쉽게 S_{23}을 구할 수 있습니다.

$$a_1 = 132,\ d = -6$$

$$S_n = \frac{n}{2}[2a_1 + (n-1)d] \rightarrow S_{23} = \frac{23}{2}[264 - 6(23-1)] = 1518$$

여러 가지 등차수열 문제

다음 등차수열에 관한 문제를 풀어보시길 바랍니다.

> **등차수열을 이루고 있는 세 수가 있다. 세 수의 합은 36이고, 세 수의 제곱의 합은 482일 때, 이 세 수를 구하여라.**

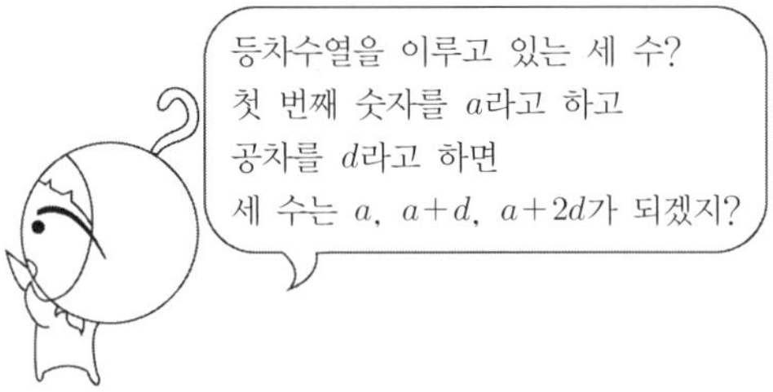

문제해결을 위한 기본설계가 끝나셨나요? 그럼 함께 풀어보도록 하겠습니다. 우선 세 수가 등차수열을 이룬다고 했으므로, 첫 번째 수를 a, 공차를 d로 하여 세 수를 만들어보면 다음과 같습니다.

$$a,\ a+d,\ a+2d$$

여기서 미지수가 a, d이므로, 세 수를 구하기 위해서는 a와 d에 관한 연립방정식 2개를 도출하기만 하면 됩니다. 문제에서 세 수의 합이 36, 세 수의 제곱의 합이 482라고 했으므로 다음과 같이 a, d에 관한 연립방정식 2개를 도출할 수 있습니다.

$$a+(a+d)+(a+2d)=36$$

$$a^2+(a+d)^2+(a+2d)^2=482$$

두 식을 연립하면 $a=7,\ d=5$가 됩니다. 따라서 세 수는 7, 12, 17이라는 사실을 쉽게 알 수 있습니다. (계산과정 생략)

참고로 계산의 편의성을 돕기 위해 등차수열을 이루는 3개 이상의 수를 다음과 같이 나타내어 사용하니, 수열 문제를 풀 때 유용하게 활용하시기 바랍니다.

① 세 수가 등차수열일 경우 : $a-d,\ a,\ a+d$ (공차 : d)
② 네 수가 등차수열일 경우 : $a-3d,\ a-d,\ a+d,\ a+3d$ (공차 : $2d$)
③ 다섯 수가 등차수열일 경우 : $a-2d,\ a-d,\ a,\ a+d,\ a+2d$ (공차 : d)

등차수열을 이루는 세 수와 관련하여 다음 문제를 풀어보도록 하겠습니다.

두 3차방정식 $x^3+3x^2+2x+p=0$과 $x^3-6x^2-4x+q=0$의 세 근이 각각 등차수열을 이룰 때 $p+q$의 값을 구하여라.

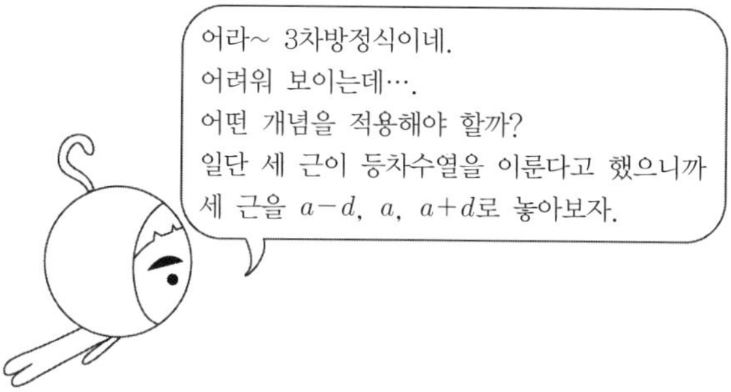

문제해결을 위한 기본설계가 끝나셨나요? 그럼 함께 풀어보도록 하겠습니다. 일단 두 3차방정식의 세 근이 각각 등차수열을 이룬다고 했으므로, 등차수열이 되는 세 수를 적어봐야 하겠죠?

① $x^3+3x^2+2x+p=0$의 세 근 : $a-d,\ a,\ a+d$

② $x^3-6x^2-4x+q=0$의 세 근 : $a'-d',\ a',\ a'+d'$

그리고 어떤 개념을 알아야 할까요? 혹시 3차방정식의 근과 계수와의 관계를 기억하시나요?

【3차방정식의 근과 계수와의 관계】

3차방정식 $ax^3+bx^2+cx+d=0$의 세 근이 α, β, γ일 때,
다음 등식이 성립한다.

$$\alpha+\beta+\gamma=-\frac{b}{a},\ \alpha\beta+\beta\gamma+\gamma\alpha=\frac{c}{a},\ \alpha\beta\gamma=-\frac{d}{a}$$

그럼 방정식 ①과 ②의 세 근에 대한 근과 계수와의 관계를 적용해 보겠습니다.

① $x^3+3x^2+2x+p=0$의 세 근 : $a-d,\ a,\ a+d$

- 세 근의 합 : $(a-d)+a+(a+d)=3a=-3\quad\therefore a=-1$
- 두 근의 곱의 합 : $a(a-d)+a(a+d)+(a-d)(a+d)$
  $=3a^2-d^2=3-d^2=2\quad\therefore d=\pm1$
- 세 근의 곱 : $a(a-d)(a+d)=a^3-ad^2=-1+1=-p\quad\therefore p=0$

② $x^3-6x^2-4x+q=0$의 세 근 : $a'-d',\ a',\ a'+d'$

- 세 근의 합 : $(a'-d')+a'+(a'+d')=3a'=6\quad\therefore a'=2$
- 두 근의 곱의 합 : $a'(a'-d')+a'(a'+d')+(a'-d')(a'+d')$
  $=3a'^2-d'^2=12-d'^2=-4\quad\therefore d=\pm4$
- 세 근의 곱 : $a'(a'-d')(a'+d')=a'^3-a'd'^2=-24=-q\quad\therefore q=24$

따라서 두 3차방정식 $x^3+3x^2+2x+p=0$과 $x^3-6x^2-4x+q=0$의 세 근이 각각 등차수열을 이룰 때 $p+q$의 값은 24가 됩니다. 또 다른 등차수열 문제를 풀어보도록 하겠습니다. 어렵지 않으므로 각자 풀어보시길 바랍니다.

등차수열 $\{a_n\}$에서 $a_6=3a_2$, $a_1+a_7=80$이 성립할 때 a_{20}의 값을 구하여라.

정답 200

-20과 4 사이에 n개의 숫자를 넣어 등차수열을 만들었다. 그 합이 -48일 때, 이 등차수열의 공차를 구하여라.

첫째항과 마지막항이 주어졌으므로, 다음 등차수열의 합의 공식을 적용할 수 있겠죠?

$$S_n = \frac{n\{a+l\}}{2} \quad (a:\text{ 첫째항, } l:\text{ 마지막항})$$

여기서 -20과 4 사이에 n개의 숫자를 넣었으므로, 항의 수는 총 $(n+2)$개가 될 것입니다. 등차수열의 합이 -48이므로 어렵지 않게 n의 값을 구할 수 있습니다.

$$S_n = \frac{n\{a+l\}}{2} \rightarrow S_{n+2} = \frac{(n+2)\{-20+4\}}{2} = -48 \quad \therefore n=4$$

이번엔 등차수열의 일반항에 관한 식을 통해 공차 d를 구해보겠습니다.

$$a_n = a_1 + (n-1)d = -20 + (n-1)d$$

여기서 마지막 항은 제6항이 되어 등식 $a_6 = 4$를 일반항에 관한 식 $a_n = -20+(n-1)d$에 대입하면 쉽게 d를 구할 수 있습니다.

정답 $\frac{24}{5}$

개념 한눈에 보기

1. 등차수열

① 등차수열 : 인접한 두 항의 차가 일정한 값을 갖는 수열로서, 선행하는 숫자에 일정한 값을 더하여 그다음 항을 만드는 수열

② 공차 : 등차수열에서 인접한 두 항의 차

③ 인접한 두 항의 관계식 : $a_{n+1}-a_n=d$ (d는 공차)

④ 등차수열의 일반항 : $a_n=a_1+(n-1)d$

2. 공차가 0이 아닌 등차수열

- 공차(d)가 0이 아닌 등차수열의 일반항은 n에 관한 1차식이 된다.
  $a_n=a_1+(n-1)d$ → n에 관한 1차식
- 수열의 일반항이 n에 관한 1차식일 때, 이 수열은 등차수열이 된다.

3. 등차중항

세 수 a, b, c가 순서대로 등차수열을 이룰 때, 가운데 항 b를 a, c의 등차중항이라고 말하며, 등식 $b=\frac{a+c}{2}$가 성립한다. 마찬가지로 등식 $b=\frac{a+c}{2}$가 성립할 때, 세 수 a, b, c는 순서대로 등차수열을 이룬다.

4. 등차수열의 합

- 수열 $\{a_n\}$이 등차수열이고, 첫째항부터 제n항까지의 합을 S_n이라고 할 때, S_n은 다음과 같다. (단, 첫째항이 a_1이고, 공차는 d이다)

$$S_n=a_1+a_2+\cdots+a_{n-1}+a_n=\frac{n}{2}(a_1+a_n)=\frac{n}{2}[2a_1+(n-1)d]$$

- 수열 $\{a_n\}$의 일반항이 a_n이고, 제1항부터 제n항까지의 합을 S_n이라고 할 때, $a_n=An+B$, $S_n=A'n^2+B'n$이 성립하면 수열 $\{a_n\}$은 등차수열이 된다.
- 수열의 합이 '상수항이 있는' n에 관한 2차식의 형태($S_n=An^2+Bn+C$)일 경우에는 제2항부터 등차수열을 이룬다.

5. 등차수열을 이루는 수

① 세 수가 등차수열일 경우 : $a-d,\ a,\ a+d$ (공차 : d)

② 네 수가 등차수열일 경우 : $a-3d,\ a-d,\ a+d,\ a+3d$ (공차 : $2d$)

③ 다섯 수가 등차수열일 경우 : $a-2d,\ a-d,\ a,\ a+d,\ a+2d$ (공차 : d)

도출형 학습방식을 이용하여 다음 문제를 풀어보겠습니다. (개념이 잘 기억나지 않으면 앞의 내용을 찾아보길 바란다)

수열 $\{a_n\}$의 첫째항부터 제n항까지의 합 S_n이 $S_n = n^2 - 10n + 1$일 때, 수열 $\{|a_n|\}$의 제1항부터 제10항까지의 합을 구하여라.

1단계 개념도출 문제를 풀기 위해서는 어떤 개념을 알아야 할까요?

2단계 개념설명 개념을 알고 있다면 간단히 설명해 보길 바랍니다.

3단계 문제해결 그럼 어떻게 문제를 해결할 수 있을까요?

수열 $\{a_n\}$의 첫째항부터 제n항까지의 합 S_n이 $S_n = n^2 - 10n + 1$일 때, 수열 $\{|a_n|\}$의 제1항부터 제10항까지의 합을 구하여라.

1단계

문제를 풀기 위해서는 어떤 개념을 알아야 할까요?

수열의 일반항, 수열의 합, 수열의 일반항과 수열의 합과의 관계에 대해 알아야 한다.

2단계

개념을 알고 있다면 간단히 설명해 보길 바랍니다.

수열의 일반항

수열의 제n번째 항(제n항)을 말하며, 수열의 규칙에 의해 n에 관한 식 $a_n = f(n)$으로 표현된다.

수열의 합

- 수열 $\{a_n\}$이 등차수열이고, 첫째항부터 제n항까지의 합을 S_n이라고 할 때, S_n은 다음과 같다. (단, 첫째항이 a_1이고, 공차는 d이다)

$$S_n = \frac{n}{2}(a_1 + a_n) = \frac{n}{2}[2a_1 + (n-1)d]$$

- 수열 $\{a_n\}$의 일반항이 a_n이고, 제1항부터 제n항까지의 합을 S_n이라고 할 때, $a_n = An + B$, $S_n = A'n^2 + B'n$이 성립하면 수열 $\{a_n\}$은 등차수열이 된다.
- 수열의 합이 '상수항이 있는' n에 관한 2차식의 형태 ($S_n = An^2 + Bn + C$)일 경우에는 제2항부터 등차수열을 이룬다.

수열의 합과 일반항

수열 $\{a_n\}$의 첫째항부터 제n항까지의 합을 S_n이라고 할 때, 수열의 합과 일반항과의 관계는 다음과 같다.

$$a_1 = S_1,\ a_n = S_n - S_{n-1} \quad (\text{단, } n = 2,\ 3,\ 4 \cdots)$$

3단계 그럼 어떻게 문제를 해결할 수 있을까요?

일단 수열 $\{a_n\}$의 일반항을 구해야 한다. 수열의 합에 관한 식이 주어졌을 때, 수열의 일반항을 구하는 방법은 바로 수열의 합과 일반항과의 관계를 이용하는 것이다.

$$a_1 = S_1,\ a_n = S_n - S_{n-1}(n = 2,\ 3, \cdots)$$

이 관계를 이용하여 수열의 일반항을 구한 다음, 수열 $\{|a_n|\}$의 제1항부터 제10항까지의 합을 구하면 된다.

정답이 궁금한 학생들은 다음 정답풀이를 참고하시기 바랍니다.

일단 수열 $\{a_n\}$의 일반항을 구해보자. 여기서 수열의 합에 관한 식이 주어졌으므로, 다음 일반항과 수열의 합과의 관계를 이용하면 쉽게 일반항을 찾을 수 있다.

$$a_1 = S_1,\ a_n = S_n - S_{n-1}(n = 2,\ 3, \cdots)$$

$S_n = n^2 - 10n + 1$

i) $a_1 = S_1 = 1^2 - 10 + 1 = -8$

ii) $a_n = S_n - S_{n-1} = (n^2 - 10n + 1) - [(n-1)^2 - 10(n-1) + 1]$

$= 2n - 11\ \ (n = 2,\ 3,\ 4, \cdots)$

따라서 수열 $\{a_n\}$의 일반항은 다음과 같다.

$$\text{수열 } \{a_n\} : \begin{cases} a_1 = -8 \\ a_n = 2n - 11(n = 2,\ 3, \cdots) \end{cases}$$

이제 $\{|a_n|\}$의 제1항부터 제10항까지의 합을 구해보자. 여기서 a_n의 값이 양수인지 음수인지 확인해야 한다. ($a_1 = -8$이고, $n = 2,\ 3,\ 4, \cdots$일 때 $a_n = 2n - 11$이므로, $a_1 \sim a_5$까지 음수가 된다)

$|a_1| + |a_2| + \cdots + |a_9| + |a_{10}| = -(a_1 + a_2 + \cdots + a_5) + (a_6 + \cdots + a_{10})$

수열의 합 $a_1 + \cdots + a_5$는 $S_5 = (5^2 - 50 + 1) = -24$이고, 수열의 합 $a_6 + \cdots + a_{10}$는 $S_{10} - S_5 = (10^2 - 100 + 1) - (-24) = 25$이므로,

$$\begin{aligned} &|a_1| + |a_2| + \cdots + |a_9| + |a_{10}| \\ &= -(a_1 + a_2 + \cdots + a_5) + (a_6 + \cdots + a_{10}) \\ &= -(-24) + (25) = 49 \end{aligned}$$

정답 49

3 등비수열

등비수열

다음 수열을 살펴보고 그 규칙성을 말해보시길 바랍니다.

$$2,\ 6,\ 18,\ 54, \cdots$$

어렵지 않죠? 이 수열은 선행하는 숫자에 3을 곱하여 다음 숫자가 만들어지는 규칙을 갖고 있는 수열입니다.

$$\underbrace{2, \quad 6,}_{\times 3} \quad 18, \quad 54, \quad \cdots$$

(2 → 6: ×3, 6 → 18: ×3, 18 → 54: ×3)

이러한 수열을 **등비수열**이라고 말합니다. 등비수열은 '같을 등(等)', '비율 비(比)' 자를 써서 '같은 비율로 증가하는 수열'을 의미하는 한자어입니다. 등비수열에서 선행하는 숫자에 곱하여지는 수, 즉 두 인접한 항의 비를 **공비**라고 말합니다. 등비수열에서는 '두 인접한 항의 비'가 같기 때문에 다음과 같은 관계식을 도출해 낼 수 있습니다. 여기서 공비를 r이라고 하겠습니다.

등비수열 $\{a_n\}$: $a_1,\ a_2,\ a_3,\ \cdots,\ a_{n-1},\ a_n,\ a_{n+1}$

두 인접한 항의 비(r)는 같다.

$$\rightarrow \frac{a_2}{a_1}=r,\ \frac{a_3}{a_2}=r,\ \cdots,\ \frac{a_n}{a_{n-1}}=r,\ \frac{a_{n+1}}{a_n}=r$$

그럼 이제 첫째항이 a이고, 공비가 r인 등비수열의 일반항 a_n을 구해보도록 하겠습니다. 등차수열과 마찬가지로 등비수열의 일반항 a_n 또한 n에 관한 식으로 표현되겠죠? 여기서 첫째항 a와 공비 r은 상수일 뿐입니다.

등비수열 $\{a_n\}$

첫째항	제2항	제3항	제4항	$\cdots$	제n항
a	ar	$ar \times r$ $= ar^2$	$ar^2 \times r$ $= ar^3$	$\cdots$	ar^{n-1}

등차수열과 거의 같은 패턴으로 내용이 진행되어서 그런지 몰라도 왠지 쉽게 느껴지죠? 그럼 다음 등비수열의 일반항 $a_n = ar^{n-1}$을 구해보도록 하겠습니다. 등비수열의 일반항을 구하기 위해서는 첫째항 a와 공비 r만 알면 되겠죠?

$$-\sqrt{2},\ 2,\ -2\sqrt{2},\ 4, \cdots$$

첫째항 $a = -\sqrt{2}$, 공비 $r = \dfrac{2}{-\sqrt{2}} = -\sqrt{2}$ 이므로 등비수열의 일반항은 다음과 같습니다.

$$a_n = (-\sqrt{2}) \times (-\sqrt{2})^{n-1} = (-\sqrt{2})^n$$

어렵지 않죠? 그럼 등비수열과 관련하여 다음 문제를 풀어보도록 하겠습니다. 어떻게 풀지 잠시 생각해 보는 시간을 가져봅시다.

첫째항이 1이고, 공비가 $\frac{1}{3}$인 등비수열 $\{a_n\}$에서 이웃하는 두 항의 차가 0.001보다 작게 되는 것은 제 몇 항부터인가?

문제해결을 위한 기본설계가 끝나셨나요? 그럼 함께 풀어보도록 하겠습니다. 우선 등비수열의 일반항을 구해보면 다음과 같습니다.

$$\text{첫째항 : 1, 공비 : } \frac{1}{3} \rightarrow \text{일반항 } a_n = ar^{n-1} = \left(\frac{1}{3}\right)^{n-1}$$

이웃하는 두 항의 차가 0.001보다 작게 되는 두 항을 제n항과 제$(n+1)$항이라고 한다면, 우리는 다음과 같은 부등식을 도출해 낼 수 있습니다.

$$\underset{(\text{제}n\text{항})}{\left(\frac{1}{3}\right)^{n-1}} - \underset{(\text{제}(n+1)\text{항})}{\left(\frac{1}{3}\right)^{n}} < 0.001$$

부등식을 계산해 보면,

$$\left(\frac{1}{3}\right)^{n-1} - \left(\frac{1}{3}\right)^{n} < 0.001$$
$$\rightarrow \frac{1}{3^{n-1}} - \frac{1}{3^n} < 0.001 \rightarrow \frac{2}{3}\left(\frac{1}{3^{n-1}}\right) < 0.001$$
$$\rightarrow \frac{2}{3^n} < \frac{1}{1000} \rightarrow \frac{1}{3^n} < \frac{1}{2000}$$

$3^6 < 2000 < 3^7$이므로, $n = 7$일 때 처음으로 부등식 $\frac{1}{3^n} < \frac{1}{2000}$을 만족

하게 됩니다. 따라서 첫째항이 1이고, 공비가 $\frac{1}{3}$인 등비수열 $\{a_n\}$에서 이웃하는 두 항의 차가 0.001보다 작게 되는 것은 바로 제7항부터입니다.

$$\left(\frac{1}{3}\right)^6 - \left(\frac{1}{3}\right)^7 \fallingdotseq 0.00091 < 0.001$$

(제7항) (제8항)

그렇게 어렵지 않죠? 세 수가 등차수열을 이룰 때 중간에 있는 숫자를 등차중항이라고 말한 것처럼 등비수열에서도 **등비중항**이 존재합니다. 그렇다면 세 수 a, b, c가 등비수열을 이룰 때, 등비중항이 어떤 값을 갖는지 확인해 보도록 하겠습니다.

세 수 a, b, c가 등비수열을 이루고 있을 때,
b를 a와 c로 나타내어라.

세 수 a, b, c가 순서대로 등비수열을 이룰 때, 등비수열의 정의에 따라 인접한 두 항의 비는 r로 같게 됩니다.

$$\frac{b}{a}=r,\ \frac{c}{b}=r \ \rightarrow\ \frac{b}{a}=\frac{c}{b} \rightarrow b^2=ac \rightarrow b=\pm\sqrt{ac}$$

등비중항을 표현하는 식 $b=\pm\sqrt{ac}$를 어디서 본 적이 없나요? 앞서 등차중항의 경우, 양쪽 항에 대한 산술평균값이었습니다. 그럼 등비중항은 어떤 값일까요? 네, 그렇습니다. 바로 기하평균값이 됩니다. 기하평균이 잘 기억나지 않을 경우, 명제 부분의 절대부등식 단원을 다시 한 번 확인해 보시길 바랍니다. 등식 $b=\pm\sqrt{ac}$를 일반항 a_n으로 나타내면 다음과 같습니다.

$$a_{n+1}=\pm\sqrt{a_n a_{n+2}}\quad (n=1,\ 2,\ 3,\cdots)$$

등비수열과 관련하여 다음 문제를 풀어보도록 하겠습니다. 어떻게 풀지 잠시 생각해 보는 시간을 가져봅시다.

다항식 $f(x)=x^2-x+a$를 $(x-1)$로 나눈 나머지가 다항식 $f(x)$를 $(x+1)$과 $(x-2)$로 나눈 나머지의 등비중항일 때, $f(-3)$의 값을 구하여라.

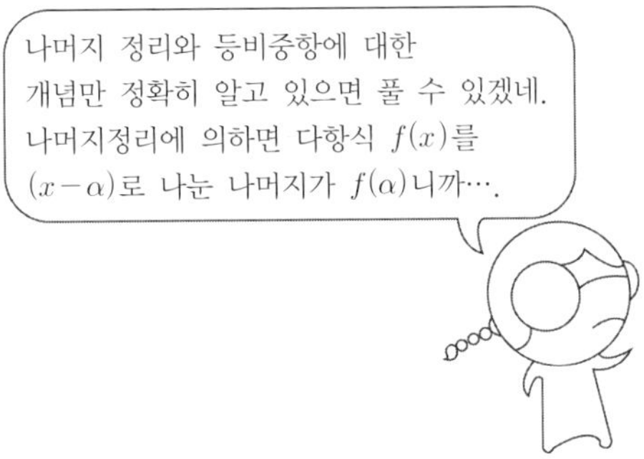

문제해결을 위한 기본설계가 끝나셨나요? 그럼 함께 풀어보도록 하겠습니다. 일단 나머지정리에 대해 알아보겠습니다.

【나머지정리】

다항식 $f(x)$를 1차식 $(x-\alpha)$로 나누었을 때의 나머지는 $f(\alpha)$와 같다.

나머지정리에 의해서 다항식 $f(x)=x^2-x+a$를 $(x-1)$, $(x+1)$, $(x-2)$로 나눈 나머지가 각각 $f(1)$, $f(-1)$, $f(2)$가 됩니다. 또한 문제에서 $f(1)$의 값이 $f(-1)$, $f(2)$의 등비중항이라고 했으므로, 다음 관계식이 성립합니다.

$$(f(1))^2=f(-1)\times f(2)$$

다항식 $f(x)=x^2-x+a$과 관련하여 등식 $(f(1))^2=f(-1)\times f(2)$는 a에 관한 방정식이므로, 우리는 a값을 쉽게 구할 수 있습니다.

$$(f(1))^2=f(-1)\times f(2)\ \rightarrow\ a^2=(2+a)(2+a)\ :\quad \therefore\ a=-1$$

따라서 다항식 $f(x)=x^2-x-1$이므로 구하고자 하는 값 $f(-3)$는 11이 됩니다. 그럼 등비수열에 대해 정리해 볼까요?

등비수열

① 등비수열 : 두 인접한 항의 비가 일정한 수열로서, 선행하는 숫자에 일정한 값을 곱하여 그다음 항을 만드는 수열

② 공비 : 등비수열에서 인접한 두 항의 비

③ 인접한 두 항의 관계식 : $\frac{a_{n+1}}{a_n}=r$ (r은 공비)

④ 등비수열의 일반항 : $a_n=ar^{n-1}$

⑤ 등비중항 : 세 수 a, b, c가 등비수열을 이룰 때, b를 a, c의 등비중항이라고 하며, $b=\pm\sqrt{ac}$와 같다.

등비수열의 합

이번엔 등비수열의 합에 대해 알아볼 차례입니다. 첫째항이 a이고, 공비가 r인 등비수열의 제n항까지의 합을 S_n이라고 할 때, S_n은 다음과 같습니다.

$$S_n = a + ar + ar^2 + \cdots + ar^{n-1}$$

여기서 우리는 어떻게 S_n을 n에 관한 식으로 간단히 표현할 수 있을지 고민해 봐야 합니다. 가장 불편한 부분이 바로 '…'인 부분입니다. 어떻게 하면 '…' 부분을 없앨 수 있을까요?

$S_n = a + ar + ar^2 + \cdots + ar^{n-1}$의 양변에 r을 곱한 후, 원래의 식과 비교해 보도록 하겠습니다.

$$S_n = a + ar + ar^2 + \cdots + ar^{n-1} \quad \text{—— ①}$$

$$rS_n = ar + ar^2 + ar^3 + \cdots + ar^n \quad \text{—— ②}$$

두 식을 보니 좀 감이 오시나요? ①식에서 ②식을 빼게 되면, 등비수열의 합을 구할 때 불편했던 부분인 '…'을 없앨 수 있게 됩니다.

$$\begin{array}{rl} S_n &= a + ar + ar^2 + \cdots + ar^{n-1} \\ -\big)\ rS_n &= ar + ar^2 + ar^3 \cdots + ar^n \\ \hline (1-r)S_n &= a - ar^n \end{array}$$

S_n을 구하기 위해서 양변을 $(1-r)$로 나누어줘야 하겠죠? 하지만 $(1-r)$이 0인지 아닌지 모르기 때문에 다음과 같은 가정을 세워 S_n을 구해야 합니다.

$$1-r \neq 0\ (r \neq 1)\text{일 때, } S_n = \frac{a-ar^n}{1-r} = \frac{a(1-r^n)}{1-r}$$

그럼 $r=1$일 때는 어떻게 될까요? 첫째항 a이고, 공비가 1인 등비수열은 다음과 같습니다.

$$a,\ a,\ a,\ a,\ a, \ldots$$

위 등비수열의 제1항부터 제n항까지의 합인 S_n의 값은 당연히 $S_n = na$가 되겠죠? 따라서 등비수열의 합을 정리하면 다음과 같습니다.

등비수열의 합

등비수열 $\{a_n\}$의 제1항부터 제n항까지의 합을 S_n이라고 할 때, S_n은 다음과 같다. (단, 첫째항이 a이고, 공비는 r이다)

i) $r \neq 1$일 때, $S_n = \dfrac{a(1-r^n)}{1-r}$ ii) $r=1$일 때, $S_n = na$

이제 우리는 첫째항과 공비만 알면 등비수열의 합을 쉽게 구할 수 있게 되었습니다. 그럼 다음 등비수열의 합을 구해보시길 바랍니다. 어렵지 않으므로 각자 풀어봅니다.

① $\frac{1}{\sqrt{2}}+\frac{1}{2}+\cdots+\frac{1}{64}$ ② $1-\frac{1}{3}+\frac{1}{9}-\cdots+\frac{1}{729}$

등비수열의 합과 관련하여 다음 응용문제를 풀어보도록 하겠습니다. 어떻게 풀지 잠시 생각해 보는 시간을 가져봅시다.

첫째항이 -3이고, 제10항이 1536인 등비수열 $\{a_n\}$의 제5항부터 제11항까지의 합을 구하여라. (단, 각 항은 모두 실수이다)

문제해결을 위한 기본설계가 끝나셨나요? 그럼 함께 풀어보도록 하겠습니다. 우선 등비수열의 합에 관한 공식을 생각해 보겠습니다. 문제를 잘 살펴보면 공비가 1이 아닌 것을 쉽게 알 수 있겠죠? 공비가 1이 아닐 경우 ($r \neq 1$일 때), 등비수열의 합의 공식은 다음과 같습니다.

$$S_n = \frac{a(1-r^n)}{1-r}$$

등비수열의 합을 구하기 위해서는 첫째항 a와 공비 r 그리고 항의 개수 n의 값만 알면 됩니다. 일단 주어진 조건을 이용하여 공비 r값을 먼저 구해보도록 하겠습니다. 공비를 구하기 위해서는 등비수열의 일반항이 $a_n = ar^{n-1}$

라는 사실을 알아야 하겠죠?

첫째항 : $a=-3$

제10항 : $a_{10}=ar^9=-3r^9=1536 \rightarrow r^9=-512$

$\therefore r=-2$

문제에서 제5항부터 제11항까지의 합을 구하라고 했으므로, '제1항부터 제11항까지의 합'에서 '제1항부터 제4항까지의 합'을 빼주면 됩니다.

$$S_{11}=\frac{(-3)(1-(-2)^{11})}{1-(-2)}=-2049,\ S_4=\frac{(-3)(1-(-2)^4)}{1-(-2)}=15$$
$$\therefore S_{11}-S_4=(-2049)-15=-2064$$

따라서 첫째항이 -3이고, 제10항이 1536인 등비수열 $\{a_n\}$의 제5항부터 제11항까지의 합은 -2064가 됩니다. 어렵지 않죠? 그럼 몇 문제 더 풀어 볼까요?

등비수열 $\{a_n\}$의 제1항부터 제n항까지의 합을 S_n이라고 하자. 등비수열의 합 S_n에 대하여 $S_{10}=40$, $S_{20}=120$일 때, S_{30}을 구하여라.

문제해결을 위한 기본설계가 끝나셨나요? 그럼 함께 풀어보도록 하겠습니다. 우선 등비수열의 합에 관한 공식을 이용하여 주어진 조건식을 써보면 다음과 같습니다.

$$S_{10}=\frac{a(1-r^{10})}{1-r}=40,\ S_{20}=\frac{a(1-r^{20})}{1-r}=120,\ S_{30}=\frac{a(1-r^{30})}{1-r}=?$$

이 문제는 $S_{10}=40$, $S_{20}=120$을 이용하여 S_{30}을 구하는 문제이므로, 식의 계산문제라고 볼 수 있습니다. 일반적인 식의 계산문제에서는 사칙연산을 이용하여 식을 적당히 변형한 후 문제를 풀거나, 아니면 곱셈공식을 활용하여 문제를 풀 수 있습니다. 다들 알고 계시죠? 여기서 적용할 만한 곱셈공식이 뭐가 있는지 한번 떠올려봅시다. 거듭제곱과 음의 부호가 있으니 우리는 다음과 같은 곱셈공식을 떠올릴 수 있을 것입니다.

$$a^2-b^2=(a+b)(a-b),\ a^3-b^3=(a-b)(a^2+ab+b^2)$$

그럼 곱셈공식을 이용하여 식 $S_{30}=\dfrac{a(1-r^{30})}{1-r}$을 변형해 보겠습니다.

$$\begin{aligned}S_{30}&=\frac{a(1-r^{30})}{1-r}=\frac{a(1^{30}-r^{30})}{1-r}=\frac{a[(1^{10})^3-(r^{10})^3]}{1-r}\\&=\frac{a[(1-r^{10})(1+r^{10}+r^{20})]}{1-r}=\frac{a(1-r^{10})}{1-r}(1+r^{10}+r^{20})\\&=S_{10}\times(1+r^{10}+r^{20})\end{aligned}$$

식을 변형하다 보니 S_{30}의 값을 구하기 위해서는 $(1+r^{10}+r^{20})$의 값을 알아야 합니다. 참고로 지수법칙에 의해 $(r^{10})^2=r^{20}$이므로, r^{10}의 값만 알면 됩니다. 그럼 S_{10}과 S_{20}을 이용하여 r^{10}의 값을 찾아보도록 하겠습니다. 분수식이다 보니 덧셈과 뺄셈보다는 나눗셈을 적용해야 할 듯합니다.

$$\frac{S_{20}}{S_{10}}=\frac{\frac{a(1-r^{20})}{1-r}}{\frac{a(1-r^{10})}{1-r}}=\frac{1-r^{20}}{1-r^{10}}=\frac{1^2-(r^{10})^2}{1-r^{10}}$$

$$=\frac{(1-r^{10})(1+r^{10})}{1-r^{10}}=1+r^{10}=\frac{120}{40}=3 \qquad \therefore\ r^{10}=2$$

이제 $r^{10}=2$를 이용하여 S_{30}의 값을 구해보겠습니다. ($r^{10}=2 \rightarrow r^{20}=4$)

$$S_{30}=S_{10}\times(1+r^{10}+r^{20})=40\times(1+2+4)=280$$

등비수열의 기본적인 문제는 식의 계산문제가 대부분입니다. 즉, 식의 형태를 파악한 후, 사칙연산과 곱셈공식 등을 이용하여 식을 변형한 다음 답을 찾는 문제가 많다는 얘기죠. 따라서 등비수열에 대한 개념과 공식만 정확히 알고 있다면, 등비수열 문제도 단순 계산문제에 불과하다는 사실을 알 수 있습니다. 그럼 등비수열의 합과 관련하여 여러 가지 문제를 풀어보도록 하겠습니다. 등비수열의 개념과 식의 계산법(곱셈공식 등)을 잘 생각하면서 각자 풀어보도록 합니다.

여러 가지 등비수열 문제

다음 등비수열에 관한 문제를 풀어보시길 바랍니다. 등비수열의 개념(일반항, 공비 등)을 되새기면서 하나씩 적용해 보면 쉽게 해결할 수 있을 것입니다.

수열 2와 -256 사이에 6개의 숫자를 넣어 등비수열을 만들었다. 이때 공비가 얼마인가?

문제해결을 위한 기본설계가 끝나셨나요? 그럼 함께 풀어보도록 하겠습니다. 우선 숫자 2와 -256 사이에 6개의 숫자를 넣어 등비수열을 만들어보겠습니다. 공비가 r이라면 2 다음에 나오는 숫자는 $2r$이 될 것이고, $2r$ 다음에 나오는 숫자는 $2r^2$ …이 되겠죠?

$$2,\ 2r,\ 2r^2,\ 2r^3,\ 2r^4,\ 2r^5,\ 2r^6,\ -256$$

문제에서 공비를 구하라고 했으므로 우리는 r에 관한 방정식 1개만 도출하면 됩니다. 수열을 보아하니 -256은 $2r^7$이 되겠네요.

$$-256 = 2r^7 \quad \rightarrow \quad r = -2$$

어렵지 않죠? 한 문제 더 풀어볼까요?

첫째항부터 제5항까지의 합이 2이고, 첫째항부터 제10항까지의 합이 8인 등비수열 $\{a_n\}$의 첫째항부터 제15항까지의 합을 구하여라.

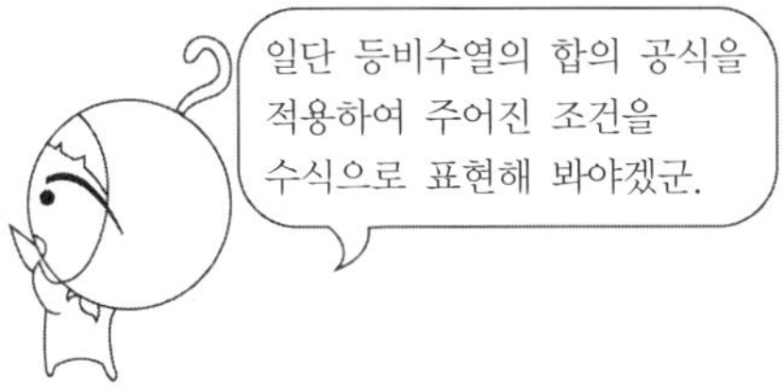

문제해결을 위한 기본설계가 끝나셨나요? 그럼 함께 풀어보도록 하겠습니다. 우선 주어진 조건을 수식으로 표현해 보겠습니다. 여기서는 등비수열의 합의 공식을 이용할 수 있습니다. 참고로 등비수열 $\{a_n\}$의 첫째항은 a, 공비는 r이라고 놓겠습니다.

① 첫째항부터 제5항까지의 합이 2이다. → $S_5=\dfrac{a(1-r^5)}{1-r}=2$

② 첫째항부터 제10항까지의 합이 8이다. → $S_{10}=\dfrac{a(1-r^{10})}{1-r}=8$

이제 우리가 구하고자 하는 첫째항부터 제15항까지의 합을 수식으로 표현해 보겠습니다.

$$S_{15}=\frac{a(1-r^{15})}{1-r}=?$$

어떻게 구해야 할지 조금 막막하죠? 주어진 두 식을 가지고 새로운 하나의 식을 구하는 식의 계산문제입니다. 식의 계산문제를 풀 때 활용되는 것이 뭐가 있죠? 그렇습니다. 바로 곱셈공식과 인수분해공식입니다. 그럼 S_5, S_{10}, S_{15}에 적용할 수 있는 곱셈공식 또는 인수분해공식에는 뭐가 있을까요? 머릿속에 떠올려보세요. 만약 기억이 잘 안 난다면 수학 I의 곱셈공식 및 인수분해 부분을 찾아봐도 괜찮습니다. 떠올랐나요?

$$a^2-b^2=(a+b)(a-b) \qquad a^3-b^3=(a-b)(a^2+ab+b^2)$$

구하고자 하는 S_{15}를 구하기 위해 인수분해공식을 적용하여 식을 변형해 보도록 하겠습니다.

$$S_{15}=\frac{a(1-r^{15})}{1-r}=\frac{a(1-(r^5)^3)}{1-r}=\frac{a(1-r^5)(1+r^5+r^{10})}{1-r}$$

식 S_{15}을 인수분해해 보니 뭔가 답이 보이죠? 문제에서 $S_5=\frac{a(1-r^5)}{1-r}=2$ 라고 주어졌기 때문에 S_{15}의 값을 구하기 위해서는 $(1+r^5+r^{10})$의 값만 알면 됩니다. 그럼 식 S_{10}을 변형하여 $(1+r^5+r^{10})$의 값을 찾을 수 있을지 확인해 보겠습니다.

$$S_{10}=\frac{a(1-r^{10})}{1-r}=\frac{a(1-(r^5)^2)}{1-r}=\frac{a(1-r^5)(1+r^5)}{1-r}=S_5\times(1+r^5)=8$$

여기서 어렵지 않게 r^5의 값을 구할 수 있습니다.

$$S_5=2\ \rightarrow\ S_5\times(1+r^5)=8\quad\therefore\ r^5=3$$

$S_5=2$와 $r^5=3$을 식 S_{15}에 대입하면,

$$S_{15}=S_5\times(1+r^5+r^{10})=2(1+r^5+(r^5)^2)=26$$

따라서 첫째항부터 제5항까지의 합이 2이고, 첫째항부터 제10항까지의 합이 8인 등비수열 $\{a_n\}$의 첫째항부터 제15항까지의 합은 26이 됩니다. 조금 어렵나요? 그래도 인수분해공식을 이용한 단순 계산에 불과하죠?
한 문제 더 풀어볼까요?

등비수열 $\{a_n\}$의 제1항부터 제n항까지의 합이 12이고, 제 $(n+1)$항부터 제$2n$항까지의 합은 24일 때, 제$(2n+1)$항부터 제$3n$항까지의 합은 얼마인가?

주어진 내용을 수식으로 하나씩 정리하면 다음과 같습니다. 참고로 등비수열 $\{a_n\}$의 첫째항을 a, 공비를 r이라 놓겠습니다.

① 제1항부터 제n항까지의 합이 12이다.

$$\rightarrow a_1+a_2+\cdots+a_n=a+ar+\cdots+ar^{n-1}=\frac{a(1-r^n)}{1-r}=12$$

② 제$(n+1)$항부터 제$2n$항까지의 합이 24이다.

$$\rightarrow a_{n+1}+a_{n+2}+\cdots+a_{2n}=ar^n+ar^{n+1}+\cdots+ar^{2n-1}$$
$$=r^n(a+ar^2+\cdots+ar^{n-1})=\frac{ar^n(1-r^n)}{1-r}=24$$

여기서 제1항부터 제n항까지의 합을 S_n 그리고 제$(n+1)$항부터 제$2n$항까지의 합을 $(S_{2n}-S_n)$이라고 놓고 문제를 진행해도 되겠지만, 등비수열의 특성상 공비를 기준으로 손쉽게 인수분해되기 때문에 항을 일일이 적어 표현하면 보다 쉽게 식의 계산을 진행할 수 있다는 사실을 반드시 기억하시길 바랍니다. 그럼 문제를 풀어볼까요? 주어진 문제에서는 제$(2n+1)$항부터 제$3n$항까지 합을 구하라고 했습니다. 그럼 제$(2n+1)$항부터 제$3n$항까지

합을 수식으로 표현한 다음 등비수열의 합의 공식을 적용해 보면 다음과 같습니다.

제$(2n+1)$항부터 제$3n$항까지 합

$$\rightarrow\ a_{2n+1}+a_{2n+2}+\cdots+a_{3n}=ar^{2n}+ar^{2n+1}+\cdots+ar^{3n-1}$$
$$=r^{2n}\left(a+ar^2+\cdots+ar^{n-1}\right)=\frac{ar^{2n}(1-r^n)}{1-r}=?$$

여기서 우리는 제$(2n+1)$항부터 제$3n$항까지 합을 구하기 위해서는 r^{2n}의 값만 알면 된다는 것을 알 수 있습니다. 왜냐하면 이미 문제에서는 $\dfrac{a(1-r^n)}{1-r}=12$가 된다는 것을 알려주었기 때문입니다.

$$\frac{ar^{2n}(1-r^n)}{1-r}=r^{2n}\left(\frac{a(1-r^n)}{1-r}\right)=12r^{2n}$$

그럼 앞서 도출한 식 ①과 ②를 이용하여 r^{2n}의 값을 찾아보겠습니다.

$$\text{①}\ \frac{a(1-r^n)}{1-r}=12 \qquad \text{②}\ \frac{ar^n(1-r^n)}{1-r}=24$$

보다시피 식 ①과 ②식의 형태가 상당히 비슷하죠? 즉, ①식의 값을 ②식에 대입하면 쉽게 r^n의 값을 구할 수 있습니다.

$$\text{②}\ \frac{ar^n(1-r^n)}{1-r}=r^n\left(\frac{a(1-r^n)}{1-r}\right)=r^n\times 12=24 \qquad \therefore\ r^n=2$$

$r^n=2$이므로, $r^{2n}=4$가 됩니다. 따라서 제$(2n+1)$항부터 제$3n$항까지 합을 구하기 위한 식 $\dfrac{ar^{2n}(1-r^n)}{1-r}=r^{2n}\left(\dfrac{a(1-r^n)}{1-r}\right)=12r^{2n}$에 $r^{2n}=4$를 대입하면 답은 48이 됩니다. 조금 어렵나요? 등비수열에 관한 문제는 식의 계

산을 하는 문제가 많습니다. 특히 수열의 합을 나타내는 덧셈식에서 공비를 기준으로 인수분해 및 곱셈공식을 잘 활용할 수만 있다면 크게 어려움은 없을 것입니다. 이번엔 규칙성을 확인하는 등비수열 문제를 풀어보도록 하겠습니다. 어떻게 풀지 잠시 생각해 보는 시간을 가져봅시다.

다음 수열 $\{a_n\}$의 제1항부터 제20항까지의 합을 구하여라.

$2,\ 4,\ 12,\ 24,\ 72,\ 144,\ 432, \cdots$ (단, $6^{10}=k$라고 하자)

문제해결을 위한 기본설계가 끝나셨나요? 그럼 함께 풀어보도록 하겠습니다. 우선 수열의 규칙성을 파악해 볼까요? 일단 수열의 규칙성을 파악하기 위해서는 인접한 두 항의 차 또는 비를 확인해 봐야 합니다.

$2,\ 4,\ 12,\ 24,\ 72,\ 144,\ 432,\ \cdots$

$\times 2 \quad \times 3 \quad \times 2 \quad \times 3$

과연 이 수열을 등비수열로 볼 수 있을까요? 만약 등비수열이라고 한다면 선행하는 숫자에 일정한 수를 곱하여 만들어지는 수열이 되어야 하는데, 이 수열은 2와 3이 교대로 곱해집니다. 그럼 어떻게 계산해야 할까요? 그렇습니다. 홀수 번째 항과 짝수 번째 항을 분리해야겠죠? 그래야 등비수열이 나올 테니까요.

홀수 번째 항 : 2, 12, 72, 432, ⋯
짝수 번째 항 : 4, 24, 144, ⋯

이렇게 분리해 보니 각각이 등비수열이 된다는 것을 한눈에 알 수 있습니다. 이렇게 하면 문제에서 요구하는 제1항부터 제20항까지의 합을 홀수 번째 항과 짝수 번째 항을 구분하여 계산할 수 있을 것입니다. 홀수 번째 항으로 이루어진 수열에서 제1항~제10항까지의 합을 계산하면 원래 수열의 제1, 3, 5, ⋯ , 17, 19항의 합이 계산됩니다. 또한 짝수 번째 항으로 이루어진 수열에서 제1항~제10항까지의 합을 계산하면 원래 수열의 제2, 4, 6, ⋯ 18, 20항의 합이 계산됩니다. 두 수열의 합을 더하면 문제에서 요구하는 답을 쉽게 찾아낼 수 있을 것입니다. 단순 계산문제이므로, 시간 날 때 각자 풀어보시길 바랍니다.

정답 $\frac{6}{5}(k-1)$

등비수열은 실생활의 다양한 분야에서 활용됩니다. 특히 이자계산법에서 많이 쓰이는데, 은행 이자 계산과 관련하여 다음 응용문제를 풀어보도록 하겠습니다. 어떻게 풀지 잠시 생각해 보는 시간을 가져봅시다.

어떤 사람이 매월 초 100만 원씩 은행에 예금을 한다. 1년 후 이 사람이 찾을 수 있는 금액(원리합계)은 얼마인가? (이자는 월이율 10%로 1개월마다 복리로 계산하며, 이자소득에 대한 세금은 없다고 가정한다. 단 $1.1^{12} \fallingdotseq 3.14$)

문제해결을 위한 기본설계가 끝나셨나요? 그럼 함께 풀어보도록 하겠습니다. 우선 기본적인 용어부터 확인해 보겠습니다.

- 원리합계 : 원금과 이자를 합친 금액
- 복리이자 : 일정 기간마다 이자를 계산하고 그것을 원금에 가산하는 이자

복리이자에 대해 추가적인 설명을 드리자면, 어떤 사람이 원금 100만 원을 입금한 후 일정 기간(1개월)이 지난 다음 이자로 10만 원(월 10%)을 받았다고 칩시다. 그 이후에 다시 일정 기간(1개월)이 지났을 때의 이자는 원금 100만 원의 이자가 아닌 그전에 받았던 이자 10만 원을 포함한 총 금액 110만 원을 기준으로 이자를 계산하여 110만 원의 10%인 11만 원의 이자를 주는 방식입니다.
복리라는 용어를 처음 듣는 학생은 좀 어리둥절할 수도 있을 것입니다. 복리는 '겹칠 복(複)', '이자 이(利)' 자를 써서 원금에 겹쳐서 주는 이자를 의미하는 한자어입니다. 그럼 이 복리이자법이 어떤 수학개념과 연결되는지 천천히 확인해 보도록 하겠습니다. 여기서 우리는 원리합계에 대한 규칙성을 찾기 위해 매월 입금하는 돈을 x원이라고 하고, 1월 초부터 입금을 시작했다고 가정해 봅시다. 그럼 1월 초에 x원을 입금한 후 1월 말에 이자 10%를 받게 되면 원리합계는 다음과 같습니다. 여기서는 매월 예금 총액과 월 이자를 잘 구분하면서 계산하는 것이 중요합니다.

$$x + x \times 0.1 = x(1+0.1)$$

예금액 　 월 이자

그리고 2월 초에 다시 x원을 입금하고, 2월 말이 되어 이자 10%를 또 받게 된다면,

1월 말 원리합계 　 2월 초 예금액 　 2월 말 이자

$$\{x(1+0.1)+x\} + \{x(1+0.1)+x\} \times 0.1$$

공통인수로 인수분해

$$= \{x(1+0.1)+x\}(1+0.1)$$

전개

$$= x(1+0.1)^2 + x(1+0.1)$$

식이 참 복잡하죠? 그래도 우리는 여기서 각 항에 대한 규칙성을 찾아야 합니다. 지금 규칙성이 보이시나요? 잘 모르겠다고요? 그럼 3월 초에 다시 x원을 입금하고, 3월 말이 되어 이자 10%를 또 받았을 때, 총 금액을 계산해 보겠습니다.

2월 말 원리합계 　 3월 초 예금액 　 3월 말 이자

$$\{x(1+0.1)^2 + x(1+0.1) + x\} + \{x(1+0.1)^2 + x(1+0.1) + x\} \times 0.1$$

공통인수로 인수분해

$$= \{x(1+0.1)^2 + x(1+0.1) + x\}(1+0.1)$$

전개

$$= x(1+0.1)^3 + x(1+0.1)^2 + x(1+0.1)$$

이제 원리합계에 대한 규칙성을 찾을 수 있겠죠? 이렇게 12월 말까지 계산하게 되면 원리합계는 다음과 같습니다.

$$x(1+0.1)^{12} + x(1+0.1)^{11} + \cdots + x(1+0.1)^2 + x(1+0.1)$$

위 원리합계에 대한 식의 값은 바로 첫째항이 $x(1+0.1)$, 공비가 $(1+0.1)$인 등비수열의 제1항부터 제12항까지의 합과 같습니다.

$$x(1+0.1)+x(1+0.1)^2+\cdots+x(1+0.1)^{11}+x(1+0.1)^{12}$$

따라서 어떤 사람이 매월 초에 100만 원씩 입금하여 1년 후 찾을 수 있는 원리합계(월이율 10% 복리이자)는 첫째항이 $1000000\times(1+0.1)=1100000$이고 공비가 $(1+0.1)=1.1$인 등비수열의 제1항부터 제12항까지의 합과 같습니다. 등비수열의 합의 공식, 기억나시죠?

$$S_{12}=\frac{a(1-r^n)}{1-r}=\frac{1100000(1-1.1^{12})}{1-1.1}=\frac{1100000(1-3.14)}{-0.1}=23540000\text{원}$$

원금이 원리합계(복리)를 공식화하면 다음과 같습니다.

$$S=\frac{a(1+r)\{1-(1+r)^n\}}{1-r}\quad(a:\text{원금},\ r:\text{이율},\ n:\text{납입 횟수})$$

혹여나 이와 비슷한 문제가 나왔을 때, 단순히 원리합계 공식을 외워 문제를 푸는 것은 바람직하지 않다는 것을 꼭 말씀드리고자 합니다. 문제에 따라서 월이율인지 연이율인지 그리고 월초에 예금을 했는지 월말에 예금을 했는지를 잘 따져야 하기 때문이죠. 즉, 여러분은 문제를 통해 이자에 대한 등비수열의 개념을 머릿속으로 도출해 낼 수 있어야 한다는 말입니다. 이러한 문제는 등비수열의 합의 공식만 잘 알고 있으면 어렵지 않게 계산할 수 있는 문제이니, 복잡한 원리합계에 대한 공식을 무작정 외우려고 하지 마십시오.

개념 한눈에 보기

1. 등비수열

① 등비수열 : 두 인접한 항의 비가 일정한 수열로서, 선행하는 숫자에 일정한 값을 곱하여 그다음 항을 만드는 수열

② 공비 : 등비수열에서 인접한 두 항의 비

③ 인접한 두 항의 관계식 : $\frac{a_{n+1}}{a_n}=r$ (r은 공비)

④ 등비수열의 일반항 : $a_n = ar^{n-1}$

2. 등비중항

세 수 a, b, c가 등비수열을 이룰 때, b를 a, c의 등비중항이라고 하며, $b=\pm\sqrt{ac}$와 같다. 등비중항은 인접한 두 수의 기하평균값과 같다.

3. 등비수열의 합

등비수열 $\{a_n\}$의 제1항부터 제n항까지의 합을 S_n이라고 할 때, S_n은 다음과 같다. (단, 첫째항이 a이고, 공비는 r이다)

i) $r\neq 1$일 때, $S_n=\frac{a(1-r^n)}{1-r}$

ii) $r=1$일 때, $S_n=na$

4. 등비수열에서 자주 사용되는 인수분해공식

- $am+bm=m(a+b)$
- $a^2-b^2=(a+b)(a-b)$
- $a^3-b^3=(a-b)(a^2+ab+b^2)$

5. 원리합계(복리)공식

$$S=\frac{a(1+r)\{1-(1+r)^n\}}{1-r}$$ (a : 원금, r : 이율, n : 납입 횟수)

도출형 학습방식으로 다음 문제를 풀어보겠습니다. (개념이 잘 기억나지 않으면 앞의 내용을 찾아보길 바란다)

3차방정식 $x^3+px^2+qx+27=0$의 세 근이 등비수열을 이룰 때, $3p-q$의 값을 구하여라. (단, 등비수열의 첫째항은 $\sqrt{3}$이며, 세 근은 모두 실수이다)

1단계 개념도출 문제를 풀기 위해서는 어떤 개념을 알아야 할까요?

2단계 개념설명 개념을 알고 있다면 간단히 설명해 보길 바랍니다.

3단계 문제해결 그러면 어떻게 문제를 해결할 수 있을까요?

3차방정식 $x^3+px^2+qx+27=0$의 세 근이 등비수열을 이룰 때, $3p-q$의 값을 구하여라. (단, 등비수열의 첫째항은 $\sqrt{3}$ 이며, 세 근은 모두 실수이다)

1단계 문제를 풀기 위해서는 어떤 개념을 알아야 할까요?

등비수열, 3차방정식의 근과 계수와의 관계에 대해 알아야 한다.

2단계 개념을 알고 있다면 간단히 설명해 보길 바랍니다.

등비수열

① 등비수열 : 두 인접한 항의 비가 일정한 수열로서, 선행하는 숫자에 일정한 값을 곱하여 그다음 항을 만드는 수열

② 공비 : 등비수열에서 인접한 두 항의 비

③ 인접한 두 항의 관계식 : $\dfrac{a_{n+1}}{a_n}=r$ (r은 공비)

④ 등비수열의 일반항 : $a_n=ar^{n-1}$

3차방정식 근과 계수와의 관계

3차방정식 $ax^3+bx^2+cx+d=0$의 세 근이 α, β, γ일 때, 다음 등식이 성립한다.

$$\alpha+\beta+\gamma=-\frac{b}{a},\ \alpha\beta+\beta\gamma+\gamma\alpha=\frac{c}{a},\ \alpha\beta\gamma=-\frac{d}{a}$$

3단계 그러면 어떻게 문제를 해결할 수 있을까요?

3차방정식 $x^3+px^2+qx+27=0$의 세 근이 등비수열을 이루고 첫째항이 $\sqrt{3}$이라고 했으므로, 세 근을 $\sqrt{3}$, $\sqrt{3}r$, $\sqrt{3}r^2$ (공비 r)으로 놓은 후, 근과 계수와의 관계를 적용하면 p, q의 값을 구할 수 있을 것이다.

정답이 궁금한 학생들은 다음 정답풀이를 참고하시기 바랍니다.

3차방정식 $x^3+px^2+qx+27=0$의 세 근이 등비수열을 이루고 첫째항이 $\sqrt{3}$ 이라고 했으므로, 세 근을 $\sqrt{3}$, $\sqrt{3}r$, $\sqrt{3}r^2$ (공비 r)으로 놓은 후, 근과 계수와의 관계를 적용해 보자.

$$x^3+px^2+qx+27=0$$

- 세 근의 합 : $\sqrt{3}+\sqrt{3}r+\sqrt{3}r^2=-p$
- 두 근의 곱의 합 : $3r+3r^3+3r^2=q$
- 세 근의 곱 : $3\sqrt{3}r^3=-27$

세 근의 곱에 관한 식에서 공비 $r=-\sqrt{3}$ 이라는 사실을 쉽게 확인할 수 있다. 따라서 p, q의 값을 구하면 다음과 같다.

$$\sqrt{3}+\sqrt{3}r+\sqrt{3}r^2=-p \rightarrow \sqrt{3}-3+3\sqrt{3}=-3+4\sqrt{3}=-p$$

$$\therefore\ p=3-4\sqrt{3}$$

$$3r+3r^3+3r^2=q \rightarrow -3\sqrt{3}-9\sqrt{3}+9=q$$

$$\therefore\ q=9-12\sqrt{3}$$

따라서 $3p-q=(9-12\sqrt{3})-(9-12\sqrt{3})=0$이 된다.

정답 0

4 여러 가지 수열

앞서 살펴보았던 등차·등비수열 외에도 수학적으로 큰 의미가 있는 수열에는 여러 가지가 있습니다. 이들 수열을 살펴보기 전에 먼저 수열과 관련된 기호부터 알아보도록 하겠습니다.

합의 기호 (1)

수열을 배우면서 무엇이 가장 불편했나요? 그렇습니다. 숫자를 일일이 나열하고 더하는 것이 참 귀찮았었죠? 그래서 수학자들은 이러한 불편을 해소하기 위해 **시그마**($\sum$)라는 새로운 기호를 만들어냈습니다. 새로운 것이라 처음에는 조금 어렵게 느껴질 수도 있을 것입니다. 하지만 이 기호는 단순히 '숫자의 합'을 표현한 기호이기 때문에, 자주 사용하다 보면 쉽게 익힐 수 있으니 너무 걱정하지 않으셔도 됩니다.

합의 기호

수열 $\{a_n\}$의 첫째항부터 제n항까지의 합을 다음과 같이 표현한다.

$$a_1 + a_2 + \cdots + a_{n-1} + a_n = \sum_{k=1}^{n} a_k$$

합의 기호 $\sum$(시그마)는 α, β, γ와 같이 그리스문자 중 하나입니다. 영어로 합계를 의미하는 단어 'sum'의 첫 글자인 s의 그리스문자이죠. 참고로 s를 나타내는 그리스문자로는 대문자 $\sum$(시그마)와 소문자 σ(시그마)가 있습니다.

그럼 본격적으로 시그마(합의 기호)에 대해 알아보도록 하겠습니다.

$$a_1 + a_2 + \cdots + a_{n-1} + a_n = \sum_{k=1}^{n} a_k$$

아마 새로운 변수 k가 등장해서 조금 어렵게 느껴질 수도 있겠지만, k는 수열의 합에서 시작하는 항의 순번을 나타내는 변수에 불과합니다. 그리고 n은 앞서 배웠듯이 수열의 합에서 마지막항(끝항)의 순번을 나타내는 변수입니다. 또한 a_k는 수열의 일반항을 'k에 관한 식'으로 나타낸 기호인데요, 이는 a_n이 수열의 일반항을 'n에 관한 식'으로 나타낸 것과 같은 의미를 갖습니다. 즉, 변수 n을 k로 바꾼 것에 불과하다는 말이죠. 이것은 일반적인 함수에서 독립변수 x를 단순히 t로 바꾸어 표현할 수 있는 것과도 같습니다.

$$f(x)=x^2+1 \to f(t)=t^2+1$$

즉, $k=3$이고 $n=7$이 되는 합의 기호 $\sum_{k=3}^{7} a_k$의 의미는 수열 $\{a_n\}$의 제3항부터 제7항까지의 합이 됩니다. 그럼 다음 수열의 합을 $\sum_{k=1}^{n} a_k$로 표현해 보도록 하겠습니다.

$$1+3+5+7+9+11+13$$

일단 덧셈식 $(1+3+5+7+9+11+13)$은 수열 1, 3, 5, 7, 9, 11, 13, 즉 홀수수열의 제1항부터 제7항까지의 합을 나타내는 식입니다. 그렇다면 일반항 a_n이 무엇인지부터 알아봐야겠죠? 보는 바와 같이 수열 $\{a_n\}$은 첫째항이 1이고, 공차가 2인 등차수열입니다. 등차수열의 일반항은 이미 알고 있는 것처럼 $a_n=a_1+(n-1)d$입니다. 여기에 첫째항 $a_1=1$과 공차 $d=2$를 대입하여 등차수열의 일반항을 구하면 다음과 같습니다.

$$a_n=a_1+(n-1)d \to a_n=1+(n-1)\times 2=2n-1$$

그러면 일반항이 $a_n=2n-1$이므로 이를 k에 관한 식으로 나타내면 $a_k=2k-1$이 됩니다. 그리고 이 수열의 합은 제1항부터 제7항까지의 합이므로, $k=1$, $n=7$이 됩니다. 따라서 이 덧셈식을 시그마기호로 표현하면 다음과 같습니다.

$$1+3+5+7+9+11+13=\sum_{k=1}^{7} a_k=\sum_{k=1}^{7}(2k-1)$$

어렵지 않죠? 한 번 더 해볼까요? 다음 덧셈식을 합의 기호로 표현해 보겠습니다.

$$27+81+273+819+2457$$

일단 일반항 a_n이 무엇인지부터 찾아보도록 하겠습니다. 보는 바와 같이 수열 $\{a_n\}$은 첫째항이 27이고, 공비가 3인 등비수열입니다. 등비수열의 일반항이 $a_n=ar^{n-1}$이 된다는 것, 이미 알고 계시죠? 여기에 첫째항 $a=27$과 공차 $r=3$을 대입하여 등비수열의 일반항을 구하면 다음과 같습니다.

$$a_n=ar^{n-1} \rightarrow a_n=27\times 3^{n-1}=3^{n+2}$$

그러면 일반항이 $a_n=3^{n+2}$이므로 k에 관한 식으로 나타내면 $a_k=3^{k+2}$이 됩니다. 수열의 합이 제1항부터 제5항까지의 합이므로, $k=1$, $n=5$가 됩니다. 따라서 덧셈식 $(27+81+273+819+2457)$을 시그마기호로 표현하면 다음과 같습니다.

$$27+81+273+819+2457=\sum_{k=1}^{5}a_k=\sum_{k=1}^{5}3^{k+2}$$

여기서 덧셈식 $27+81+273+819+2457$을 다음 수열의 합의 일부로도 볼 수도 있습니다.

> 1, 3, 9, 27, 81, 273, 819, 2457, $\cdots$
> → 일반항 $a_n=3^{n-1}$ (첫째항이 1이고, 공비가 3인 등비수열)

수열 $a_n=3^{n-1}$은 첫째항이 1이고, 공비가 3인 등비수열의 일반항으로서, 덧셈식 $(27+81+273+819+2457)$을 일반항 $a_n=3^{n-1}$에 적용하면 제4

항부터 제8항까지의 합으로도 표현할 수 있습니다.

$$27+81+273+819+2457=\sum_{k=4}^{8}a_k=\sum_{k=4}^{8}3^{k-1}$$

그럼 다음 수열의 합을 시그마기호로 나타내보시길 바랍니다. 어렵지 않으므로 각자 풀어보도록 하십시오.

① $(-7)+(-3)+1+5+9$　② $(-1)+5+(-25)+125$

이번엔 조금 더 복잡한 덧셈식을 시그마기호로 표현해 보겠습니다. 복잡하다고 해서 절대 어려운 것은 아닙니다. 수열의 일반항만 잘 찾으면 되거든요. 즉, 일반항을 n 또는 k에 관한 식으로 표현하기만 하면 쉽게 수열의 덧셈식을 합의 기호로 표현할 수가 있습니다.

$$1\cdot3+2\cdot9+3\cdot27+\cdots+8\cdot6561$$

여기서 수열의 일반항 a_n을 찾는 것이 어려워 보일 수도 있지만 숫자의 규칙성을 잘 살펴보면, '(등차수열)×(등비수열)'의 형태라는 것을 쉽게 알 수 있습니다. 따라서 수열 $1\cdot3,\ 2\cdot9,\ 3\cdot27,\ \cdots,\ 8\cdot6561$의 일반항은 다음과 같습니다.

수열 $1\cdot3,\ 2\cdot9,\ 3\cdot27,\ \cdots,\ 8\cdot6561$의 일반항 : $a_n=n\times3^n$

덧셈식 $1\cdot3+2\cdot9+3\cdot27+\cdots+8\cdot6561$의 항의 개수가 8개이므로, 수열 a_n의 제1항부터 제8항까지의 합과 같습니다. 이를 시그마기호로 표현하면 다음과 같습니다.

$$1\cdot3+2\cdot9+3\cdot27+\cdots+8\cdot6561=\sum_{k=1}^{8}a_k=\sum_{k=1}^{8}k\cdot3^k$$

이렇게 '(등차수열)×(등비수열)'의 형태로 된 덧셈식을 **멱급수**라고 말합니다. 멱급수에 대해서는 뒤쪽에서 조금 더 자세히 배워보도록 하겠습니다.

합의 기호 (2)

이번엔 시그마기호로 표현된 수열의 합을 덧셈식으로 표현해 보도록 하겠습니다. 여기서 우리는 일반항 a_k를 나타내는 k에 관한 식에, $k=1$부터 $k=n$까지 대입한 항의 합으로 표현하기만 하면 됩니다.

$$\sum_{k=1}^{5} k^2 \longrightarrow 1^2+2^2+3^2+4^2+5^2$$

일반항 k^2에 $k=1, 2, 3, 4, 5$를
대입하여 합의 꼴로 표현한다.

만약 $k=3$이고, $n=7$이라면 $k=3,\ 4,\ 5,\ 6,\ 7$까지 대입하여 덧셈식으로 표현해야 하겠죠?

$$\sum_{k=3}^{7} k^2 \longrightarrow 3^2+4^2+5^2+6^2+7^2$$

시그마기호에는 반드시 문자 n, k만 써야 할까요? 그렇지 않습니다. n, k는 단순히 변수를 의미하므로, 다른 문자로도 충분히 표현할 수 있습니다. 문자가 달라도 합의 기호에 숫자를 대입하는 방식은 똑같습니다.

$$\sum_{j=3}^{5} j^2 \longrightarrow 3^2+4^2+5^2$$

일반항 j^2에 $j=3, 4, 5$를
대입하여 합의 꼴로 표현한다.

$$\sum_{i=2}^{m}(i+1) \longrightarrow (2+1)+(3+1)+\cdots+(m+1)$$

일반항 $(i+1)$에 $i=2, 3, 4, \cdots, m$을

대입하여 합의 꼴로 표현한다.

$$\sum_{i=3}^{k}(x_i+f_i) \longrightarrow (x_3+f_3)+(x_4+f_4)+\cdots+(x_k+f_k)$$

일반항 (x_i+f_i)에 $i=3, 4, 5, \cdots, k$를

대입하여 합의 꼴로 표현한다.

만약에 일반항 a_k가 상수일 경우, 예를 들어 $\sum_{k=1}^{n}3$의 경우에는 덧셈식으로 어떻게 표현할 수 있을까요? 시그마기호의 정의에 따라서 $k=1, 2, \cdots, n$을 일반항을 표현한 식에 하나씩 대입해야 하는데, 여기에는 k라는 문자가 아예 존재하지도 않습니다. 하지만 우리는 숫자 0을 가지고 덧셈식 $\sum_{k=1}^{n}3$에 변수 k를 넣어 일반항을 k에 관한 식으로 만들어볼 수 있습니다. 이것도 단순한 식의 변형에 불과하겠죠?

$$\sum_{k=1}^{n}3=\sum_{k=1}^{n}(3+0\cdot k)$$

$\sum_{k=1}^{n}(3+0\cdot k)$를 시그마기호의 정의에 따라 덧셈식으로 표현하면 다음과 같습니다.

$$\begin{aligned}\sum_{k=1}^{n}(3+0\cdot k)&=(3+0\cdot 1)+(3+0\cdot 2)+\cdots+(3+0\cdot n)\\&=3\times n\end{aligned}$$

어렵지 않죠? 시그마라는 기호는 단순한 합의 기호이기 때문에 자주 사용하

다 보면 쉽게 익힐 수 있습니다. 그럼 시그마기호와 관련하여 다음 문제를 풀어보시길 바랍니다. 어떻게 풀지 생각해 보는 시간을 가져봅시다.

다음 덧셈식을 시그마기호로, 시그마기호를 덧셈식으로 변환하여라.

① $\sum_{i=5}^{9}\left(\frac{x_i}{2i+1}\right)$ ② $\frac{a}{2}+\frac{a^2}{5}+\frac{a^3}{8}+\cdots+\frac{a^m}{3m-1}$

어렵지 않으므로 각자 시그마기호의 정의를 생각하면서 천천히 풀어보시길 바랍니다.

정답 ① $\left(\frac{x_5}{11}\right)+\left(\frac{x_6}{13}\right)+\left(\frac{x_7}{15}\right)+\left(\frac{x_8}{17}\right)+\left(\frac{x_9}{19}\right)$ ② $\sum_{k=1}^{m}\left(\frac{a^k}{3k-1}\right)$

$\sum$의 기본 성질

이제 시그마기호에 대한 감이 잡히시죠? 그렇다면 시그마기호에 대한 성질에는 뭐가 있는지 확인해 보도록 하겠습니다.

$\sum$의 기본 성질

두 수열 $\{a_n\}$, $\{b_n\}$에 대하여 다음 등식이 성립한다. (단, c는 상수이다)

① $\displaystyle\sum_{k=1}^{n} ca_k = c\sum_{k=1}^{n} a_k$　　② $\displaystyle\sum_{k=1}^{n} c = cn$

③ $\displaystyle\sum_{k=1}^{n} (a_k \pm b_k) = \sum_{k=1}^{n} a_k \pm \sum_{k=1}^{n} b_k$

그럼 간단한 예시를 통해 시그마기호의 기본 성질이 참인지 확인해 보도록 하겠습니다.

① $\displaystyle\sum_{k=1}^{n} ca_k = c\sum_{k=1}^{n} a_k$: $\displaystyle\sum_{k=1}^{n} 3k^2 = 3\sum_{k=1}^{n} k^2$

$$\sum_{k=1}^{n} 3k^2 = 3\cdot1^2 + 3\cdot2^2 + \cdots + 3\cdot n^2 \quad \Leftrightarrow \quad 3\sum_{k=1}^{n} k^2 = 3(1^2 + 2^2 + \cdots + n^2)$$

상수 c는 일반항 a_k와는 아무런 관련이 없는 상수에 불과합니다. 따라서 시그마기호 안에 있는 상수 c가 시그마기호 밖으로 나와도 무방합니다.

② $\sum_{k=1}^{n} c = cn$: $\sum_{k=1}^{n} 3 = \sum_{k=1}^{n}(3+0\cdot k) = 3+3+\cdots+3 = 3n$

여기도 마찬가지로 상수 c는 변수 k와는 아무런 관련이 없는 상수에 불과합니다.

③ $\sum_{k=1}^{n}(a_k \pm b_k) = \sum_{k=1}^{n} a_k + \sum_{k=1}^{n} b_k$

$$\sum_{k=1}^{n}(k^2+k) = (1^2+1)+(2^2+2)+\cdots+(n^2+n)$$
$$= (1^2+2^2+\cdots+n^2)+(1+2+\cdots+n)$$
$$\Leftrightarrow \quad \sum_{k=1}^{n} k^2 + \sum_{k=1}^{n} k$$

그렇다면 시그마기호의 기본 성질을 이용하여 $\sum_{k=1}^{10} a_k = 20$, $\sum_{k=1}^{10} b_k = 30$일 때, 다음 식의 값을 구해보시길 바랍니다. 단순 계산문제이므로 각자 해결해 보십시오.

① $\sum_{k=1}^{10} 5a_k$ ② $\sum_{i=1}^{10}(7+a_i)$ ③ $\sum_{j=1}^{10}(a_j+2b_j)$

정답 ① 100 ② 90 ③ 80

다음과 같이 시그마기호 속에 또 다른 시그마기호가 들어 있는 경우는 어떨까요? 마찬가지로 시그마기호의 정의와 기본 성질을 하나씩 적용하면 쉽게 해결할 수 있습니다. 단, 변수를 나타내는 문자에 단단히 주의해야겠죠? (단, $\sum_{k=1}^{10} a_k = 20$, $\sum_{k=1}^{10} b_k = 30$)

$$\sum_{k=1}^{10}\left[\sum_{i=1}^{10}(a_i-1)(b_k+1)\right]$$

먼저 안쪽에 있는 식 $\sum_{i=1}^{10}(a_i-1)(b_k+1)$부터 계산하면 다음과 같습니다. 여기서 시그마기호 아래에 있는 변수가 i이므로 b_k는 상수로 취급할 수 있습니다.

$$\begin{aligned}
&\sum_{i=1}^{10}(a_i-1)(b_k+1)=\sum_{i=1}^{10}(a_ib_k+a_i-b_k-1)\\
&=\sum_{i=1}^{10}(a_ib_k)+\sum_{i=1}^{10}a_i-\sum_{i=1}^{10}b_k-\sum_{i=1}^{10}1\\
&=b_k\sum_{i=1}^{10}a_i+\sum_{i=1}^{10}a_i-\sum_{i=1}^{10}b_k-\sum_{i=1}^{10}1\\
&=20b_k+20-10b_k-10\\
&=10b_k+10
\end{aligned}$$

이제 $\sum_{i=1}^{10}(a_i-1)(b_k+1)=b_k+10$을 다시 원래의 식에 대입하면,

$$\begin{aligned}
&\sum_{k=1}^{10}\left[\sum_{i=1}^{10}(a_i-1)(b_k+1)\right]\\
&\rightarrow \sum_{k=1}^{10}(10b_k+10)=\sum_{k=1}^{10}10b_k+\sum_{k=1}^{10}10=300+100=400
\end{aligned}$$

시그마기호의 기본 성질을 하나씩 적용하면서 풀어보니 그리 어렵지 않죠? 다음 문제는 연습문제로 남겨두겠습니다. 시간 날 때 각자 풀어보시길 바랍니다.

$$\sum_{k=1}^{10} a_k^2 = 30,\ \sum_{k=1}^{10} a_k = 20$$ 일 때, $$\sum_{k=1}^{10} (a_k+2)^2$$ 의 값은?

정답 150

가끔 학생들이 시그마기호를 다루면서 실수하는 부분이 있습니다. 첫째, 시그마 안쪽에 있는 k를 상수처럼 생각하고 앞으로 보내는 경우입니다. 이는 엄연히 틀린 것이니 주의하시길 바랍니다.

$$\sum_{k=1}^{n} ka_k \neq k\sum_{k=1}^{n} a_k$$

우리는 여기서 시그마기호 아래에 있는 문자는 절대 상수로 취급할 수 없다는 사실을 반드시 기억해야 합니다. 아래 등식은 맞는 표현이니 앞의 식과 비교해 보시길 바랍니다.

$$\sum_{i=1}^{n} ka_i = k\sum_{i=1}^{n} a_i$$

또한 곱셈, 나눗셈 및 제곱에 대해서도 다음 등식이 성립하지 않으므로 반드시 주의를 기울이시길 바랍니다.

① $\sum_{k=1}^{n} a_k b_k \neq \sum_{k=1}^{n} a_k \sum_{k=1}^{n} b_k$ ② $\sum_{k=1}^{n} \frac{a_k}{b_k} \neq \frac{\sum_{k=1}^{n} a_k}{\sum_{k=1}^{n} b_k}$ ③ $\sum_{k=1}^{n} a_k^2 \neq \left(\sum_{k=1}^{n} a_k\right)^2$

자연수의 거듭제곱의 합

다음과 같이 자연수의 거듭제곱의 합을 공식으로 만들어놓게 되면 시그마기호를 계산할 때 편리하게 적용할 수 있습니다.

① $\sum_{k=1}^{n} k = ?$ ② $\sum_{k=1}^{n} k^2 = ?$ ③ $\sum_{k=1}^{n} k^3 = ?$

그럼 하나씩 공식을 도출해 보도록 하겠습니다.

① $\sum_{k=1}^{n} k = ?$

식 $\sum_{k=1}^{n} k$는 일반항이 k인 수열의 합을 의미합니다. 이는 첫째항이 1이고 공차가 1인 등차수열을 말하지요.

$$1,\ 2,\ 3, \cdots,\ k$$

등차수열의 합의 공식에 의해 쉽게 식 $\sum_{k=1}^{n} k$의 값을 구할 수 있습니다. 그럼 등차수열의 합의 공식을 확인해 볼까요?

등차수열의 합

수열 $\{a_n\}$이 등차수열이고, 첫째항부터 제n항까지의 합을 S_n이라고 할 때, S_n은 다음과 같다. (단, 첫째항이 a_1이고, 공차는 d이다)

$$S_n = a_1 + a_2 + \cdots + a_{n-1} + a_n = \frac{n}{2}(a_1 + a_n) = \frac{n}{2}[2a_1 + (n-1)d]$$

첫째항이 1이고, 공차가 1인 등차수열의 합은 다음과 같습니다.

$$S_n = 1+2+3+\cdots+n = \frac{n}{2}(n+1)$$

따라서 $\sum_{k=1}^{n} k = 1+2+3+\cdots+n = \frac{n(n+1)}{2}$이 됩니다. 이번엔 식 $\sum_{k=1}^{n} k^2$의 값을 도출해 보도록 하겠습니다. 일반항이 k^2인 수열은 등차수열도 등비수열도 아닙니다. 그럼 어떻게 수열의 합을 구할 수 있을까요? 여러분이 직접 시간을 들여 그 답(식)을 찾을 수도 있겠지만, 이는 단순한 공식에 불과하므로 이미 수학자들이 해결해 놓은 방식을 보면서 식 $\sum_{k=1}^{n} k^2$의 값을 찾는 것이 더 효율적일 것입니다. 다음 식 $\sum_{k=1}^{n} k^2$의 값을 찾는 과정을 천천히 읽어보시길 바랍니다.

$$(k+1)^3 = k^3 + 3k^2 + 3k + 1 \quad \rightarrow \quad (k+1)^3 - k^3 = 3k^2 + 3k + 1$$

$k = 1, 2, 3, \cdots, n$을 차례로 대입하면,

$$k=1 : 2^3-1^3 = 3\cdot1^2+3\cdot1+1$$
$$k=2 : 3^3-2^3 = 3\cdot2^2+3\cdot2+1$$
$$\vdots$$
$$k=n : (n+1)^3-n^3 = 3\cdot n^2+3\cdot n+1$$

여기서 좌변은 좌변끼리 그리고 우변은 우변끼리 더해보겠습니다. 좌변의 경우 음수가 있기 때문에 항끼리 서로 삭제되어 식이 간단하게 정리됩니다. 하지만 우변의 경우 그러하지 않습니다. 여기서 각 식의 첫째항, 둘째항 그리고 셋째항끼리 더하여 식을 정리하면 다음과 같습니다. 앞의 식과 잘 비교하면서 살펴보시길 바랍니다.

$$\begin{array}{rl} \cancel{2^3} - 1^3 = & 3\cdot1^2+3\cdot1+1 \\ \cancel{3^3} - \cancel{2^3} = & 3\cdot2^2+3\cdot2+1 \\ & \vdots \\ +)\ (n+1)^3-\cancel{n^3} = & 3\cdot n^2+3\cdot n+1 \\ \hline (n+1)^3-1^3 = & 3(1^2+2^2+\cdots+n^2)+3(1+2+\cdots+n)+1\cdot n \end{array}$$

우리가 구하고자 하는 값은 식 $\sum_{k=1}^{n} k^2$ 즉, $1^2+2^2+\cdots+n^2$이므로, 우변의 식 $(1^2+2^2+\cdots+n^2)$을 좌변으로 이항한 다음 식을 정리해 보겠습니다. 여기서 앞서 도출했던 $\sum_{k=1}^{n} k = 1+2+\ldots+n = \frac{n(n+1)}{2}$을 적용해 봅니다.

$$\sum_{k=1}^{n} k^2 = 1^2+2^2+\cdots+n^2 = \frac{1}{3}\left\{(n+1)^3-1-3\left(\frac{n(n+1)}{2}\right)-n\right\}$$

우변 $\frac{1}{3}\left\{(n+1)^3-1-3\left(\frac{n(n+1)}{2}\right)-n\right\}$을 다시 정리하면 다음과 같습니다. (계산과정 생략)

$$\sum_{k=1}^{n} k^2 = 1^2 + 2^2 + \cdots + n^2 = \frac{n(n+1)(2n+1)}{6}$$

$\sum_{k=1}^{n} k^3$도 마찬가지로 전개식 $(k+1)^4 - k^4 = 4k^3 + 6k^2 + 4k + 1$을 이용하여, $k = 1, 2, 3, \cdots$을 대입한 식에서 좌변은 좌변끼리, 우변은 우변끼리 더하여 구할 수 있습니다. 시간 날 때 각자 해보시길 바랍니다. (계산과정 생략)

$$\sum_{k=1}^{n} k^3 = \left\{\frac{n(n+1)}{2}\right\}^2 = \left(\sum_{k=1}^{n} k\right)^2$$

마찬가지로 $\sum_{k=1}^{n} k^4$, $\sum_{k=1}^{n} k^5$, $\cdots$도 모두 구할 수 있겠죠? 그렇지만 자연수의 거듭제곱의 합에 대한 공식은 $\sum_{k=1}^{n} k^3$까지만 정리하도록 하겠습니다.

자연수의 거듭제곱의 합

① $\sum_{k=1}^{n} k = \frac{n(n+1)}{2}$　　② $\sum_{k=1}^{n} k^2 = \frac{n(n+1)(2n+1)}{6}$

③ $\sum_{k=1}^{n} k^3 = \left\{\frac{n(n+1)}{2}\right\}^2 = \left(\sum_{k=1}^{n} k\right)^2$

그럼 위 공식을 보면서 다음 식을 간단히 해보시길 바랍니다. 시그마기호의 기본 성질을 활용하면 쉽게 답을 찾을 수 있을 것입니다.

$$\sum_{k=1}^{n} k(k+1) \qquad \sum_{k=1}^{n} (k+2)^3$$

이제 우리는 시그마기호 안에 어떤 다항식이 들어 있어도, $\sum_{k=1}^{n} k$, $\sum_{k=1}^{n} k^2$, $\sum_{k=1}^{n} k^3$ 의 공식을 이용하여 어렵지 않게 시그마식을 풀 수 있습니다. 공식을 외우는 게 중요한 것이 아니라 우리가 풀 수 있는 것이 무엇인지 '알고 있는 것'이 더 중요하다는 사실을 반드시 기억하시길 바랍니다. 그럼 자연수의 거듭제곱의 합에 대한 공식을 적용하여 다음 문제를 풀어보도록 하겠습니다. 어떻게 풀지 잠시 생각해 보는 시간을 가져봅시다.

다음 수열의 첫째항부터 제10항까지의 합을 구하여라.

① $1^2,\ 3^2,\ 5^2,\ 7^2, \cdots$

② $1,\ 1+3,\ 1+3+5,\ 1+3+5+7, \cdots$

문제해결을 위한 기본설계가 끝나셨나요? 그럼 함께 풀어보도록 하겠습니다. 우선 주어진 수열의 일반항부터 구해보겠습니다.

① $1^2,\ 3^2,\ 5^2,\ 7^2, \cdots \quad \rightarrow \quad a_n = (2n-1)^2$

② $1,\ 1+3,\ 1+3+5,\ 1+3+5+7, \cdots \quad \rightarrow \quad a_n = n^2$

②번의 경우에는 제n항이 바로 등차수열(홀수수열)의 합과 같습니다. 등차수열의 합을 구하는 공식을 적용하면 쉽게 일반항을 구할 수 있으니, 잘 안 되는 학생은 등차수열의 합의 공식을 찾아보시길 바랍니다. 그럼 두 수열의 첫째항부터 제n항까지의 합을 시그마기호로 표현해 볼까요?

① $1^2+3^2+5^2+7^2+\ldots+(2n-1)^2=\sum_{k=1}^{n}(2k-1)^2$

② $1+(1+3)+(1+3+5)+\ldots+n^2=\sum_{k=1}^{n}k^2$

이제 문제에서 구하고자 하는 값, 즉 첫째항부터 제10항까지의 합을 자연수의 거듭제곱의 합에 관한 공식을 적용하여 풀어보도록 하겠습니다. (계산과정 생략)

① $\sum_{k=1}^{10}(2k-1)^2=\sum_{k=1}^{10}(4k^2-4k+1)$

$=4\sum_{k=1}^{10}k^2-4\sum_{k=1}^{10}k+\sum_{k=1}^{10}1=1330$

② $\sum_{k=1}^{10}k^2=385$

어렵지 않죠? 한 문제 더 풀어볼까요?

수열 $\{a_n\}$에 대하여 $\sum_{k=1}^{n}a_k=n^2+n$일 때, $\sum_{k=1}^{10}(a_{3k})^3$의 값을 구하여라.

문제해결을 위한 기본설계가 끝나셨나요? 그럼 함께 풀어보도록 하겠습니다. 우선 주어진 수열 $\{a_n\}$의 일반항부터 구해보겠습니다. 수열의 합이 주어졌으므로 일반항은 쉽게 구할 수 있겠죠?

$$\sum_{k=1}^{n} a_k = n^2 + n = S_n$$

- $a_1 = S_1 \rightarrow a_1 = 2$
- $a_n = S_n - S_{n-1}\ (n = 2,\ 3,\ 4, \cdots) \rightarrow a_n = 2n$

수열 $\{a_n\}$의 일반항은 $a_n = 2n$이므로 수열 $\{a_{3n}\}$의 일반항은 $6n$이 될 것입니다. 따라서 $\sum_{k=1}^{10} (a_{3k})^3 = \sum_{k=1}^{10} (6k)^3 = 653400$이 됩니다. (계산과정 생략)

여러 가지 수열의 합

이번엔 새로운 형태의 수열의 합을 구하는 방법에 대해 배워보도록 하겠습니다. 다음 수열의 합은 얼마일까요?

$$\sum_{k=1}^{n}\left(\frac{1}{k}-\frac{1}{k+1}\right)$$

일단 시그마기호를 풀어 덧셈식으로 만들어봐야 그 규칙성을 찾을 수 있겠죠?

$$\sum_{k=1}^{n}\left(\frac{1}{k}-\frac{1}{k+1}\right)=\left(\frac{1}{1}-\frac{1}{2}\right)+\left(\frac{1}{2}-\frac{1}{3}\right)+\cdots+\left(\frac{1}{n-1}-\frac{1}{n}\right)+\left(\frac{1}{n}-\frac{1}{n+1}\right)$$

이제 뭔가 규칙성이 보이죠?

$$\left(\frac{1}{1}-\cancel{\frac{1}{2}}\right)+\left(\cancel{\frac{1}{2}}-\cancel{\frac{1}{3}}\right)+\cdots+\left(\cancel{\frac{1}{n-1}}-\cancel{\frac{1}{n}}\right)+\left(\cancel{\frac{1}{n}}-\frac{1}{n+1}\right)=\left(\frac{1}{1}-\frac{1}{n+1}\right)$$

따라서 식 $\sum_{k=1}^{n}\left(\frac{1}{k}-\frac{1}{k+1}\right)$의 값은 $\left(1-\frac{1}{n+1}\right)$로 간단히 정리됩니다. 이렇게 주어진 식을 연속된 '두 항의 차'로 변형하게 되면, 수열의 합을 간단하게 계산할 수 있습니다. 그럼 이와 관련하여 다음 수열의 합도 계산해 보도록 하겠습니다. 일단 식을 변형하여 연속된 두 항의 차로 만들어보시길 바랍니다. 분모에 근호가 있으므로 분모를 유리화해야겠죠?

$$\sum_{k=1}^{n}\left(\frac{1}{\sqrt{k+1}+\sqrt{k}}\right)$$

$$\sum_{k=1}^{n}\left(\frac{1}{\sqrt{k+1}+\sqrt{k}}\right)=\sum_{k=1}^{n}\left(\frac{1}{\sqrt{k+1}+\sqrt{k}}\times\frac{\sqrt{k+1}-\sqrt{k}}{\sqrt{k+1}-\sqrt{k}}\right)$$
$$=\sum_{k=1}^{n}(\sqrt{k+1}-\sqrt{k})$$

이것을 간단히 하면 다음과 같습니다. 어렵지 않으므로 머릿속으로 각자 계산해 보길 바랍니다.

$$\sum_{k=1}^{n}(\sqrt{k+1}-\sqrt{k})=\sqrt{n+1}-1$$

어떤 식을 연속된 두 항의 차로 변형하는 방법을 **이항분리**라고 말하는데, 이는 한자로 '두 이(二)', '항목 항(項)' 자를 써서 하나의 항을 2개의 항으로 분리한다는 의미를 내포하고 있습니다. 앞서 유리식에서 배웠던 부분분수도 일종의 이항분리로 볼 수 있습니다. 그럼 부분분수 변형식을 다시 한 번 살펴보도록 하겠습니다.

$$\frac{1}{A\bullet B}=\frac{1}{B-A}\left(\frac{1}{A}-\frac{1}{B}\right)$$

우변을 계산하면 좌변과 같다는 사실을 쉽게 알 수 있을 것입니다. 이항분리란 단순한 식의 변형에 불과합니다. 그럼 이항분리를 이용하여 다음 수열의 합을 구해보도록 하겠습니다. 어렵지 않으므로 시간 날 때 각자 연습해 보시길 바랍니다.

$$\sum_{k=1}^{10}\left(\frac{1}{k(k+2)}\right)$$

수열의 합과 관련하여 다음 문제를 풀어보도록 하겠습니다.

일반항이 $a_n=\dfrac{1}{n^2-1}$인 수열 $\{a_n\}$의 제2항부터 제10항까지의 합을 구하여라.

일단 수열의 합을 시그마기호로 표현하면 다음과 같습니다.

$$\sum_{k=2}^{10} a_k=\sum_{k=2}^{10}\left(\frac{1}{k^2-1}\right)$$

이제 식 $\dfrac{1}{k^2-1}$을 인수분해한 후, 부분분수 변형식 $\dfrac{1}{A\cdot B}=\dfrac{1}{B-A}\left(\dfrac{1}{A}-\dfrac{1}{B}\right)$를 적용해 보겠습니다.

$$\frac{1}{k^2-1}=\frac{1}{(k+1)(k-1)}=-\frac{1}{2}\left(\frac{1}{k+1}-\frac{1}{k-1}\right)$$

이제 구하고자 하는 수열의 합 $\sum_{k=2}^{10} a_k$을 덧셈식으로 표현하여 수열의 합을 구해보겠습니다.

$$\sum_{k=2}^{10} a_k=\sum_{k=2}^{10}\left[-\frac{1}{2}\left(\frac{1}{k+1}-\frac{1}{k-1}\right)\right]=-\frac{1}{2}\sum_{k=2}^{10}\left(\frac{1}{k+1}-\frac{1}{k-1}\right)$$

$$\begin{aligned}&\sum_{k=2}^{10}\left(\frac{1}{k+1}-\frac{1}{k-1}\right)\\&=\left(\frac{1}{3}-\frac{1}{1}\right)+\left(\frac{1}{4}-\frac{1}{2}\right)+\left(\frac{1}{5}-\frac{1}{3}\right)+\cdots+\left(\frac{1}{10}-\frac{1}{8}\right)+\left(\frac{1}{11}-\frac{1}{9}\right)\\&=\left(\frac{1}{10}-\frac{1}{1}\right)+\left(\frac{1}{11}-\frac{1}{2}\right)=-\frac{72}{55}\end{aligned}$$

계산이 조금 복잡하지만 그렇게 어렵지는 않죠? 시그마기호를 이용하면 수열에 관한 여러 가지 문제를 쉽게 해결할 수 있답니다. 다음 수열과 관련된 여러 가지 문제도 함께 풀어보도록 하겠습니다. 어떻게 풀지 잠시 생각해 보는 시간을 가져봅시다.

다음 식의 값을 구하여라.

① $\sum_{j=1}^{5}\left\{\sum_{i=1}^{5}\left(\sum_{k=1}^{5}(j^2 \times 2^i \times k)\right)\right\}$

② $9+99+\cdots+9999999999$

문제해결을 위한 기본설계가 끝나셨나요? 그럼 ①번부터 함께 풀어보도록 하겠습니다.

$$\sum_{j=1}^{5}\left\{\sum_{i=1}^{5}\left(\sum_{k=1}^{5}(j^2 \times 2^i \times k)\right)\right\}$$

시그마기호의 정의와 기본 성질을 이용하여, 식을 하나씩 풀어보면 쉽게 해결될 것 같아 보입니다. 먼저 앞서 유도했던 자연수의 거듭제곱의 합에 관한 공식을 살펴보고 넘어가겠습니다.

자연수의 거듭제곱의 합

① $\sum_{k=1}^{n} k = \frac{n(n+1)}{2}$ ② $\sum_{k=1}^{n} k^2 = \frac{n(n+1)(2n+1)}{6}$

③ $\sum_{k=1}^{n} k^3 = \left\{\frac{n(n+1)}{2}\right\}^2 = \left(\sum_{k=1}^{n} k\right)^2$

그럼 가장 안쪽부터 하나씩 풀어볼까요? 여기서 주의해야 할 것은 시그마기호 아래에 있는 문자와 상관없는 문자의 경우에는 상수로 취급할 수 있다는 사실입니다. 즉, 상수처럼 앞으로 나올 수 있다는 것이죠.

$$\sum_{k=1}^{n} ca_k = c\sum_{k=1}^{n} a_k$$

$$\sum_{k=1}^{5}(j^2 \times 2^i \times k) = j^2 \times 2^i \times \sum_{k=1}^{5} k = j \times 2^i \times \left\{\frac{5(5+1)}{2}\right\} = j \times 2^i \times 15$$

$$\sum_{k=1}^{n} k = \frac{n(n+1)}{2}$$

계산 결과 $\sum_{k=1}^{5}(j^2 \times 2^i \times k) = j^2 \times 2^i \times 15$를 대입하여 두 번째 시그마기호를 풀어보겠습니다. 마찬가지로 시그마기호 아래에 있는 문자가 무엇인지 유심히 살펴보시길 바랍니다.

$$\sum_{i=1}^{5}\left(\sum_{k=1}^{5}(j^2 \times 2^i \times k)\right) = \sum_{i=1}^{5}(j^2 \times 2^i \times 15) = 15j^2 \times \sum_{i=1}^{5} 2^i$$

식 $\sum_{i=1}^{5} 2^i$의 경우 첫째항이 2이고, 공비가 2인 등비수열의 합을 의미합니다. 등비수열의 합의 공식을 이용하여 정리하면 다음과 같습니다.

$$\sum_{i=1}^{5} 2^i = \frac{2(1-2^5)}{1-2} = (-2+2^6) = 62$$

$$\rightarrow \sum_{i=1}^{5}\left(\sum_{k=1}^{5}(j^2 \times 2^i \times k)\right) = 15j^2 \times \sum_{i=1}^{5} 2^i = 930j^2$$

이제 식 $\sum_{i=1}^{5}\left(\sum_{k=1}^{5}(j^2 \times 2^i \times k)\right)$의 값 $930j^2$을 이용하여 세 번째 시그마기호까지 풀어보도록 하겠습니다. 드디어 마지막 관문입니다. 여기서는 자연수의 거듭제곱의 합의 공식 ② $\sum_{k=1}^{n} k^2 = \frac{n(n+1)(2n+1)}{6}$을 활용해야 하겠죠?

$$\sum_{j=1}^{5}\left\{\sum_{i=1}^{5}\left(\sum_{k=1}^{5}(j^2 \times 2^i \times k)\right)\right\}$$

$$= \sum_{j=1}^{5}[930j^2] = 930\sum_{j=1}^{5} j^2 = 930 \times \frac{5 \times 6 \times 11}{6} = 51150$$

복잡해 보이지만 시그마의 성질과 공식을 보면서 푸는 단순 계산문제에 불과합니다. 그렇다면 ②번 문제를 풀어보도록 하겠습니다. 일단 일반항은 무엇일지 생각해 보시기 바랍니다.

$$9 + 99 + \cdots + 9999999999$$

수열의 일반항을 찾기가 쉽지 않죠? 이때는 규칙성을 찾아야 합니다. 수열 9, 99, ⋯, 9999999999의 규칙성은 뭐가 있을까요? 그렇습니다. 각각의 항에 숫자 1을 더하면 10의 배수(10^n)가 된다는 특징을 갖고 있습니다. 그럼 각각의 항을 '(10의 배수) − 1'꼴로 만들어보겠습니다.

$$9 + 99 + \cdots + 9999999999$$
$$= (10-1) + (100-1) + (1000-1) + \cdots + (10^{10}-1)$$

이러한 규칙성을 적용하면 이 수열 9, 99, ⋯, 9999999999의 일반항이 $a_n = 10^n - 1$이 된다는 사실을 쉽게 알 수 있습니다. 그럼 수열의 합 $9 + 99 + \cdots + 9999999999$를 시그마기호를 이용하여 표현해 볼까요?

$$9 + 99 + \cdots + 9999999999 = \sum_{k=1}^{10} a_k = \sum_{k=1}^{10} (10^k - 1)$$

$\sum_{k=1}^{10} (10^k - 1)$의 값을 구하기 위해서는 등비수열의 합의 공식과 시그마기호의 기본 성질을 이용할 수 있습니다. 계산은 시간 날 때 각자 해보시길 바랍니다.

다음 등식을 만족시키는 수열 $\{a_n\}$이 어떤 수열인지 말하여라.

$$\sum_{i=1}^{n} (a_1 + a_2 + \cdots + a_i) = n^2$$

문제해결을 위한 기본설계가 끝나셨나요? 그럼 함께 풀어보도록 하겠습니다. 우선 시그마기호 안을 가만히 살펴보면 수열의 일반항에 관한 식이 아닌 수열 $\{a_n\}$의 합(덧셈식)이 들어 있습니다. 원래 시그마기호 안에는 일반항에 관한 식이 들어 있는 게 보통인데 말이죠. 그렇다면 이때는 어떻게 해야 할까요? 일반적으로 복잡한 식의 계산에서는 치환의 방법을 이용하여 식을 간단히 하곤 합니다. 마찬가지로 수열 $\{a_n\}$의 합을 또 다른 수열이라고 생각하고 아래와 같이 치환해 보도록 하겠습니다.

$$\sum_{i=1}^{n}(a_1+a_2+\cdots+a_i)=n^2 \qquad (a_1+a_2+\cdots+a_i)=b_i$$

$$\rightarrow \sum_{i=1}^{n}b_i=n^2$$

이번엔 b_i의 일반항을 구해야 하겠죠? 여기서는 시그마기호 밑에 있는 문자가 i이므로 일반항을 나타내는 식은 i에 관한 식이 될 것입니다. 그런데 수열의 합을 가지고 어떻게 일반항에 관한 식을 구할 수 있을까요? 그렇습니다. 바로 수열의 합과 일반항과의 관계를 이용하는 것입니다. 기억나시나요?

수열의 합과 일반항과의 관계

수열 $\{a_n\}$의 첫째항부터 제n항까지의 합을 S_n이라고 할 때, 수열의 합과 일반항과의 관계는 다음과 같다.

$$a_1=S_1,\ a_n=S_n-S_{n-1}\ (\text{단, } n=2,\ 3,\ 4\cdots)$$

우리는 수열 b_i의 제1항부터 제i항까지의 합, 즉 $\sum_{i=1}^{n}b_i=n^2$의 값을 알고 있으므로 수열 b_i의 일반항을 쉽게 구할 수 있습니다.

$$b_1=S_1,\ b_i=S_i-S_{i-1}\ (\text{단, } i=2,\ 3,\ 4\cdots)$$

여기서 S_i은 $\sum_{i=2}^{n} b_i$와 같습니다. 그럼 수열 b_i의 일반항을 구하면 다음과 같습니다.

$$b_1 = S_1 = 1,\ b_i = i^2 - (i-1)^2 = 2i - 1\ (\text{단, } i = 2,\ 3,\ 4 \cdots)$$

$i = 1$일 때, 식 $b_i = 2i - 1(b_1 = 2 \times 1 - 1 = 1)$을 만족하므로, 수열 b_i의 일반항은 $b_i = 2i - 1\,(i = 1,\ 2,\ 3 \cdots)$이 됩니다. 그렇다면 이번엔 수열 b_i의 일반항을 이용하여 수열 a_i의 일반항을 구해봐야겠죠? 수열 a_i의 합이 b_i와 같으므로 다시 수열의 합과 일반항과의 관계를 적용하면 어렵지 않게 일반항 a_i를 구할 수 있습니다. 여기서 i는 단순히 항의 개수를 나타내는 변수에 불과합니다. 계산의 편의상 i를 n과 k로 놓고 풀어보겠습니다.

$$\sum_{k=1}^{n} a_k = b_n : a_1 = b_1,\ a_n = b_n - b_{n-1}\ (\text{단, } n = 2,\ 3,\ 4 \cdots)$$
$$\rightarrow\ a_1 = b_1 = 1,\ a_n = b_n - b_{n-1} = (2n-1) - \{2(n-1) - 1\} = 2$$

따라서 수열 a_n은 첫째항이 1이고, 그다음 항이 모두 2인 수열이 됩니다.

$$\text{수열 } \{a_n\} : 1, 2, 2, 2, 2, \cdots$$

정말 수열 $\{a_n\}$이 1, 2, 2, 2, 2, ⋯인지 아닌지 주어진 조건 $\sum_{i=1}^{n}(a_1 + a_2 + \cdots + a_i) = n^2$과 비교하면서 검산해 보도록 하겠습니다. ($n = 3$을 대입)

$$\sum_{i=1}^{3}(a_1 + a_2 + \cdots + a_i)$$
$$= \underbrace{a_1}_{i=1} + \underbrace{(a_1 + a_2)}_{i=2} + \underbrace{(a_1 + a_2 + a_3)}_{i=3} = 1 + (1+2) + (1+2+2) = 9$$

$3^2 \leftarrow n = 3$

멱급수

다음 수열의 합은 어떻게 구할 수 있을까요?

$$1\cdot3+2\cdot3^2+3\cdot3^3+4\cdot3^4+5\cdot3^5+\cdots+n\cdot3^n$$

우선 주어진 수열을 가만히 살펴보면 뭔가 규칙성을 찾을 수 있습니다. 찾으셨나요? 바로 등차수열과 등비수열의 곱으로 이루어졌다는 사실입니다.

$$1\cdot3,\ 2\cdot3^2,\ 3\cdot3^3,\ 4\cdot3^4,\ 5\cdot3^5,\ \cdots \rightarrow \text{일반항} : n\times3^n$$

(등차수열)×(등비수열)

이렇게 등차수열과 등비수열의 곱으로 이루어진 수열의 합을 **멱급수**라고 말합니다. 멱급수에 대해 좀 더 정확히 말하면 $\sum_{n=0}^{\infty} a_n x^n$꼴로 표현되는 식을 의미합니다. 식이 참 어려워 보이죠? 일단 멱급수에 대해서는 미적분 단원에서 좀 더 자세히 배우게 될 터이니 지금은 용어 정도만 기억하고 넘어가시길 바랍니다. 그럼 주어진 식의 값을 구해보도록 하겠습니다. 어떻게 하면 답을 찾을 수 있을까요? 그리고 여기서 가장 문제가 되는 부분이 무엇일까요?

우리는 등차 또는 등비수열의 합의 공식을 알고 있습니다. 그렇다면 주어진 식을 적당히 변형하여 하나의 수열, 즉 등차 또는 등비수열로 만들 수만 있다면 문제는 간단히 해결될 것입니다. 우선 주어진 식 $1\cdot3+2\cdot3^2+3\cdot3^3+4\cdot3^4+5\cdot3^5+\cdots+n\cdot3^n$의 값을 S라고 놓아보겠습니다.

$$S=1\cdot3+2\cdot3^2+3\cdot3^3+4\cdot3^4+5\cdot3^5+\cdots+n\cdot3^n$$

만약 S에서 $3S$를 빼보면 어떻게 될까요?

$$\begin{array}{rl} S= & 1\cdot3+2\cdot3^2+3\cdot3^3+4\cdot3^4+5\cdot3^5+\cdots+n\cdot3^n \\ -)\ 3S= & \qquad 1\cdot3^2+2\cdot3^3+3\cdot3^4+4\cdot3^5+5\cdot3^6+\cdots+n\cdot3^{n+1} \\ \hline -2S= & (3+3^2+3^3+\cdots+3^n)-n\cdot3^{n+1} \end{array}$$

참 신기하죠? S에서 $3S$를 뺐을 뿐인데, 그 결과 등차수열이 싹 없어져버렸습니다. 여기서 우리는 등비수열의 합의 공식을 이용하여 식 $(3+3^2+3^3+\cdots+3^n)$의 값만 찾으면 어렵지 않게 S의 값을 구할 수 있습니다. 참고로 식 $(3+3^2+3^3+\cdots+3^n)$은 첫째항이 3이고, 공비가 3인 등비수열의 합입니다.

$$(3+3^2+3^3+\cdots+3^n)=\frac{3(3^n-1)}{3-1}=\frac{3(3^n-1)}{2}$$

위 식을 앞서 도출한 식에 대입하여 S값을 찾아보면 다음과 같습니다.

$$S=-\frac{3(3^n-1)}{4}+\frac{n3^{n+1}}{2}$$

멱급수의 풀이 원리는 그렇게 어렵지 않습니다. 주어진 수열의 합 S에 등비수열의 공비 r을 곱한 다음, '$S-rS$꼴'로 만들면 등차수열 부분이 사라지게 되고, 그러면 어렵지 않게 S값을 구할 수 있게 됩니다. 연습 삼아 다음 수열의 합(멱급수)을 찾아보는 건 어떨까요?

$$\frac{2}{5}+\frac{4}{5^2}+\frac{6}{5^3}+\cdots+\frac{2n}{5^n}$$

앞에서 했던 방식으로 풀면 쉽게 해결되니 각자 풀어보시길 바랍니다. 지금까지 여러 가지 수열에 관한 문제를 풀어보았습니다. 등차수열, 등비수열을 배울 때보다 식이 한결 간단해졌다는 것을 느끼셨을 것입니다. 그것은 바로 시그마라는 기호 때문이죠. 새로운 기호가 나왔다고 겁먹지 말고 그냥 용어의 정의 그대로 하나씩 하나씩 찾아보면서 적용해 보시길 바랍니다. 그러다 보면 금방 익숙해질 것입니다. 즉, 기호와 관련된 것은 단순 계산에 불과하니까요.

계차수열

다음 수열에 대한 규칙성을 찾아보시길 바랍니다.

$$2,\ 7,\ 14,\ 23,\ 34,\ \cdots$$

일단 수열 2, 7, 14, 23, 34, ⋯에서 인접한 두 항의 차를 구해보도록 하겠습니다.

$$\begin{array}{ccccccccccc} 2, & & 7, & & 14, & & 23, & & 34, & & \cdots \\ & 5 & & 7 & & 9 & & 11 & & \cdots & \end{array}$$

인접한 두 항의 차를 보니 뭔가 규칙성이 보이죠? 인접한 두 항의 차를 하나의 수열로 보면 바로 등차수열(5, 7, 9, 11, ⋯)이 된다는 사실을 쉽게 알 수 있습니다. 이렇게 인접한 두 항의 차로 이루어진 수열(5, 7, 9, 11, ⋯)을 **계차수열**이라고 말합니다. 계차수열은 '층계 계(階)', '뺄 차(差)'를 사용하여 인접한 두 항의 차가 이루는 수열을 의미하는 한자어입니다. 여기서 인접한 두 항의 차를 **계차**라고 말하겠죠? 수열 $\{a_n\}$의 계차수열을 $\{b_n\}$이라고 할 때, 수열 $\{a_n\}$을 계차수열 $\{b_n\}$의 **원수열**이라고 말합니다.

계차수열

어떤 수열의 인접한 두 항의 차로 이루어진 수열을 계차수열이라고 하며, 인접한 두 항의 차를 계차라고 말한다. 원수열 $\{a_n\}$과 계차수열 $\{b_n\}$ 사이에는 다음 관계식이 성립한다.

$$a_{n+1} - a_n = b_n \quad (n = 1,\ 2,\ 3,\ 4 \cdots)$$

그렇다면 계차수열의 또 다른 계차수열(제2의 계차수열)도 구할 수 있겠죠?

원수열	a_1		a_2		a_3		a_4	$\cdots$	a_{n-1}		a_n		a_{n+1}
제1계차수열		b_1		b_2		b_3		$\cdots$		b_{n-1}		b_n	
제2계차수열			c_1		c_2			$\cdots$			c_{n-1}		

여기서 뭔가 감이 오지 않으신가요? 그렇습니다. 계차수열과 원수열의 관계식을 찾아낸다면, 원수열 또는 계차수열의 일반항 둘 중 하나를 알면 나머지 하나를 구할 수 있게 됩니다. 그렇다면 계차수열과 원수열의 관계식이 무엇인지 함께 도출해 보도록 하겠습니다. 일단 다음 원수열과 계차수열을 살펴보겠습니다.

$$2,\quad 7,\quad 14,\quad 23,\quad 34,\quad \cdots$$

$$5\quad 7\quad 9\quad 11\quad \cdots$$

일단 계차수열의 정의를 표현하는 식 $a_{n+1} - a_n = b_n$을 변형하면 다음과 같습니다.

$$a_{n+1} - a_n = b_n \rightarrow a_{n+1} = a_n + b_n$$

식 $a_{n+1} = a_n + b_n$에 $n = 1,\ 2,\ 3, \cdots$을 대입하면,

$$a_2 = a_1 + b_1,\ a_3 = a_2 + b_2,\ a_4 = a_3 + b_3,\ \cdots,\ a_n = a_{n-1} + b_{n-1}$$

즉, 원수열의 둘째항은 원수열의 첫째항과 계차수열의 첫째항을 합한 값과

같습니다. 또한 원수열의 셋째항은 원수열의 둘째항과 계차수열의 둘째항의 합과 같습니다. 여기서 우리는 식 $a_3 = a_2 + b_2$에 식 $a_2 = a_1 + b_1$을 대입하여 셋째항 a_3을 a_1과 계차수열의 합으로 표현할 수 있습니다.

$$a_3 = a_2 + b_2 \quad \rightarrow \quad a_3 = a_1 + (b_1 + b_2)$$

$$a_2 = a_1 + b_1$$

이러한 방식으로 쭉~ 계산하게 되면 제n항 a_n의 값을 원수열의 첫째항 a_1과 계차수열의 합으로 표현할 수 있게 됩니다.

$$a_n = a_{n-1} + b_{n-1} = a_1 + (b_1 + b_2 + \cdots + b_{n-1}) = a_1 + \sum_{k=1}^{n-1} b_k$$

어렵지 않게 '계차수열과 원수열의 관계식'을 찾아냈습니다. 이 말은 원수열 또는 계차수열의 일반항 둘 중 하나를 알면 나머지 하나를 구할 수 있게 되었다는 말이죠.

계차수열과 원수열의 관계

원수열 $\{a_n\}$의 계차수열을 $\{b_n\}$이라고 한다면, 원수열과 계차수열 사이에는 다음 관계식이 성립한다.

$$a_n = a_1 + \sum_{k=1}^{n-1} b_k \quad (n = 1,\ 2,\ 3,\ 4 \cdots)$$

그렇다면 처음에 살펴보았던 수열 2, 7, 14, 23, ⋯의 일반항 a_n을 구해보도록 하겠습니다.

원수열 $\{a_n\}$ 2, 7, 14, 23, 34, …

계차수열 $\{b_n\}$ 5 7 9 11 …

계차수열과 원수열의 관계 $a_n = a_1 + \sum_{k=1}^{n-1} b_k$ $(n=1,\ 2,\ 3,\ 4\cdots)$을 활용하기 위해서는 먼저 계차수열의 일반항부터 구해야 합니다. 그래야 식 $\sum_{k=1}^{n-1} b_k$의 값을 구할 수 있으니까요.

$\{b_n\}$: 5, 7, 9, 11,… → 첫째항이 5이고, 공차가 2인 등차수열

→ 일반항 : $b_n = 2n+3$

$b_n = 2n+3$을 식 $a_n = a_1 + \sum_{k=1}^{n-1} b_k$에 대입하여 원수열의 일반항 a_n을 구하면 다음과 같습니다.

$$a_n = a_1 + \sum_{k=1}^{n-1} b_k = a_1 + \sum_{k=1}^{n-1} (2k+3)$$

앞서 배운 시그마의 기본 성질과 자연수의 거듭제곱의 합에 대한 공식을 적용하면 쉽게 일반항 a_n을 구할 수 있습니다. 여기서 주의해야 할 사항이 있는데, 그것은 바로 시그마기호에서 맨 마지막항이 n이 아니라 $(n-1)$이 된다는 사실입니다.

학생들이 계차수열에서 가장 실수를 많이 하는 것이 바로 이 부분입니다. 절대 설렁설렁 넘어가지 않길 바랍니다.

$$a_n = a_1 + \sum_{k=1}^{n-1} (2k+3) = 2 + 2\sum_{k=1}^{n-1} k + 3(n-1) = n^2 + 2n - 1$$

① $\sum_{k=1}^{n} ca_k = c\sum_{k=1}^{n} a_k$　　② $\sum_{k=1}^{n} c = cn$

③ $\sum_{k=1}^{n} (a_k \pm b_k) = \sum_{k=1}^{n} a_k \pm \sum_{k=1}^{n} b_k$　　④ $\sum_{k=1}^{n} k = \frac{n(n+1)}{2}$

어렵지 않죠? 만약에 1차 계차수열로 부족하다면 2차 계차수열의 일반항을 구한 다음 1차 계차수열을 구하고 다시 원수열의 일반항을 구하면 됩니다. 그럼 다음 수열의 일반항을 구해보도록 하겠습니다. 여기서는 제2차 계차수열의 일반항까지 구해야 합니다.

$$1,\ 1,\ 2,\ 5,\ 11,\ 21,\cdots$$

계차수열에 대한 규칙성만 파악하면 단순 계산문제에 불과하니 시간 날 때 아래 힌트를 보면서 각자 풀어보시길 바랍니다.

$\{a_n\}$　1,　1,　2,　5,　11,　21,　⋯

$\{b_n\}$　0,　1,　3,　6,　10,　⋯

$\{c_n\}$　1,　2,　3,　4,　⋯

$$a_n = a_1 + \sum_{k=1}^{n-1} b_k \qquad b_n = b_1 + \sum_{k=1}^{n-1} c_k$$

$$\sum_{k=1}^{n} k = \frac{n(n+1)}{2} \qquad \sum_{k=1}^{n} k^2 = \frac{n(n+1)(2n+1)}{6}$$

※ 계차수열의 일반항에서 시그마기호의 맨 마지막항이 n이 아니라 $(n-1)$이 됨에 주의!

정답 $\frac{1}{6}n^3 - \frac{1}{2}n^2 + \frac{1}{3}n + 1$

군수열

다음 수열의 규칙성을 찾아보시길 바랍니다.

$$1, 1, 3, 1, 3, 5, 1, 3, 5, 7, \ldots$$

당황하셨나요? 우리가 배운 등차, 등비, 계차수열의 원리를 아무리 적용해 봐도 눈에 띄는 규칙성이 보이지 않죠? 그렇다면 책을 좀 더 멀찌감치 놓고 수열을 바라보시기 바랍니다. 그럼 이 수열의 규칙성을 좀 더 쉽게 찾을 수 있을 것입니다.

$$1,\ 1, 3,\ 1, 3, 5,\ 1, 3, 5, 7, \cdots$$

이렇게 수열 $\{a_n\}$에서 몇 개의 항이 일정한 규칙에 따라 짝을 이루는 수열을 **군수열**이라고 말합니다. 그리고 수열의 각 군을 앞에서부터 차례로 제1군, 제2군, 제3군, …이라고 합니다. 그럼 앞의 수열의 제1군부터 제n군까지 차례로 써보도록 하겠습니다.

제1군 : 1
제2군 : 1, 3
제3군 : 1, 3, 5
제n군 : $1, 3, 5, \cdots, 2n-1$

군수열에서는 각 군의 항의 개수가 어떻게 변화되는지, 군 안에서 어떤 규칙이 존재하는지, 그리고 각 군의 첫째항 또는 마지막 항끼리의 규칙이 어떤지를 파악하는 것이 중요합니다. 그렇다면 다음 군수열과 관련된 문제를 풀어보도록 하겠습니다. 어떻게 풀지 잠시 생각해 보는 시간을 가져봅시다.

다음 수열에서 제500항이 무엇인지 구하여라.

$$\frac{1}{2}, \frac{1}{3}, \frac{2}{3}, \frac{1}{4}, \frac{2}{4}, \frac{3}{4}, \frac{1}{5}, \frac{2}{5}, \frac{3}{5}, \frac{4}{5}, \cdots$$

문제해결을 위한 기본설계가 끝나셨나요? 그럼 함께 풀어보도록 하겠습니다. 우선 일반항을 찾아야 하는데 군수열이라 제1군, 제2군…, 제n군으로 나누어보겠습니다. 군수열의 순서는 일반적인 수열의 순서와는 다르므로 각 군별로 항의 개수를 확인하는 작업도 해야 합니다.

제1군 : $\frac{1}{2}$ (1개)

제2군 : $\frac{1}{3}, \frac{2}{3}$ (2개)

제3군 : $\frac{1}{4}, \frac{2}{4}, \frac{3}{4}$ (3개)

제n군 : $\frac{1}{n+1}, \frac{2}{n+1}, \cdots, \frac{n}{n+1}$ (n개)

이제 좀 감이 잡히시죠? 그럼 제500항이 어느 군에 속하는지만 알면 우리는 제500항에 해당하는 숫자를 찾을 수 있을 것입니다. 만약 제500항이 제n군에 속한다고 가정하면 제$(n-1)$군까지의 수열의 개수는 500 미만이면서 500과 가장 근접한 수가 되어야 할 것입니다.

$$\frac{1}{2}, \frac{1}{3}, \frac{2}{3}, \frac{1}{4}, \frac{2}{4}, \frac{3}{4}, \cdots \frac{1}{n}, \frac{2}{n}, \cdots, \frac{1}{n+1}, \frac{2}{n+1}, \cdots$$

4××개 제500항

그렇다면 제$(n-1)$군까지의 항의 개수를 구하는 식을 유도해 보도록 하겠습니다. 제1군의 항의 개수는 1개, 제2군의 항의 개수를 2개, 그리고 제$(n-1)$군의 항의 개수는 $(n-1)$개이므로, 자연수의 거듭제곱의 합의 공식을 적용해 볼 수 있습니다.

자연수의 거듭제곱의 합의 공식 : $\sum_{k=1}^{n} k = \frac{n(n+1)}{2}$

→ 마지막항이 $n-1$이므로 제$(n-1)$군까지의 항 개수는

$1+2+3+\cdots+(n-1) = \frac{n(n-1)}{2}$이 된다.

$\frac{n(n-1)}{2}$의 값이 얼마가 되어야 500 미만이면서 500과 가장 근접한 수가 될까요? 대략적인 숫자를 대입해 구해보면 다음과 같습니다.

$$\frac{n(n-1)}{2} : n=32 \text{ 대입} \rightarrow \frac{32\times31}{2}=496$$

제32군까지의 총 항의 개수가 496개이므로, 우리가 구하고자 하는 제500항은 제33군의 4번째 항이 될 것입니다. 제33군의 수열을 써보면 다음과 같습니다.

제n군 : $\frac{1}{n+1}, \frac{2}{n+1}, \cdots, \frac{n}{n+1}$

→ 제33군 : $\frac{1}{34}, \frac{2}{34}, \frac{3}{34}, \frac{4}{34}, \cdots, \frac{33}{34}$

따라서 제500항의 값은 $\frac{4}{34}$가 됩니다. 복잡하긴 해도 하나씩 생각하면서 풀어보면 그렇게 어렵지 않죠? 이처럼 군수열의 경우, 군단위로 군 안에 포함된 수열의 개수를 생각하면서 풀게 되면 어렵지 않게 문제를 해결할 수 있습니다.

개념 한눈에 보기

1. **합의 기호(시그마)** : 수열 $\{a_n\}$의 첫째항부터 제n항까지의 합을 표현한 기호

$$\rightarrow a_1+a_2+\cdots+a_{n-1}+a_n=\sum_{k=1}^{n}a_k$$

2. **시그마의 성질** : 두 수열 $\{a_n\}$, $\{b_n\}$에 대하여 다음 등식이 성립한다.

(단, c는 상수이다)

① $\sum_{k=1}^{n}ca_k=c\sum_{k=1}^{n}a_k$ ② $\sum_{k=1}^{n}c=cn$ ③ $\sum_{k=1}^{n}(a_k\pm b_k)=\sum_{k=1}^{n}a_k\pm\sum_{k=1}^{n}b_k$

3. **자연수의 거듭제곱의 합**

① $\sum_{k=1}^{n}k=\frac{n(n+1)}{2}$ ② $\sum_{k=1}^{n}k^2=\frac{n(n+1)(2n+1)}{6}$

③ $\sum_{k=1}^{n}k^3=\left\{\frac{n(n+1)}{2}\right\}^2=\left(\sum_{k=1}^{n}k\right)^2$

4. **이항분리** : 어떤 식을 연속된 두 항의 차로 바꾸는 방법

$$\rightarrow \frac{1}{A\cdot B}=\frac{1}{B-A}\left(\frac{1}{A}-\frac{1}{B}\right)$$

5. **멱급수** : 두 수열의 곱이 앞의 수는 등차수열, 뒤의 수는 등비수열로 진행될 때, 이러한 수열의 합 → $\sum_{n=0}^{\infty}a_nx^n$꼴로 표현되는 식

6. **계차수열**

① 계차수열 : 어떤 수열의 인접한 두 항의 차로 이루어진 수열

② 계차 : 인접한 두 항의 차

③ 원수열 $\{a_n\}$과 계차수열 $\{b_n\}$의 관계

i) $a_{n+1}-a_n=b_n$ $(n=1,\ 2,\ 3,\ 4\cdots)$

ii) $a_n=a_1+\sum_{k=1}^{n-1}b_k$ $(n=1,\ 2,\ 3,\ 4\cdots)$

7. **군수열** : 몇 개의 항이 일정한 규칙에 따라 짝을 이루는 수열

도출형 학습방식으로 다음 문제를 풀어보겠습니다. (개념이 잘 기억나지 않으면 앞의 내용을 찾아보길 바란다)

첫째항부터 제n항까지의 합을 S_n라고 할 때, $S_n=\sum_{k=1}^{2n}k^2-\sum_{k=3}^{n+2}k$인 수열 $\{a_n\}$에 대하여 a_5의 값을 구하여라.

1단계 개념도출 문제를 풀기 위해서는 어떤 개념을 알아야 할까요?

2단계 개념설명 개념을 알고 있다면 간단히 설명해 보길 바랍니다.

3단계 문제해결 그러면 어떻게 문제를 해결할 수 있을까요?

첫째항부터 제n항까지의 합을 S_n이라고 할 때, $S_n=\sum_{k=1}^{2n}k^2-\sum_{k=3}^{n+2}k$인 수열 $\{a_n\}$에 대하여 a_5의 값을 구하여라.

1단계 문제를 풀기 위해서는 어떤 개념을 알아야 할까요?

시그마의 성질, 자연수의 거듭제곱에 대한 공식, 일반항과 수열의 합과의 관계에 대해 알아야 한다.

2단계 개념을 알고 있다면 간단히 설명해 보길 바랍니다.

시그마의 성질

두 수열 $\{a_n\}$, $\{b_n\}$에 대하여 다음 등식이 성립한다. (단, c는 상수)

① $\sum_{k=1}^{n}ca_k=c\sum_{k=1}^{n}a_k$ ② $\sum_{k=1}^{n}c=cn$

③ $\sum_{k=1}^{n}(a_k\pm b_k)=\sum_{k=1}^{n}a_k\pm\sum_{k=1}^{n}b_k$

자연수의 거듭제곱의 합

① $\sum_{k=1}^{n}k=\frac{n(n+1)}{2}$ ② $\sum_{k=1}^{n}k^2=\frac{n(n+1)(2n+1)}{6}$

③ $\sum_{k=1}^{n}k^3=\left\{\frac{n(n+1)}{2}\right\}^2=\left(\sum_{k=1}^{n}k\right)^2$

일반항과 수열의 합

수열 $\{a_n\}$의 첫째항부터 제n항까지의 합을 S_n이라고 할 때, 수열의 합과 일반항과의 관계는 다음과 같다.

$$a_1=S_1,\ a_n=S_n-S_{n-1}\ (\text{단, } n=2,\ 3,\ 4\cdots)$$

3단계 그러면 어떻게 문제를 해결할 수 있을까요?

첫째항부터 제n항까지의 합 S_n이라고 할 때, $S_n=\sum_{k=1}^{2n}k^2-\sum_{k=3}^{n+2}k$이므로 자연수의 거듭제곱의 합의 공식을 이용하여 시그마식을 푼 다음, 수열 $\{a_n\}$의 일반항을 구하여 a_5의 값을 구할 수 있다.
하지만 일반항을 구하지 않고 $a_n=S_n-S_{n-1}(n=2, 3, 4, \cdots)$에서 $n=5$를 대입하게 되면 좀 더 쉽게 a_5의 값을 구할 수 있을 것이다.

정답이 궁금한 학생들은 다음 정답풀이를 참고하시기 바랍니다.

수열 $\{a_n\}$의 첫째항부터 제n항까지의 합 S_n이 $\sum_{k=1}^{2n}k^2-\sum_{k=3}^{n+2}k$이라고 했으므로, 자연수의 거듭제곱의 합의 공식을 이용하여 시그마식을 풀어보겠습니다. 일단 식 $\sum_{k=3}^{n+2}k$는 제3항부터 제n항까지의 합과 같으므로, $\sum_{k=3}^{n+2}k$에 공식을 적용하기 위해서는 제1항부터 제n항까지의 합에서 제1항과 제2항을 빼주는 작업이 선행되어야 합니다.

$$\sum_{k=1}^{n+2}k=\sum_{k=3}^{n+2}k-(a_1+a_2)\ :\ a_1=1,\ a_2=2$$

이제 자연수의 거듭제곱에 관한 공식 $\sum_{k=1}^{n}k=\frac{n(n+1)}{2}$과 $\sum_{k=1}^{n}k^2=\frac{n(n+1)(2n+1)}{6}$을 적용하여 식 $S_n=\sum_{k=1}^{2n}k^2-\sum_{k=3}^{n+2}k$를 정리하면 다음과 같습니다.

$$S_n=\sum_{k=1}^{2n}k^2-\sum_{k=3}^{n+2}k=\frac{2n(2n+1)(4n+1)}{6}-\left\{\frac{(n+2)(n+3)}{2}-3\right\}$$

여기서 수열 $\{a_n\}$의 일반항을 직접 구하지 않고 $a_n=S_n-S_{n-1}(n=2,3,4,\cdots)$에 $n=5$를 대입하게 되면 좀 더 쉽게 a_5의 값을 구할 수 있습니다.

$$a_n=S_n-S_{n-1}(n=2,\ 3,\ 4,\cdots)\ \rightarrow\ a_5=S_5-S_4$$

$$S_5=\frac{(10)(11)(21)}{6}-\left\{\frac{(7)(8)}{2}-3\right\}=360$$

$$S_4=\frac{(8)(9)(17)}{6}-\left\{\frac{(6)(7)}{2}-3\right\}=186 \qquad \therefore\ a_5=174$$

정답 174

5 수학적 귀납법

우리는 앞서 수열의 정의에서부터 등차, 등비, 계차, 군수열에 이르기까지 여러 가지 수열에 대해 자세히 배워보았습니다. 수열을 정확히 파악하기 위해서는 일반항에 관한 식을 도출하는 것이 관건입니다. 일반항에 관한 식을 도출하기 위해서 가장 중요한 것은 무엇일까요? 바로 수열의 규칙성을 정확히 파악하는 것입니다. 만약 수열의 규칙성을 어떤 수식으로 표현할 수만 있다면, 우리는 수열의 일반항을 좀 더 쉽게 구할 수 있기 때문이죠. 그렇다면 수열의 규칙성을 표현한 식에는 뭐가 있을까요?

다음 숫자의 규칙성을 표현하는 식은 무엇일까?

1 2 3 5 8 13 21 34

$$1+2=3,\ 2+3=5,\ 3+5=8, \cdots \rightarrow a_n+a_{n+1}=a_{n+2}(n=1, 2, 3, \cdots)$$

수열의 귀납적 정의

수열의 일반항이 주어지지 않아도 첫째항과 그다음 항을 결정할 수 있는 관계식만 주어진다면, 우리는 모든 수열의 항을 쉽게 구할 수 있게 됩니다. 그럼 다음 수열 $\{a_n\}$의 각각의 항을 찾아보도록 하겠습니다.

첫째항 : 1, 수열의 규칙성 : $a_{n+1}-a_n=3$

수열의 규칙성 $a_{n+1}-a_n=3$을 이용하여 둘째항부터 하나씩 구해보면 다음과 같습니다.

① $a_2-a_1=3$: $a_1=1 \rightarrow a_2=3+a_1=4$

② $a_3-a_2=3$: $a_2=4 \rightarrow a_3=3+a_2=7$

③ $a_4-a_3=3$: $a_3=7 \rightarrow a_4=3+a_3=10$

$\cdots$

이렇게 하면 수열 $\{a_n\}$의 항을 모조리 구할 수 있게 됩니다. 이처럼 서로 이웃하는 두 항 사이의 관계식을 알면 우리는 수열의 모든 항을 쉽게 구할 수 있습니다. 이러한 수열의 관계식을 바로 **점화식**이라고 말합니다.
점화식은 '점점 점(漸)' 자와 '될 화(化)' 자를 써서 '점점 뭔가 되어가는 식'을 의미하는 한자어입니다. 우리가 불을 붙일 때 점화(點火)한다고 말하죠? 한자어는 조금 다르지만 불이 점점 번져나갈 수 있도록 행하는 점화의 개념을 바탕으로 점화식(漸化式)을 이해하면 좀 더 그 용어의 의미를 쉽게 파악할 수 있을 것입니다.

점화식

수열 $\{a_n\}$에서 서로 이웃하는 두 항 사이의 관계식

그렇다면 등차수열과 등비수열을 표현하는 점화식이 무엇인지 알아보도록 하겠습니다. 참고로 등차 및 등비수열의 의미만 가지고도 점화식을 찾아낼 수 있습니다.

등차수열 : 두 인접한 항의 차(d)가 일정한 수열

$$\rightarrow a_{n+1} - a_n = d$$

등비수열 : 두 인접한 항의 비(r)가 일정한 수열

$$\rightarrow a_{n+1} \div a_n = r$$

어렵지 않죠? 다음 식도 등차 및 등비수열을 나타내는 점화식에 해당됩니다.

$$2a_{n+1} = a_n + a_{n+2} \text{ (등차수열)}$$

$$(a_{n+1})^2 = a_n \times a_{n+2} \text{ (등비수열)}$$

두 식이 등차 및 등비수열을 나타내는 점화식이라는 사실에 대해 언뜻 잘 이해되지 않을 수도 있습니다. 하지만 세 수 a_n, a_{n+1}, a_{n+2}가 등차 및 등비수열이 될 때, 등차중항 및 등비중항를 나타내는 식을 떠올려보면 쉽게 이해할 수 있을 것입니다.

이렇게 점화식을 이용하여 수열을 정의하는 것을 **수열의 귀납적 정의**라고 말합니다. 참고로 귀납이라는 용어는 '돌아갈 귀(歸)', '거두어들일 납(納)' 자를 씁니다. 그럼 수열의 귀납적 정의와 관련되어 다음 문제를 풀어보도록 하겠습니다. 어떻게 풀지 머릿속으로 잠시 생각해보는 시간을 가져봅시다.

수열 $\{a_n\}$과 $\{b_n\}$이 다음과 같이 정의되었을 때, $a_i = 36$, $b_j = 729$를 만족하는 i와 j값에 대해 식 $i+j$의 값을 구하여라.

① $a_1 = 100,\ a_{n+1} + 4 = a_n\ (n = 1,\ 2,\ 3, \cdots)$

② $b_1 = 1, b_2 = 3,\ b_{n+1} = \sqrt{b_n b_{n+2}}\ (n = 1,\ 2,\ 3, \cdots)$

문제해결을 위한 기본설계가 끝나셨나요? 그럼 함께 풀어보도록 하겠습니다. 우선 수열 $\{a_n\}$의 일반항을 구하기 위해서 주어진 점화식을 분석해 보겠습니다.

$$\text{수열 } \{a_n\} : a_1 = 100,\ a_{n+1} + 4 = a_n\ (n = 1,\ 2,\ 3, \cdots)$$

점화식 $a_{n+1} + 4 = a_n$에서 좌변 상수항 4를 우변으로 이항하고, 우변 a_n을 좌변으로 이항하면 $a_{n+1} - a_n = -4$가 됩니다. 이는 인접한 두 항의 차가 바로 -4가 되는 등차수열로 볼 수 있습니다. 참고로 등차수열을 의미하는 점화식은 다음과 같습니다.

등차수열 : 두 인접한 항의 차가 일정한 수열

$\rightarrow a_{n+1} - a_n = d$ 또는 $2a_{n+1} = a_n + a_{n+2}$

즉, 수열 $\{a_n\}$은 첫째항이 100이고, 공차가 -4인 등차수열이 됩니다. 그럼 수열 $\{a_n\}$의 일반항을 구해보면,

$$a_n = a_1 + (n-1)d \rightarrow a_n = 100 + (n-1)(-4) = -4n + 104$$

따라서 $a_i = 36$이 되는 i를 구하면 다음과 같습니다. 참고로 a_i는 n 대신 i를 대입한 것에 불과합니다.

$$a_i = 36 \rightarrow a_i = -4i + 104 = 36 \quad \therefore\ i = 17$$

이번엔 두 번째 점화식 $b_{n+1} = \sqrt{b_n\, b_{n+2}}$를 살펴보도록 하겠습니다. 식을 간단히 정리하기 위해, 즉 근호를 없애기 위해 양변을 제곱하면 $(b_{n+1})^2 = b_n\, b_{n+2}$가 됩니다. 이는 앞서 살펴보았던 등비수열의 점화식과 같습니다. 참고로 등비수열을 의미하는 점화식은 다음과 같습니다.

등비수열 : 두 인접한 항의 비가 일정한 수열

$\rightarrow\ b_{n+1} \div b_n = r$ 또는 $(b_{n+1})^2 = b_n \times b_{n+2}$

첫째항과 둘째항이 $b_1 = 1$, $b_2 = 3$이므로, 공비는 3이 될 것입니다. 따라서 수열 $\{b_n\}$은 첫째항이 1이고, 공비가 3인 등비수열이 됩니다. 이제 등비수열 $\{b_n\}$의 일반항을 구해보면,

$$b_n = b_1 r^{n-1} \rightarrow b_n = 3^{n-1}$$

이제 $b_j = 729$가 되는 j를 구하면 다음과 같습니다.

$$b_j = 729 \rightarrow b_j = 3^{j-1} = 729 = 3^6 \quad \therefore\ j = 7$$

따라서 주어진 수열의 귀납적 정의를 만족하는 i, j값에 대하여 우리가 구하고자 하는 식 $(i+j)$의 값은 24가 됩니다. 그렇게 어렵지 않죠?

여러 가지 수열의 귀납적 정의

다음은 여러 형태로 주어진 점화식을 가지고 수열에 관한 문제를 푸는 방법을 소개해드리겠습니다. 무조건 암기하려 하지 말고 문제를 풀 때마다 하나씩 찾아보면서 익히시길 바랍니다. 자주 보면 좀 더 자연스럽게 기억할 수 있으니까요. 그럼 점화식이 '$a_{n+1}=a_n+f(n)$꼴'로 주어진 수열부터 정리해 보도록 하겠습니다. 여기서 우리가 구하고자 하는 것은 일반항을 찾는 것임을 잊지 마시길 바랍니다.

'$a_{n+1}=a_n+f(n)$꼴'로 주어진 수열의 일반항은?

일단 주어진 점화식 $a_{n+1}=a_n+f(n)$에 $n=1, 2, 3, \cdots$을 대입한 식을 살펴보겠습니다. 여기서 좌변은 좌변끼리 우변은 우변끼리 더하게 되면 양변에 공통으로 존재하는 항이 삭제됩니다.

$$
\begin{array}{rl}
 & \cancel{a_2} = a_1+f(1) \\
 & \cancel{a_3} = \cancel{a_2}+f(2) \\
 & \cancel{a_4} = \cancel{a_3}+f(3) \\
 & \vdots \\
+) & a_n = \cancel{a_{n-1}}+f(n-1) \\
\hline
 & a_n = a_1+f(1)+f(2)+\cdots+f(n-1)
\end{array}
$$

일반항 a_n은 시그마기호를 사용하여 다음과 같이 정리할 수 있습니다.

$$\begin{aligned} a_n &= a_1 + f(1) + f(2) + \cdots + f(n-1) \\ &= a_1 + \sum_{k=1}^{n-1} f(k) \end{aligned}$$

그렇게 어렵지 않죠? 예를 들어 첫째항이 $a_1 = 0$이고, 점화식이 $a_{n+1} = a_n + n$인 수열 $\{a_n\}$의 일반항은 다음과 같습니다. (여기서 $f(n) = n$이다)

$$a_n = a_1 + \sum_{k=1}^{n-1} f(k) \ : \ a_n = 0 + \sum_{k=1}^{n-1} k = \frac{n(n-1)}{2}$$

이번엔 점화식이 '$a_{n+1} = a_n f(n)$꼴'로 주어진 수열의 일반항을 구하는 방법을 소개하도록 하겠습니다. 마찬가지로 $n = 1, 2, 3, \cdots$을 대입한 식을 살펴보겠습니다. 여기서도 좌변은 좌변끼리 우변은 우변끼리 곱하게 되면 양변에 공통으로 존재하는 항이 삭제(약분)되겠죠?

$$\begin{aligned} \cancel{a_2} &= a_1 f(1) \\ \cancel{a_3} &= \cancel{a_2} f(2) \\ \cancel{a_4} &= \cancel{a_3} f(3) \\ &\vdots \\ \times)\ a_n &= \cancel{a_{n-1}} f(n-1) \\ \hline a_n &= a_1 f(1) f(2) \times \cdots \times f(n-1) \end{aligned}$$

예를 들어 첫째항이 1이고, 점화식이 $a_{n+1} = a_n(2^n)$인 수열의 일반항을 구해보면 다음과 같습니다.

$$\begin{aligned} a_n &= a_1 f(1) f(2) \times \cdots \times f(n-1) = 2^1 \times 2^2 \times \cdots \times 2^{n-1} \\ &= 2^{1+2+\cdots+(n-1)} = 2^{\frac{n(n-1)}{2}} \end{aligned}$$

만약 $f(n)=c$(상수)라면 수열 $\{a_n\}$은 등비수열이 될 것입니다.

$$a_n=a_1f(1)f(2)\times\cdots\times f(n-1)=a_1(c\times c\times\cdots\times c)=a_1c^{n-1}$$

이번엔 점화식이 '$a_{n+1}=pa_n+q\,(p\neq1, pq\neq0)$꼴'로 주어진 수열의 일반항을 찾아보도록 하겠습니다. 우선 식을 변형하여 $a_{n+1}-\alpha=p(a_n-\alpha)$꼴로 만들어보면 수열의 규칙성이 보일 것입니다. 참고로 원래의 식과 변형된 식을 비교하면 $\alpha=\dfrac{q}{1-p}$라는 사실을 쉽게 알 수 있을 것입니다.

'$a_{n+1}-\alpha=p(a_n-\alpha)$꼴'로 주어진 수열이 어떤 규칙성을 갖는지 잘 모르시겠다고요? 그렇다면 수열 $\{a_n\}$이 아닌 수열 $\{a_n-\alpha\}$를 생각해 보면 어떨까요? 즉, 수열 $\{a_n-\alpha\}$를 수열 $\{b_n\}$으로 치환해 보면 그 규칙성을 보다 쉽게 찾을 수 있을 것입니다.

$$a_{n+1}-\alpha=p(a_n-\alpha)\ \rightarrow\ b_{n+1}=pb_n\ \rightarrow\ \frac{b_{n+1}}{b_n}=p$$

이제 좀 감이 잡히시죠? 그렇습니다. 수열 $\{b_n\}$은 공비가 p인 등비수열이 됩니다. 따라서 수열 $\{b_n\}$의 일반항은 다음과 같습니다. 여기서 치환한 것을 풀어 $\{a_n\}$의 일반항까지 구해보도록 하겠습니다.

$$\{b_n\}\text{의 일반항} : b_n = b_1 p^{n-1}$$
$$\{a_n\}\text{의 일반항} : (a_n - \alpha) = (a_1 - \alpha)p^{n-1}$$

여기에 $\alpha = \dfrac{q}{1-p}$를 대입하여 식을 정리하면 수열 $\{a_n\}$의 일반항을 구할 수 있습니다.

$$a_n = (a_1 - \left(\frac{q}{1-p}\right))p^{n-1} + \left(\frac{q}{1-p}\right)$$

많이 복잡해 보이죠? 점화식이 '$a_{n+1} - \alpha = p(a_n - \alpha)$꼴'로 주어진 문제를 풀 때, 앞서 도출했던 일반항 공식을 완전히 암기한 후 대입하여 풀어도 되겠지만, 그것보다는 일반항을 유도하는 과정을 기억하는 것이 훨씬 편할 것입니다. 그럼 첫째항이 3이고, $a_{n+1} = 2a_n - 1$인 수열의 일반항을 구해보겠습니다.

$$a_{n+1} = 2a_n - 1 \rightarrow a_{n+1} - 1 = 2(a_n - 1)$$

수열 $\{a_n - 1\} = \{b_n\}$로 치환하면 수열 $\{b_n\}$은 공비가 2인 등비수열이 됩니다.

$$a_{n+1} - 1 = 2(a_n - 1) \rightarrow b_{n+1} = 2b_n$$

수열 $\{b_n\}$의 첫째항을 계산하면 $b_1 = a_1 - 1 = 3 - 1 = 2$이 되므로 수열 $\{b_n\}$은 첫째항이 2이고, 공비가 2인 등비수열이 됩니다.

$$\text{수열 } \{b_n\}\text{의 일반항} : b_n = 2 \cdot 2^{n-1} = 2^n$$

수열 $\{a_n - 1\} = \{b_n\}$이므로 $a_n - 1 = 2^n$이 되고, 결국 수열 $\{a_n\}$의 일반항

은 $a_n = 2^n + 1$이 됩니다. 그리 어렵지 않죠?

네 번째로 '$pa_{n+2} + qa_{n+1} + ra_n = 0 \ (p+q+r=0, pqr \neq 0)$꼴'로 주어진 수열의 일반항을 구해보도록 하겠습니다. 일단 점화식 $pa_{n+2} + qa_{n+1} + ra_n = 0$을 인접한 두 항의 차로 표현된 식 '$(a_{n+2} - a_{n+1}) = \frac{r}{p}(a_{n+1} - a_n)$꼴'로 변형해 봅니다. 앞서 살펴본 바와 같이 식을 변형하는 것은 단순히 상수항을 조정(등식의 성질을 이용)하는 것에 불과합니다.

그럼 변형된 식 $(a_{n+2} - a_{n+1}) = \frac{r}{p}(a_{n+1} - a_n)$으로부터 일반항을 도출해 보도록 하겠습니다. 여기서도 마찬가지로 수열 $\{a_{n+1} - a_n\}$을 수열 $\{b_n\}$으로 치환하면 그 규칙성을 쉽게 찾아낼 수 있습니다. 여기서 변수 n, $n+1, \cdots$에 주의하면서 치환하시길 바랍니다.

$$(a_{n+2} - a_{n+1}) = \frac{r}{p}(a_{n+1} - a_n) \ \rightarrow \ b_{n+1} = \frac{r}{p}b_n$$

보는 바와 같이 수열 $\{b_n\}$은 공비가 $\frac{r}{p}$인 등비수열이므로, 수열 $\{b_n\}$의 일반항은 $b_n = b_1\left(\frac{r}{p}\right)^{n-1}$이 됩니다. 치환을 풀어 수열 $\{a_n\}$의 일반항까지 구해보면 다음과 같습니다. 참고로 $\{a_n\}$의 일반항을 구하기 위해서는 $n = 1, \ 2, \ 3, \cdots$을 대입하여 좌변은 좌변끼리 우변은 우변끼리 더한 다음 식을 정리해야 합니다.

$$b_n = b_1\left(\frac{r}{p}\right)^{n-1} \ \rightarrow \ a_{n+1} - a_n = (a_2 - a_1)\left(\frac{r}{p}\right)^{n-1}$$

$$
\begin{aligned}
\cancel{a_2} - a_1 &= (a_2 - a_1) \\
\cancel{a_3} - \cancel{a_2} &= (a_2 - a_1)\left(\frac{r}{p}\right) \\
\cancel{a_4} - \cancel{a_5} &= (a_2 - a_1)\left(\frac{r}{p}\right)^2 \\
&\vdots \\
+)\quad a_n - \cancel{a_{n-1}} &= (a_2 - a_1)\left(\frac{r}{p}\right)^{n-2} \\
\hline
a_n - a_1 &= (a_2 - a_1)\left\{1 + \left(\frac{r}{p}\right) + \left(\frac{r}{p}\right)^2 + \cdots + \left(\frac{r}{p}\right)^{n-2}\right\}
\end{aligned}
$$

수열 $\{a_n\}$의 일반항을 시그마기호로 표현하면 다음과 같습니다. 여기서도 변수 n에 주의해야 합니다.

$$a_n = (a_2 - a_1)\sum_{k=1}^{n-1}\left(\frac{r}{p}\right)^{k-1} + a_1$$

식 $\sum_{k=1}^{n-1}\left(\frac{r}{p}\right)^{k-1}$은 첫째항이 1이고, 공비가 $\left(\frac{r}{p}\right)$인 등비수열의 제1항부터 제 $(n-1)$항까지의 합이므로, 등비수열의 합의 공식을 적용하면 최종적으로 수열 $\{a_n\}$의 일반항을 구할 수 있습니다.

$$a_n = (a_2 - a_1)\left[\frac{\left(\frac{r}{p}\right)^{n-1} - 1}{\left(\frac{r}{p}\right) - 1}\right] + a_1$$

식이 아주 복잡하죠? 이러한 최종적 일반항 공식을 암기하는 것보다 어떻게 일반항을 구하는지 그 유도 과정을 이해하는 것이 중요합니다. 그 유도 과정은 필요할 때마다 하나씩 찾아보면서 문제를 풀어보면 자연스럽게 익히실 수 있을 것입니다. 그럼 마지막으로 '$a_{n+1} = \frac{ra_n}{pa_n + q}$ 꼴'로 주어진 수열의 일반항을 구해보도록 하겠습니다.

분수 형태에서 가장 문제가 되는 부분은 바로 분모입니다. 분모가 덧셈식으로 되어 있으니까 식을 정리하기가 참 불편하죠? 그럼 역수를 취해보면 어떨까요?

$$a_{n+1}=\frac{ra_n}{pa_n+q} \rightarrow \frac{1}{a_{n+1}}=\frac{pa_n+q}{ra_n}$$

양변을 모두 역수로 취해도 등식에는 변함이 없습니다. 이제 분모가 단항식이 되었으므로 우변이 쉽게 정리되겠죠?

$$\frac{1}{a_{n+1}}=\frac{pa_n+q}{ra_n} \rightarrow \frac{1}{a_{n+1}}=(\frac{q}{r})\frac{1}{a_n}+\frac{p}{r}$$

뭔가 보이지 않나요? 그렇습니다. 바로 $\frac{1}{a_{n+1}}$과 $\frac{1}{a_n}$이 눈에 들어오죠? 이번엔 수열 $\left\{\frac{1}{a_n}\right\}$을 수열 $\{b_n\}$으로 치환해 보도록 하겠습니다.

$$\frac{1}{a_{n+1}}=\left(\frac{q}{r}\right)\frac{1}{a_n}+\frac{p}{r} \rightarrow b_{n+1}=\left(\frac{q}{r}\right)b_n+\frac{p}{r}$$

수열 $\{b_n\}$의 일반항은 앞서 다루었던 점화식 '$a_{n+1}=pa_n+q$꼴' 수열과 같은 방식으로 구할 수 있습니다. 앞의 내용을 찾아보면서 수열 $\{b_n\}$을 구한 다음 역수를 취하면 비로소 우리는 수열 $\{a_n\}$의 일반항을 구할 수 있습니다. (계산과정 생략)

$$b_n=\left(b_1-\left(\frac{p}{r-q}\right)\right)\left(\frac{q}{r}\right)^{n-1}+\left(\frac{p}{r-q}\right) \rightarrow a_n=\frac{1}{\left(\frac{1}{a_1}-\left(\frac{p}{r-q}\right)\right)\left(\frac{q}{r}\right)^{n-1}+\left(\frac{p}{r-q}\right)}$$

식이 아주 복잡하죠? 일반항을 구하는 과정을 기억하면 어렵지 않게 일반항을 도출해 낼 수 있으니, 공식을 외우려 하지 말고 유도 과정(변끼리 더하거나 곱함, 치환 등)을 기억하시길 바랍니다. 그럼 점화식의 형태별로 수열의 일반항을 구하는 방법을 하나씩 정리를 해보도록 하겠습니다.

여러 가지 수열의 일반항

① $a_{n+1}=a_n+f(n)$꼴

→ $n=1, 2, 3, \cdots$을 대입한 식을 변변 더하여 일반항을 찾는다.

② $a_{n+1}=a_nf(n)$꼴

→ $n=1, 2, 3, \cdots$을 대입한 식을 변변 곱하여 일반항을 찾는다.

③ $a_{n+1}=pa_n+q$꼴$(p\neq 1,\ pq\neq 0)$

→ $a_{n+1}-\alpha=p(a_n-\alpha)$꼴로 변형하여 일반항을 찾는다.

(먼저 수열 $\{a_n-\alpha\}$의 일반항을 찾는다)

④ $pa_{n+2}+qa_{n+1}+ra_n=0$ 꼴$(p+q+r=0, pqr\neq 0)$

→ $(a_{n+2}-a_{n+1})=\frac{r}{p}(a_{n+1}-a_n)$꼴로 변형하여 일반항을 찾는다.

(먼저 수열 $\{a_{n+1}-a_n\}$의 일반항을 찾은 다음 변변 더한다)

⑤ $a_{n+1}=\dfrac{ra_n}{pa_n+q}$ 꼴 → 양변의 역수를 취하여 일반항을 찾는다. (먼저 수열 $\left\{\dfrac{1}{a_n}\right\}$의 일반항을 찾는다)

처음부터 모든 것을 암기하려 하지 말고 문제를 풀 때마다 해당 유형의 일반항 유도 과정을 찬찬히 살펴보면서 푸시길 바랍니다. 유형에 맞는 문제의 경우 단순 계산문제에 불과하겠죠? 그럼 다음 점화식 유형별 수열 문제를 풀어보도록 하겠습니다. 단순한 연습문제이므로 앞의 내용을 보면서 각자 풀어보되, 여기서는 일반항 공식을 보고 문제를 푸는 것이 아니라 일반항의 유도 과정을 생각하면서 문제를 풀어보시길 바랍니다. 그래야 유형에 나와 있지 않은 문제가 나와도 거뜬히 해결할 수 있습니다.

① 수열 $\{a_n\}$이 $a_1=5,\ a_{n+1}=a_n+2n\ (n=1,\ 2,\ 3,\cdots)$으로 정의될 때 $\displaystyle\sum_{k=1}^{10}(a_k+k)$의 값을 구하여라.

② $a_1=1,\ a_{n+1}=\dfrac{a_n}{n+1}\ (n=1,\ 2,\ 3,\cdots)$으로 정의된 수열 $\{a_n\}$에 대하여 제10항의 값을 구하여라.

정답 ① 435 ② $\dfrac{1}{10!}$

③ 수열 $\{a_n\}$에서 $a_1 = 3,\ a_{n+1} = 3a_n - 2\,(n = 1,\ 2,\ 3, \cdots)$로 정의될 때, 일반항 $\{a_n\}$을 구하여라.

④ 다음과 같이 정의된 수열에서 첫째항부터 제10항까지의 합을 구하여라.

$a_1 = 1,\ a_2 = 4,\ a_{n+2} - 3a_{n+1} + 2a_n = 0$
$(n = 1,\ 2,\ 3, \cdots)$

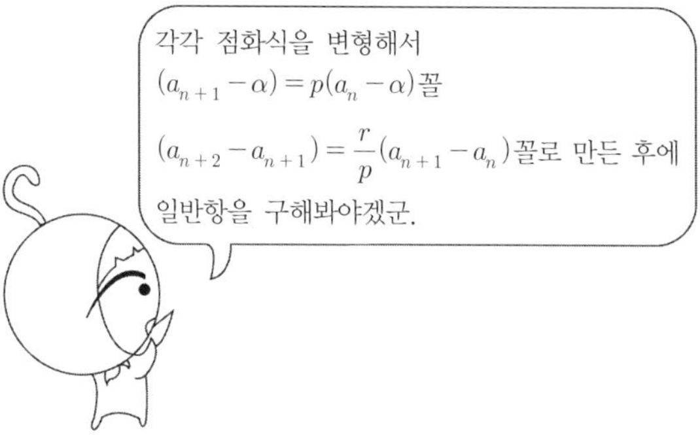

정답 ③ $2 \cdot 3^{n-1} + 1$ ④ 3049

⑤ 수열 $\{a_n\}$이 다음과 같이 정의되었을 때, $a_k = \dfrac{1}{1023}$를 만족하는 k값을 구하여라.

$$a_1 = 1,\ a_{n+1} = \frac{a_n}{a_n + 2}$$

정답 ⑤ 10

이번엔 유형에 없는 수열의 귀납적 정의에 관한 수열 문제를 풀어보도록 하겠습니다. 어떻게 풀지 잠시 생각해 보는 시간을 가져봅시다.

첫째항이 1이고, 첫째항부터 제n항까지의 합 S_n이 $S_n=2a_n-1$ $(n=1,\ 2,\ 3,\cdots)$로 정의되는 수열 $\{a_n\}$이 어떤 수열인지 말하여라.

문제해결을 위한 기본설계가 끝나셨나요? 그럼 함께 풀어보도록 하겠습니다. 일단 문제에서 주어진 식 $S_n=2a_n-1$은 수열의 합과 일반항과의 관계를 나타낸 식입니다. 여기에 어떤 개념을 적용해야 할까요? 그렇습니다. 이미 알고 있는 수열의 합과 일반항과의 관계식 $a_1=S_1$, $S_n-S_{n-1}=a_n$ $(n=2,\ 3,\ 4,\cdots)$을 적용해 봐야겠죠? 그럼 두 식을 연립하여 풀어보도록 하겠습니다. 여기서 우리는 항이 a_n에 관한 식을 도출하는 것이 중요합니다. 왜냐하면 앞서 a_n에 관한 점화식을 유형별로 모두 다루었기 때문입니다. 그럼 두 식을 연립하여 a_n에 관한 점화식을 유도해 보도록 하겠습니다. 단, 첫째항이 1이므로 $a_1=S_1=1$이 됩니다. 이는 식 $S_n=2a_n-1$에 $n=1$을 대입한 값과 같으므로 $n=1$부터 사용할 수 있습니다. 또한 S_{n-1}은 $S_n=2a_n-1$에서 n 대신 $(n-1)$을 대입한 식입니다. $(n=2,\ 3,\ 4,\cdots)$

$$S_n-S_{n-1}=a_n$$

$$S_n=2a_n-1 \qquad\qquad S_{n-1}=2a_{n-1}-1$$

$$S_n-S_{n-1}=2a_n-2a_{n-1}=a_n$$

$$\rightarrow\ a_n=2a_{n-1}\ \ \rightarrow\ \frac{a_n}{a_{n-1}}=2\,(n=2,\ 3,\ 4,\cdots)$$

드디어 a_n에 관한 점화식을 도출하였습니다. 그런데 점화식을 보아하니 어쩐지 낯이 익죠? 그렇습니다. 바로 공비가 2인 등비수열의 점화식입니다. 그렇다면 첫째항부터 등비수열이 되는지 확인해 보겠습니다. 주어진 식 $S_n = 2a_n - 1$과 첫째항 1을 이용하여 둘째항을 구해보겠습니다.

$$S_n = 2a_n - 1 \;\rightarrow\; S_2 = 2a_2 - 1 \;\rightarrow\; a_1 + a_2 = 2a_2 - 1 \qquad \therefore\; a_2 = 2$$

첫째항이 1이고, 둘째항이 2이므로 수열 $\{a_n\}$은 첫째항이 1이고, 공비가 2인 등비수열이 됩니다.

수학적 귀납법

점화식이란 서로 이웃하는 두 항 사이의 관계식을 말합니다. 즉, 점화식을 이용할 경우, 수열의 첫째항 또는 둘째항까지만 알면 그다음에 나오는 수열의 모든 항을 모조리 구할 수 있다는 뜻이지요. 이러한 점화식의 원리를 이용하여 명제를 증명하는 방법을 바로 **수학적 귀납법**이라고 말합니다.

수학적 귀납법

자연수 n에 대한 명제 $p(n)$이 모든 자연수 n에 대하여 성립한다는 것을 증명하기 위해서는 다음 2가지만 증명하면 된다.

① $n=1$일 때, 명제 $p(n)$이 성립한다.
② $n=k$일 때, 명제 $p(n)$이 성립한다고 가정하면 $n=k+1$일 때에도 명제 $p(n)$이 성립한다.

이러한 증명법을 수학적 귀납법이라고 말한다.

처음 읽었을 때는 수학적 귀납법의 의미가 잘 이해되지 않을 수 있습니다. 하지만 자세히 살펴보면 당연한 얘기를 말하는 것입니다. 즉, 어떤 명제가 '① $n=1$일 때, 명제 $p(n)$이 성립한다는 말'은 명제 $p(n)$에 $n=1$을 대입했을 때 성립한다는 뜻입니다.

그리고 '② $n=k$일 때, 명제 $p(n)$이 성립한다고 가정한 후 $n=k+1$일 때에도 명제 $p(n)$이 성립한다는 말'은 명제 $p(n)$에 어떤 수 k를 넣었을 때 성립했다면 k보다 1이 더 큰 수인 $k+1$을 $p(n)$에 대입해도 성립한다는 뜻이므로 ①번에서 $n=1$일 때 명제 $p(n)$이 성립하는 것을 증명했으니까 ②번에 의해서 $n=1+1=2$일 때도 명제 $p(n)$이 성립한다는 말이 될 것이며, 또한 $n=2$일 때 성립하니까 $n=2+1=3$일 때도 명제 $p(n)$이 성립한다는 말이 됩니다. 이런 식으로 나가면 결국 모든 자연수 n에 대하여 명제 $p(n)$이 성립하게 되는 셈이죠.

수학적 귀납법의 정의를 이해하기 위해서는 논리적으로 사고하는 능력이 필요합니다. 잘 이해가 안 가는 학생을 위해서 다음의 쉬운 예를 통해 수학적 귀납법을 적용해 보도록 하겠습니다.

다음 명제 $p(n)$이 모든 자연수 n에 대하여 성립함을 증명하여라.

$$p(n) = 1+2+3+\cdots+n = \frac{n(n+1)}{2}$$

일단 $n=1$일 때, 명제 $p(n)$이 성립하는지 확인해 보면 다음과 같습니다.

$$p(1) = 1 = \frac{1\times(1+1)}{2} = 1 \quad \text{(성립)}$$

다음으로 $n=k$일 때 명제 $p(n)$이 성립한다고 가정한 후 $n=k+1$일 때도 성립하는지 확인해 보도록 하겠습니다.

$$n=k\text{일 때 성립한다는 말} \rightarrow 1+2+3+\ldots+k = \frac{k(k+1)}{2}$$

그리고 $n=k+1$일 때도 명제 $p(n)$이 참이 되기 위해서는 다음 등식이 성립해야 합니다.

$$1+2+3+\cdots+k+(k+1) = \frac{(k+1)(k+2)}{2}$$

여기서 좌변 $1+2+3+\cdots+k+(k+1)$의 덧셈식 $(1+2+\cdots+k)$를 앞서 가정했던 식 $\frac{k(k+1)}{2}$으로 바꾸어보면 다음과 같습니다.

$$\underbrace{1+2+3+\cdots+k}_{\frac{k(k+1)}{2}}+(k+1) \quad \rightarrow \quad \frac{k(k+1)}{2}+(k+1)$$

식을 정리하면,

$$\frac{k(k+1)}{2}+(k+1)=\frac{k(k+1)+2(k+1)}{2}=\frac{k^2+k+2k+2}{2}=\frac{k^2+3k+2}{2}$$

정리된 식의 분자를 인수분해하면 $k^2+3k+2=(k+2)(k+1)$이므로, 결국에는 좌변 $1+2+3+\cdots+k+(k+1)$은 우변 $\frac{(k+1)(k+2)}{2}$와 같게 됩니다. 따라서 명제 $p(n)$에 대하여 $n=k$가 성립할 때, $n=k+1$에 대해서도 성립함을 증명한 셈이 됩니다.

우리는 $n=1$일 때 명제 $p(n)$이 성립함을 증명하였으므로, $n=2, 3, 4, \cdots$에 대해서도 명제 $p(n)$이 성립한다는 것을 수학적 귀납법을 증명한 것과 같게 됩니다. 이제 좀 수학적 귀납법에 대해 이해가 가시나요? 그렇다면 수학적 귀납법과 관련된 다음 문제를 풀어보도록 하겠습니다. 어떻게 풀지 잠시 생각해 보는 시간을 가져봅시다.

n이 4 이상의 자연수일 때, 다음 부등식이 성립함을 증명하여라.

$$2^n \geq n^2 \quad (n=4,\ 5,\ 6, \cdots)$$

문제해결을 위한 기본설계가 끝나셨나요? 그럼 함께 풀어보도록 하겠습니다. 이 문제는 4 이상의 자연수 n에 대해 부등식 $2^n \geq n^2$이 성립하는지를 증명하는 문제이므로, 수학적 귀납법을 이용하면 어렵지 않게 해결할 수 있습니다. 그럼 수학적 귀납법에 대한 정의를 다시 한 번 살펴보도록 하겠습니다.

수학적 귀납법

자연수 n에 대한 명제 $p(n)$이 모든 자연수 n에 대하여 성립한다는 것을 증명하기 위해서는 다음 2가지만 증명하면 된다.

① $n=1$일 때, 명제 $p(n)$이 성립한다.
② $n=k$일 때, 명제 $p(n)$이 성립한다고 가정하면 $n=k+1$일 때에도 명제 $p(n)$이 성립한다.

이러한 증명법을 수학적 귀납법이라고 말한다.

수학적 귀납법을 이용하여 4 이상의 자연수 n에 대하여 부등식 $2^n \geq n^2$가 성립하는지 확인하기 위해서는 일단 $n=4$일 때 부등식 $2^n \geq n^2$가 성립하는지 알아봐야 합니다.

$$n=4 : 2^n \geq n^2 \rightarrow 2^4 \geq 4^2 \quad \text{(성립)}$$

그럼 이번엔 $n=k$일 때, $2^n \geq n^2$이 성립한다고 가정하면 $n=k+1$일 때도 $2^n \geq n^2$이 성립하는지 확인해 보도록 하겠습니다. 일단 $n=k$일 때, $2^n \geq n^2$이 성립한다고 가정했으므로 부등식 $2^k \geq k^2$이 성립합니다. 그럼 $n=k+1$일 때 $2^{k+1} \geq (k+1)^2$이 성립하는지 알아보기 위해 부등식을 변형해 보겠습니다. 여기서 $k=4, 5, 6, \cdots$인 자연수가 됩니다.

$$2^{k+1} \geq (k+1)^2 \rightarrow 2\times 2^k \geq (k+1)^2 \rightarrow 2^k \geq \frac{1}{2}(k+1)^2$$

결국 우리는 4 이상의 자연수 k에 대하여 부등식 $2^k \geq \frac{1}{2}(k+1)^2$을 증명하기만 하면 됩니다. 여기서 식 $\frac{1}{2}(k+1)^2$의 값이 k^2의 값보다 작거나 같다는 사실($k^2 \geq \frac{1}{2}(k+1)^2$)을 증명하면 이미 참이라고 가정한 부등식 $2^k \geq k^2$을 이용하여 $2^k \geq \frac{1}{2}(k+1)^2$을 증명할 수 있습니다.

> $k^2 \geq \frac{1}{2}(k+1)^2$을 증명하면 부등식 $2^k \geq k^2$에 의해
>
> $2^k \geq \frac{1}{2}(k+1)^2$임을 증명할 수 있다.

그럼 부등식 $k^2 \geq \frac{1}{2}(k+1)^2$을 증명해 봅시다. 식을 정리하여 k에 관한 2차부등식으로 만들면 다음과 같습니다. 참고로 우리는 2차부등식에 대한 해법을 이미 알고 있습니다.

$$k^2 \geq \frac{1}{2}(k+1)^2 \rightarrow k^2-2k-1 \geq 0$$

상수항을 조정하여 완전제곱식으로 변형하면 다음과 같습니다.

$$k^2-2k-1=(k-1)^2-2$$

k에 관한 2차식 $(k-1)^2-2$의 경우, $k=4,\ 5,\ 6, \cdots$일 때 항상 0보다 크게 됩니다. 이는 $(k-1)^2-2$를 독립변수를 k로 하는 2차함수 $y=(k-1)^2-2$ (정의역 $k \geq 4$)의 그래프를 그려보면 쉽게 확인할 수 있을 것입니다. 이해가 잘 안 가는 학생의 경우, '기특수학(수 I)'의 방정식과 부등식 단원을 참고하시길

바랍니다. 즉, 부등식 $(k-1)^2-2 \geq 0$이 성립하므로, 부등식 $k^2 \geq \frac{1}{2}(k+1)^2$도 성립합니다.

$$(k-1)^2-2 \geq 0 \quad \Leftrightarrow \quad k^2 \geq \frac{1}{2}(k+1)^2$$

또한 우리가 증명하고자 하는 부등식 $2^k \geq \frac{1}{2}(k+1)^2$도 성립합니다.

$$k^2 \geq \frac{1}{2}(k+1)^2 \quad \Leftrightarrow \quad 2^k \geq \frac{1}{2}(k+1)^2$$
$$2^k \geq k^2$$

부등식 $2^k \geq \frac{1}{2}(k+1)^2$은 $2^{k+1} \geq (k+1)^2$와 같으므로, 우리는 $n=k+1$일 때, 부등식 $2^n \geq n^2$을 증명한 셈이 됩니다. 따라서 수학적 귀납법에 의해 n이 4 이상의 자연수일 때, 다음 부등식 $2^n \geq n^2 (n=4,\ 5,\ 6, \cdots)$은 참이 됩니다. 말로 일일이 설명하다 보니 복잡하게 느껴질 수도 있을 것입니다. 평소 논리적인 사고로 생각하는 습관이 있어야 수학적 증명에 관한 내용을 쉽게 이해할 수 있습니다. 그렇다면 실제 수학적 귀납법과 관련된 문제는 어떻게 출제될까요?

사실 수학적 귀납법을 이용한 증명의 경우, 수식의 계산과 논리적인 사고가 주를 이루기 때문에 직접 증명하라는 식의 주관식 문제는 거의 출제되지 않습니다. 다만 증명 과정에서 빈칸을 채우는 식으로 문제가 출제되니, 2차함수를 포함하여 방정식과 부등식에 관한 개념과 함께 수식을 풀어가는 논리력을 갖춰야 문제를 해결할 수 있습니다.

참고로 실제 수능시험에서 출제되었던 문제를 예시로 넣었으니, 시간 날 때 풀어보시길 바랍니다. 이 문제에 대한 상세한 증명 과정은 단원 정리 문제(도출형 학습문제)에서 다시 한 번 다루도록 하겠습니다.

다음은 모든 자연수 n에 대하여 부등식

$$\sum_{i=1}^{2n+1} \frac{1}{n+i} = \frac{1}{n+1} + \frac{1}{n+2} + \cdots + \frac{1}{3n+1} > 1 \text{ 이}$$

성립함을 수학적 귀납법으로 증명한 것이다.

[증명]

자연수 n에 대하여 $S_n = \frac{1}{n+1} + \frac{1}{n+2} + \dots + \frac{1}{3n+1}$ 이라 할 때, $S_n > 1$임을 보이면 된다.

(1) $n=1$일 때, $S_1 = \frac{1}{2} + \frac{1}{3} + \frac{1}{4} > 1$이다.

(2) $n=k$일 때, $S_k > 1$이라고 가정하면, $n=k+1$일 때,

$$S_{k+1} = \frac{1}{k+2} + \frac{1}{k+3} + \dots + \frac{1}{3k+4}$$

$$= S_k + \left(\frac{1}{3k+2} + \frac{1}{3k+3} + \frac{1}{3k+4}\right) - (\text{ 가 })$$

한편, $(3k+2)(3k+4)$ (나) $(3k+3)^2$이므로

$$\frac{1}{3k+2} + \frac{1}{3k+4} > (\text{ 다 })$$

그런데 $S_k > 1$이므로

$$S_{k+1} > S_k + \left(\frac{1}{3k+3} + (\text{ 다 })\right) - (\text{ 가 }) > 1$$

그러므로 (1), (2)에 의하여 모든 자연수 n에 대하여 $S_n > 1$이다.

위의 증명에서 (가), (나), (다)에 알맞은 것은?

	(가)	(나)	(다)
①	$\frac{1}{k+1}$	$>$	$\frac{2}{3k+3}$
②	$\frac{1}{k+1}$	$<$	$\frac{2}{3k+3}$
③	$\frac{1}{k+1}$	$<$	$\frac{4}{3k+3}$
④	$\frac{2}{k+1}$	$>$	$\frac{4}{3k+3}$
⑤	$\frac{2}{k+1}$	$<$	$\frac{1}{k+1}$

정답 ② (도출형 학습문제 참조)

개념 한눈에 보기

1. **점화식** : 수열에서 서로 이웃하는 두 항 사이의 관계식

   ① 등차수열의 점화식 : $a_{n+1}-a_n=d$ 또는 $2a_{n+1}=a_n+a_{n+2}$

   ② 등비수열의 점화식 : $a_{n+1}\div a_n=r$ 또는 $(a_{n+1})^2=a_n\times a_{n+2}$

2. **수열의 귀납적 정의** : 점화식을 이용하여 수열을 정의하는 것

3. **유형별 수열의 일반항 구하는 방법**

   ① $a_{n+1}=a_n+f(n)$꼴

   → $n=1, 2, 3, \cdots$을 대입한 식을 변변 더하여 일반항을 찾는다.

   ② $a_{n+1}=a_nf(n)$꼴

   → $n=1, 2, 3, \cdots$을 대입한 식을 변변 곱하여 일반항을 찾는다.

   ③ $a_{n+1}=pa_n+q$꼴$(p\neq 1, pq\neq 0)$

   → $a_{n+1}-\alpha=p(a_n-\alpha)$꼴로 변형하여 일반항을 찾는다.

   (먼저 수열 $\{a_n-\alpha\}$의 일반항을 찾는다)

   ④ $pa_{n+2}+qa_{n+1}+ra_n=0$꼴$(p+q+r=0, pqr\neq 0)$

   → $(a_{n+2}-a_{n+1})=\dfrac{r}{p}(a_{n+1}-a_n)$꼴로 변형하여 일반항을 찾는다.

   (먼저 수열 $\{a_{n+1}-a_n\}$의 일반항을 찾은 다음 변변 더한다)

   ⑤ $a_{n+1}=\dfrac{ra_n}{pa_n+q}$꼴

   → 양변의 역수를 취하여 일반항을 찾는다. (먼저 수열 $\left\{\dfrac{1}{a_n}\right\}$의 일반항을 찾는다)

4. **수학적 귀납법** : 다음 두 명제를 증명함으로써 자연수 n에 대하여 명제 $p(n)$이 참이라는 사실을 증명하는 방법

   ① $n=1$일 때, 명제 $p(n)$이 성립한다.

   ② $n=k$일 때, 명제 $p(n)$이 성립한다고 가정하면 $n=k+1$일 때에도 명제 $p(n)$이 성립한다.

도출형 학습방식으로 다음 문제를 풀어보겠습니다. (개념이 잘 기억나지 않으면 앞의 내용을 찾아보길 바란다)

다음은 모든 자연수 n에 대하여 부등식

$$\sum_{i=1}^{2n+1} \frac{1}{n+i} = \frac{1}{n+1} + \frac{1}{n+2} + \dots + \frac{1}{3n+1} > 1$$이

성립함을 수학적 귀납법으로 증명하여라.

1단계 개념도출 문제를 풀기 위해서는 어떤 개념을 알아야 할까요?

2단계 개념설명 개념을 알고 있다면 간단히 설명해 보길 바랍니다.

3단계 문제해결 그러면 어떻게 문제를 해결할 수 있을까요?

다음은 모든 자연수 n에 대하여 부등식

$$\sum_{i=1}^{2n+1} \frac{1}{n+i} = \frac{1}{n+1} + \frac{1}{n+2} + \cdots + \frac{1}{3n+1} > 1$$이

성립함을 수학적 귀납법으로 증명하여라.

1단계 문제를 풀기 위해서는 어떤 개념을 알아야 할까요?

수학적 귀납법의 의미, 두 수의 대소관계에 대해 알아야 한다.

2단계 개념을 알고 있다면 간단히 설명해 보길 바랍니다.

수학적 귀납법

다음 두 명제를 증명함으로써 자연수 n에 대하여 명제 $p(n)$이 참이라는 사실을 증명하는 방법

① $n=1$일 때, 명제 $p(n)$이 성립한다.

② $n=k$일 때, 명제 $p(n)$이 성립한다고 가정하면 $n=k+1$일 때에도 명제 $p(n)$이 성립한다.

두 수의 대소관계

① a, b가 실수일 때,

i) $a-b>0 \Leftrightarrow a>b$ ii) $a-b=0 \Leftrightarrow a=b$

iii) $a-b<0 \Leftrightarrow a<b$

② $a>0$, $b>0$일 때,

i) $\frac{a}{b}>1 \Leftrightarrow a>b$ ii) $\frac{a}{b}=1 \Leftrightarrow a=b$

iii) $\frac{a}{b}<1 \Leftrightarrow a<b$

③ $a \geq 0$, $b \geq 0$일 때,

i) $a^2-b^2>0 \Leftrightarrow a>b$ ii) $a^2-b^2=0 \Leftrightarrow a=b$

iii) $a^2-b^2<0 \Leftrightarrow a<b$

3단계 그러면 어떻게 문제를 해결할 수 있을까요?

수학적 귀납법으로 증명하라고 했으므로, 다음 두 명제를 증명함으로써 자연수 n에 대하여 주어진 부등식이 참이라는 사실을 증명해야 한다.

① $n=1$일 때, 부등식이 성립한다.

② $n=k$일 때, 부등식이 성립한다고 가정하면 $n=k+1$일 때에도 부등식이 성립한다.

일반적으로 부등식을 증명할 때에는 식의 계산(이항분리, 곱셈공식 등)을 이용하여 식을 변형한 다음 두 수의 대소관계를 활용하여 증명할 수 있다.

정답이 궁금한 학생들은 다음 정답풀이를 참고하시기 바랍니다.

모든 자연수 n에 대하여 부등식

$$\sum_{i=1}^{2n+1} \frac{1}{n+i} = \frac{1}{n+1} + \frac{1}{n+2} + \ldots + \frac{1}{3n+1} > 1$$

이 성립함을 수학적 귀납법으로 증명하기 위해서는 일단 덧셈식을 간단히 할 필요가 있다. 주어진 식은 수열에 관한 덧셈식이므로 자연수 n에 대하여 $S_n = \frac{1}{n+1} + \frac{1}{n+2} + \cdots + \frac{1}{3n+1}$이라 놓아보자. 여기서 우리는 수학적 귀납법으로 부등식 $S_n > 1$임을 증명해 보이면 된다.

일단 $S_1 = \frac{1}{2} + \frac{1}{3} + \frac{1}{4} > 1$이므로, $n=1$일 때 부등식은 성립함을 쉽게 알 수 있다. 이번엔 $n=k$일 때, $S_k > 1$이라고 가정하면 $n=k+1$일 때도 $S_{k+1} > 1$임을 증명해야 하는데, 일단 식 S_{k+1}을 작성해 보자.

$$\begin{aligned} S_{k+1} &= \frac{1}{k+2} + \frac{1}{k+3} + \cdots + \frac{1}{3k+4} \\ &= S_k + \left(\frac{1}{3k+2} + \frac{1}{3k+3} + \frac{1}{3k+4}\right) - \frac{1}{k+1} \end{aligned}$$

※ $S_k = \frac{1}{k+1} + \frac{1}{k+2} + \cdots + \frac{1}{3k+1}$

여기서 우리는 $S_k > 1$을 이용하여 $S_{k+1} > 1$임을 증명해야 하는데, 그러기 위해서는 식 $\left(\frac{1}{3k+2} + \frac{1}{3k+3} + \frac{1}{3k+4}\right) - \frac{1}{k+1} > 0$임을 밝히면 된다.

식 $\left(\frac{1}{3k+2} + \frac{1}{3k+3} + \frac{1}{3k+4}\right) = \left(\frac{1}{3k+2} + \frac{1}{3k+4}\right) + \frac{1}{3(k+1)}$의 값이 $\frac{1}{k+1}$보다 크기 위해서는 식 $\left(\frac{1}{3k+2} + \frac{1}{3k+4}\right)$의 값이 $\frac{2}{3}\left(\frac{1}{k+1}\right)$보다 커야 한다.

$$\left(\frac{1}{3k+2} + \frac{1}{3k+4}\right) + \frac{1}{3}\left(\frac{1}{k+1}\right) > \frac{1}{k+1} = \frac{2}{3}\left(\frac{1}{k+1}\right) + \frac{1}{3}\left(\frac{1}{k+1}\right)$$

$\left(\frac{1}{3k+2} + \frac{1}{3k+4}\right) = \frac{6(k+1)}{(3k+2)(3k+4)}$이므로, 분자를 기준으로 식 $\frac{2}{3}\left(\frac{1}{k+1}\right)$을 변형하여 분모를 비교하면 식 $\left(\frac{1}{3k+2} + \frac{1}{3k+4}\right)$와 $\frac{2}{3}\left(\frac{1}{k+1}\right)$의 크기를 비교할 수 있을 것이다. 왜냐하면 분자가 같다면 분모가 큰 수가 더 작은 수이기

때문이다. (일반적으로 두 분수를 비교하기 위해서는 분모를 맞추는 것보다 분자를 맞추는 것이 훨씬 식의 계산에서 편하다)

$$\frac{2}{3}\left(\frac{1}{k+1}\right) \rightarrow \frac{2}{3}\left(\frac{1}{k+1}\right)\times\frac{3(k+1)}{3(k+1)}=\frac{6(k+1)}{(3k+3)^2}$$

따라서 식 $\frac{6(k+1)}{(3k+2)(3k+4)}$ 이 $\frac{6(k+1)}{(3k+3)^2}$ 보다 분모가 더 작다는 것만 증명한다면 식 $\left(\frac{1}{3k+2}+\frac{1}{3k+4}\right)$가 $\frac{2}{3}\left(\frac{1}{k+1}\right)$의 크다는 것을 증명한 것과 같다.

(분모 비교)

$$(3k+2)(3k+4)=9k^2+18k+8 \ < \ (3k+3)^2=9k^2+18k+9$$

$\frac{6(k+1)}{(3k+2)(3k+4)}$ 이 $\frac{6(k+1)}{(3k+3)^2}$ 보다 분모가 더 작으므로, $\left(\frac{1}{3k+2}+\frac{1}{3k+4}\right)$이 $\frac{2}{3}\left(\frac{1}{k+1}\right)$의 크다고 볼 수 있다. 즉, $n=k$일 때, $S_k>1$이라고 가정하면 $n=k+1$일 때도 $S_{k+1}>1$이 된다. 따라서 모든 자연수 n에 대하여 부등식 $\sum_{i=1}^{2n+1}\frac{1}{n+i}=\frac{1}{n+1}+\frac{1}{n+2}+\cdots+\frac{1}{3n+1}>1$ 이 성립한다.

정답 증명 과정 참조

기특수학 (수Ⅱ)

4장 지수와 로그

1 지수

지구와 태양은 얼마나 멀리 떨어져 있을까? 그리고 별과 별 사이의 거리는 얼마나 될까?

15세기부터 16세기에 걸쳐 유럽에서는 망원경의 발명으로 천체에 대한 연구가 활발해졌습니다. 과학자들은 천체를 관측하면서 자연스럽게 별과 별 사이의 거리가 궁금해졌죠. 이 때문에 과학자들은 별과 별 사이의 거리를 계산하기 위해서 아주 큰 숫자가 필요하다는 것을 깨달았습니다. 또한 그러한 큰 숫자를 간단히 표현해야 한다는 것도 알게 됐죠.

거듭제곱

수학자들이 '기호'를 만드는 이유는 대부분 식의 계산을 간단히 표현하기 위해서입니다.

덧셈식을 간단히 표현하기 위해서 우리는 곱셈이라는 기호를 사용하고 있습니다.

$$\underbrace{4+4+4+4+4}_{5\text{번}}=20$$

$$4\times 5=20$$

이렇게 동일한 수를 몇 번 더했는지를 따져 이를 곱셈이라는 새로운 기호로 표현하게 되면, 덧셈식을 보다 간단히 표현할 수 있게 됩니다. 즉, 동일한 수 a를 n번 더할 경우, 다음과 같이 복잡한 덧셈식을 간단한 곱셈식으로 표현할 수 있습니다.

$$\underbrace{a+a+\cdots+a}_{n\text{번}}=a\times n$$

마찬가지로 거듭된 곱셈식을 다음과 같이 간단히 표현해 보면 어떨까요?

$$\underbrace{2\times 2\times 2\times 2\times 2}_{5\text{번}}=32$$

$$2^{5}=32$$

수학자들은 곱셈식, 즉 거듭하여 곱한 식을 간단히 표현하기 위해 **지수**라는 새로운 기호를 고안해 냈습니다. 덕분에 천체를 연구하는 과학자들은 아주 큰 숫자들을 편하게 계산할 수 있게 되었지요.

거듭제곱의 의미

실수 a를 n번 거듭하여 곱한 것을 a의 n제곱이라 하고, a^n으로 나타낸다. 이때, a^n에서 a를 밑이라 하고, n을 지수라고 한다.

$$\underbrace{a \times a \times \cdots \times a}_{n\text{번}} = a^{n}$$

(n ← 지수, a ← 밑)

또한 a의 n제곱($n = 1, 2, 3 \cdots$)을 통틀어 a의 거듭제곱이라고 한다.

참고로 a의 n제곱에서 $n = 2$일 때 '이제곱'이 아닌 그냥 '제곱'이라고 말합니다. 그럼 다음 곱셈식에서 밑에 해당하는 숫자가 몇 번 거듭하여 곱해졌는지 확인해 보도록 하겠습니다.

① $a^3 \times a^5$ ② $(a^3)^5$ ③ $(ab)^5$

①의 경우, a^3은 밑 a가 3번 거듭 곱해진 수이며, a^5은 밑 a가 5번 거듭 곱해진 수이므로, 결과적으로 밑 a가 8번 곱해졌다고 말할 수 있습니다. 즉, $a^3 \times a^5 = a^8$이 됩니다.

②의 경우, $(a^3)^5$은 밑 a^3이 5번 거듭 곱해진 수이므로, 결과적으로 밑 a가 15번 곱해졌다고 말할 수 있습니다. 즉, $(a^3)^5 = a^{15}$이 됩니다.

③의 경우, $(ab)^5$은 밑 ab가 5번 거듭 곱해진 수이므로, 결과적으로 밑 a와 b가 각각 5번씩 곱해졌다고 말할 수 있습니다. 즉, $(ab)^5 = a^5b^5$이 됩니다.

지수법칙

어떤 수의 거듭제곱에 대한 계산법칙을 **지수법칙**이라고 말하는데, 중학교 때 배운 내용을 토대로 지수법칙을 간단히 정리해 보도록 하겠습니다.

지수법칙

a, b가 임의의 수이고 m, n이 자연수일 때 다음 등식이 성립한다.

① $a^m \times a^n = a^{m+n}$ ② $(a^m)^n = a^{mn}$ ③ $(ab)^n = a^nb^n$

④ $\left(\dfrac{a}{b}\right)^n = \dfrac{a^n}{b^n}$ ⑤ $a^m \div a^n = \begin{cases} a^{m-n} & (m > n) \\ 1 & (m = n) \\ \dfrac{1}{a^{n-m}} & (m < n) \end{cases}$

지수법칙의 마지막 ⑤번의 경우, m, n을 자연수로 한정했기 때문에 $m>n$, $m=n$, $m<n$로 분류한 것입니다. 하지만 뒤에서 지수를 정수로 확장하게 되면, 굳이 문자를 분류하지 않아도 된다는 것을 쉽게 알 수 있을 것입니다. 그러면 지수법칙을 이용하여 다음 문제를 풀어보도록 하겠습니다. 어렵지 않으므로 지수법칙을 하나씩 살펴보면서 각자 풀어보시기 바랍니다.

0이 아닌 두 실수 x, y에 대하여 다음 식을 간단히 하여라.

① $x^3 \div (xy)^2 \times (y^2)^2$　　② $(y^2 \div y^3) \times \left(\dfrac{x}{y}\right)^2 \times (xy)^3$

제곱근

제곱근과 지수와의 관계를 설명하기 위해 앞서 무리식의 연산에서 다루었던 부분을 복습하고 넘어가도록 하겠습니다. 중복된 부분이 많으므로 가볍게 읽어보시길 바랍니다. 먼저 유리수와 무리수에 대한 개념을 다시 한 번 짚어보면,

유리수 : 두 정수 a, $b(b \neq 0)$를 사용하여 $\dfrac{a}{b}$의 꼴로 표현되는 수

무리수 : 유리수가 아닌 실수로서, $\dfrac{a}{b}$의 꼴로 표현할 수 없는 수

무리수는 '0.414236…'과 같이 소수점 이하 숫자 배열에 규칙성이 없는 무한소수(비순환소수)를 말합니다.

$$\sqrt{2}=0.414213\cdots \quad \sqrt{3}=17.732050\cdots \quad \pi=3.1415926\cdots$$

'밑변과 높이가 1인 직각삼각형의 빗변의 길이'를 $\sqrt{2}$ 로 쓰기 시작하면서부터 무리수의 개념이 등장하였습니다. 여기서 바로 제곱근의 개념이 도입되었죠.

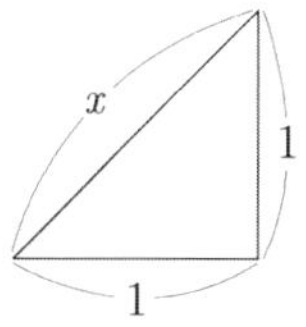

피타고라스 정리에 의해
밑변과 높이가 1인 삼각형의 빗변의 길이

$$x^2 = 1^2 + 1^2 = 2 \rightarrow x = \sqrt{2}$$

→ $\sqrt{2}$ 는 제곱하여 2가 되는 수

제곱근

어떤 수 x를 제곱하여 양수 a가 되었을 때 x를 a의 제곱근이라고 말하고, 양의 제곱근을 $\sqrt{a}$, 음의 제곱근을 $-\sqrt{a}$ 로 나타낸다.

참고로 $\sqrt{a}$ 를 '루트 a' 또는 '제곱근 a'라고 읽습니다. 제곱근에서 쓰는 '근'이라는 말은 방정식의 근(해)과 같은 뜻입니다. 다시 말해 제곱해서 2가 되는 수를 찾으라는 말은 방정식 $x^2 = 2$의 근을 구하라는 말과도 같다는 뜻이죠.

$x^2 = 2$의 근을 구하여라 → 2의 제곱근을 찾아라

$\sqrt{a}$ 와 $-\sqrt{a}$ 를 '제곱해서 a가 되는 수'라고 정의했으므로 다음 등식이 성립함을 쉽게 알 수 있습니다.

$$(\sqrt{a})^2 = a \quad (-\sqrt{a})^2 = a$$

$\sqrt{2}$: 제곱해서 2가 되는 수 → $(\sqrt{2})^2 = 2$
$-\sqrt{5}$: 제곱해서 5가 되는 수 → $(-\sqrt{5})^2 = 5$

제곱근의 정의에 의해 $(\sqrt{a})^2$은 a가 됩니다. 그럼 $\sqrt{a^2}$은 무엇일까요?

여기서 식 $(\sqrt{a})^2$과 $\sqrt{a^2}$은 엄연히 다르다는 사실을 기억하시길 바랍니다. 별다른 의심 없이 '$\sqrt{a^2}=a$'라고 생각할 수도 있는데, $\sqrt{a^2}$이 a가 된다는 것은 어떻게 도출된 계산규칙일까요? 과연 맞는 풀잇법이긴 할까요? 그럼 제곱근의 정의를 이용하여 $\sqrt{a^2}$의 정확한 값을 찾아보도록 하겠습니다. 우선 $\sqrt{a^2}$의 값을 미지수 x라고 놓겠습니다. 여기서 근호($\sqrt{\ }$) 자체는 양의 값이므로 x는 양수가 되겠죠? $(x>0)$

$$\sqrt{a^2}=x$$

식 $\sqrt{a^2}=x$의 양변을 제곱하면,

$$\sqrt{a^2}=x$$

양변제곱

$$\rightarrow (\sqrt{a^2})^2=x^2$$

$(\sqrt{a^2})^2=a^2 \leftarrow \sqrt{a^2}$: 제곱해서 a^2이 되는 수

$$\rightarrow a^2=x^2$$

$$\rightarrow x^2-a^2=0$$

인수분해

$$\rightarrow (x+a)(x-a)=0$$

$$\rightarrow x=a \text{ or } -a$$

$x>0$라고 했으므로 '$a>0$이면 $x=a$'가 되고, '$a<0$이면 $x=-a$'가 됩니다.

$$x\text{의 값}\begin{cases}\text{i) } a>0,\ x=a\\ \text{ii) } a<0,\ x=-a\end{cases}$$

다시 처음으로 돌아와서 $\sqrt{a^2}=x$라고 했으므로, $\sqrt{a^2}$의 값은 다음과 같습니다. 참고로 $a=0$인 경우, $\sqrt{a^2}=a$로 정의합니다.

$$\sqrt{a^2}\text{의 값}\begin{cases}\text{i) } a>0,\ \sqrt{a^2}=a\\ \text{ii) } a<0,\ \sqrt{a^2}=-a\end{cases}$$

당연히 $\sqrt{a^2}=a$인 줄 알았는데, 그게 아니죠? 즉, $\sqrt{a^2}$의 값은 a가 0보다 큰 수인지 작은 수인지에 따라 그 값이 달라진다는 사실을 알 수 있습니다. 여기서 여러분들은 식의 의미는 다르지만 $\sqrt{a^2}$과 $|a|$의 계산 결과가 동일하다는 것을 눈치 채셨을 것입니다.

$$\sqrt{a^2}\text{와 } |a|\begin{cases}\text{i) } a\geq 0\text{일 때, } a\text{가 되며}\\ \text{ii) } a<0\text{일 때, } a\text{가 된다}\end{cases}$$

제곱근의 계산 (1)

제곱근에 관한 문제는 제곱근의 기본 원리에 충실하면 크게 어려울 것이 없습니다.

제곱근의 기본 원리

① 제곱해서 a가 되는 수 : $\sqrt{a}$, $-\sqrt{a}$ (제곱근의 정의)

$\rightarrow (\sqrt{a})^2 = a$, $(-\sqrt{a})^2 = a$

② $\sqrt{a^2}$ 의 계산방법

i) $a \geq 0$, $\sqrt{a^2} = a$

ii) $a < 0$, $\sqrt{a^2} = -a$

③ 근호의 제한범위

$\sqrt{a}$ 에서 $a \geq 0$ (근호 안의 수는 0보다 크거나 같은 수)

$\sqrt{a} = x$ 에서 $x \geq 0$ (근호 자체는 양의 값을 갖는다)

학생들이 근호 안에 문자가 들어 있을 때 많이들 어려워합니다. 그 이유는 바로 문자 a를 무작정 양수라고 생각하기 때문입니다. 변수 a값에 어떤 수가 들어갈지도 모르고 말입니다. 이러한 문자로 표현된 식을 다룰 때에는 이러한 고정관념을 버려야 합니다. 그래야 수식의 계산에서 실수하지 않거든요. 그럼 다음과 같이 생각을 전환해 보면 어떨까요?

근호($\sqrt{\ }$) 자체는 양의 값을 갖는다고 볼 수 있습니다. 즉, $\sqrt{a}$ 에서 a가 어떤 수가 되더라도 $\sqrt{a} \geq 0$라는 뜻이죠.

$$\sqrt{x} \geq 0,\ \sqrt{y} \geq 0,\ \sqrt{x+y} \geq 0 \cdots$$

앞으로 $\sqrt{a^2}$ 이 나오면 절댓값 $|a|$를 떠올리시길 바랍니다. 계산 실수를 크게 줄일 수 있을 것입니다.

$\sqrt{a^2}$, $|a|$의 비교

$\sqrt{a^2}$과 $|a|$의 풀잇법은 서로 같다. ($\sqrt{a^2}=|a|$)

① $a \geq 0$: $\sqrt{a^2}=a$, $|a|=a$

② $a < 0$: $\sqrt{a^2}=-a$, $|a|=-a$

$\sqrt{a^2}$과 $|a|$의 풀잇법과 관련하여 다음 문제에서 미지수 x값을 구해보도록 하겠습니다. 어떻게 풀지 잠시 생각해 보는 시간을 가져봅시다.

$$\sqrt{x^2-4x+4}=5$$

문제해결을 위한 기본설계가 끝나셨나요? 그럼 함께 풀어보도록 하겠습니다. 우선 근호 안의 값을 인수분해하면 다음과 같습니다.

$$\sqrt{x^2-4x+4}=\sqrt{(x-2)^2}$$

$\sqrt{a^2}=|a|$와 같으므로,

$$\sqrt{(x-2)^2}=|x-2|=5$$

절댓값 안의 값에 대한 범위를 나눈 후 방정식 $|x-2|=5$를 풀어보면,

i) $x-2 \geq 0$, 즉 $x \geq 2$일 때,
→ $|x-2|=(x-2)$이므로, $x-2=5 \quad \therefore x=7$

ii) $x-2<0$, 즉 $x<2$일 때,
→ $|x-2|=-(x-2)$이므로, $-(x-2)=5 \quad \therefore x=-3$

따라서 $\sqrt{x^2-4x+4}=5$를 만족하는 x는 -3 또는 7이 됩니다.

제곱근의 계산 (2)

제곱근의 곱셈은 어떻게 계산될까요?

$$\sqrt{2}\times\sqrt{3}=\sqrt{6} \quad ???$$

이번엔 $\sqrt{a}\times\sqrt{b}$에 대한 계산법칙을 도출해 보도록 하겠습니다. 우선 $\sqrt{a}\times\sqrt{b}=x$ $(x>0)$라고 놓고 x값을 구해봅시다.

$\sqrt{a}\times\sqrt{b}=x$ (양변제곱)
→ $(\sqrt{a}\times\sqrt{b})^2=x^2$
→ $\sqrt{a}\times\sqrt{b}\times\sqrt{a}\times\sqrt{b}=x^2$ (곱셈의 교환법칙)
→ $\sqrt{a}\times\sqrt{a}\times\sqrt{b}\times\sqrt{b}=x^2$
→ $(\sqrt{a})^2\times(\sqrt{b})^2=x^2$ (제곱근의 정의 $(\sqrt{a})^2=a$)
→ $a\times b=x^2$
→ $ab=x^2$ (제곱해서 ab가 되는 수 : $\pm\sqrt{ab}$)
→ $x=\sqrt{ab}$ $(x>0)$
$\therefore \sqrt{a}\times\sqrt{b}=\sqrt{ab}$

당연한 것으로 여겨졌던 제곱근의 곱셈규칙 '$\sqrt{a}\times\sqrt{b}=\sqrt{ab}$'가 제곱근의 정의로부터 도출되었다는 사실을 확인할 수 있습니다. 즉, 'a, b의 제곱근의 곱'은 두 수 'a, b의 곱의 제곱근'과 같습니다.

$$\sqrt{a}\times\sqrt{b}=\sqrt{ab}$$

$$\sqrt{2}\times\sqrt{3}=\sqrt{2\times3}=\sqrt{6}$$

역으로 생각하면 하나의 근호를 2개로 분리할 수도 있겠죠?

$$\sqrt{6}=\sqrt{2}\times\sqrt{3}$$

제곱근의 나눗셈(분수)도 마찬가지입니다.

$$\frac{\sqrt{b}}{\sqrt{a}} \Leftrightarrow \sqrt{\frac{b}{a}},\ \frac{\sqrt{2}}{\sqrt{3}}=\sqrt{\frac{2}{3}}$$

일반적인 제곱근의 계산법칙(곱셈과 나눗셈)을 정리해 보면 다음과 같습니다.

제곱근의 계산법칙

$a>0$이고 $b>0$일 때, 다음 등식이 성립한다.

① $\sqrt{a}\sqrt{b}=\sqrt{ab}$ ② $\frac{\sqrt{a}}{\sqrt{b}}=\sqrt{\frac{a}{b}}$

제곱근에 관한 계산법칙 및 성질들은 대부분 제곱근의 정의로부터 도출된다는 사실만은 반드시 기억하고 넘어가시길 바랍니다.

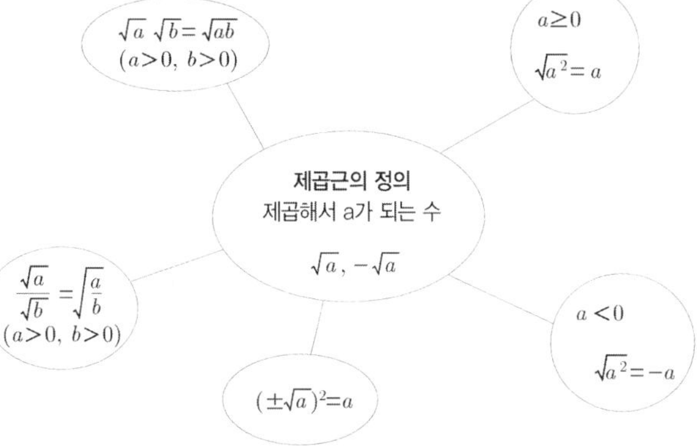

참고로 제곱근으로 모든 무리수를 표현할 수는 없습니다. 단지 무리수의 일부를 확인할 수 있을 뿐입니다. 예를 들어, 원주율 π를 근호로 표현할 수 없는 것처럼 말이죠.

거듭제곱근

제곱근을 세제곱근, 네제곱근 등 n제곱근까지 확장할 수도 있습니다.

a의 n제곱근

'$x^n = a$'를 만족시키는 실수 x를 a의 n제곱근이라 하며, a의 양의 n제곱근을 $\sqrt[n]{a}$로, 음의 n제곱근을 $-\sqrt[n]{a}$로 표시한다.

참고로 $\sqrt[n]{a}$를 'n제곱근 a'라고 읽습니다. a의 n제곱근 $\sqrt[n]{a}$에서 근호의 왼쪽 어깨숫자 n을 **근지수**라고 말합니다. 그리고 $n=2$인 제곱근의 경우에는 근지수를 생략하며, '이제곱근'이 아닌 그냥 제곱근이라고 말합니다. 또한 세제곱근, 네제곱근 등 n제곱근을 통틀어 a의 **거듭제곱근**이라고 합니다. 그러면 다음 x에 관한 방정식의 근, 즉 거듭제곱근을 구해보도록 하겠습니다. (단, x는 실수)

① $x^3=27$ (27의 세제곱근) ② $x^3=-27$ (-27의 세제곱근)
③ $x^4=16$ (16의 네제곱근) ④ $x^4=-16$ (-16의 네제곱근)

①의 경우 27의 세제곱근, 다시 말해 세제곱해서 27이 되는 수는 숫자 3뿐입니다. 즉, 방정식 $x^3=27$의 근은 바로 $x=3$이 됩니다.

(27의 세제곱근)$=3$

②의 경우 -27의 세제곱근, 다시 말해 세제곱해서 -27이 되는 수는 숫자 -3뿐입니다. 즉, 방정식 $x^3=-27$의 근은 바로 $x=-3$이 됩니다.

(-27의 세제곱근)$=-3$

③의 경우 16의 네제곱근, 다시 말해 네제곱해서 16이 되는 수는 숫자 2와 -2입니다. 즉, 방정식 $x^4=16$의 근은 바로 $x=\pm 2$가 됩니다.

(16의 네제곱근)$=\pm 2$

④의 경우 -16의 네제곱근, 다시 말해 네제곱해서 -16이 되는 수는 없습니다. 즉, 방정식 $x^4=-16$의 근은 바로 불능이 됩니다. (x는 실수)

실수인 -16의 네제곱근은 없다.

※ x의 범위가 복소수일 경우 -16의 네제곱근은 $\pm 2i$가 된다.

앞의 예시에서 살펴본 것과 같이 a의 n제곱근은 n이 '짝수'일 때와 '홀수'일 때 다르게 적용됩니다. 참고로 n일 짝수일 때는 $n=2$를 대입해 보면, 앞서 배웠던 제곱근의 성질을 통해 쉽게 이해할 수 있을 것입니다. ($\sqrt[2]{a}=\sqrt{a}$)

a의 n제곱근의 분류

(1) n이 짝수일 때,

i) $a>0$이면, a의 n제곱근은 양 · 음 2개가 존재하며 그중 양인 것을 $\sqrt[n]{a}$, 음인 것을 $-\sqrt[n]{a}$로 나타낸다. (a의 n제곱근$=\pm\sqrt[n]{a}$)

ex) 2의 제곱근 : $\pm\sqrt{2}$ → 제곱하면 2가 되는 수

2의 네제곱근 : $\pm\sqrt[4]{2}$ → 네제곱하면 2가 되는 수

ii) $a<0$이면, a의 n제곱근은 실수가 아니다. ($\sqrt[2]{-2}\neq$ 실수)

iii) $a=0$이면, a의 n제곱근은 0이 된다. ($\sqrt[n]{0}=0$, $\sqrt{0}=0$)

(2) n이 홀수일 때,

i) a의 n제곱근은 $\sqrt[n]{a}$가 된다.

ex) 2의 세제곱근 : $\sqrt[3]{2}$ → 세제곱하면 2가 되는 수

−2의 세제곱근 : $\sqrt[3]{-2}$ → 세제곱하면 −2가 되는 수

ii) $a=0$이면, a의 n제곱근은 0이 된다.

제곱근의 분류를 통해 우리는 n제곱근 $\sqrt[n]{a}$가 실수가 되기 위해서는 n이 짝수일 때 a는 반드시 0보다 크거나 같아야 된다는 사실을 알 수 있습니다. 즉, $\sqrt[4]{-16}$, $\sqrt[6]{-247}$은 실수가 아닌 허수가 된다는 것을 의미하죠. 그러면 n제곱근과 관련하여 다음 식의 값을 구해보도록 하겠습니다. n제곱근의 정의를 잘 생각해 보면서 천천히 각자 풀어보시길 바랍니다.

① $\sqrt[4]{81}$ ② $\sqrt[5]{-32}$ ③ $\sqrt[3]{0.008}$ ④ $\sqrt[3]{-\frac{27}{8}}$

거듭제곱근의 정의와 관련하여 다음 물음에 답을 찾아보도록 하겠습니다. 단, 여기서는 실수인 거듭제곱근만 찾도록 하겠습니다.

-2의 세제곱근과 3의 네제곱근,
그리고 -4의 육제곱근은 각각 몇 개일까?

이 질문의 답은 a의 n제곱근의 분류 개념을 적용하면 쉽게 찾을 수 있습니다. 우선 a의 n제곱근을 개수를 알기 위해서는 n이 홀수인지 짝수인지 그리고 a가 양수인지 음수인지 따져봐야 합니다. ($\sqrt[n]{a}$에서 a와 n이 무엇인지 확인!)
-2의 세제곱근에서 a는 -2이고, n은 3이 됩니다. 따라서 -2의 세제곱근은 $\sqrt[3]{-2}$로 하나가 나옵니다. 마찬가지로 3의 네제곱근에서는 a는 3이고, n은 4이므로, 3의 네제곱근은 $\pm\sqrt[4]{3}$으로 2개가 나오겠죠? 마지막으로 -4의 육제곱근에서 a가 -4로 음수가 되므로 -4의 육제곱근은 없습니다.

개념을 하나씩 적용하려니 머리가 아프죠? 그러나 머리가 아픈 만큼 여러분의 생각의 속도는 점점 빨라지게 될 것입니다. 참고로 많은 학생들이 'a의 제곱근'과 '제곱근 a'를 혼동하는데, 이 둘은 엄연히 다르다는 사실을 말씀드립니다.

> 'a의 제곱근'은 제곱해서 a가 나오는 수인 $\pm\sqrt{a}$을 의미하며, '제곱근 a'는 단순히 루트(root) a와 같다. 즉, 루트를 제곱근으로 읽은 것에 불과하다. 따라서 제곱근 a는 $\sqrt{a}$가 된다.

제곱근과 관련하여 간단한 연습문제를 하나 풀어보겠습니다. n제곱근의 개념을 천천히 떠올리면서, n값이 짝수 또는 홀수일 때 그리고 양수의 n제곱근인지 음수의 n제곱근인지 주의하면서 각자 풀어보시길 바랍니다.

다음 중 옳은 것은? (단, 수의 범위는 복소수까지로 한다)

① 27의 세제곱근은 3뿐이다.

② 16의 네제곱근은 ±4이다.

③ 세제곱근 8은 2와 같다.

④ −81의 네제곱근 중 실수인 것은 $\sqrt[4]{-81}$ 이다.

※ 27의 세제곱근은 $x^3 = 27$의 근과 같다.

정답 ③

거듭제곱근의 성질 (1)

앞서 다루었던 제곱근의 성질과 지수법칙을 통해 거듭제곱근(n제곱근)의 성질을 정리하면 다음과 같습니다.

거듭제곱근의 성질

$a>0$, $b>0$이고, m, n이 2 이상의 양의 정수일 때, 다음 등식이 성립한다.

① $(\sqrt[n]{a})^n = a$

② $\sqrt[n]{a}\sqrt[n]{b} = \sqrt[n]{ab}$

③ $(\sqrt[n]{a})^m = \sqrt[n]{a^m}$

④ $\dfrac{\sqrt[n]{a}}{\sqrt[n]{b}} = \sqrt[n]{\dfrac{a}{b}}$

예시를 통해 하나씩 살펴보면 다음과 같습니다. 천천히 제곱근의 정의를 생각해 보면서 읽어보시길 바랍니다.

① $(\sqrt[3]{2})^3=2$

$\sqrt[3]{2}$ 는 세제곱하면 2가 되는 수이므로, $\sqrt[3]{2}$ 를 세제곱한 식 $(\sqrt[3]{2})^3$은 2가 된다.

② $\sqrt[4]{3}\sqrt[4]{2}=\sqrt[4]{6}$

좌변 $\sqrt[4]{3}\sqrt[4]{2}$ 를 네제곱하면 6이 된다.

$$\begin{aligned}(\sqrt[4]{3}\sqrt[4]{2})^4&=\sqrt[4]{3}\sqrt[4]{2}\sqrt[4]{3}\sqrt[4]{2}\sqrt[4]{3}\sqrt[4]{2}\\&=(\sqrt[4]{3}\sqrt[4]{3}\sqrt[4]{3}\sqrt[4]{3})(\sqrt[4]{2}\sqrt[4]{2}\sqrt[4]{2}\sqrt[4]{2})\\&=(\sqrt[4]{3})^4(\sqrt[4]{2})^4=3\times2=6\end{aligned}$$

따라서 $\sqrt[4]{3}\sqrt[4]{2}$ 는 6의 네제곱근인 $\sqrt[4]{6}$ 과 같다.

③ $(\sqrt[3]{2})^2=\sqrt[3]{2^2}$

$(\sqrt[3]{2})^2$은 $\sqrt[3]{2}\sqrt[3]{2}$ 와 같으므로, $\sqrt[n]{a}\sqrt[n]{b}=\sqrt[n]{ab}$ 를 적용하면 $\sqrt[3]{2^2}$ 와 같다.

④ $\dfrac{\sqrt[4]{2}}{\sqrt[4]{3}}=\sqrt[4]{\dfrac{2}{3}}$

좌변 $\dfrac{\sqrt[4]{2}}{\sqrt[4]{3}}$ 을 네제곱하면 $\dfrac{2}{3}$ 가 된다.

$$\left(\frac{\sqrt[4]{2}}{\sqrt[4]{3}}\right)^4=\frac{\sqrt[4]{2}\sqrt[4]{2}\sqrt[4]{2}\sqrt[4]{2}}{\sqrt[4]{3}\sqrt[4]{3}\sqrt[4]{3}\sqrt[4]{3}}=\frac{(\sqrt[4]{2})^4}{(\sqrt[4]{3})^4}=\frac{2}{3}$$

따라서 $\dfrac{\sqrt[4]{2}}{\sqrt[4]{3}}$ 은 $\dfrac{2}{3}$ 의 네제곱근인 $\sqrt[4]{\dfrac{2}{3}}$ 과 같다.

거듭제곱근의 계산은 단순 작업이기 때문에 몇 번 연습하면 쉽게 익힐 수 있을 것입니다. 그럼 거듭제곱근의 성질을 이용하여 다음 문제를 풀어보도록 하겠습니다.

다음 식을 간단히 하여라.

① $\sqrt[3]{4}\sqrt[3]{2}+\sqrt[3]{3\sqrt{3}}-\dfrac{\sqrt[4]{32}}{\sqrt[4]{2}}$

② $(\sqrt[3]{x}-\sqrt[3]{y})(\sqrt[3]{x^2}+\sqrt[3]{xy}+\sqrt[3]{y^2})$ (단, x, $y>0$)

문제해결을 위한 기본설계가 끝나셨나요? 그럼 함께 풀어보도록 하겠습니다. 우선 ①번부터 살펴보도록 하겠습니다. 일단 각 항의 근호 안의 값을 제곱식, 즉 $\sqrt[n]{a^n}$ 꼴로 만들어 근호를 풀어보면 다음과 같습니다.

- $\sqrt[3]{4}\sqrt[3]{2}=\sqrt[3]{2^2}\sqrt[3]{2}=\sqrt[3]{2^3}=(\sqrt[3]{2})^3=2$
- $\sqrt[3]{3\sqrt{3}}=\sqrt[3]{(\sqrt{3})^2\sqrt{3}}=\sqrt[3]{(\sqrt{3})^3}=(\sqrt[3]{\sqrt{3}})^3=\sqrt{3}$
- $-\dfrac{\sqrt[4]{32}}{\sqrt[4]{2}}=-\sqrt[4]{\dfrac{32}{2}}=-\sqrt[4]{16}=-\sqrt[4]{2^4}=-2$

따라서 ①식의 답은 $\sqrt[3]{4}\sqrt[3]{2}+\sqrt[3]{3\sqrt{3}}-\dfrac{\sqrt[4]{32}}{\sqrt[4]{2}}=2+\sqrt{3}-2=\sqrt{3}$이 됩니다. 어렵지 않죠? 그럼 ②번 문제로 넘어가볼까요?

$$② \ (\sqrt[3]{x}-\sqrt[3]{y})(\sqrt[3]{x^2}+\sqrt[3]{xy}+\sqrt[3]{y^2})$$

②번 식은 좀 난해하게 생겼군요. 하지만 식의 형태를 보아하니 어디서 많이 본 것도 같습니다. 일반적으로 곱셈식을 계산할 때, 우리는 곱셈공식을 떠올립니다. 그렇다면 ②번 식과 유사한 곱셈공식이 무엇인지 찾아보도록 하겠습니다. 기억이 잘 안 나면 책을 찾아보세요.

$$(a-b)(a^2+ab+b^2)=a^3-b^3$$

여기서 $\sqrt[3]{x}$를 a, $\sqrt[3]{y}$를 b라고 생각해 보면 ②번 식은 다음과 같이 간단히 계산할 수 있습니다.

$$(\sqrt[3]{x}-\sqrt[3]{y})(\sqrt[3]{x^2}+\sqrt[3]{xy}+\sqrt[3]{y^2})=(\sqrt[3]{x})^3-(\sqrt[3]{y})^3$$

거듭제곱근의 정의에 의해 식 $(\sqrt[3]{x})^3-(\sqrt[3]{y})^3$은 $(x-y)$가 됩니다. 이 문제를 풀 때, 굳이 곱셈공식을 떠올리지 않아도 됩니다. 항을 하나씩 전개한 후, 거듭제곱근의 성질을 적용하면 어렵지 않게 답을 구할 수 있기 때문이죠. 그러면 거듭제곱근에 대한 계산 연습을 좀 더 해보도록 하겠습니다. 시간 날 때, 거듭제곱근의 성질을 보면서 각자 풀어보시길 바랍니다. (단, $a<0$, $b>0$)

① $\sqrt[3]{-125}\div\sqrt{\sqrt[3]{5^3}}+\sqrt[4]{3}\,\sqrt[4]{27}\times\dfrac{\sqrt[5]{2}}{\sqrt[5]{486}}$

② $-\sqrt[4]{a^{12}}+\sqrt[4]{(-a)^{12}}+(\sqrt[3]{a}+\sqrt[3]{b})(\sqrt[3]{a^2}-\sqrt[3]{ab}+\sqrt[3]{b^2})$

정답 ① $1-\sqrt{5}$ ② a^3+b^3

거듭제곱근의 성질 (2)

실수 a에 대한 거듭제곱근 $\sqrt[n]{a^n}$의 값에 대해 알아보도록 하겠습니다. 여기서 우리는 앞서 배웠던 거듭제곱근의 성질을 통해 n의 값이 짝수인지 홀수인지를 먼저 구분해야 합니다. 또한 a가 양수인지 음수인지도 확인해 봐야겠죠? 그럼 예시를 통해 $\sqrt[n]{a^n}$의 값을 확인해 보도록 하겠습니다.

i) $n=4,\ a \geq 0$일 때,

$\sqrt[4]{2^4}=2 \quad \rightarrow \quad \sqrt[n]{a^n}=a$

ii) $n=4,\ a<0$일 때,

$\sqrt[4]{(-2)^4}=\sqrt[4]{16}=\sqrt[4]{2^4}=2 \quad \rightarrow \quad \sqrt[n]{a^n}=-a$

예시를 통해 살펴본 바와 같이 근지수 n이 짝수일 때, a가 양인지 음인지에 따라 식 $\sqrt[n]{a^n}$ 값이 다르다는 것을 확인할 수 있습니다. 이는 우리가 앞서 배웠던 제곱근과 동일한 원리이기도 합니다.

$$\sqrt{a^2}=\begin{cases} a \geq 0, & \sqrt{a^2}=a \\ a<0, & \sqrt{a^2}=-a \end{cases}$$

여기서 우리는 $\sqrt{a^2}=|a|$임을 알고 있습니다. 마찬가지로 n이 짝수일 때, $\sqrt[n]{a^n}$의 값도 $|a|$와 같다는 것을 쉽게 유추할 수 있습니다. 이번엔 n이 홀수일 때, $\sqrt[n]{a^n}$의 값을 구해보면 다음과 같습니다.

i) $n=3,\ a \geq 0$일 때,

$\sqrt[3]{2^3}=2 \quad \rightarrow \quad \sqrt[n]{a^n}=a$

ii) $n=3,\ a<0$일 때,

$\sqrt[3]{(-2)^3}=\sqrt[3]{-8}$ (세제곱하여 -8이 되는 수는 -2가 된다)

$\rightarrow \quad \sqrt[3]{(-2)^3}=-2 \quad \rightarrow \quad \sqrt[n]{a^n}=a$

보다시피 n이 홀수일 때, $\sqrt[n]{a^n}$의 값은 a의 양·음에 관계없이 $\sqrt[n]{a^n}=a$임을 알 수 있습니다.

거듭제곱근의 성질(2)

n의 값과 a의 값에 따라 식 $\sqrt[n]{a^n}$ 의 값은 다음과 같다. (단, a는 실수)

① n이 짝수일 때, $\sqrt[n]{a^n}=|a|$

i) $a \geq 0$일 때, $\sqrt[n]{a^n}=a$ ii) $a<0$일 때, $\sqrt[n]{a^n}=-a$

② n이 홀수일 때, $\sqrt[n]{a^n}=a$

그렇다면 n제곱근과 관련하여 다음 식의 값을 구해보도록 하겠습니다. 어떻게 풀지 잠시 생각해 보는 시간을 가져봅시다. (단, a는 실수)

$$\sqrt[3]{a^3}+\sqrt[4]{(-a)^4}-\sqrt[5]{-a^5}$$

문제해결을 위한 기본설계가 끝나셨나요? 그럼 함께 풀어보도록 하겠습니다. 우선 n이 짝수일 때 $a \geq 0$, $a<0$에 따라 $\sqrt[n]{a^n}$ 의 값이 달라지므로 a를 양과 음으로 분류하여 계산해 보면 다음과 같습니다. 여기서 우리는 짝수 제곱근에 대해서만 신경 쓰면 됩니다.

i) $a \geq 0$일 때,

$$\sqrt[3]{a^3}+\sqrt[4]{(-a)^4}-\sqrt[5]{-a^5}$$
$$=a-(-a)-(-a)=3a$$

ii) $a<0$일 때,

$$\sqrt[3]{a^3}+\sqrt[4]{(-a)^4}-\sqrt[5]{-a^5}$$
$$=a+(-a)-(-a)=a$$

n제곱근과 관련해서는 $\sqrt[n]{a^n}$ 의 값만 주의하면 크게 어려울 것이 없습니다. 즉, n이 짝수인지 홀수인지 그리고 a값이 양수인지 음수인지만 잘 확인하면 되기 때문이죠.

지수의 확장

이제 자연수, 정수, 유리수, 실수에 대한 지수법칙을 살펴보도록 하겠습니다. 우선 중학교 때 배웠던 내용을 토대로 자연수에 대한 지수법칙을 정리하면 다음과 같습니다.

지수법칙(자연수)

a, b가 임의의 수이고, m, n이 자연수 일 때 다음과 같이 정의된다.

① $a^m \times a^n = a^{m+n}$　　② $(a^m)^n = a^{mn}$

③ $(ab)^n = a^n b^n$　　④ $\left(\dfrac{a}{b}\right)^n = \dfrac{a^n}{b^n}$

⑤ $$a^m \div a^n = \begin{cases} a^{m-n} & (m > n) \\ 1 & (m = n) \\ \dfrac{1}{a^{n-m}} & (m < n) \end{cases}$$

이제 지수를 정수로 확장해 볼까요?

자연수에 대한 지수법칙을 정수로 확장한다는 말은 지수를 0과 음의 정수로 표현할 수 있다는 말과 같습니다. 그러기 위해서는 지수가 0일 경우와 음의 정수일 경우에 대해 각각 정의해 봐야겠죠? 지수법칙 $a^m \times a^n = a^{m+n}$을 이용하면, 어렵지 않게 지수가 0인 경우에 대한 지수법칙을 도출해 낼 수 있습니다.

$a^m \times a^n = a^{m+n}$

→ $n=0$일 때, $a^m \times a^0 = a^{m+0} = a^m$

$a^m \times a^0 = a^m$이 되어야 하므로 $a^0 = 1$이 된다.

즉, 어떤 수의 지수가 0이라면 그 식의 값은 모두 1이 된다는 사실을 알 수 있습니다. 이번엔 지수가 음수인 경우를 살펴보도록 하겠습니다. 이 또한 지수법칙 $a^m \times a^n = a^{m+n}$을 이용하면 어렵지 않게 정의할 수 있습니다.

$a^m \times a^n = a^{m+n}$

→ $m=-n$일 때, $a^{-n} \times a^n = a^{-n+n} = a^0 = 1$

$a^{-n} \times a^n = 1$이 되어야 하므로 $a^{-n} = \frac{1}{a^n}$이 된다.

이것을 자연수에 대한 지수법칙(나눗셈)의 예로 설명하면 다음과 같습니다.

$$2^2 \div 2^3 = 2^{2-3} = 2^{-1}$$
$$2^2 \div 2^3 = 4 \div 8 = \frac{1}{2}$$
$$\Bigg\} \quad 2^{-1} = \frac{1}{2}$$

즉, 지수가 음의 정수란 말은 역수를 거듭제곱한 것과 같다는 사실을 의미합니다. 그렇다면 지수를 정수로 확장하여 지수법칙을 정리해 보도록 하겠습니다.

지수법칙(정수)

(1) 지수가 0 또는 음의 정수일 때, 다음과 같이 정의한다.

$a^0 = 1,\ a^{-m} = \frac{1}{a^m}$ ($a \neq 0$이고, m은 자연수)

(2) $a \neq 0,\ b \neq 0$이고, $m,\ n$이 정수일 때, 다음과 같이 정의한다.

① $a^m \times a^n = a^m a^n = a^{m+n}$ ② $(a^m)^n = a^{mn}$

③ $(ab)^n = a^n b^n$ ④ $\left(\frac{a}{b}\right)^n = \frac{a^n}{b^n}$

⑤ $a^m \div a^n = \frac{a^m}{a^n} = a^{m-n}$

참고로 0^0은 정의하지 않습니다. 그러면 정수로 확장된 지수법칙을 이용하여 다음 식을 간단히 해보시길 바랍니다. 정수에 대한 지수법칙을 천천히 적용하면 쉽게 해결할 수 있는 문제이므로 각자 풀어보세요.

① $2^{-1} \times 2^3$ ② $((-3)^2)^{-4}$ ③ $(3^2 \times 2^{-2})^3$

④ $\left(\frac{5^0}{7^2}\right)^2$ ⑤ $3^3 \div 3^{-2} \times \frac{2}{3^4}$

정수에 대한 지수법칙과 관련하여 다음 식의 계산문제를 풀어보도록 하겠습니다. 어떻게 풀지 잠시 생각해 보는 시간을 가져봅시다.

식 $\dfrac{a^2+a+1}{a^{-4}+a^{-3}+a^{-2}}$을 간단히 하여라. (단, $a \neq 0$)

문제해결을 위한 기본설계가 끝나셨나요? 그럼 함께 풀어보도록 하겠습니다. 우선 분모를 살펴보면 지수가 음의 정수로 표현되어 있습니다. 지수법칙 $a^{-m}=\dfrac{1}{a^m}$로 분모를 변형해 보면 다음과 같습니다.

$$a^{-4}+a^{-3}+a^{-2}=\frac{1}{a^4}+\frac{1}{a^3}+\frac{1}{a^2}$$

이제 분모를 통분한 후, 식을 계산해 보도록 하겠습니다. 여기서 우리는 번분수의 계산법칙을 알고 있어야 합니다. **번분수**란 분자·분모 중 적어도 하나가 분수 형태로 되어 있는 복잡한 분수를 말합니다. 참고로 번분수의 번은 '많을 번(繁)' 자를 써서, 분수가 많다는 것을 의미하는 한자어입니다.

$$\frac{\frac{2}{3}}{2},\quad \frac{\frac{3}{4}}{\frac{5}{6}}$$

번분수는 아래와 같은 분수의 기본성질을 이용하면 쉽게 계산할 수 있습니다.

$$\frac{\frac{A}{B}}{\frac{C}{D}}=\frac{A}{B}\div\frac{C}{D}=\frac{A}{B}\times\frac{D}{C}=\frac{AD}{BC}$$

$$\frac{\frac{3}{4}}{\frac{5}{6}}\rightarrow\frac{3}{4}\div\frac{5}{6}=\frac{3}{4}\times\frac{6}{5}\rightarrow\frac{18}{20}$$

다시 문제로 돌아와서 주어진 식을 번분수로 변형해 보면 다음과 같습니다.

$$\frac{a^2+a+1}{a^{-4}+a^{-3}+a^{-2}}=\frac{a^2+a+1}{\frac{1}{a^4}+\frac{1}{a^3}+\frac{1}{a^2}}$$

분모를 통분하여 번분수를 계산하면,

$$\frac{a^2+a+1}{\frac{1}{a^4}+\frac{1}{a^3}+\frac{1}{a^2}}=\frac{a^2+a+1}{\frac{1+a+a^2}{a^4}}=(a^2+a+1)\times\frac{a^4}{(a^2+a+1)}=a^4$$

따라서 $\frac{a^2+a+1}{a^{-4}+a^{-3}+a^{-2}}$을 간단히 하면 a^4과 같습니다. 어렵지 않죠? 한 문제 더 풀어볼까요?

$\frac{2^{10}}{2^2+2^4}=k \cdot 2^n$에서 $0<k<1$일 때, 등식을 만족하는 자연수 n의 모든 합을 구하여라.

문제해결을 위한 기본설계가 끝나셨나요? 그럼 함께 풀어보도록 하겠습니다. 우선 좌변부터 간단히 한 후, 식을 정리해 보면 다음과 같습니다.

$$\frac{2^{10}}{2^2+2^4}=\frac{2^{10}}{2^2(1+2^2)}=\frac{2^8}{5}=\frac{1}{5}\cdot 2^8=k\cdot 2^n$$

그럼 주어진 조건 $0<k<1$에 대하여 등식을 만족하는 k값이 무엇이 될까요? 아마 $\frac{1}{5}$, $\frac{2}{5}$, $\frac{2^2}{5}$ 중 하나가 되겠죠?

$$\frac{1}{5}\cdot 2^8=\frac{2}{5}\cdot 2^7=\frac{2^2}{5}\cdot 2^6=k\cdot 2^n$$

따라서 $\frac{2^{10}}{2^2+2^4}=k\cdot 2^n$에서 $0<k<1$일 때, 등식을 만족하는 자연수 n은 $k=\frac{1}{5}$일 때 $n=8$, $k=\frac{2}{5}$일 때 $n=7$, $k=\frac{2^2}{5}$일 때 $n=6$이 됩니다. 문제에서 등식 $\frac{2^{10}}{2^2+2^4}=k\cdot 2^n(0<k<1)$을 만족하는 자연수 n의 합을 구하라고 했으므로, 답은 $8+7+6=21$이 됩니다.

이제 지수를 유리수까지 확장해 보도록 하겠습니다. 앞서 배웠던 거듭제곱근의 정의를 이용하면 'a의 n제곱근'을 지수로 표현할 수 있게 됩니다. 여기서 우리는 지수법칙 $(a^n)^m=a^{n\times m}$을 이용할 수 있습니다.

$\sqrt[n]{a}$를 n제곱하면 a가 된다. : $(\sqrt[n]{a})^n = a$

$a^{\frac{1}{n}}$꼴로 나타내면, $\left(a^{\frac{1}{n}}\right)^n = a^{\frac{1}{n}\times n} = a$ 　　　 $\sqrt[n]{a} = a^{\frac{1}{n}}$

$(a^n)^m = a^{n\times m}$

ex) $\sqrt[3]{2^2} = 2^{\frac{2}{3}}$ 　 $\sqrt[4]{3^5} = 3^{\frac{5}{4}}$ 　 $\sqrt[3]{8^2} = 8^{\frac{2}{3}} = (2^3)^{\frac{2}{3}} = 2^2 = 4$

즉, 지수가 유리수인 경우에는 거듭제곱근을 활용하여 $a^{\frac{m}{n}} = \sqrt[n]{a^m}$으로 정의할 수 있습니다.

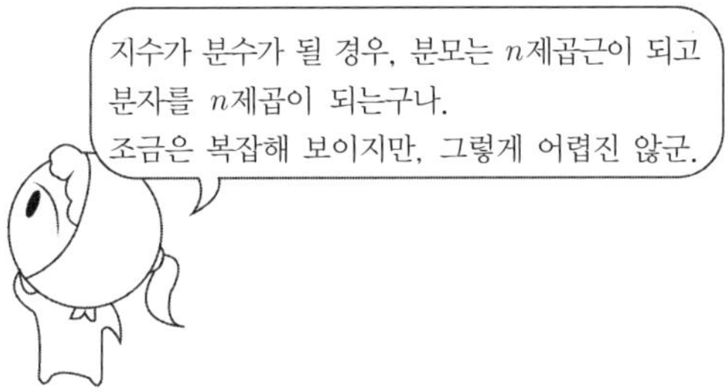

지수법칙(유리수)

(1) 지수가 유리수인 경우에는 다음과 같이 정의한다.

$$a^{\frac{1}{n}} = \sqrt[n]{a},\ a^{\frac{m}{n}} = \sqrt[n]{a^m}$$ (단, $a > 0$, m, n은 정수, $n \geq 2$)

(2) $a > 0$, $b > 0$이고, m, n이 유리수일 때 다음과 같이 정의한다.

① $a^m \times a^n = a^m a^n = a^{m+n}$ 　 ② $(a^m)^n = a^{mn}$

③ $(ab)^n = a^n b^n$ 　 ④ $\left(\dfrac{a}{b}\right)^n = \dfrac{a^n}{b^n}$

⑤ $a^m \div a^n = \dfrac{a^m}{a^n} = a^{m-n}$

유리수로 확장된 지수법칙을 이용하여 다음 식을 간단히 해보시길 바랍니다. 지수법칙을 천천히 적용하면 쉽게 해결할 수 있는 문제이므로 각자 풀어보기로 합니다.

① $2^{\frac{2}{3}}$　　② $3^{\frac{3}{2}} \times 3^{\frac{2}{3}}$　　③ $(5^2)^{-\frac{2}{3}}$

④ $(3^{\frac{3}{4}} \times 2^{0.25})^3$　　⑤ $\left(\dfrac{5^{0.5}}{7^{\frac{3}{2}}}\right)^2$　　⑥ $3^{\frac{1}{3}} \div 3^{-\frac{3}{2}} \times \dfrac{2}{3^4}$

실수에 대한 지수법칙도 마찬가지겠죠?

지수법칙(실수)

$a>0$, $b>0$이고, m, n이 실수일 때, 다음과 같이 정의한다.

① $a^m \times a^n = a^m a^n = a^{m+n}$　　② $(a^m)^n = a^{mn}$　　③ $(ab)^n = a^n b^n$

④ $\left(\dfrac{a}{b}\right)^n = \dfrac{a^n}{b^n}$　　⑤ $a^m \div a^n = \dfrac{a^m}{a^n} = a^{m-n}$

그럼 지수가 실수일 때, 다음 식을 간단히 해보도록 하겠습니다. 실수에 대한 지수법칙을 보면서 시간 날 때 각자 천천히 계산해 보시기 바랍니다.

① $3^{\frac{1}{\sqrt{2}}} \times 3^{\sqrt{2}}$　　② $(a^{\frac{\sqrt{2}}{3}})^{\sqrt{2}}$　　③ $(4^2 \times 3^{\sqrt{2}})^{\frac{1}{\sqrt{2}}}$

④ $\left(\dfrac{3}{\sqrt{2}}\right)^{\frac{2}{\sqrt{3}}}$　　⑤ $3^{\sqrt{3}} \div 3^{-2\sqrt{3}}$

자연수, 정수, 유리수, 실수에 대한 지수법칙을 가만히 살펴보면, 밑에 대한 조건이 조금씩 다르다는 것을 확인할 수 있을 것입니다.

지수	자연수 n	정수 m	유리수 p	실수 x
	a^n	a^m	a^p	a^x
밑의 조건	a는 임의의 실수	$a \neq 0$	$a > 0$	$a > 0$

이렇게 밑에 대한 조건의 다른 이유는, 수학에서 0^0이라는 숫자를 정의하지 않기 때문입니다. 또한 짝수제곱근의 근호 안에는 반드시 양의 실수가 들어가야 한다는 전제조건도 있기 때문이죠.

0^0은 정의되지 않는다.

$\sqrt{a}, \sqrt[4]{a}, \cdots$에서 $a \geq 0$이다.

이 전제조건과 지수법칙의 밑의 조건을 잘 비교해 보면, 지수법칙의 밑에 대한 조건의 다른 이유에 대해 어렵지 않게 이해할 수 있을 것입니다. 그럼 실수에 대한 지수법칙과 관련하여 다음 문제를 풀어보도록 하겠습니다. 어떻게 풀지 잠시 생각해 보는 시간을 가져봅시다.

$a > 0$일 때, $\left(\sqrt[3]{a}\right)^{2\sqrt{a}} = \left(a\sqrt{a^3}\right)^{a\sqrt{a}}$을 만족하는 실수 a값을 구하여라.

문제해결을 위한 기본설계가 끝나셨나요? 그럼 함께 풀어보도록 하겠습니다. 우선 좌변과 우변의 실수에 대한 지수법칙을 하나씩 적용해 보면 다음과 같습니다.

$$\text{좌변 : } \left(\sqrt[3]{a}\right)^{2\sqrt{a}} = \left(a^{\frac{1}{3}}\right)^{2\sqrt{a}} = a^{\frac{2\sqrt{a}}{3}}$$

$$우변 : (a\sqrt{a^3})^{a\sqrt{a}} = (a \cdot a^{\frac{3}{2}})^{a\sqrt{a}} = a^{\frac{5}{2}a\sqrt{a}}$$

좌변 $a^{\frac{2\sqrt{a}}{3}}$과 우변 $a^{\frac{5}{2}a\sqrt{a}}$이 같기 위해서는 지수의 값이 같아야 할 것입니다. 따라서 다음과 같이 a에 관한 방정식을 유도할 수 있습니다.

$$a^{\frac{2\sqrt{a}}{3}} = a^{\frac{5}{2}a\sqrt{a}} \rightarrow \frac{2\sqrt{a}}{3} = \frac{5}{2}a\sqrt{a}$$

a에 관한 방정식을 유도했다는 말은 미지수 a값을 구할 수 있다는 말과도 같습니다. 왜냐하면 방정식이란 해법이 정해져 있는 단순 계산 작업에 불과하기 때문이죠. 적어도 우리가 배운 방정식에서는 말이죠. 그럼 방정식을 풀어 a값을 구해보도록 하겠습니다. 양변을 $\sqrt{a}$로 나누어준 후, 등식을 a에 관하여 풀면 쉽게 답을 구할 수 있습니다.

$$\frac{2\sqrt{a}}{3} = \frac{5}{2}a\sqrt{a} \rightarrow \frac{2}{3} = \frac{5}{2}a \rightarrow a = \frac{4}{15}$$

지수에 관한 문제

지수에 관한 여러 가지 문제를 풀어보도록 하겠습니다. 여기서 여러분들은 문제를 풀기 위해 어떤 개념을 어떻게 사용해야 할지부터 생각한 후, 문제 해결 과정을 설계하시길 바랍니다. 수능시험에서는 똑같은 문제가 나오지 않으므로, 문제 유형을 외우거나 기계적이고 반복적으로 풀지 않길 바랍니다. 그럼 시작해 볼까요?

$3^a+3^b=4,\ 9^a+9^b=10,\ 27^a+27^b=28$일 때, $a+b$의 값을 구하여라.

문제해결을 위한 기본설계가 끝나셨나요? 그럼 함께 풀어보도록 하겠습니다. 우선 주어진 식에 쓰인 3, 9, 27은 3의 거듭제곱이므로, 주어진 식을 밑이 3이 되도록 변형해 보도록 하겠습니다.

$$3^a+3^b=4,\ 9^a+9^b=10,\ 27^a+27^b=28$$
$$\rightarrow\ 3^a+3^b=4,\ (3^2)^a+(3^2)^b=10,\ (3^3)^a+(3^3)^b=28$$

지수법칙 $(a^m)^n=a^{mn}$을 역으로 이용하면 다음과 같이 식을 변형할 수도 있습니다.

$$3^a+3^b=4,\quad (3^2)^a+(3^2)^b=10,\quad (3^3)^a+(3^3)^b=28$$
$$\rightarrow\quad 3^a+3^b=4,\quad (3^a)^2+(3^b)^2=10,\quad (3^a)^3+(3^b)^3=28$$

그리고 계산의 편의성을 위해 3^a와 3^b를 X, Y로 치환해 보면,

$$3^a+3^b=4,\ (3^a)^2+(3^b)^2=10,\ (3^a)^3+(3^b)^3=28$$
$$\rightarrow\ X+Y=4,\ X^2+Y^2=10,\ X^3+Y^3=28$$

치환식을 보니 뭔가 떠오르지 않나요? 맞습니다. 곱셈공식이 떠오르죠? 그럼 이 문제를 푸는 데 도움이 될 만한 곱셈공식이 무엇인지 곰곰이 생각해 봅시다.

① $(a+b)^2 = a^2 + 2ab + b^2$
② $(a+b)^3 = a^3 + 3ab(a+b) + b^3$
③ $(a+b)(a^2 - ab + b^2) = a^3 + b^3$

X, Y의 합, 제곱의 합, 세제곱의 합($X+Y=4$, $X^2+Y^2=10$, $X^3+Y^3=28$)이 모두 들어 있는 ③번 곱셈공식을 이 문제에 적용할 수 있겠네요.

$$(X+Y)(X^2-XY+Y^2) = X^3+Y^3$$

$X+Y=4$, $X^2+Y^2=10$, $X^3+Y^3=28$이므로,

$$(X+Y)(X^2-XY+Y^2) = X^3+Y^3$$
$$\rightarrow\ 4 \times (10-XY) = 28\ \rightarrow\ XY=3$$

$X=3^a$, $Y=3^b$를 $XY=1$에 대입하면,

$$XY=3\ \rightarrow\ 3^a \times 3^b = 3^{a+b} = 3$$

$3^{a+b}=3$이므로 지수법칙에 의해 $a+b=1$이 될 것입니다. 그리 어렵지 않죠? 지수와 관련된 문제는 곱셈공식, 방정식 · 부등식 등과 결합하여 나오는 문제가 많으므로 복합적인 사고력이 필요합니다. 다음 문제는 연습문제로 남겨둡니다. 시간 날 때 각자 풀어보시길 바랍니다.

$x^{\frac{1}{2}}+x^{-\frac{1}{2}}=5$ **일 때, 다음 식의 값을 구하여라.** $(x>0)$

① $x+\dfrac{1}{x}$ ② $x^2+\dfrac{1}{x^2}$ ③ $x^{\frac{3}{2}}+x^{-\frac{3}{2}}$

$(a+b)=a^2+2ab+b^2$
$(a+b)^3=a^3+3ab(a+b)+b^3$

정답 ① 23 ② 527 ③ 110

$47^x=16$, $158^y=128$ **일 때,** $2^{\frac{4}{x}+\frac{7}{y}}$ **의 값을 구하여라.**

$(47^x)^{\frac{1}{x}}=(16)^{\frac{1}{x}}$
$(158^y)^{\frac{1}{y}}=(128)^{\frac{1}{y}}$

정답 7426

이번엔 2차방정식과 통합된 지수문제를 풀어보겠습니다.

2차방정식 $x^2-5x+7=0$의 두 근을 3^α, 3^β이라고 할 때, $9^\alpha+9^\beta$의 값을 구하여라.

일단 2차방정식의 두 근을 3^α, 3^β라고 했으니까 근과 계수와의 관계를 이용해야겠죠?

$$\text{두 근의 합} : 3^\alpha+3^\beta=5 \qquad \text{두 근의 곱} : 3^\alpha\times3^\beta=3^{\alpha+\beta}=7$$

우리가 구하고자 하는 식은 $9^\alpha+9^\beta$이므로 지수법칙에 의해 변형하면 식 $9^\alpha+9^\beta=(3^\alpha)^2+(3^\beta)^2$이 되므로, 근과 계수와의 관계식 $3^\alpha+3^\beta=5$와 $3^{\alpha+\beta}=7$을 이용하면, 쉽게 해결할 수 있습니다. 각자 풀어보시길 바랍니다. (곱셈공식 $(a+b)^2=a^2+2ab+b^2$을 적용)

정답 11

$\left(\frac{1}{81}\right)^{\frac{1}{x}}$의 값이 자연수가 되도록 하는 모든 x의 값의 합을 구하여라. (x는 정수)

정답 -7

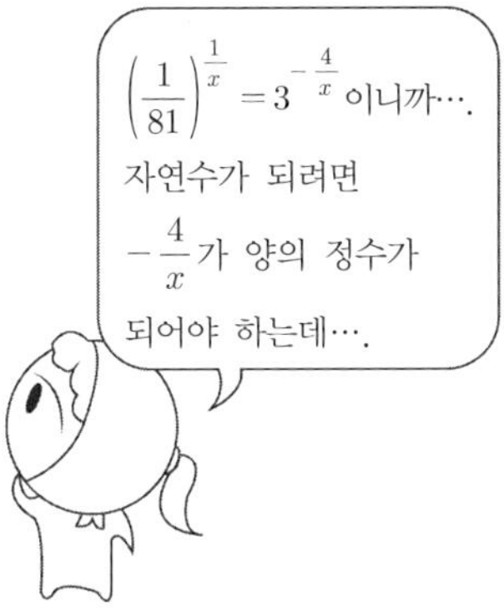

함수 $f(x)=\frac{2^x-2^{-x}}{2^x+2^{-x}}$에 대하여 함숫값이 $\frac{1}{2}$, $\frac{1}{3}$이 되는 독립변수를 각각 x_1, x_2라고 할 때, (x_1+x_2)를 독립변수로 하는 함숫값 $f(x_1+x_2)$의 값을 구하여라.

함수식이 상당히 복잡하죠? 일단 간단히 해볼까요?

$$f(x)=\frac{2^x-2^{-x}}{2^x+2^{-x}} \quad \rightarrow \quad f(x)=\frac{2^x-\frac{1}{2^x}}{2^x+\frac{1}{2^x}}=\frac{2^{2x}-1}{2^{2x}+1}$$

함숫값이 $\frac{1}{2}$, $\frac{1}{3}$이 되는 독립변수를 각각 x_1, x_2라고 했으므로 다음과 같이 표현할 수 있습니다.

$$f(x_1)=\frac{2^{2x_1}-1}{2^{2x_1}+1}=\frac{1}{2} \qquad f(x_2)=\frac{2^{2x_2}-1}{2^{2x_2}+1}=\frac{1}{3}$$

그래도 식이 복잡하죠? 이럴 땐 어떻게 해야 할까요? 그렇습니다. 바로 치환을 해야 합니다. 그럼 어떤 변수를 치환해야 할까요? 지수법칙 $a^{mn}=(a^m)^n$

을 이용하여 식을 좀 더 변형해 보겠습니다.

$$f(x_1)=\frac{2^{2x_1}-1}{2^{2x_1}+1}=\frac{\left(2^{x_1}\right)^2-1}{\left(2^{x_1}\right)^2+1} \qquad f(x_2)=\frac{2^{2x_2}-1}{2^{2x_2}+1}=\frac{\left(2^{x_2}\right)^2-1}{\left(2^{x_2}\right)^2+1}$$

이제 어떤 값을 치환해야 할지 감이 오시죠? $2^{x_1}=X$, $2^{x_2}=Y$로 치환하여 식을 다시 써보겠습니다.

$$f(x_1)=\frac{X^2-1}{X^2+1}=\frac{1}{2} \qquad f(x_2)=\frac{Y^2-1}{Y^2+1}=\frac{1}{3}$$

주어진 식을 보아하니 X과 Y의 방정식이 도출되었네요. 그럼 X, Y의 값을 쉽게 구할 수 있습니다. 여기서 잠깐! 문제에서 구하고자 하는 것이 무엇인지 다시 한 번 확인해 보겠습니다. 여기서는 앞서 간단히 변형한 식을 이용하도록 하겠습니다.

$$f(x_1+x_2)\ ? \rightarrow f(x_1+x_2)=\frac{\left(2^{x_1+x_2}\right)^2-1}{\left(2^{x_1+x_2}\right)^2+1}$$

그럼 함숫값 $f(x_1+x_2)$을 X, Y에 관한 식으로 변형하면 다음과 같습니다.

$$f(x_1+x_2)=\frac{\left(2^{x_1+x_2}\right)^2-1}{\left(2^{x_1+x_2}\right)^2+1}=\frac{\left(2^{x_1}\times 2^{x_2}\right)^2-1}{\left(2^{x_1}\times 2^{x_2}\right)^2+1}=\frac{(XY)^2-1}{(XY)^2+1}$$

이제 뭔가 술술 풀리는 기분이죠? 우리는 함숫값 $f(x_1+x_2)$를 구하기 위해서 $(XY)^2$의 값만 알면 됩니다. 앞서 X, Y에 관한 방정식을 도출하였으므로 X, Y의 값을 쉽게 구할 수 있으니 각자 계산해 보시길 바랍니다. 여기서 중요한 것은 식의 계산에서 복잡한 식의 경우 간단히 하거나 치환하는 방법으로 쉽게 해결할 수 있다는 것입니다. 또한 우리가 구하고자 하는 것이 정확히 무엇인지 그 값을 구하기 위해서는 또 어떤 값을 알아야 하는지 파악하는 것이 중요합니다.

정답 $\frac{5}{7}$

이번엔 조금 다른 유형의 문제를 풀어보도록 하겠습니다.

식 $\dfrac{1}{1+50^{-10}}+\dfrac{1}{1+50^{-9}}+\cdots+\dfrac{1}{1+50^{9}}+\dfrac{1}{1+50^{10}}$의 값을 구하여라.

문제해결을 위한 기본설계가 끝나셨나요? 그럼 함께 풀어보도록 하겠습니다. 우선 이 문제는 각각의 항을 계산하여 푸는 문제가 아니라는 사실을 쉽게 알 수 있을 것입니다. 즉, 식의 형태를 보고 규칙성을 찾는 문제라는 얘기죠. 그럼 어디 규칙성을 찾아볼까요? 일단 주어진 식에 지수법칙을 적용하여 식을 변형하면 다음과 같습니다.

$$\frac{1}{1+50^{-10}}+\frac{1}{1+50^{-9}}+\cdots+\frac{1}{1+50^{9}}+\frac{1}{1+50^{10}}$$

$$\rightarrow \frac{1}{1+\dfrac{1}{50^{10}}}+\frac{1}{1+\dfrac{1}{50^{9}}}+\cdots+\frac{1}{1+50^{9}}+\frac{1}{1+50^{10}}$$

$$\rightarrow \frac{50^{10}}{1+50^{10}}+\frac{50^{9}}{1+50^{9}}+\cdots+\frac{1}{1+50^{9}}+\frac{1}{1+50^{10}}$$

규칙성을 찾으셨나요? 식을 자세히 살펴보면, 첫 번째 항과 마지막 항을 더하면 1이 된다는 사실을 쉽게 알 수 있습니다.

$$\underbrace{\frac{50^{10}}{1+50^{10}}+\overbrace{\frac{50^9}{1+50^9}+\cdots+\frac{1}{1+50^9}}^{1}+\frac{1}{1+50^{10}}}_{1}$$

이렇게 짝지어지는 항은 총 10개가 되고, 가운데에 짝이 없는 항 $\frac{1}{1+50^0}(=\frac{1}{2})$이 있으므로, 주어진 식의 값은 $10+\frac{1}{2}(=10.5)$이 됩니다. 신기하게도 쉽게 답이 나오죠? 앞으로 여러분들은 이렇게 규칙성을 찾는 문제를 많이 접하게 될 것입니다. 어떤 학생들은 이러한 문제를 풀 때, 시간이 많이 걸릴 수도 있습니다. 하지만 너무 걱정할 필요는 없습니다. 문제가 나올 때마다 머리를 쓰면서 생각하면 생각의 속도가 점점 빨라질 테니 천천히 시간을 갖고 공부하시길 바랍니다.

개념 한눈에 보기

1. **거듭제곱** : 실수 a를 n번 거듭하여 곱한 것을 a의 n제곱이라 하고, a^n으로 나타낸다. 이때, a^n에서 a를 밑이라 하고, n을 지수라고 한다. 또한 a의 n제곱 $(n=1, 2, 3\cdots)$ 통틀어 a의 거듭제곱이라고 한다.

2. **거듭제곱근** : '$x^n=a$'를 만족시키는 실수 x를 a의 n제곱근이라 하며, a의 양의 n제곱근 $\sqrt[n]{a}$로, 음의 n제곱근은 $-\sqrt[n]{a}$로 표시한다. 또한 세제곱근, 네제곱근 등 n제곱근을 통틀어 a의 거듭제곱근이라고 말한다.

3. **거듭제곱근의 성질**

(1) $a>0$, $b>0$이고, m, n이 2 이상의 양의 정수일 때, 다음 등식이 성립한다.

① $(\sqrt[n]{a})^n=a$　　② $\sqrt[n]{a}\sqrt[n]{b}=\sqrt[n]{ab}$

③ $(\sqrt[n]{a})^m=\sqrt[n]{a^m}$　　④ $\dfrac{\sqrt[n]{a}}{\sqrt[n]{b}}=\sqrt[n]{\dfrac{a}{b}}$

(2) n의 값과 a의 값에 따라 식 $\sqrt[n]{a^n}$의 값은 다음과 같다.

① n이 짝수일 때, $\sqrt[n]{a^n}=|a|$

i) $a\geq 0$일 때, $\sqrt[n]{a^n}=a$,　　ii) $a<0$일 때, $\sqrt[n]{a^n}=-a$

② n이 홀수일 때, $\sqrt[n]{a^n}=a$

4. **지수법칙**

(1) 지수가 0 또는 음의 정수일 때, 다음과 같이 정의한다.

$a^0=1$, $a^{-m}=\dfrac{1}{a^m}$ ($a\neq 0$이고, m은 자연수)

(2) 지수가 유리수인 경우에는 다음과 같이 정의한다.

$a^{\frac{1}{n}}=\sqrt[n]{a}$, $a^{\frac{m}{n}}=\sqrt[n]{a^m}$ (단, $a>0$, m, n은 정수, $n\geq 2$)

(3) $a>0$, $b>0$이고, m, n이 실수일 때, 다음과 같이 정의한다.

① $a^m\times a^n=a^ma^n=a^{m+n}$　　② $(a^m)^n=a^{mn}$　　③ $(ab)^n=a^nb^n$

④ $\left(\dfrac{a}{b}\right)^n=\dfrac{a^n}{b^n}$　　⑤ $a^m\div a^n=\dfrac{a^m}{a^n}=a^{m-n}$

도출형 학습방식으로 다음 문제를 풀어보겠습니다. (개념이 잘 기억나지 않으면 앞의 내용을 찾아보길 바란다)

방정식 $x^2+4x+1=0$의 두 실근 α, β에 대하여 $f(n)=\alpha^n+\beta^n$ (n은 자연수)이라고 정의할 때, $f(99)+f(101)$이 $af(100)+b$로 표현될 때, $a+b$의 값을 구하여라.

1단계 개념도출 문제를 풀기 위해서는 어떤 개념을 알아야 할까요?

2단계 개념설명 개념을 알고 있다면 간단히 설명해 보길 바랍니다.

3단계 문제해결 그러면 어떻게 문제를 해결할 수 있을까요?

방정식 $x^2+4x+1=0$의 두 실근 α, β에 대하여 $f(n)=\alpha^n+\beta^n$ (n은 자연수)이라고 정의할 때, $f(99)+f(101)$이 $af(100)+b$로 표현될 때, $a+b$의 값을 구하여라.

1단계 문제를 풀기 위해서는 어떤 개념을 알아야 할까요?

2차방정식의 근과 계수와의 관계, 지수법칙에 대해 알아야 한다.

2단계 개념을 알고 있다면 간단히 설명해 보길 바랍니다.

2차방정식의 근과 계수와의 관계

2차방정식 $ax^2+bx+c=0$의 두 근이 α, β일 때, 근과 계수와의 관계는 다음과 같다.

$$\alpha+\beta=-\frac{b}{a},\ \alpha\beta=\frac{c}{a}$$

지수법칙

(1) 지수가 0 또는 음의 정수일 때, 다음과 같이 정의한다.

$$a^0=1,\ a^{-m}=\frac{1}{a^m}\ (a\neq 0\text{이고, } m\text{은 자연수})$$

(2) 지수가 유리수인 경우에는 다음과 같이 정의한다.

$$a^{\frac{1}{n}}=\sqrt[n]{a}\ ,\ a^{\frac{m}{n}}=\sqrt[n]{a^m}\ (\text{단, } a>0,\ m, n\text{은 정수, } n\geq 2)$$

(3) $a>0$, $b>0$이고, m, n이 실수일 때, 다음과 같이 정의한다.

① $a^m\times a^n=a^{m+n}$　② $(a^m)^n=a^{mn}$

③ $(ab)^n=a^nb^n$　④ $\left(\frac{a}{b}\right)^n=\frac{a^n}{b^n}$

⑤ $a^m\div a^n=\frac{a^m}{a^n}=a^{m-n}$

3단계 그러면 어떻게 문제를 해결할 수 있을까요?

방정식 $x^2+4x+1=0$의 두 실근 α, β에 대하여 근과 계수와의 관계를 적용하면, $\alpha+\beta=-4$, $\alpha\beta=1$임을 쉽게 알 수 있다.
주어진 함수 $f(n)=\alpha^n+\beta^n$의 함숫값 $f(99)+f(101)$을 구한 다음 지수법칙과 $\alpha+\beta=-4$, $\alpha\beta=1$을 적용하여, $f(99)+f(101)$의 값을 $af(100)+b$로 변형하면 어렵지 않게 a, b의 값을 구할 수 있을 것이다. 여기서 식을 변형할 때, 숫자 99, 101, 100에 대한 규칙성을 찾아야 할 것이다.

정답이 궁금한 학생들은 다음 정답풀이를 참고하시기 바랍니다.

먼저 방정식 $x^2+4x+1=0$의 두 실근 α, β에 대하여 근과 계수와의 관계를 적용해 보면 다음과 같다.

$$\alpha+\beta=-4,\ \alpha\beta=1$$

그리고 주어진 함수 $f(n)=\alpha^n+\beta^n$의 함숫값 $f(99)+f(101)$을 구하면 다음과 같다.

$$f(n)=\alpha^n+\beta^n : f(99)+f(101)=(\alpha^{99}+\beta^{99})+(\alpha^{101}+\beta^{101})$$

그럼 $f(99)+f(101)$을 $af(100)+b$로 변형해 보자. (지수법칙을 적용하여 지수를 100으로 만들어야 $af(100)+b$꼴로 변형할 수 있다 : $af(100)+b=a(\alpha^{100}+\beta^{100})+b$)

$$\begin{aligned} f(99)+f(101) &= (\alpha^{99}+\beta^{99})+(\alpha^{101}+\beta^{101}) \\ &= \frac{1}{\alpha}\alpha^{100}+\frac{1}{\beta}\beta^{100}+\alpha\alpha^{100}+\beta\beta^{100} \\ &= \alpha^{100}(\frac{1}{\alpha}+\alpha)+\beta^{100}(\frac{1}{\beta}+\beta) \end{aligned}$$

근과 계수와의 관계 '$\alpha\beta=1 \rightarrow \alpha=\frac{1}{\beta}$, $\beta=\frac{1}{\alpha}$'를 적용하여 식을 변형한 후, $\alpha+\beta=-4$를 적용하면, $f(99)+f(101)$을 $f(100)$으로 표현할 수 있다.

$$\alpha^{100}(\frac{1}{\alpha}+\alpha)+\beta^{100}(\frac{1}{\beta}+\beta)=\alpha^{100}(\alpha+\beta)+\beta^{100}(\alpha+\beta)$$
$$=(\alpha+\beta)(\alpha^{100}+\beta^{100})=-4(\alpha^{100}+\beta^{100})=-4f(100)$$

따라서 $f(99)+f(101)$을 $-4f(100)$이므로, $a=-4$, $b=0$이 된다.
즉, $a+b=-4$가 된다.

정답 -4

2 로그

우리는 곱셈식을 간단하게 만드는 지수의 개념을 통해 아주 큰 수도 간단히 표현하는 방법을 배웠습니다.

$$7\times7\times7\times7\times7\times7\times7\times7\times7\times7=282475249=7^{10}$$

그런데 문제가 하나 생겼습니다. 지수를 이용하여 아주 큰 숫자를 간단히 표현한다고 하더라도 그 숫자가 어떤 숫자인지, 또 자릿수는 얼마인지에 대한 감을 잡을 수가 없다는 얘기죠. 하지만 지수를 잘 분석해 보면, 그 답을 찾아낼 수도 있을 것 같습니다. 다음 숫자들의 지수와 그 숫자의 자릿수를 유심히 살펴보면서 지수와 자릿수와의 관계를 찾아보시길 바랍니다.

$10^2=100$: 세 자리 숫자

$10^7=10000000$: 여덟 자리 숫자

$10^{16}=10000\cdots0000$: 열일곱 자리 숫자

숫자 10^n의 경우 자릿수가 $(n+1)$의 자리가 됨을 쉽게 알 수 있습니다. 이

렇게 지수와 관련하여 아주 큰 숫자에 대한 정보를 알아내기 위해 수학자들은 또다시 새로운 기호를 만들어냈습니다.

로그의 정의

앞서 배웠던 지수의 개념을 떠올리면서 다음 물음에 대한 답을 찾아보시기 바랍니다.

밑이 2일 때, 지수가 얼마가 되어야 숫자 8이 될까?

질문에 대한 답이 3이라는 것을 우리는 쉽게 알 수 있습니다. 왜냐하면 이 질문은 숫자 2를 몇 번 거듭제곱해야 숫자 8이 되는지를 묻는 문제와 같기 때문입니다. 여기서는 지수가 자연수로 딱 떨어지기 때문에 쉽게 질문의 답을 찾을 수 있었습니다. 하지만 다음 질문은 어떨까요?

밑이 3일 때, 지수가 얼마가 되어야 숫자 7이 될까?

이번 질문에서는 지수가 자연수가 아닌 실수로 확장되었기 때문에 질문에 대한 정답을 찾기란 상당히 어렵습니다. 그렇다면 이 질문을 방정식으로 바꾸어보면 어떨까요?

밑이 3일 때, 지수가 얼마가 되어야 숫자 7이 될까?
→ 방정식 $3^x = 7$에서 x는 얼마인가?

수학자들은 이러한 지수에 관한 방정식을 풀기 위해서 log라는 새로운 기호를 만들어냈습니다. log란 logarithm의 약자로, '로그'라고 읽습니다. 그럼 로그는 무슨 뜻일까요? 우리말로 번역하면 '대수(對數)'인데 한자어를 풀이하면, '마주할 대(對)'와 '숫자 수(數)'를 써서 숫자와 마주하는 기호라는 단순한 의미를 지니고 있습니다. 여기서 중요한 것은 logarithm의 사전적 뜻이 아닌 log라는 기호가 어떻게 수학적으로 정의되는가 하는 것입니다.

로그의 정의

$a > 0$, $a \neq 1$이고, $b > 0$일 때, 방정식 $a^x = b$를 만족하는 x값은 $\log_a b$로 표현한다.

$$a^x = b \Leftrightarrow x = \log_a b$$

여기서 a를 $\log_a b$의 밑, b를 $\log_a b$의 진수(antilogarithm)라고 한다.

로그의 정의를 읽어보니, 상당히 당황스럽죠? '뭐가 이렇게 어려워'라고도 생각했을 수도 있을 것입니다. 하지만 뒤쪽에서 로그의 효용성을 배우게 되면 '아~ 수학자들은 정말 대단한 사람들이구나. 이런 훌륭한 기호를 만들다니!'라고 생각할 것입니다. 참고로 진수란 대수와는 반대되는 개념으로서, '참 진(眞)' 자와 '숫자 수(數)'를 써서 '진짜 숫자'를 의미합니다. 이 또한 큰 의미를 가지고 있지는 않으니 수학적인 의미를 파악하는 것에 주력하시기 바랍니다.

로그 읽는 법 : $\log_a b$ → 로그 a의 b
$\log_3 7$ → 로그 3의 7

이렇게 정의된 로그라는 기호를 활용하면 앞서 풀지 못했던 질문의 답을 쉽게 찾을 수 있습니다.

밑이 3일 때, 지수가 얼마가 되어야 숫자 7이 될까?
→ 방정식 $3^x = 7$에서 x는 얼마인가?

방정식 $3^x = 7$를 만족하는 x값을 로그로 표현하면 다음과 같습니다.

$$3^x = 7 \rightarrow x = \log_3 7$$

$$3^x = 7 \Rightarrow x = \log_3 7$$

가끔 학생들이 $\log_a b \cdots$ 등을 문자나 변수로 착각하는 경향이 있는데, a, b의 값이 상수일 때 $\log_a b$의 값은 단순히 '어떤 숫자'에 불과하다는 사실을 반드시 기억하시길 바랍니다. 그렇다면 다음 방정식을 만족하는 x값을 로그로 나타내보도록 하겠습니다. 여기서는 로그의 정의만 이용하면 쉽게 답을 찾을 수 있으니, 각자 연습한다는 생각으로 계산해 보시길 바랍니다.

① $2^x = 11$ ② $3^x = 9$ ③ $5^x = 18$ ④ $10^x = 34$

이번엔 로그로 이루어진 방정식의 x값을 구해보도록 하겠습니다. 여기서는 로그의 정의를 이용하여 로그로 표현된 방정식을 지수에 관한 방정식으로 바꾸어보면 보다 쉽게 답을 찾을 수 있을 것입니다.

① $\log_3 9x = 4$ ② $\log_{400} x = \dfrac{1}{2}$ ③ $\log_2(\log_3 x) = 0$

①의 경우, $\log_3 9x = 4$를 로그의 정의를 이용하여 지수로 바꾸면 다음과 같습니다.

$$\log_3 9x = 4 \Rightarrow 9x = 3^4$$

1차방정식 $9x = 3^4 = 81$을 풀면 $x = 9$가 됩니다. 어려워 보이는 로그방정식이지만, 로그의 정의만 알고 있으면 쉽게 풀리죠? ②번과 ③번도 마찬가지입니다. 각자 풀어보시길 바랍니다.

로그의 제한조건

한편 로그를 사용할 때는 주의사항이 있습니다. 바로 밑과 진수에 대한 제한조건입니다. 우선 로그의 정의를 다시 한 번 확인해 볼까요?

로그의 정의

$a>0$, $a\neq 1$이고, $b>0$일 때, 방정식 $a^x=b$를 만족하는 x값은 $\log_a b$로 표현한다.

$$a^x=b \iff x=\log_a b$$

여기서 a를 $\log_a b$의 밑, b를 $\log_a b$의 진수(antilogarithm)라고 한다.

로그의 정의에서 보는 바와 같이 $\log_a b$에서는 $a>0$, $a\neq 1$이고, $b>0$일 때로 한정됩니다. 이것을 밑과 진수에 대한 제한조건으로 정리하면 다음과 같습니다.

$x=\log_a b$ 밑 a의 조건 : $a>0$, $a\neq 1$

진수 b의 조건 : $b>0$

우선 밑 a가 왜 양수가 되어야 할까요? 바로 실수에 대한 지수법칙 때문입니다. x가 실수일 때, a^x은 a가 양의 실수일 때만 정의되므로, 다음과 같은 지수와 로그는 수학적으로 큰 의미가 없습니다.

$(-2)^x=5$ → $x=\log_{(-2)}5$

$0^y=7$ → $y=\log_{(0)}7$

다음으로 밑이 1이 될 수 없는 이유를 간단한 예시를 통해 알아보도록 하겠습니다.

$$1^x = 4 \quad \rightarrow \quad x = \log_1 4$$

위 식을 만족하는 x값은 존재하지 않으므로, 로그에서 밑은 1이 될 수 없습니다. 따라서 $\log_a b$에서 밑 a는 '1이 아닌 양수'로 한정됩니다. 이번에는 진수의 조건($b > 0$)에 대해 살펴보도록 하겠습니다. 왜 진수는 양수가 되어야만 할까요? 쉬운 예로 식 $2^x, 3^y$의 값은 x, y가 어떤 실수가 되더라도 항상 양수가 됩니다. 따라서 식 a^x의 값 b는 항상 양수가 되는 게 맞겠죠? 그럼 로그의 밑과 진수의 제한조건을 생각하면서 다음 문제를 풀어보도록 하겠습니다.

$\log_{(x-3)}(-x^2+5x-4)$의 값이 존재하기 위한 x값에 대하여 식 $[x]$의 값을 구하여라. (단, $[x]$는 x보다 크지 않은 최대의 정수이다)

문제해결을 위한 기본설계가 끝나셨나요? 그럼 함께 풀어보도록 하겠습니다. 우선 식 $\log_{(x-3)}(-x^2+5x-4)$에서 로그의 밑과 진수에 대한 제한조건을 적용해 보도록 하겠습니다.

$x \neq 4$ $\qquad$ $x > 3$

밑 : 1이 아닌 양수 $\rightarrow$ $x-3 \neq 1$, $x-3>0$

진수 : 양수 $\rightarrow$ $-x^2+5x-4>0$

$x^2-5x+4<0$

$(x-1)(x-4)<0$

$1<x<4$

식 $\log_{(x-3)}(-x^2+5x-4)$에서 로그의 밑과 진수에 대한 제한조건을 모두 만족시키는 x의 범위는 $3<x<4$가 된다는 사실을 쉽게 알 수 있을 것입니다.

$$x \neq 4,\ x>3,\ 1<x<4 \ \rightarrow\ 3<x<4$$

그럼 $[x]$의 값을 구해보도록 하겠습니다. 여기서 $[x]$에 대한 정의를 정확히 알아야겠죠? $[x]$는 x보다 크지 않은 최대의 정수라고 했으므로,

$$3<x<4 : x=3.1,\ 3.2, \cdots\ 3.9, \cdots$$

x보다 크지 않은 최대의 정수는 바로 3이 됩니다. 따라서 식 $\log_{(x-3)}(-x^2+5x-4)$의 값이 존재하기 위한 x값에 대하여 $[x]$의 값은 3이 됩니다. 거듭 말하지만 a, b가 상수일 때, $\log_a b$ 또한 어떤 상수일 뿐이라는 사실을 반드시 명심하시길 바랍니다.

다음 문제는 여러분들이 직접 해결해야 할 과제로 남겨놓겠습니다. 주어진 힌트를 활용하여 각자 풀어보시길 바랍니다.

모든 실수 x에 대하여 $\log_2(x^2-ax+1)$의

값이 존재할 때, 정수 a의 개수는 몇 개일까?

[힌트] 2차부등식 $x^2-ax+1>0$가 절대부등식이 될 조건을 찾아라.

로그의 기본성질

어떤 것이든 처음이 어렵습니다. 마찬가지로 로그라는 것도 처음 배우기 때문에 조금 어렵게 느껴지는 것이 당연합니다. 하지만 로그 역시 지수와 마찬가지로 어떤 숫자에 불과합니다. 자주 보면 익숙해질 테니 처음부터 너무 겁먹지 마시길 바랍니다.

지수를 계산하는 방법이 따로 있듯이 로그를 계산하는 방법 또한 따로 있습니다. 지금부터 로그에 대한 계산 방법을 배워보도록 하겠습니다. 일단 로그의 기본성질부터 하나씩 확인해 보면 다음과 같습니다.

로그의 기본성질

$a>0,\ a\neq 1, M>0, N>0$이고, n이 임의의 실수일 때, 다음과 같은 성질이 성립한다.

① $\log_a a=1,\ \log_a 1=0$　　② $\log_a MN=\log_a M+\log_a N$

③ $\log_a \dfrac{M}{N}=\log_a M-\log_a N$　　④ $\log_a M^n = n\log_a M$

로그의 기본성질을 읽어보니 좀 어리둥절하시죠? 과연 로그의 기본성질은 어떻게 도출된 것일까요? 이것도 무작정 외워야 할까요?

그렇지 않습니다. 로그가 어떻게 정의되었나요? 그렇습니다. 지수에 관한 식 $a^x=b$로부터 도출된 수학기호입니다. 우리는 이미 지수의 기본성질(계산법칙)에 대해 잘 알고 있으므로, 로그의 기본성질을 모두 지수로 표현해 보면 어렵지 않게 로그의 기본성질을 모두 도출해 낼 수 있습니다. 즉, 로그의 정의와 지수법칙만 알면 로그의 기본성질을 쉽게 기억할 수 있다는 말이 됩니다.

로그란 것은 원래 지수로부터 정의되었기 때문에 로그의 기본성질 또한 지수의 기본성질로부터 도출할 수 있습니다.

① $\log_a a = 1$, $\log_a 1 = 0$

: $\log_a a = 1 \rightarrow a = a^1$, $\log_a 1 = 0 \rightarrow 1 = a^0$

$$\log_a b = x \quad ➡ \quad b = a^x$$

이번엔 $\log_a M = x$, $\log_a N = y$라고 놓은 후 지수법칙을 이용하여 로그의 기본성질 ②를 증명해 보도록 하겠습니다.

② $\log_a MN = \log_a M + \log_a N$

: $\log_a M = x$, $\log_a N = y \rightarrow a^x = M$, $a^y = N$

$MN = a^x \times a^y = a^{x+y} \rightarrow \log_a MN = x + y = \log_a M + \log_a N$

로그의 정의와 지수법칙만 알면 로그의 기본성질이 바로바로 증명되죠? 이런 식으로 나머지 로그의 기본성질 ③과 ④는 각자 증명해 보시기 바랍니다. 그럼 로그의 성질을 이용하여 다음 식을 간단히 해보도록 하겠습니다.

로그의 기본성질을 하나씩 대입하면 간단히 해결할 수 있습니다. 각자 풀어 보시길 바랍니다.

① $2\log_3 3 \times \log_5 1$　　② $\log_6(\frac{7}{2}) + \log_6(\frac{12}{7})$

③ $\log_2(\sqrt{12}) - \log_2(\sqrt{3})$　　④ $\log_2 8 + \log_3 27$

로그의 밑변환

다음과 같은 식은 어떻게 계산할 수 있을까요?

$$\log_7 5 \times \log_2 7 = ???$$

이 문제가 어려운 이유는 바로 두 로그의 밑이 서로 다르기 때문입니다. 그렇다면 두 로그의 밑을 우리가 원하는 숫자로 변환할 수 있는 방법은 없을까요? 그것을 알아내기 위해서는 다음에 나오는 논리(명제)부터 알고 있어야 합니다.

$$x = y \Leftrightarrow \log_a x = \log_a y$$

위 명제는 '어떤 두 수가 같다면 두 수를 진수로 하는 로그의 값도 같다'는 참인 명제입니다. 단, 여기서 로그의 밑 또한 서로 같아야 하겠죠? 이 명제는 두 로그를 $\log_a x = m$, $\log_a y = n$로 치환하여 지수법칙을 적용하면 쉽게 증명할 수 있습니다.

$$\log_a x = m,\ \log_a y = n$$
$$\to\ x = a^m,\ y = a^n$$
$$\to\ a^m = a^n$$
$$\to\ m = n\ \ (a \neq 1,\ a > 0)$$

동일한 두 수에 밑이 같도록 로그를 취한다 하더라도 그 결과값이 같다는 말은, 등식의 양변에 '밑이 같은 로그'를 취해도 '등식이 성립한다'는 말과 같습니다.

$$x = y \quad \Leftrightarrow \quad \log_a x = \log_a y$$

그럼 이러한 논리를 가지고 밑을 변환할 수 있는 공식을 도출해 보도록 하겠습니다. 먼저 $\log_a b = x$라 하면 로그의 정의에 의해 $a^x = b$가 되므로, 양변에 어떤 수 $c(c \neq 1, c > 0)$를 밑으로 하는 로그를 취해보면,

$$a^x = b\ \to\ \log_c a^x = \log_c b$$

다음으로 로그의 기본성질 ④를 이용하여 식을 정리한 후 '$x = (\quad)$꼴'로 만들어보겠습니다.

$$\log_c a^x = \log_c b\ \to\ x\log_c a = \log_c b\ \to\ x = \frac{\log_c b}{\log_c a}$$

마지막으로 $x = \log_a b$를 식 $x = \dfrac{\log_c b}{\log_c a}$에 대입하면, 다음과 같은 **밑변환공식**이 유도됩니다. (로그의 밑을 a에서 c로 변환)

$$\log_a b = \frac{\log_c b}{\log_c a}(c \neq 1,\ c > 0) \quad \cdots\cdots ①$$

밑변환공식 $\log_a b = \dfrac{\log_c b}{\log_c a}$에서 $c = b$라면, 어떻게 될까요?

$$\log_a b = \frac{\log_c b}{\log_c a} \rightarrow \log_a b = \frac{\log_b b}{\log_b a} = \frac{1}{\log_b a} \quad \cdots\cdots\cdots\cdots ②$$

로그의 밑과 진수가 바뀌면 로그의 역수가 된다는 것을 바로 확인할 수 있습니다. 이것 또한 밑을 a에서 b로 바꾸는 공식이 됩니다. 이렇게 로그의 밑변환공식이 있다는 것은 '우리는 어떤 로그의 밑을 언제든지 원하는 숫자로 바꿀 수 있다'는 것을 의미합니다. 즉, 우리는 더 이상 밑이 다른 로그의 계산이 나오더라도 어려워할 필요가 없다는 뜻이지요.

공식을 무작정 외우는 것이 아니라 이렇게 공식의 의미를 파악하는 것이, 수학을 쉽게 공부하는 방법이라는 사실을 반드시 기억하시길 바랍니다. 참고로 수학공식이나 개념은 스마트폰 어플을 통해서도 언제든지 찾아볼 수 있습니다. 자주 찾아보다 보면 쉽게 기억할 수 있겠죠?

밑변환공식

$a > 0,\ a \neq 1,\ b > 0$일 때, 다음과 같은 성질이 성립한다.

① $\log_a b = \dfrac{\log_c b}{\log_c a} (c \neq 1, c > 0)$

② $\log_a b = \dfrac{1}{\log_b a}$

우리는 밑변환공식 ①, ②를 가지고 로그의 밑을 자유자재로 바꿀 수가 있습니다. 그럼 밑변환공식을 이용하여 앞에서 못 풀었던 식을 간단히 해보도록 하겠습니다.

$$\log_7 4 \times \log_2 7 = \frac{\log_2 4}{\log_2 7} \times \log_2 7 = \log_2 4 = \log_2 2^2 = 2\log_2 2 = 2$$

이제 로그에 대한 계산도 단순 계산일 뿐이죠? 다음 지수문제를 로그를 이용하여 풀어보도록 하겠습니다. 어떻게 풀지 잠시 생각해 보는 시간을 가져봅시다.

$21^x = 3^y = 7$일 때, $\frac{1}{x} - \frac{1}{y}$의 값을 구하여라.

문제해결을 위한 기본설계가 끝나셨나요? 그럼 함께 풀어보도록 하겠습니다. 일단 지수에 있는 x, y를 끌어내리기 위해서 양변에 로그를 취해보도록 하겠습니다. 로그의 밑은 3 또는 7 중 하나를 선택하는 것이 좋겠죠? 일단 밑을 생각하지 않고 log를 취한 후 식을 정리해 보겠습니다.

$$21^x = 7 \rightarrow \log 21^x = \log 7 \rightarrow x\log 21 = \log 7 \Rightarrow \log 21 = \frac{\log 7}{x}$$

$$3^y = 7 \rightarrow \log 3^y = \log 7 \rightarrow y\log 3 = \log 7 \Rightarrow \log 3 = \frac{\log 7}{y}$$

우리가 구하고자 하는 값이 $\frac{1}{x}-\frac{1}{y}$이므로 양변에 log7이라는 숫자를 1로 만들면 상당히 좋겠네요. 그럼 로그의 밑을 7로 만든 후 다시 써보도록 하겠습니다.

$$\log 21 = \frac{\log 7}{x} \rightarrow \log_7 21 = \frac{\log_7 7}{x} = \frac{1}{x}$$

$$\log 3 = \frac{\log 7}{y} \rightarrow \log_7 3 = \frac{\log_7 7}{y} = \frac{1}{y}$$

이제 구하고자 하는 식 $\frac{1}{x}-\frac{1}{y}$의 값을 구해보겠습니다.

$$\frac{1}{x}-\frac{1}{y} = \log_7 21 - \log_7 3 = \log_7 (21 \div 3) = \log_7 7 = 1$$

그렇게 어렵지 않죠? 식의 계산방식을 암기하는 것이 아닌 문제를 어떻게 하면 간단히 해결할 수 있을까 고민하면서 수학개념을 하나씩 적용하는 것이 중요합니다. 그렇게 문제를 풀면 아무리 어려운 문제가 나와도 개념을 이용하여 쉽게 푸는 방법을 스스로 터득할 수 있을 것입니다.

지수와 로그공식

이번에는 지수에 로그가 들어가 있는 경우와 로그의 밑에 지수가 들어가 있는 경우에 대해 살펴보도록 하겠습니다.

첫째, 다음과 같이 로그의 밑과 진수에 지수가 들어가 있는 경우를 생각해 보겠습니다.

$$\log_{a^m} b^n = ?$$

진수에 지수가 들어가 있는 경우에는 로그의 기본성질 ④를 이용하면 쉽게 해결할 수 있습니다.

로그의 기본성질 ④ : $\log_a M^n = n\log_a M$

그럼 로그의 밑에 지수가 들어가 있으면 어떻게 해야 할까요? 좀 복잡해 보이나요? 전혀 어려워할 필요가 없습니다. 로그의 밑이 복잡하다면 밑을 아예 다른 숫자로 바꾸면 되기 때문이죠. 우리는 로그의 밑변환공식을 이용하여 우리가 원하는 숫자로 로그의 밑을 바꿀 수 있다는 것을 알고 있습니다.

밑변환공식 : ① $\log_a b = \dfrac{\log_c b}{\log_c a}$, ② $\log_a b = \dfrac{1}{\log_b a}$

그럼 식 $\log_{a^m} b^n$ 의 로그의 밑을 c로 바꾸어볼까요?

$$\log_{a^m} b^n = \frac{\log_c b^n}{\log_c a^m}$$

이제 로그의 기본성질 ④를 이용하여 식을 정리한 후 다시 로그의 밑을 a로 바꾸어보겠습니다.

$$\frac{\log_c b^n}{\log_c a^m} = \frac{n \log_c b}{m \log_c a} = \frac{n}{m} \log_a b$$

등식을 유심히 살펴보면, 로그의 진수에 들어 있는 지수는 로그 앞으로 나오면서 분자로, 그리고 로그의 밑에 들어 있는 지수는 로그 앞으로 나오면서 분모가 된다는 것을 확인할 수 있습니다. 별로 어렵지 않죠? 이번엔 지수 자리에 로그가 들어 있는 경우 중, 지수의 밑과 로그의 밑이 같은 수부터 살펴보겠습니다.

$$a^{\log_a b} = ?$$

좌변을 x라고 놓은 후, 로그의 정의를 이용하면 간단히 위 물음에 대한 답을 찾아낼 수 있을 것입니다. (로그의 정의 : $a^x = b \rightarrow x = \log_a b$)

$$a^{\log_a b} = x \;\rightarrow\; \log_a b = \log_a x \;\rightarrow\; b = x \qquad \therefore\; a^{\log_a b} = b$$

이번엔 지수의 밑과 로그의 밑이 서로 다른 수를 살펴보도록 하겠습니다.

$$a^{\log_c b} = ?$$

마찬가지로 좌변을 x라고 놓은 후 로그의 정의를 이용해 보겠습니다.

$$a^{\log_c b} = x \rightarrow \log_c b = \log_a x$$

지수와 로그의 밑이 서로 다르기 때문에, 밑변환공식을 이용하여 로그의 밑을 통일시켜줘야겠죠? 로그의 밑을 모두 c로 변환해 보겠습니다.

$$\log_c b = \log_a x = \frac{\log_c x}{\log_c a} \rightarrow \log_c a \log_c b = \log_c x$$

식이 조금 복잡해졌네요. $x = a^{\log_c b}$라고 했으므로 식 $\log_c a \log_c b = \log_c x$에 대입한 후 정리하겠습니다. 여기서 로그의 기본성질 ④를 이용하여 로그 앞에 있는 숫자를 지수로 정리하면 다음과 같습니다.

$$\log_c a \log_c b = \log_c x$$
$$\rightarrow \log_c a \log_c b = \log_c (a^{\log_c b}) \rightarrow \log_c (b^{\log_c a}) = \log_c (a^{\log_c b})$$

※ 로그의 기본성질 ④ : $n\log_a M = \log_a M^n$

등식 $\log_c x = \log_c y$이면 $x = y$이 되므로,

$$\log_c (b^{\log_c a}) = \log_c (a^{\log_c b}) \rightarrow b^{\log_c a} = a^{\log_c b} \qquad \therefore\ a^{\log_c b} = b^{\log_c a}$$

식 $a^{\log_c b} = b^{\log_c a}$는 지수 자리에 로그가 들어 있을 경우, 지수의 밑수와 로그의 진수를 서로 바꾸어도 상관없다는 것을 의미합니다. 이것을 이용하면 $a^{\log_a b} = ?$의 값도 쉽게 도출해 낼 수 있습니다.

$$a^{\log_c b} = b^{\log_c a} \ :\ a^{\log_a b} = ? \rightarrow a^{\log_a b} = b^{\log_a a} = b$$

앞으로 로그와 지수가 혼용되어 사용된 식을 다룰 때에는 다음 공식을 적용해 보시길 바랍니다.

지수와 로그공식

$a>0,\ a\neq 1, b>0$일 때, 다음과 같은 성질이 성립한다.

① $\log_{a^m} b^n = \frac{n}{m}\log_a b$ ② $a^{\log_a b} = b$ ③ $a^{\log_c b} = b^{\log_c a}$

특히 ②~③번 공식은 앞서도 말했듯이 지수에 로그가 들어 있을 때에는 지수의 밑과 로그의 진수를 자유롭게 바꿀 수 있다는 것을 의미합니다. 그럼 다음 연습문제를 각각 암산으로 풀어보시길 바랍니다.

① $2^{\log_2 3}$ ② $3^{2\log_3 \sqrt{2}}$ ③ $\sqrt{2}^{\log_2 3}$

지수와 로그공식에 관한 문제가 나오더라도 로그의 기본성질을 이용하면 쉽게 해결할 수 있으니 공식에 대해 너무 부담 갖지 마시길 바랍니다.

방정식 $3^{\log_3 5} = x$를 풀어라

공식으로 쉽게 $x=5$라는 답을 구할 수도 있지만 공식이 생각나지 않으면 식을 간단히 하면서 로그의 기본성질을 이용한다면 어렵지 않게 x의 값을 구할 수 있습니다. 일단 지수 $\log_3 5$를 끌어내려야겠죠? 그러기 위해서는 로그의 정의를 이용해도 되겠지만 그보다 양변에 로그를 취하면 더 쉽습니다. 여기서 로그의 밑은 3으로 하면 편하겠죠?

$$3^{\log_3 5} = x \rightarrow \log_3\left(3^{\log_3 5}\right) = \log_3 x$$

이제 로그의 기본성질 $\log_a M^n = n\log_a M$을 적용합니다.

$$\log_3\left(3^{\log_3 5}\right) = \log_3 x \;\rightarrow\; \log_3 5\,\log_3 3 = \log_3 x$$

$\log_3 3 = 1$이므로 $\log_3 5 = \log_3 x$이 됩니다. 따라서 $x = 5$가 됩니다. 복잡한 공식을 굳이 외우지 않아도 쉽게 풀리죠? 다음 문제도 어렵지 않으니 양변에 로그를 취해 풀어보도록 하겠습니다.

방정식 $2^{\log_5 3} = x^{\log_5 2}$을 풀어라

양변에 밑이 5인 log를 취하면 다음과 같습니다. (로그의 기본성질 $\log_a M^n = n\log_a M$을 적용)

$$\log_5 2^{\log_5 3} = \log_5 x^{\log_5 2} \;\rightarrow\; \log_5 3\log_5 2 = \log_5 2\log_5 x$$

양변에 $\log_5 2$를 나누어주면 쉽게 x값을 구할 수 있습니다.

$$\log_5 3\log_5 2 = \log_5 2\log_5 x \;\rightarrow\; \log_5 x = \frac{\log_5 3\log_5 2}{\log_5 2} = \log_5 3 \qquad \therefore\; x = 3$$

이번 단원에서는 로그와 관련하여 많은 공식을 도출해 보았습니다. 이 공식들을 처음부터 무작정 외우려 하면 수학이 정말 재미없겠죠? 그러니 아주 단순하게 생각하시길 바랍니다.

로그와 관련된 식의 계산이 나오면 로그의 기본성질을 이용하면서 천천히 풀면 됩니다. 또 밑이 달라서 통일해 줄 필요가 있으면 밑변환공식을 이용하여 우리가 원하는 밑으로 만들어보기도 하고, 지수와 로그가 혼용된 식이 나오면 지수와 로그공식을 이용하여 식을 변형해 보기도 하는 것이지요. 이때 공식이 잘 기억나지 않으면 천천히 책을 찾아보면서 풀면 되고요.

이렇게 여유를 갖고 식을 계산하다 보면 어느새 수학이 쉬워질 것입니다. 주변에 보면 수학을 급하게 공부하는 학생들을 흔히 볼 수 있는데, 많은 공식을 외우고 많은 문제를 풀어야 수학을 잘한다고 믿는 학생들이 바로 이런 학생들에 해당되죠. 단순한 계산을 빨리 하는 것, 그리고 비슷한 유형의 문제를 빨리 푸는 것은 고등학교 중간·기말고사에나 통하는 수법입니다. 수능과 같은 창의적인 문제를 풀기 위해서는 무엇보다 생각의 속도가 빨라야 합니다. 즉, 생각하는 문제를 많이 풀어봐야 한다는 것이죠.
비슷한 유형의 100문제를 푸는 것보다 개념에 대한 생각을 하면서 문제해결 방법을 설계하는 사람(도출형 학습방식으로 문제를 푸는 사람)은 문제 하나를 풀어도 100문제를 푼 것과 같은 효과가 있다는 사실을 반드시 명심하시길 바랍니다.

로그에 관한 문제

로그와 관련된 문제는 다음과 같이 크게 2가지로 분류됩니다.

1. 로그의 기본성질 및 로그에 관한 공식을 이용한 계산문제
2. 방정식과 부등식, 함수 등과 같이 다른 수학 개념과 결합된 통합형 문제

여러분도 잘 아시다시피 식의 계산문제는 단순 작업에 불과하므로, 로그의 기본성질과 공식들을 천천히 적용해 보면 쉽게 해결할 수 있습니다.
그럼 먼저 로그의 계산문제부터 풀어보도록 할까요? 계산 과정보다는 어떤 성질 또는 어떤 공식을 사용해야 할지 곰곰이 생각하면서 풀어보시길 바랍니다.

다음 식을 간단히 하여라.

① $\log_2 \sqrt{8} + \dfrac{\log_3 \sqrt{2}}{\log_3 2} - \dfrac{3}{2}\log_5 \sqrt[3]{25}$

② $\log_2 3 \times \log_3 5 \times \log_5 4 + 3^{\log_9 2} \times \log_{\sqrt[3]{2}} 8$

문제해결을 위한 기본설계가 끝나셨나요? 그럼 함께 풀어보도록 하겠습니다. 우선 ①식 $\log_2 \sqrt{8} + \dfrac{\log_3 \sqrt{2}}{\log_3 2} - \dfrac{3}{2}\log_5 \sqrt[3]{25}$ 에 적용할 개념을 하나씩 떠올려보겠습니다.

$$\log_a MN = \log_a M + \log_a N,\ \ \log_a M^n = n\log_a M,\ \ \log_a b = \frac{\log_c b}{\log_c a}$$

이 개념들을 ①식에 하나씩 대입해 보면서 식을 정리하면 다음과 같습니다.

$$\log_2 \sqrt{2}$$

$$\log_2 \sqrt{8} + \frac{\log_3 \sqrt{2}}{\log_3 2} - \frac{3}{2}\log_5 \sqrt[3]{25}$$

$$\rightarrow \log_5 25^{\frac{1}{3}}$$

$$= \log_2 \sqrt{8} + \log_2 \sqrt{2} - \frac{3}{2} \log_5 25^{\frac{1}{3}}$$

$$= \log_2 \sqrt{16} - \frac{3}{2} \log_5 5^{\frac{2}{3}}$$

$$= \log_2 2^2 - \frac{3}{2} \cdot \frac{2}{3} \log_5 5$$

$$= 2\log_2 2 - \log_5 5 = 2 - 1 = 1$$

어렵지 않죠? 그럼 ② $\log_2 3 \times \log_3 5 \times \log_4 4 + 3^{\log_9 2} \times \log_{\sqrt[3]{2}} 8$도 간단히 해보도록 하겠습니다. 우선 ②식에 적용할 개념을 떠올려보겠습니다.

$$\log_a b = \frac{\log_c b}{\log_c a}, \quad \log_{a^m} b^n = \frac{n}{m} \log_a b, \quad a^{\log_a b} = b$$

②식에 하나씩 대입해 보면서 식을 정리하면,

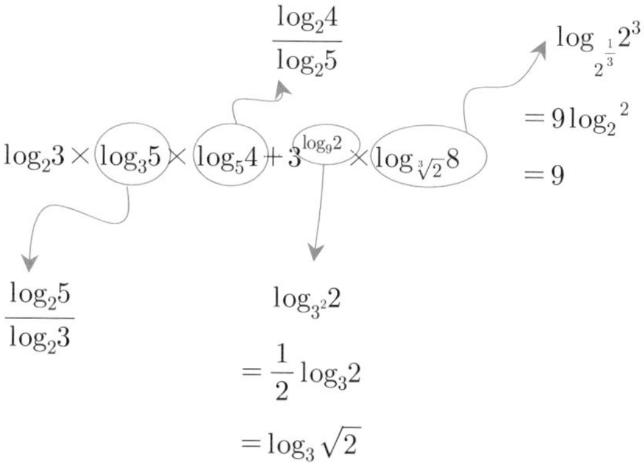

각 항을 정리해서 다시 쓰면, 어렵지 않게 식을 간단히 할 수 있습니다.

$$\log_2 3\times\frac{\log_2 5}{\log_2 3}\times\frac{\log_2 4}{\log_2 5}+3^{\log_3\sqrt{2}}\times 9$$
$$=\log_2 4+9(\sqrt{2})^{\log_3 3}=\log_2 2^2+9\sqrt{2}=2\log_2 2+\sqrt{2}=2+9\sqrt{2}$$

앞서 계산식을 보면서 느꼈겠지만 로그의 계산문제에서는 밑을 통일시키는 게 관건입니다. 이번에는 다른 수학적 개념과 결합된 통합형 로그문제를 풀어보도록 하겠습니다. 어떻게 풀지 잠시 생각해 보는 시간을 가져봅시다.

2차방정식 $x^2-4x+1=0$의 두 근을 α, β라 할 때, 다음 식의 값을 구하여라.

$$\frac{1}{\log_{\sqrt{\alpha}}(\alpha^2+\beta^2)}+\frac{1}{\log_{\sqrt{\beta}}(\alpha^2+\beta^2)}$$

문제해결을 위한 기본설계가 끝나셨나요? 그럼 함께 풀어보도록 하겠습니다. 우선 2차방정식 $x^2-4x+1=0$의 두 근을 α, β라고 했으므로, 근과 계수와의 관계를 떠올려보면 다음과 같습니다.

2차방정식 $ax^2+bx+c=0$의 두 근 α, β에 대하여 두 근의 합과 곱은 다음과 같다.

$$\alpha+\beta=-\frac{b}{a},\ \alpha\beta=\frac{c}{a}$$

2차방정식 $x^2-4x+1=0$의 두 근의 합은 $\alpha+\beta=4$이며, 두 근의 곱은 $\alpha\beta=1$이 됩니다. 주어진 식이 $\dfrac{1}{\log_{\sqrt{\alpha}}(\alpha^2+\beta^2)}+\dfrac{1}{\log_{\sqrt{\beta}}(\alpha^2+\beta^2)}$이므로, 먼저 완전제곱식을 이용하여 식 $\alpha^2+\beta^2$의 값부터 구해보면,

$$\begin{aligned}(\alpha+\beta)^2&=\alpha^2+\beta^2+2\alpha\beta\\ 4^2&=\alpha^2+\beta^2+2\cdot 1\end{aligned}\quad \Rightarrow \quad \alpha^2+\beta^2=14$$

다음으로 $\alpha^2+\beta^2=14$를 주어진 식에 대입해 보겠습니다.

$$\frac{1}{\log_{\sqrt{\alpha}}14}+\frac{1}{\log_{\sqrt{\beta}}14}$$

로그의 밑이 다르므로 밑을 같게 만들어줘야겠죠? 밑을 얼마로 해야 할까요? 그렇습니다. 14로 하는 게 좋겠죠? 그럼 밑변환공식 $\log_a b=\dfrac{1}{\log_b a}$을 이용해 보겠습니다.

$$\frac{1}{\log_{\sqrt{\alpha}}14}+\frac{1}{\log_{\sqrt{\beta}}14}\ \rightarrow\ \log_{14}\sqrt{\alpha}+\log_{14}\sqrt{\beta}$$

이제 로그의 기본성질을 토대로 식을 정리하면,

$$\log_{14}\sqrt{\alpha}+\log_{14}\sqrt{\beta} \rightarrow \log_{14}\sqrt{\alpha\beta}$$

앞서 우리는 두 근의 곱 $\alpha\beta=1$이라는 것을 알고 있으므로, 이를 식에 대입하면 쉽게 답을 찾아낼 수 있습니다.

$$\log_{14}\sqrt{\alpha\beta} = \log_{14}1 = 0$$

이번에는 로그와 수열이 통합된 문제를 풀어보도록 하겠습니다. 어떻게 풀지 천천히 생각해 보면서 각자 풀어보시길 바랍니다.

$\displaystyle\sum_{k=2}^{100}\log_{10}(1-\frac{1}{k})$의 값을 구하여라.

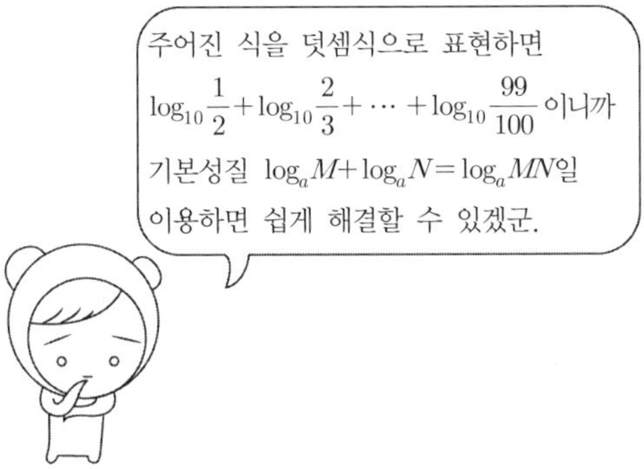

정답 -2

다음 문제는 로그의 값을 정수와 소수부분으로 분리하는 문제입니다. 뒤에서 상용로그를 배울 때 유용하게 적용되니 주의 깊게 잘 풀어보시길 바랍니다.

$\log_2 9$가 $(n+\alpha)$로 표현할 수 있다고 한다. 그렇다면 $2^{2n+\alpha}$의 값을 구하여라. (단, n은 정수이며 $0<\alpha<1$이다)

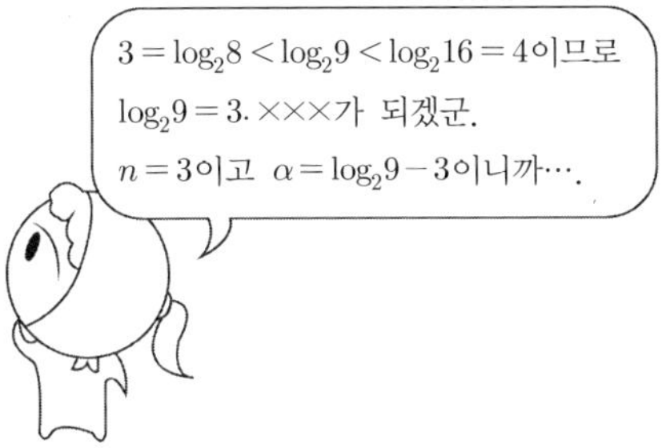

정답 72

상용로그

2^{100}은 얼마나 큰 숫자일까요?

2^{100}이 얼마나 큰 숫자인지 또한 자릿수는 얼마나 되는지 감이 잘 안 오시죠? 그럼 10^{100}은 얼마나 큰 수일까요? 이번엔 그리 어렵지 않죠? 그렇습니다. 10^{100}이란 수는 101자릿수입니다.

$10^1 : 10$ (2자릿수) $10^2 : 100$ (3자릿수) $10^3 : 1000$ (4자릿수)
$10^{100} : 100 \cdots 00$ (101자릿수)

우리가 쓰는 숫자는 기본적으로 십진법의 숫자이기 때문에 지수의 밑이 10일 때에는 지수가 얼마가 되든지 숫자의 크기(자릿수)를 쉽게 짐작할 수 있습니다. 마찬가지로 로그의 밑이 10인 숫자 또한 실생활에서 계산하기 편한 숫자가 됩니다. 이렇게 '일상적으로 사용(常用)하는 로그'라는 의미에서 '밑이 10인 로그'를 **상용로그**라고 말합니다. 일반적으로 상용로그에서는 밑을 생략하는 것이 보통입니다.

$$\log_{10} N = \log N$$

진수가 10의 거듭제곱꼴인 상용로그의 경우, 로그의 기본성질을 이용하면 쉽게 그 값을 알 수 있게 됩니다.

$$\log 10000 = \log 10^4 = 4\log 10 = 4$$
$$\log 0.001 = \log 10^{-3} = -3\log 10 = -3$$

그럼 상용로그에 대한 특징을 확인해 보도록 하겠습니다. 일단 상용로그의 진수가 2, 5, 7(일의 자릿수)일 때의 값을 확인해 보면 다음과 같습니다.

$$\log 2 \fallingdotseq 0.3, \quad \log 5 \fallingdotseq 0.7, \quad \log 7 \fallingdotseq 0.85$$

이 값들은 수학자들이 지수 및 로그함수를 이용하여 찾아낸 근삿값으로, 방정식 $10^x = 2$, $10^x = 5$, $10^x = 7$의 해가 됩니다. 일단 방정식의 풀이과정에 대해서는 넘어가도록 하겠습니다. 우리는 이 값을 통해 상용로그의 특징을 찾는 데 주력해야 하니까요. 그럼 이 값을 가지고 다음 두 자릿수 상용로그의 값을 구해볼까요? 여기서 로그의 기본성질을 이용할 수 있습니다.

$$\log 20 = \log 10 + \log 2 \fallingdotseq 1 + 0.3 = 1.3$$
$$\log 50 = \log 10 + \log 5 \fallingdotseq 1 + 0.7 = 1.7$$
$$\log 70 = \log 10 + \log 7 \fallingdotseq 1 + 0.85 = 1.85$$

이번엔 세 자릿수에 대한 상용로그의 값을 찾아볼까요?

$$\log 200 = \log 100 + \log 2 \fallingdotseq 2 + 0.3 = 2.3$$
$$\log 500 = \log 100 + \log 5 \fallingdotseq 2 + 0.7 = 2.7$$
$$\log 700 = \log 100 + \log 7 \fallingdotseq 2 + 0.85 = 2.85$$

뭔가 감이 오지 않나요? 그렇습니다. 진수의 자릿수가 하나씩 커질 때마다 상용로그 정수부분의 값이 1씩 증가하는 것을 알 수 있습니다. 즉, 상용로그 $\log N$의 값이 0보다 크고 1보다 작으면 진수 N은 한 자릿수가 되고, 상용로그 $\log N$의 값이 1보다 크고 2보다 작으면 진수 N은 두 자릿수가 되며, 마지막으로 상용로그 $\log N$의 값이 2보다 크고 3보다 작으면 진수 N은 세 자릿수가 됩니다. 이 말은 상용로그 $\log N$의 값이 자연수 n보다 크고 $(n+1)$보다 작을 때, 진수 N은 $(n+1)$ 자릿수가 된다는 것을 의미합니다.

그렇다면 2^{100}이라는 숫자가 몇 자릿수가 되는지 상용로그를 이용하여 확인해 보도록 하겠습니다.

$$\log 2^{100} = 100\log 2 = 100 \times 0.3 = 30$$

$\rightarrow$ 2^{100}은 31자리 숫자이다.

쉽게 해결되죠? 그럼 상용로그의 값에서 정수부분이 아닌 소수부분의 값은 무엇을 의미할까요? 다음 숫자에 상용로그를 취해 그 값을 확인해 보도록 하겠습니다.

$$0.01234,\ 0.1234,\ 1.234,\ 12.34,\ 123.4,\ 1234$$

이 수들은 자릿수만 다를 뿐 숫자 배열은 모두 같은 수들입니다.

$$\log 0.01234 = \log(10^{-2} \times 1.234) = -2\log 10 + \log 1.234 = -2 + \log 1.234$$
$$\log 0.1234 = \log(10^{-1} \times 1.234) = -\log 10 + \log 1.234 = -1 + \log 1.234$$
$$\log 1.234 = \log(10^{0} \times 1.234) = \log 10^{0} + \log 1.234 = 0 + \log 1.234$$
$$\log 12.34 = \log(10^{1} \times 1.234) = \log 10 + \log 1.234 = 1 + \log 1.234$$
$$\log 123.4 = \log(10^{2} \times 1.234) = 2\log 10 + \log 1.234 = 2 + \log 1.234$$
$$\log 1234 = \log(10^{3} \times 1.234) = 3\log 10 + \log 1.234 = 3 + \log 1.234$$

여기서 $\log 1.234$의 값은 $0 = \log 1 < \log 1.234 < \log 10 = 1$이므로, 각 숫자의 소수부분이 됩니다. 상용로그의 값을 가만히 살펴보니 정수부분만 다를 뿐 소수부분은 모두 같다는 것을 알 수 있죠? 이것은 어떤 수에 상용로그를 취하게 되면 정수부분과 소수부분으로 나눌 수 있으며, 정수부분은 앞서 살펴본 것과 같이 진수의 자릿수와 관련이 있고, 소수부분은 진수의 숫자 배열과 관련 있다는 사실을 알 수 있습니다.

지표와 가수

이제 상용로그에 대한 감이 오나요? 상용로그란 실생활에 사용할 수 있는 로그, 즉 밑이 10인 로그를 말합니다. 그리고 상용로그의 밑이 10이기 때문에 진수의 값이 10의 거듭제곱이 될수록 상용로그의 값은 1씩 증가하게 되는 것이죠. 이러한 원리 때문에 상용로그를 다룰 때에는 식의 값을 정수부분과 양의 소수부분으로 구분하는 것이 중요합니다. 그럼 정수부분과 양의 소수부분이 정확히 어떤 수학적 개념을 갖고 있는지 확인해 보도록 하겠습니다. 일단 상용로그의 정수부분과 양의 소수부분의 수학적 용어로 개념화하면 다음과 같습니다.

지표와 가수

양수 N에 대하여 $\log N = n + \alpha$(n은 정수, $0 \le \alpha < 1$)일 때, 정수부분 n을 $\log N$의 지표라고 말하고, 양의 소수부분 α를 $\log N$의 가수라 한다.

상용로그에서 **지표**란 '가리킬 지(指)', '표시할 표(標)' 자를 써서 '어떤 숫자의 자릿수를 가리키거나 표시하는 숫자'를 의미하는 한자어입니다. 또한 **가수**란 '더할 가(加)', '숫자 수(數) 자'를 써서 '더해진 숫자'를 의미하는 한자어입니다. 예를 들어 $\log A = 3.4569$라면 $\log A$의 지표는 3이 되고, 가수는 0.4569가 되는 셈이지요. 그런데 $\log B = -2.4533$의 지표와 가수는 무엇일까요?

$$\log B = -2.4533 : \text{지표 } -2,\ \text{가수 } -0.4533\ ???$$

$\log B$의 지표가 -2, 가수를 -0.4533이라고 말할 수 있을까요? 당연히 그렇지 않겠죠? 왜냐하면 가수는 양의 소수부분($0 \le \alpha < 1$)으로 정의된 값이

기 때문입니다. 따라서 $\log B = -2.4533$의 지표와 가수를 확인할 때에는 $\log N = n + \alpha$(n은 정수, $0 \le \alpha < 1$)꼴로 바꾸어준 다음, 지표와 가수를 찾아야 합니다.

$$\log B = -2.4533 \rightarrow \log B = -2.4533 = -3 + 0.5467$$

따라서 $\log B$의 지표는 -3이 되고, 가수는 0.5477이 됩니다. 한편 상용로그의 값이 음수일 때 지표와 가수를 한눈에 알아볼 수 있도록 다음과 같이 나타내기도 합니다.

$$\log B = -3 + 0.5467 = \bar{3}.5467$$

여기서 $\bar{3}.5467$이 -3.5467이 아님을 잊지 말아야겠습니다. 상용로그의 지표와 가수와 관련하여 다음 문제를 풀어보도록 하겠습니다. 어떻게 풀지 잠시 생각해 보는 시간을 가져봅시다.

다음 a, b에 대하여 $\log a, \log b$의 지표와 가수를 구하여라.

$$a = 350000000,\ b = 0.000004$$

(단, $\log 2 = 0.3010$, $\log 7 = 0.8450$)

문제해결을 위한 기본설계가 끝나셨나요? 그럼 함께 풀어보도록 하겠습니다. 우선 $\log a$와 $\log b$를 써보면 다음과 같습니다.

$$\log a = \log 350000000,\ \log b = \log 0.000004$$

이제 로그의 밑이 10이므로, 진수를 10에 대한 거듭제곱으로 표현해야겠죠? 여기서 로그의 기본성질을 활용할 수 있습니다. 먼저 $\log a$의 값을 구해

보면,

$$\log a = \log 350000000 = \log(35 \times 10^7) = \log 35 + \log 10^7$$
$$= \log(7 \times 5) + 7\log 10 = \log 7 + \log 5 + 7 = \log 5 + 0.8450 + 7$$

우리는 $\log 5$의 값을 모르기 때문에 이미 알고 있는 값으로 식을 변형한 후 $\log 5$의 값을 찾아야 합니다. 참고로 $\log 10 = 1$, $\log 2 = 0.3010$이라는 사실을 알고 있으므로 $\log 5 = \log \frac{10}{2}$으로 표현할 수 있습니다.

$$\log 5 = \log \frac{10}{2} = \log 10 - \log 2 = 1 - 0.3010 = 0.6990$$

$\log 5 = 0.6990$을 앞에서 도출한 식 $\log a = \log 5 + 0.8450 + 7$에 대입하여 정리하면, $\log a = 8.5440$이 됩니다. 따라서 $\log a$의 지표는 8, 가수는 0.5440이 됩니다. 이번엔 $\log b$를 구해볼까요? 우선 진수를 10의 거듭제곱꼴로 변형해 보면 다음과 같습니다.

$$\log b = \log 0.000004 = \log(10^{-6} \times 4) = \log 10^{-6} + \log 4 = -6 + \log 4$$

마찬가지로 $\log 4$를 우리가 알고 있는 값 $\log 2$로 변형해 보겠습니다.

$$\log 4 = \log 2^2 = 2\log 2 = 2 \times 0.3010 = 0.6020$$

앞에서 도출한 식 $\log b = -6 + \log 4$에 대입하여 정리하면 $-6 + 0.6020 = \bar{6}.6020$이 됩니다. 따라서 $\log b$의 지표는 -6, 가수는 0.6020이 됩니다. 로그의 값이 음수가 나올 경우에는 구해진 값을 바로 계산하는 것이 아니라 가수의 정의에 맞춰 최종값을 $\log N = n + \alpha$(n은 정수, $0 \le \alpha < 1$)꼴로 만든 후, 가수 α의 값을 구해야 한다는 것을 잊지 말아야겠습니다. 한 문제 더 풀어볼까요?

$\log 7.01 = 0.8457$일 때, 다음에서 x, y값을 구하여라.

$$\log x = 3.8457, \quad \log y = -1.1543$$

이 문제는 $\log x$와 $\log y$를 $\log N = n + \alpha$(n은 정수, $0 \le \alpha < 1$)꼴로 변형하기만 하면 쉽게 해결되는 문제입니다.

$$\begin{aligned}\log x &= 3.8457 = 3 + 0.8457 \\ &= 3 + \log 7.01 = \log 10^3 + \log 7.01 = \log 7010 \qquad \therefore\ x = 7010\end{aligned}$$

$$\begin{aligned}\log y &= -1.1543 = -2 + 0.8457 \\ &= -2 + \log 7.01 = \log 10^{-2} + \log 7.01 = \log 0.0701 \qquad \therefore\ y = 0.0701\end{aligned}$$

상용로그의 지표와 가수의 정의를 적용해 보면 쉽게 풀 수 있는 문제에 불과하죠? 그럼 앞서 배웠던 내용을 기억하면서 지표와 가수의 수학적 의미가 정확히 무엇인지 살펴보도록 하겠습니다. 앞에서 우리는 $\log N$의 지표(정수부분)는 숫자 N의 자릿수와 깊은 관련이 있으며, 가수(양의 소수부분)는 진수의 숫자 배열과 깊은 관련이 있다고 배웠습니다. 일단 지표에 대해 살펴보면 다음과 같습니다.

지표의 의미

① $N \ge 1$일 때, $\log N$의 지표가 n이면 숫자 N은 $(n+1)$자리 숫자이다.

② $0 < N < 1$일 때, $\log N$의 지표가 $-n$이면, 숫자 N은 소수 n번째 자리에서 처음으로 0이 아닌 숫자가 나타난다.

지표의 의미 ①에 의하면 네 자릿수인 2786에 로그를 취한 값 $\log 2786$의 지표는 3이 될 것이며, 지표의 의미 ②에 의하면 소수 넷째 자리에서 처음으로 0이 아닌 숫자가 나온 수 0.00045에 로그를 취한 값 $\log 0.00045$의 지표는 -4가 될 것입니다.

$$\underbrace{\log 2786}_{\text{네자리 수}} = \log(1000 \times 2.786) = \log 10^3 + \log 2.786 = \underbrace{3}_{\text{지표}} + \underbrace{\log 2.786}_{\text{가수}}$$

$$\log \underbrace{0.00045}_{\text{소수점 넷째 자리에서 0이 아닌 숫자}} = \log\left(\frac{1}{10000} \times 4.5\right) = \log 10^{-4} + \log 4.5 = \underbrace{-4}_{\text{지표}} + \underbrace{\log 4.5}_{\text{가수}}$$

참고로 $\log A$에서 $1 < A < 10$일 때, $\log A$의 값은 $0 < \log A < 1$이 되므로 $\log A$는 그 자체로도 가수가 됩니다. 이번엔 숫자 3^{40}과 $\left(\frac{1}{7}\right)^{10}$의 자릿수에 대한 정보를 찾아보도록 하겠습니다. 지표의 의미를 기억하면서 숫자 3^{40}과 $\left(\frac{1}{7}\right)^{10}$이 몇 자릿수인지 또는 소수 몇째 자리부터 0이 아닌 숫자가 나오는지 확인해 보시길 바랍니다. 단, $\log 3 = 0.4771$, $\log 7 = 8451$입니다.

우리는 $N \geq 1$일 때, $\log N$의 지표가 n이면, 숫자 N은 $(n+1)$자리 숫자가 된다는 사실과 $0 < N < 1$일 때, $\log N$의 지표가 $-n$이면 숫자 N은 소수 n번째 자리에서 처음으로 0이 아닌 숫자가 나타난다는 사실을 알고 있습니

다. 그럼 숫자 3^{40}과 $\left(\frac{1}{7}\right)^{10}$에 상용로그를 취해 $\log N = n + \alpha$(n은 정수, $0 \le \alpha < 1$)꼴로 변형하여, 지표가 얼마인지 확인해 보면 쉽게 3^{40}과 $\left(\frac{1}{7}\right)^{10}$의 자릿수를 확인할 수 있을 것입니다.

$$\log 3^{40} = 40\log 3 = 40 \times 0.4771 = 19.0840$$
$$\log\left(\frac{1}{7}\right)^{10} = \log 7^{-10} = -10\log 7 = -10 \times 0.8451 = -8.451 = -9 + 0.549$$

$\log 3^{40}$의 지표가 19이므로, 숫자 3^{40}은 20자릿수가 됩니다. 또한 $\log\left(\frac{1}{7}\right)^{10}$의 지표가 -9이므로, 숫자 $\left(\frac{1}{7}\right)^{10}$은 소수 아홉 번째 자리에서 0이 아닌 숫자가 나오는 숫자가 됩니다. 그리 어렵지 않죠? 이번엔 가수의 의미에 대해 알아볼까요?

가수의 의미

$\log N$에서 N값의 자릿수는 달라도 숫자의 배열만 같다면 $\log N$의 소수 부분, 즉 가수는 모두 같다.

지표와 마찬가지로 예를 들어 설명해 보겠습니다. 다음 숫자에 모두 log를 취해보면,

$$0.01234,\ 0.1234,\ 1.234,\ 12.34,\ 123.4,\ 1234$$

$$\log 0.01234 = \log(10^{-2} \times 1.234) = -2\log 10 + \log 1.234 = -2 + \log 1.234$$
$$\log 0.1234 = \log(10^{-1} \times 1.234) = -\log 10 + \log 1.234 = -1 + \log 1.234$$
$$\log 1.234 = \log(10^{0} \times 1.234) = \log 10^{0} + \log 1.234 = 0 + \log 1.234$$
$$\log 12.34 = \log(10^{1} \times 1.234) = \log 10 + \log 1.234 = 1 + \log 1.234$$

$$\log 123.4 = \log(10^2 \times 1.234) = 2\log 10 + \log 1.234 = 2 + \log 1.234$$
$$\log 1234 = \log(10^3 \times 1.234) = 3\log 10 + \log 1.234 = 3 + \log 1.234$$

여기서 $\log 1.234$의 값은 $0 = \log 1 < \log 1.234 < \log 10 = 1$이므로 양의 소수부분을 의미합니다. 위 로그의 값들을 가만히 살펴보니 정수부분만 다를 뿐 양의 소수부분은 모두 같다는 것을 알 수 있습니다. 이는 $\log N$에서 진수 N의 자릿수는 달라도 숫자의 배열만 같다면 $\log N$의 양의 소수부분(가수)은 모두 같다는 것을 의미합니다. 따라서 다음 숫자들의 상용로그를 취한 값은 지표만 다를 뿐 가수(양의 소수부분)는 모두 같게 됩니다.

① 0.01234, 0.1234, 1.234, 12.34, 123.4, 1234
② 0.03457, 0.3457, 3.457, 34.57, 345.7, 3457
③ 0.09987, 0.9987, 9.987, 99.87, 998.7, 9987

그렇다면 $\log N$의 가수의 값을 표로 만들어보면 어떨까요? 다시 말해서 $\log N = n + \log A$ $(0 \le \log A < 1, 1 < A < 10)$에서 가수 $\log A$값을 표로 만들어보는 것이죠. 그렇게 하면 웬만한 $\log N$의 값에 대한 진수 N의 숫자 배열을 쉽게 알 수 있을 것입니다. 지표의 경우, 자릿수를 나타내는 숫자이므로 굳이 표를 만들 필요는 없겠죠?

우리는 어떤 수 N의 숫자 배열과 그 자릿수만 알면 당연히 N의 값을 알 수 있게 됩니다. 그럼 $\log N = n + \log A$ $(0 \le \log A < 1, 1 < A < 10)$에서 가수 $\log A$값, 즉 1.00~9.99까지 대한 $\log A$의 값을 표를 만들어보겠습니다. (사실 1.00~9.99까지의 로그값을 구할 때에는 지수와 로그함수를 이용해 근삿값을 찾아야 하는데, 그 근삿값을 찾는 것에 대해 여러분이 걱정할 필요는 없다. 수학자들이 미리 찾아놓은 값을 이용하면 되니 말이다)

수	소수 둘째 자릿수										비례부분								
	0	1	2	3	4	5	6	7	8	9	1	2	3	4	5	6	7	8	9
1	0	0.0043	0.0086	0.0128	0.017	0.0212	0.0253	0.0294	0.0334	0.0374	4	8	12	17	21	25	29	33	37
1.1	0.0414	0.0453	0.0492	0.0531	0.0569	0.0607	0.0645	0.0682	0.0719	0.0755	4	8	11	15	19	23	26	30	34
1.2	0.0792	0.0828	0.0864	0.0899	0.0934	0.0969	0.1004	0.1038	0.1072	0.1106	3	7	10	14	17	21	24	28	31
1.3	0.1139	0.1173	0.1206	0.1239	0.1271	0.1303	0.1335	0.1367	0.1399	0.143	3	6	10	13	16	19	23	26	29
1.4	0.1461	0.1492	0.1523	0.1553	0.1584	0.1614	0.1644	0.1673	0.1703	0.1732	3	6	9	12	15	18	21	24	27
1.5	0.1761	0.179	0.1818	0.1847	0.1875	0.1903	0.1931	0.1959	0.1987	0.2014	3	6	8	11	14	17	20	22	25
1.6	0.2041	0.2068	0.2095	0.2122	0.2148	0.2175	0.2201	0.2227	0.2253	0.2279	3	5	8	11	13	16	18	21	24
1.7	0.2304	0.233	0.2355	0.238	0.2405	0.243	0.2455	0.248	0.2504	0.2529	2	5	7	10	12	15	17	20	22
1.8	0.2553	0.2577	0.2601	0.2625	0.2648	0.2672	0.2695	0.2718	0.2742	0.2765	2	5	7	9	12	14	16	19	21

맨 왼쪽 줄은 진수 A값의 1.0~9.9까지이며,
맨 윗줄은 진수 A의 소수점 둘째 자리 숫자이다.

※ 참고로 맨 윗줄의 오른쪽 부분(비례부분)은
뒤쪽에서 따로 다루도록 하겠다.

이처럼 1.00~9.99까지의 수에 대한 상용로그의 값을 정리한 표를 **상용로그표**라고 하는데, 전체 상용로그표는 맨 뒤쪽에 따로 정리해놓도록 하겠습니다. 만약 상용로그표를 이용하여 $\log 1.37$의 근삿값을 알고 싶다면 왼쪽 줄에서 1.3을 찾고, 위쪽 줄에서 7을 찾은 다음, 가로세로 만나는 지점의 값을 읽습니다. 그 값이 바로 $\log 1.37$의 값이 되니까요.

수	0	1	2	3	4	5	6	7	8	9	비례부분								
											1	2	3	4	5	6	7	8	9
1	0	0.0043	0.0086	0.0128	0.017	0.0212	0.0253	0.0294	0.0334	0.0374	4	8	12	17	21	25	29	33	37
1.1	0.0414	0.0453	0.0492	0.0531	0.0569	0.0607	0.0645	0.0682	0.0719	0.0755	4	8	11	15	19	23	26	30	34
1.2	0.0792	0.0828	0.0864	0.0899	0.0934	0.0969	0.1004	0.1038	0.1072	0.1106	3	7	10	14	17	21	24	28	31
1.3	0.1139	0.1173	0.1206	0.1239	0.1271	0.1303	0.1335	0.1367	0.1399	0.143	3	6	10	13	16	19	23	26	29
1.4	0.1461	0.1492	0.1523	0.1553	0.1584	0.1614	0.1644	0.1673	0.1703	0.1732	3	6	9	12	15	18	21	24	27
1.5	0.1761	0.179	0.1818	0.1847	0.1875	0.1903	0.1931	0.1959	0.1987	0.2014	3	6	8	11	14	17	20	22	25
1.6	0.2041	0.2068	0.2095	0.2122	0.2148	0.2175	0.2201	0.2227	0.2253	0.2279	3	5	8	11	13	16	18	21	24
1.7	0.2304	0.233	0.2355	0.238	0.2405	0.243	0.2455	0.248	0.2504	0.2529	2	5	7	10	12	15	17	20	22
1.8	0.2553	0.2577	0.2601	0.2625	0.2648	0.2672	0.2695	0.2718	0.2742	0.2765	2	5	7	9	12	14	16	19	21

$$\log 1.37 = 0.1367$$

$\log 1.37 = 0.1367$라는 사실을 이용하게 되면, 다음 로그의 근삿값을 모두 찾아낼 수 있습니다.

$$\log 13.7 = \log(10 \times 1.37) = \log 10 + \log 1.37 = 1 + 0.1367 = 1.1367$$
$$\log 137 = \log(100 \times 1.37) = \log 100 + \log 1.37 = 2 + 0.1367 = 2.1367$$
$$\log 1370 = \log(1000 \times 1.37) = \log 1000 + \log 1.37 = 3 + 0.1367 = 3.1367$$
$$\log 0.137 = \log(10^{-1} \times 1.37) = \log 10^{-1} + \log 1.37 = -1 + 0.1367 = -0.8633$$
$$\log 0.0137 = \log(10^{-2} \times 1.37) = \log 10^{-2} + \log 1.37 = -2 + 0.1367 = -1.8633$$

그럼 상용로그표를 이용하여 다음 상용로그의 값을 찾아보도록 하겠습니다. 참고로 상용로그표는 단원 맨 뒤쪽에 수록되어 있습니다.

$$\log 56.4,\quad \log 0.134,\quad \log \sqrt{346},\quad \log \sqrt[3]{1460}$$

우선 상용로그표는 진수 1.00~9.99에 대한 로그값을 나타낸 표이므로, 로그의 진수를 모두 1.00~9.99인 값으로 변형해 보겠습니다.

$$\log 56.4 = \log(10 \times 5.64) = \log 10 + \log 5.64 = 1 + \log 5.64$$
$$\log 0.134 = \log(10^{-1} \times 1.34) = \log 10^{-1} + \log 1.34 = -1 + \log 1.34$$
$$\log \sqrt{346} = \log(346)^{\frac{1}{2}} = \log(100 \times 3.46)^{\frac{1}{2}} = \frac{1}{2}(\log 100 + \log 3.46) = 1 + \frac{1}{2}\log 3.46$$
$$\log \sqrt[3]{1460} = \log(1460)^{\frac{1}{3}} = \log(1000 \times 1.46)^{\frac{1}{3}} = \frac{1}{3}(\log 1000 + \log 1.46) = 1 + \frac{1}{3}\log 1.46$$

상용로그표를 이용하여 $\log 5.64$, $\log 1.34$, $\log 3.46$, $\log 1.46$의 값을 식에 대입해 보면 다음과 같습니다.

$$\log 56.4 = 1 + \log 5.64 = 1.7513$$
$$\log 0.134 = -1 + \log 1.34 = -0.8729$$

$$\log\sqrt{346} = 1 + \frac{1}{2}\log 3.46 = 1.26955$$

$$\log\sqrt[3]{1460} = 1 + \frac{1}{3}\log 1.46 = 1.0548$$

이제 상용로그에 대해 감이 오시나요? 이번엔 상용로그표를 활용하여 숫자 $(2.7)^{10}$이 대략 얼마인지 알아보도록 하겠습니다. 먼저 $(2.7)^{10}$에 상용로그를 취해 지표와 가수를 구해보면 다음과 같습니다. (단, $\log 2.7 = 0.4314$이다)

$$\log(2.7)^{10} = 10 \times \log(2.7) = 10 \times 0.4314 = 4.314$$

$\log(2.7)^{10}$의 지표가 4이므로 숫자 $(2.7)^{10}$은 다섯 자릿수가 될 것입니다. 그리고 가수가 0.314이므로 이 값에 해당하는 상용로그값을 찾아보면, $\log 2.06$이므로 $(2.7)^{10}$의 숫자 배열은 $2-0-6$이 될 것입니다. (상용로그표를 찾아보면 $\log 2.06 \fallingdotseq 0.314$임을 쉽게 알 수 있다)

따라서 다섯 자릿수이면서 숫자 배열이 $2-0-6$인 수 $(2.7)^{10}$의 근삿값은 다음과 같습니다.

$$(2.7)^{10} \fallingdotseq 20600$$

상용로그표를 이용하는 것, 그렇게 어렵지 않죠? 그럼 다음 숫자에 대한 근삿값도 찾아보시길 바랍니다. 상용로그에 대한 지표와 가수의 의미를 정확히 알면 단순 계산문제에 지나지 않으므로 상용로그표를 보면서 각자 풀어보시길 바랍니다.

$$(4.7)^{15},\ (7.09)^{20}$$

참고로 상용로그표에서 오른쪽 비례부분을 이용하면 소수점 셋째 자리 숫자의 log값을 구할 수 있습니다.

수	0	1	2	3	4	5	6	7	8	9	비례부분								
											1	2	3	4	5	6	7	8	9
1	0	0.0043	0.0086	0.0128	0.017	0.0212	0.0253	0.0294	0.0334	0.0374	4	8	12	17	21	25	29	33	37
1.1	0.0414	0.0453	0.0492	0.0531	0.0569	0.0607	0.0645	0.0682	0.0719	0.0755	4	8	11	15	19	23	26	30	34
1.2	0.0792	0.0828	0.0864	0.0899	0.0934	0.0969	0.1004	0.1038	0.1072	0.1106	3	7	10	14	17	21	24	28	31
1.3	0.1139	0.1173	0.1206	0.1239	0.1271	0.1303	0.1335	0.1367	0.1399	0.143	3	6	10	13	16	19	23	26	29
1.4	0.1461	0.1492	0.1523	0.1553	0.1584	0.1614	0.1644	0.1673	0.1703	0.1732	3	6	9	12	15	18	21	24	27
1.5	0.1761	0.179	0.1818	0.1847	0.1875	0.1903	0.1931	0.1959	0.1987	0.2014	3	6	8	11	14	17	20	22	25
1.6	0.2041	0.2068	0.2095	0.2122	0.2148	0.2175	0.2201	0.2227	0.2253	0.2279	3	5	8	11	13	16	18	21	24
1.7	0.2304	0.233	0.2355	0.238	0.2405	0.243	0.2455	0.248	0.2504	0.2529	2	5	7	10	12	15	17	20	22
1.8	0.2553	0.2577	0.2601	0.2625	0.2648	0.2672	0.2695	0.2718	0.2742	0.2765	2	5	7	9	12	14	16	19	21

$\log 1.374$의 값은 $\log 1.37$의 값 0.1367의 소수부분 1367에 비례부분의 숫자 13를 더한 값 1380이 소수부분이 되는 값 0.1380과 근사하다.

$$\log 1.374 = 0.1367 + 0.0013 = 0.1380$$

비례부분에 대한 근삿값은 진수의 변화량과 log값의 변화량이 서로 비례관계에 있다고 가정하여 도출한 추정치입니다.

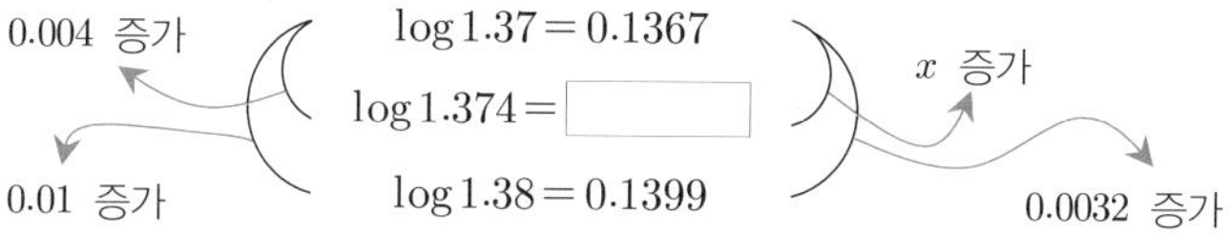

$$(\text{비례식})\ 0.004 : 0.01 = x : 0.0032 \rightarrow x \fallingdotseq 0.0013$$

$$\therefore \log 1.374 = 0.1367 + x = 0.1367 + 0.0013 = 0.1380$$

이는 로그함수에서 미세한 범위에 대한 곡선의 경우 직선으로 적용해도 근삿값의 차이가 거의 없다는 기하학적 가정에 의한 것입니다.

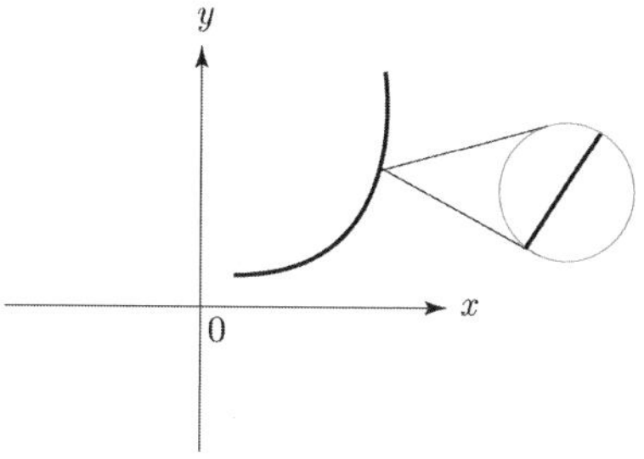

이제 우리는 상용로그표를 활용하여 웬만한 $\log A$에 대한 근삿값을 구할 수 있게 되었습니다. 이로 인해 지수로 표현된 숫자의 예를 들어 2^{30}, $(0.4)^{15}$, …에 대한 근삿값도 쉽게 찾을 수 있게 되었습니다. 이러한 상용로그의 효용성을 반드시 인지하고 넘어가시길 바랍니다. 참고로 두 상용로그의 소수부분이 같을 때(①) 두 상용로그의 차는 정수가 되며, 두 상용로그의 소수부분의 합이 1이 될 때(②) 두 상용로그의 합은 정수가 됩니다.

① $\log A + \log B = (n+\alpha) - (n'+\alpha) = n - n' \rightarrow$ (정수)

② $\log C + \log D = (m+\alpha') + (m'+\beta') = m + m' + (\alpha' + \beta') \rightarrow$ (정수)

※ 단, n, n', m, m'는 정수이며, α, α', β는 0보다 크거나 같고 1보다 작은 수이다. 또한 $\alpha' + \beta' =$ (정수)이다.

상용로그에 관한 문제

상용로그에 대한 전체적인 개념을 살펴보았으니, 상용로그와 관련된 여러 문제를 풀어보도록 하겠습니다. 우선 상용로그의 지표와 가수의 개념과 그 의미를 다시 한 번 되새겨봅시다.

지표와 가수

정의

양수 N에 대하여 $\log N = n + \alpha$(n은 정수, $0 \le \alpha < 1$)일 때, 정수부분 n을 $\log N$의 지표라고 말하고, 양의 소수부분 α를 $\log N$의 가수라 한다.

지표의 의미

① $N \ge 1$일 때, $\log N$의 지표가 n이면, 숫자 N은 $(n+1)$자리 숫자이다.

② $0 < N < 1$일 때, $\log N$의 지표가 $-n$이면, 숫자 N은 소수 n번째 자리에서 처음으로 0이 아닌 숫자가 나타난다.

가수의 의미

$\log N$에서 N값의 자릿수는 달라도 숫자의 배열만 같다면 $\log N$의 소수 부분, 즉 가수는 모두 같다.

다음 문제를 어떻게 풀지 잠시 생각해 보는 시간을 가져봅시다.

$\log z$의 지표와 가수가 2차방정식 $2x^2-3x+a=0$의 두 근이라고 할 때, a와 z의 값을 구하여라. $(10<z<100)$

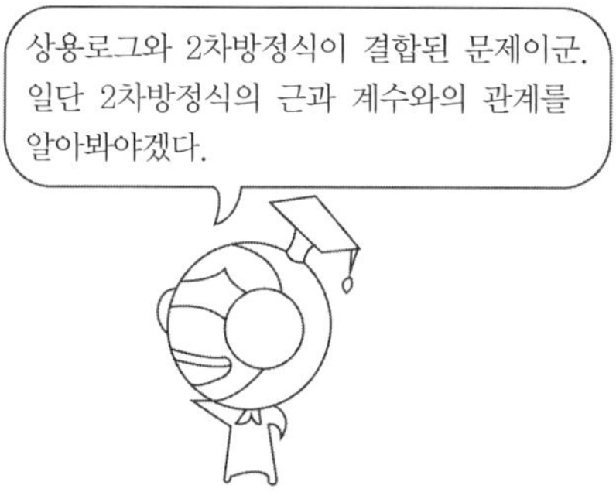

문제해결을 위한 기본설계가 끝나셨나요? 그럼 함께 풀어보도록 하겠습니다. 우선 $\log z$의 가수와 지표가 두 근이라고 했으므로, $\log z=n+\alpha$ (n은 정수, $0\le\alpha<1$)꼴로 표현하여 지표 n과 가수 α를 근으로 하는 2차방정식 $2x^2-3x+a=0$의 근과 계수와의 관계를 확인하면 다음과 같습니다.

$$2x^2-3x+a=0$$

· 두 근의 합 : $n+\alpha=\dfrac{3}{2}$　　　· 두 근의 곱 : $n\alpha=\dfrac{a}{2}$

주어진 조건 $10<z<100$를 통해 우리는 $\log z$의 지표를 쉽게 확인할 수 있습니다.

z : 두 자릿수 → ($\log z$ 의 지표)$=1$

따라서 $n=1$이 되며, 두 근의 합과 곱의 관계식을 통해 어렵지 않게 α와 a값을 구할 수 있습니다

$$\left.\begin{aligned}&\text{두 근의 합} : n+\alpha=\frac{3}{2}\\&\text{두 근의 곱} : n\alpha=\frac{a}{2}\end{aligned}\right) \rightarrow \quad n=1,\ \alpha=0.5,\ a=1$$

$\log z=n+\alpha$ (n은 정수, $0\le\alpha<1$)이므로, $\log z=1.5$가 됩니다. 따라서 $\log z$의 값을 구해보면 다음과 같습니다. ($\log 10=1$을 이용한다)

$$\log z=1.5=\frac{3}{2}=\frac{3}{2}\log 10=\log 10^{\frac{3}{2}} \rightarrow \quad z=10^{\frac{3}{2}}=\sqrt{1000}$$

크게 어렵지 않죠? 대부분의 상용로그 문제는 지표와 가수의 의미를 정확히 파악하고 있으면 쉽게 풀 수 있습니다. 그럼 한 문제 더 풀어보도록 하겠습니다.

$\dfrac{A}{6}=(7+1)(7^2+1)(7^4+1)(7^8+1)$일 때, A의 자릿수를 구하여라. (단, $\log 7=0.8451$)

문제해결을 위한 기본설계가 끝나셨나요? 그럼 함께 풀어보도록 하겠습니다. 일단 주어진 식을 A에 관하여 풀면 다음과 같습니다.

$$\frac{A}{6}=(7+1)(7^2+1)(7^4+1)(7^8+1)$$
$$\rightarrow\ A=6(7+1)(7^2+1)(7^4+1)(7^8+1)$$

이제 A에 관한 식을 간단히 할 수 있는 방법을 찾아봐야 합니다. 이럴 땐 곱셈공식이나 인수분해공식을 이용하면 좋은데, 알맞은 공식이 뭐가 있을까요? 도출된 식에서 숫자 1, 6, 7을 살펴보면, '$7-1=6$'이라는 관계식이 떠오를 것입니다. 더 나아가 곱셈공식 $(a+b)(a-b)=a^2-b^2$도 떠올리셨다면 성공한 것입니다. 그럼 곱셈공식을 적용할 수 있도록 식을 아래와 같이 변형해 보도록 하겠습니다.

$$\begin{aligned}A&=6(7+1)(7^2+1)(7^4+1)(7^8+1)\\&=(7-1)(7+1)(7^2+1)(7^4+1)(7^8+1)\\&=(7^2-1)(7^2+1)(7^4+1)(7^8+1)\\&=(7^4-1)(7^4+1)(7^8+1)\\&=(7^8-1)(7^8+1)\\&=(7^{16}-1)\end{aligned}$$

이제 우리는 숫자 $(7^{16}-1)$의 자릿수를 알아볼 차례입니다. 먼저 7^{16}이 몇의 자릿수인지 알아봐야겠죠? 7^{16}에 상용로그를 취하여 지표가 얼마인지 알면 7^{16}의 자릿수를 쉽게 구할 수 있습니다. 그럼 $\log 7^{16}$의 지표를 구해보겠습니다.

$$\log 7^{16}=16\log 7=16\times 0.8451=13.5216$$

$\log 7^{16}$의 지표는 13이므로, 숫자 7^{16}은 14자릿수를 갖는 숫자가 됩니다. 당연히 $(7^{16}-1)$ 또한 14자릿수가 되겠죠? 마지막으로 한 문제 더 풀어보

도록 하겠습니다. 어떻게 풀지 잠시 생각해 보는 시간을 가져봅시다.

$\log A = a$, $\log B = b$라 할 때, $a+b=2$, $ab=-1$이 성립한다. $A^a \times B^b$의 값을 구하여라.

문제해결을 위한 기본설계가 끝나셨나요? 그럼 함께 풀어보도록 하겠습니다. 일단 주어진 식 $a+b=2$, $ab=-1$을 보면 곱셈공식의 변형식이 떠오를 것입니다. 곱셈공식의 변형식을 이용하면 합과 곱을 가지고 제곱의 합 (a^2+b^2) 또는 세제곱의 합(a^3+b^3)을 쉽게 구할 수 있습니다. 기억나시죠? 그렇다면 로그의 정의를 이용하여 구하고자 하는 식 $A^a \times B^b$을 변형해 보도록 하겠습니다.

$$\log A = a,\ \log B = b \ \rightarrow\ A = 10^a,\ B = 10^b$$
$$A^a \times B^b = (10^a)^a \times (10^b)^b = 10^{a^2} \times 10^{b^2} = 10^{a^2+b^2}$$

주어진 식 $a+b=2$, $ab=-1$과 곱셈공식의 변형식 $a^2+b^2=(a+b)^2-2ab$을 이용하면 쉽게 a^2+b^2의 값이 6이 된다는 것을 알 수 있습니다. 따라서 구하고자 하는 식 $A^a \times B^b$의 값은 10^6이 됩니다.

참고로 상용로그는 과학 분야에 있어 다양하게 활용됩니다. 예를 들어, 소리의 세기를 측정하는 단위인 데시벨(dB)의 경우, 다음과 같이 상용로그를 이용하여 계산됩니다.

$$dB = 10\log\frac{I}{I_0} \quad (I : \text{소리의 세기})$$

여기서 상수 I_0은 인간이 들을 수 있는 가장 작은 소리의 세기로서, 그 값은

$I_0 = 1 \times 10^{-12}\ W/m^2$과 같습니다. 그렇다면 $60dB$은 $10dB$보다 몇 배 더 큰 소리일까요? 각각의 소리의 세기 I값을 구하면 다음과 같습니다.

$$10 = 10\log\frac{I}{I_0} \rightarrow 1 = \log\frac{I}{I_0} \rightarrow 10 = \frac{I}{I_0} \rightarrow I = 10I_0$$

$$60 = 10\log\frac{I}{I_0} \rightarrow 6 = \log\frac{I}{I_0} \rightarrow 10^6 = \frac{I}{I_0} \rightarrow I = 1000000I_0$$

따라서 $60dB$은 $10dB$보다 100000배 더 큰 소리가 됩니다. 또 다른 응용문제를 하나 더 풀어보도록 하겠습니다. 어떻게 풀지 잠시 생각해 보는 시간을 가져봅시다.

2시간마다 3배씩 증식하는 세균이 있다고 가정하자. 이 세균을 5일 동안 배양했을 때 세균의 수가 x배만큼 증식된다고 할 때, 숫자 x의 자릿수는 얼마일까? (단, $\log 2 = 0.3010$, $\log 3 = 0.4771$)

문제해결을 위한 기본설계가 끝나셨나요? 그럼 함께 풀어보도록 하겠습니다. 일단 주어진 내용의 의미를 천천히 살펴보겠습니다. 문제의 세균은 2시간마다 3배씩 증식한다고 했으므로 처음에 1마리가 있다고 가정했을 때, 이 세균은 2시간 후에 3마리가 될 것입니다. 또한 4시간 후에는 3마리의 3배가 되어 $9 = 3^2$마리가 되겠죠? 그럼 $2n$시간이 지난 후에는 몇 마리가 될까요? 그렇습니다. 바로 3^n마리가 됩니다. 즉, $2n$시간이 지난 후 세균의 수는 3^n배가 됩니다. 문제에서 이 세균을 5일 동안 배양했다고 했으므로 5일은 120시간이니까 세균의 수는 3^{60}배가 될 것입니다. 즉 $x = 3^{60}$이 됩니다. 우리는 여기서 상용로그를 이용하면 어렵지 않게 3^{60}이라는 숫자의 자릿수를 구할 수가 있습니다. 어렵지 않으므로 각자 풀어보시길 바랍니다.

정답 29자리

개념 한눈에 보기

1. **로그의 정의** : $a>0, a\neq 1$이고, $b>0$일 때, 방정식 $a^x=b$를 만족하는 x값은 $\log_a b$로 표현한다. $a^x=b \Leftrightarrow x=\log_a b$

   여기서 a를 $\log_a b$의 밑, b를 $\log_a b$의 진수(antilogarithm)라고 한다.

2. **로그의 기본성질** : $a>0,\ a\neq 1,\ M>0, N>0$이고, n이 임의의 실수일 때, 다음과 같은 성질이 성립한다.

   ① $\log_a a=1,\ \log_a 1=0$　　② $\log_a MN=\log_a M+\log_a N$

   ③ $\log_a \dfrac{M}{N}=\log_a M-\log_a N$　　④ $\log_a M^n=n\log_a M$

3. **로그공식**

   ① $\log_a b=\dfrac{\log_c b}{\log_c a}(c\neq 1,\ c>0)$　　② $\log_a b=\dfrac{1}{\log_b a}$

   ③ $\log_{a^m} b^n=\dfrac{n}{m}\log_a b$　　④ $a^{\log_a b}=b$　　⑤ $a^{\log_c b}=b^{\log_c a}$

4. **상용로그** : 밑이 10인 로그. $\log_{10}N=\log N$

5. **지표와 가수** : 양수 N에 대하여 $\log N=n+\alpha$(n은 정수, $0\leq\alpha<1$)일 때, 정수부분 n을 $\log N$의 지표라고 말하고, 양의 소수부분 α를 $\log N$의 가수라 한다.

6. **지표의 의미**

   ① $N\geq 1$일 때, $\log N$의 지표가 n이면 숫자 N은 $(n+1)$자리 숫자이다.

   ② $0<N<1$일 때, $\log N$의 지표가 $-n$이면, 숫자 N은 소수 n번째 자리에서 처음으로 0이 아닌 숫자가 나타난다.

7. **가수의 의미**

   $\log N$에서 N값의 자릿수는 달라도 숫자의 배열만 같다면 $\log N$의 소수부분, 즉 가수는 모두 같다.

도출형 학습방식으로 다음 문제를 풀어보도록 하겠습니다. 개념이 잘 기억나지 않으면 앞의 내용을 찾아보길 바랍니다.

리히터 규모는 1935년 미국의 지질학자 리히터(C. Richter)가 지진의 강도(M)를 절대적 수치로 나타내기 위해 제안한 개념으로, 다음과 같은 식으로 계산된다.

$$\log E = 11.8 + 1.5M \quad (E : \text{지진파의 에너지},\ M : \text{리히터 규모})$$

강도(M) 7.0인 지진보다 에너지(E)가 1000배 더 강력한 지진의 규모(강도)는 얼마일까?

1단계 개념도출 문제를 풀기 위해서는 어떤 개념을 알아야 할까요?

2단계 개념설명 개념을 알고 있다면 간단히 설명해 보길 바랍니다.

3단계 문제해결 그러면 어떻게 문제를 해결할 수 있을까요?

리히터 규모는 1935년 미국의 지질학자 리히터(C. Richter)가 지진의 강도(M)를 절대적 수치로 나타내기 위해 제안한 개념으로, 다음과 같은 식으로 계산된다.

$\log E = 11.8 + 1.5M$ (E : 지진파의 에너지, M : 리히터 규모)

강도(M) 7.0인 지진보다 에너지(E)가 1000배 더 강력한 지진의 규모(강도)는 얼마일까?

1단계 문제를 풀기 위해서는 어떤 개념을 알아야 할까요?

로그의 정의와 상용로그, 로그의 기본성질, 지수법칙에 대해 알아야 한다.

2단계 개념을 알고 있다면 간단히 설명해 보길 바랍니다.

로그의 정의와 상용로그

$a > 0$, $a \neq 1$이고, $b > 0$일 때, 방정식 $a^x = b$를 만족하는 x값은 $\log_a b$로 표현한다.

$$a^x = b \Leftrightarrow x = \log_a b$$

또한 밑이 10인 로그를 상용로그라고 말한다.

$$\log_{10} N = \log N$$

로그의 기본성질

$a > 0$, $a \neq 1$, $M > 0$, $N > 0$이고, n이 임의의 실수일 때, 다음과 같은 성질이 성립한다.

① $\log_a a = 1$, $\log_a 1 = 0$ ② $\log_a MN = \log_a M + \log_a N$

③ $\log_a \dfrac{M}{N} = \log_a M - \log_a N$ ④ $\log_a M^n = n \log_a M$

지수법칙

$a>0$, $b>0$이고, m, n이 실수일 때, 다음과 같이 정의한다.

① $a^m \times a^n = a^{m+n}$ ② $(a^m)^n = a^{mn}$ ③ $(ab)^n = a^n b^n$

④ $\left(\frac{a}{b}\right)^n = \frac{a^n}{b^n}$ ⑤ $a^m \div a^n = \frac{a^m}{a^n} = a^{m-n}$

3단계 그러면 어떻게 문제를 해결할 수 있을까요?

문제의 답을 구하는 방식은 간단하다. 주어진 식을 가지고 강도 7.0인 지진에 대한 $\log E$값을 구하여 이보다 에너지(E)가 1000배 높은 지진에 대한 $\log 1000E\,(=\log 10^3 + \log E)$값을 구한 다음 주어진 식에 대입하여 지진의 강도(M)를 구하면 된다.

내용은 생소하지만 계산은 단순 로그의 성질을 이용한 식의 계산일 뿐이다.

정답이 궁금한 학생들은 다음 정답풀이를 참고하시기 바랍니다.

일단 주어진 식을 가지고 강도(M) 7.0인 지진에 대한 $\log E$의 값을 구하면 다음과 같다.

$$\log E = 11.8 + 1.5 \times M \rightarrow \log E = 11.8 + 1.5 \times 7.0 = 22.3$$

이번엔 이보다 1000배 높은 에너지(E)를 갖는 지진에 대한 $\log 1000E$의 값을 구해보자. 여기서 x는 강도(M) 7.0보다 1000배 높은 에너지(E)를 갖는 지진의 강도이다.

$$\log 1000E = 11.8 + 1.5 \times x$$

로그의 기본성질에 의해 $\log 1000E = \log 1000 + \log E = 3 + \log E$이므로, 다음과 같이 표현할 수 있다.

$$3 + \log E = 11.8 + 1.5 \times x$$

우리는 $\log E = 22.3$임을 알고 있으므로, 위 식은 x에 관한 1차방정식에 불과하다. 1차방정식을 풀면,

$$3 + 22.3 = 11.8 + 1.5 \times x \rightarrow x = 9$$

따라서 강도 7.0인 지진보다 1000배 에너지(E)가 센 지진의 강도(M)는 9.0이 된다.

정답 9.0

[상용로그표]

수	0	1	2	3	4	5	6	7	8	9	비례부분								
											1	2	3	4	5	6	7	8	9
1	0	0.0043	0.0086	0.0128	0.017	0.0212	0.0253	0.0294	0.0334	0.0374	4	8	12	17	21	25	29	33	37
1.1	0.0414	0.0453	0.0492	0.0531	0.0569	0.0607	0.0645	0.0682	0.0719	0.0755	4	8	11	15	19	23	26	30	34
1.2	0.0792	0.0828	0.0864	0.0899	0.0934	0.0969	0.1004	0.1038	0.1072	0.1106	3	7	10	14	17	21	24	28	31
1.3	0.1139	0.1173	0.1206	0.1239	0.1271	0.1303	0.1335	0.1367	0.1399	0.143	3	6	10	13	16	19	23	26	29
1.4	0.1461	0.1492	0.1523	0.1553	0.1584	0.1614	0.1644	0.1673	0.1703	0.1732	3	6	9	12	15	18	21	24	27
1.5	0.1761	0.179	0.1818	0.1847	0.1875	0.1903	0.1931	0.1959	0.1987	0.2014	3	6	8	11	14	17	20	22	25
1.6	0.2041	0.2068	0.2095	0.2122	0.2148	0.2175	0.2201	0.2227	0.2253	0.2279	3	5	8	11	13	16	18	21	24
1.7	0.2304	0.233	0.2355	0.238	0.2405	0.243	0.2455	0.248	0.2504	0.2529	2	5	7	10	12	15	17	20	22
1.8	0.2553	0.2577	0.2601	0.2625	0.2648	0.2672	0.2695	0.2718	0.2742	0.2765	2	5	7	9	12	14	16	19	21
1.9	0.2788	0.281	0.2833	0.2856	0.2878	0.29	0.2923	0.2945	0.2967	0.2989	2	4	7	9	11	13	16	18	20
2	0.301	0.3022	0.3054	0.3075	0.3096	0.3118	0.3139	0.316	0.3181	0.3201	2	4	6	8	11	13	15	17	19
2.1	0.3222	0.3243	0.3263	0.3284	0.3304	0.3324	0.3345	0.3365	0.3385	0.3404	2	4	6	8	10	12	14	16	18
2.2	0.3424	0.3444	0.3464	0.3483	0.3502	0.3522	0.3541	0.356	0.3579	0.3598	2	4	6	8	10	12	14	15	17
2.3	0.3617	0.3636	0.3655	0.3674	0.3692	0.3711	0.3729	0.3747	0.3766	0.3784	2	4	6	7	9	11	13	15	17
2.4	0.3802	0.382	0.3838	0.3856	0.3874	0.3892	0.3909	0.3927	0.3945	0.3962	2	4	5	7	9	11	12	14	16
2.5	0.3979	0.3997	0.4014	0.4031	0.4048	0.4065	0.4082	0.4099	0.4116	0.4133	2	3	5	7	9	10	12	14	15
2.6	0.415	0.4166	0.4183	0.42	0.4216	0.4232	0.4249	0.4265	0.4281	0.4298	2	3	5	7	8	10	11	13	15
2.7	0.4314	0.433	0.4346	0.4362	0.4378	0.4393	0.4409	0.4425	0.444	0.4456	2	3	5	6	8	9	11	13	14
2.8	0.4472	0.4487	0.4502	0.4518	0.4533	0.4548	0.4564	0.4579	0.4594	0.4609	2	3	5	6	8	9	11	12	14
2.9	0.4624	0.4639	0.4654	0.4669	0.4683	0.4698	0.4713	0.4728	0.4742	0.4757	1	3	4	6	7	9	10	12	13
3	0.4771	0.4786	0.48	0.4814	0.4829	0.4843	0.4857	0.4871	0.4886	0.49	1	3	4	6	7	9	10	11	13
3.1	0.4914	0.4928	0.4942	0.4955	0.4969	0.4983	0.4997	0.5011	0.5024	0.5038	1	3	4	6	7	8	10	11	12
3.2	0.5051	0.5065	0.5079	0.5092	0.5105	0.5119	0.5132	0.5145	0.5159	0.5172	1	3	4	5	7	8	9	11	12
3.3	0.5185	0.5198	0.5211	0.5224	0.5237	0.525	0.5263	0.5276	0.5289	0.5302	1	3	4	5	6	8	9	10	12
3.4	0.5315	0.5328	0.534	0.5353	0.5366	0.5378	0.5391	0.5403	0.5416	0.5428	1	3	4	5	6	8	9	10	11
3.5	0.5441	0.5453	0.5465	0.5478	0.549	0.5502	0.5514	0.5527	0.5539	0.5551	1	2	4	5	6	7	9	10	11
3.6	0.5563	0.5575	0.5587	0.5599	0.5611	0.5623	0.5635	0.5647	0.5658	0.567	1	2	4	5	6	7	8	10	11
3.7	0.5682	0.5694	0.5705	0.5717	0.5729	0.574	0.5752	0.5763	0.5775	0.5786	1	2	3	5	6	7	8	9	10
3.8	0.5798	0.5809	0.5821	0.5832	0.5843	0.5855	0.5866	0.5877	0.5888	0.5899	1	2	3	5	6	7	8	9	10
3.9	0.5911	0.5922	0.5933	0.5944	0.5955	0.5966	0.5977	0.5988	0.5999	0.601	1	2	3	4	5	7	8	9	10
4	0.6021	0.6031	0.6042	0.6053	0.6064	0.6075	0.6085	0.6096	0.6107	0.6117	1	2	3	4	5	7	8	9	10
4.1	0.6128	0.6138	0.6149	0.616	0.617	0.618	0.6191	0.6201	0.6212	0.6222	1	2	3	4	5	6	7	8	9
4.2	0.6232	0.6243	0.6253	0.6263	0.6274	0.6284	0.6294	0.6304	0.6314	0.6325	1	2	3	4	5	6	7	8	9
4.3	0.6335	0.6345	0.6355	0.6365	0.6375	0.6385	0.6395	0.6405	0.6415	0.6425	1	2	3	4	5	6	7	8	9
4.4	0.6435	0.6444	0.6454	0.6464	0.6474	0.6484	0.6493	0.6503	0.6513	0.6522	1	2	3	4	5	6	7	8	9
4.5	0.6532	0.6542	0.6551	0.6561	0.6571	0.658	0.659	0.6599	0.6609	0.6618	1	2	3	4	5	6	7	8	9
4.6	0.6628	0.6637	0.6646	0.6656	0.6665	0.6675	0.6684	0.6693	0.6702	0.6712	1	2	3	4	5	6	7	7	8
4.7	0.6721	0.673	0.6739	0.6749	0.6758	0.6767	0.6776	0.6785	0.6794	0.6803	1	2	3	4	5	5	6	7	8
4.8	0.6812	0.6821	0.683	0.6839	0.6848	0.6857	0.6866	0.6875	0.6884	0.6893	1	2	3	4	4	5	6	7	8
4.9	0.6902	0.6911	0.692	0.6928	0.6937	0.6946	0.6955	0.6964	0.6972	0.6981	1	2	3	4	4	5	6	7	8
5	0.699	0.6998	0.7007	0.7016	0.7024	0.7033	0.7042	0.705	0.7059	0.7067	1	2	3	3	4	5	6	7	8
5.1	0.7076	0.7084	0.7093	0.7101	0.711	0.7118	0.7126	0.7135	0.7143	0.7152	1	2	3	3	4	5	6	7	8
5.2	0.716	0.7168	0.7177	0.7185	0.7193	0.7202	0.721	0.7218	0.7226	0.7235	1	2	2	3	4	5	6	7	7
5.3	0.7243	0.7251	0.7259	0.7267	0.7275	0.7284	0.7292	0.73	0.7308	0.7316	1	2	2	3	4	5	6	6	7
5.4	0.7324	0.7332	0.734	0.7348	0.7356	0.7364	0.7372	0.738	0.7388	0.7396	1	2	2	3	4	5	6	6	7

수	0	1	2	3	4	5	6	7	8	9	비례부분								
											1	2	3	4	5	6	7	8	9
5.5	0.7404	0.7412	0.7419	0.7427	0.7435	0.7443	0.7451	0.7459	0.7466	0.7474	1	2	2	3	4	5	5	6	7
5.6	0.7482	0.749	0.7497	0.7505	0.7513	0.752	0.7528	0.7536	0.7543	0.7551	1	2	2	3	4	5	5	6	7
5.7	0.7559	0.7566	0.7574	0.7582	0.7589	0.7597	0.7604	0.7612	0.7619	0.7627	1	2	2	3	4	5	5	6	7
5.8	0.7634	0.7642	0.7649	0.7657	0.7664	0.7672	0.7679	0.7686	0.7694	0.7701	1	1	2	3	4	4	5	6	7
5.9	0.7709	0.7716	0.7723	0.7731	0.7738	0.7745	0.7752	0.776	0.7767	0.7774	1	1	2	3	4	4	5	6	7
6	0.7782	0.7789	0.7796	0.7803	0.781	0.7818	0.7825	0.7832	0.7839	0.7846	1	1	2	3	4	4	5	6	6
6.1	0.7853	0.786	0.7868	0.7875	0.7882	0.7889	0.7896	0.7903	0.791	0.7917	1	1	2	3	4	4	5	6	6
6.2	0.7924	0.7931	0.7938	0.7945	0.7952	0.7959	0.7966	0.7973	0.798	0.7987	1	1	2	3	3	4	5	6	6
6.3	0.7993	0.8	0.8007	0.8014	0.8021	0.8028	0.8035	0.8041	0.8048	0.8055	1	1	2	3	3	4	5	5	6
6.4	0.8062	0.8069	0.8075	0.8082	0.8089	0.8096	0.8102	0.8109	0.8116	0.8122	1	1	2	3	3	4	5	5	6
6.5	0.8129	0.8136	0.8142	0.8149	0.8156	0.8162	0.8169	0.8176	0.8182	0.8189	1	1	2	3	3	4	5	5	6
6.6	0.8195	0.8202	0.8209	0.8215	0.8222	0.8228	0.8235	0.8241	0.8248	0.8254	1	1	2	3	3	4	5	5	6
6.7	0.8261	0.8267	0.8274	0.828	0.8287	0.8293	0.8299	0.8306	0.8312	0.8319	1	1	2	3	3	4	5	5	6
6.8	0.8325	0.8331	0.8338	0.8344	0.8351	0.8357	0.8363	0.837	0.8376	0.8382	1	1	2	3	3	4	4	5	6
6.9	0.8388	0.8395	0.8401	0.8407	0.8414	0.842	0.8426	0.8432	0.8439	0.8445	1	1	2	2	3	4	4	5	6
7	0.8451	0.8457	0.8463	0.847	0.8476	0.8482	0.8488	0.8494	0.85	0.8506	1	1	2	2	3	4	4	5	6
7.1	0.8513	0.8519	0.8525	0.8531	0.8537	0.8543	0.8549	0.8555	0.8561	0.8567	1	1	2	2	3	4	4	5	5
7.2	0.8573	0.8579	0.8585	0.8591	0.8597	0.8603	0.8609	0.8615	0.8621	0.8627	1	1	2	2	3	4	4	5	5
7.3	0.8633	0.8639	0.8645	0.8651	0.8657	0.8663	0.8669	0.8675	0.8681	0.8686	1	1	2	2	3	4	4	5	5
7.4	0.8692	0.8698	0.8704	0.871	0.8716	0.8722	0.8727	0.8733	0.8739	0.8745	1	1	2	2	3	4	4	5	5
7.5	0.8751	0.8756	0.8762	0.8768	0.8774	0.8779	0.8785	0.8791	0.8797	0.8802	1	1	2	2	3	3	4	5	5
7.6	0.8808	0.8814	0.882	0.8825	0.8831	0.8837	0.8842	0.8848	0.8854	0.8859	1	1	2	2	3	3	4	5	5
7.7	0.8865	0.8871	0.8876	0.8882	0.8887	0.8893	0.8899	0.8904	0.891	0.8915	1	1	2	2	3	3	4	4	5
7.8	0.8921	0.8927	0.8932	0.8938	0.8943	0.8949	0.8954	0.896	0.8965	0.8971	1	1	2	2	3	3	4	4	5
7.9	0.8976	0.8982	0.8987	0.8993	0.8998	0.9004	0.9009	0.9015	0.902	0.9025	1	1	2	2	3	3	4	4	5
8	0.9031	0.9036	0.9042	0.9047	0.9053	0.9058	0.9063	0.9069	0.9074	0.9079	1	1	2	2	3	3	4	4	5
8.1	0.9085	0.909	0.9096	0.9101	0.9106	0.9112	0.9117	0.9122	0.9128	0.9133	1	1	2	2	3	3	4	4	5
8.2	0.9138	0.9143	0.9149	0.9154	0.9159	0.9165	0.917	0.9175	0.918	0.9186	1	1	2	2	3	3	4	4	5
8.3	0.9191	0.9196	0.9201	0.9206	0.9212	0.9217	0.9222	0.9227	0.9232	0.9238	1	1	2	2	3	3	4	4	5
8.4	0.9243	0.9248	0.9253	0.9258	0.9263	0.9269	0.9274	0.9879	0.9284	0.9289	1	1	2	2	3	3	4	4	5
8.5	0.9294	0.9299	0.9304	0.9309	0.9315	0.932	0.9325	0.933	0.9335	0.934	1	1	2	2	3	3	4	4	5
8.6	0.9345	0.935	0.9355	0.936	0.9365	0.937	0.9375	0.938	0.9385	0.939	1	1	2	2	3	3	4	4	5
8.7	0.9395	0.94	0.9405	0.941	0.9415	0.942	0.9425	0.943	0.9435	0.944	0	1	1	2	2	3	3	4	4
8.8	0.9445	0.945	0.9455	0.946	0.9465	0.9469	0.9474	0.9479	0.9484	0.9489	0	1	1	2	2	3	3	4	4
8.9	0.9494	0.9499	0.9504	0.9509	0.9513	0.9518	0.9523	0.9528	0.9533	0.9538	0	1	1	2	2	3	3	4	4
9	0.9542	0.9547	0.9552	0.9557	0.9562	0.9566	0.9571	0.9576	0.9581	0.9586	0	1	1	2	2	3	3	4	4
9.1	0.959	0.9595	0.96	0.9605	0.9609	0.9614	0.9619	0.9624	0.9628	0.9633	0	1	1	2	2	3	3	4	4
9.2	0.9638	0.9643	0.9647	0.9652	0.9657	0.9661	0.9666	0.9671	0.9675	0.968	0	1	1	2	2	3	3	4	4
9.3	0.9685	0.9689	0.9694	0.9699	0.9703	0.9708	0.9713	0.9717	0.9722	0.9727	0	1	1	2	2	3	3	4	4
9.4	0.9731	0.9736	0.9741	0.9745	0.975	0.9754	0.9759	0.9763	0.9768	0.9773	0	1	1	2	2	3	3	4	4
9.5	0.9777	0.9782	0.9786	0.9791	0.9795	0.98	0.9805	0.9809	0.9814	0.9818	0	1	1	2	2	3	3	4	4
9.6	0.9823	0.9827	0.9832	0.9836	0.9841	0.9845	0.985	0.9854	0.9859	0.9863	0	1	1	2	2	3	3	4	4
9.7	0.9868	0.9872	0.9877	0.9881	0.9886	0.989	0.9894	0.9899	0.9903	0.9908	0	1	1	2	2	3	3	4	4
9.8	0.9912	0.9917	0.9921	0.9926	0.993	0.9934	0.9939	0.9943	0.9948	0.9952	0	1	1	2	2	3	3	4	4
9.9	0.9956	0.9961	0.9965	0.9969	0.9974	0.9978	0.9983	0.9987	0.9991	0.9996	0	1	1	2	2	3	3	3	4